"十四五"职业教育国家规划教材

"十二五"职业教育国家规划教材
经全国职业教育教材审定委员会审定

普通高等教育"十一五"国家级规划教材

制冷原理与设备

第3版

主　编　李晓东
副主编　魏　龙
参　编　孙月秋　王荣梅
主　审　刘春泽

机械工业出版社

本书是“十四五”职业教育国家规划教材，在内容编写上突破了原来的教学体系，为了适应目前项目导向课程高职教学改革的需要，将传统的制冷原理、制冷压缩机、制冷设备三门课程整合成一门课程。全书共分3篇，计12章。第1篇制冷原理，包括单级蒸气压缩式制冷循环、制冷剂与载冷剂、双级蒸气压缩式和复叠式制冷循环、其他制冷方法；第2篇制冷压缩机，包括活塞式制冷压缩机、螺杆式制冷压缩机、其他类型的制冷压缩机；第3篇制冷设备，包括蒸发器与冷凝器、节流装置、制冷系统辅助设备、冷冻水和冷却水系统设备、输送设备等。

本书可作为高等职业院校制冷与空调技术专业教材，也可作为相关行业岗位培训教材或自学用书。

本书采用双色印刷并配有二维码，学生手机扫码即可观看相应教学资源。本书还配有电子课件，凡使用本书作为教材的教师可登录机械工业出版社教育服务网 www. cmpedu. com 注册后免费下载。咨询电话：010-88379375。

图书在版编目（CIP）数据

制冷原理与设备/李晓东主编．—3版（修订本）．—北京：机械工业出版社，2021.5（2025.1重印）

“十二五”职业教育国家规划教材　普通高等教育“十一五”国家级规划教材

ISBN 978-7-111-67643-0

Ⅰ.①制…　Ⅱ.①李…　Ⅲ.①制冷-理论-高等职业教育-教材②制冷装置-高等职业教育-教材　Ⅳ.①TB6

中国版本图书馆CIP数据核字（2021）第036163号

机械工业出版社（北京市百万庄大街22号　邮政编码100037）
策划编辑：刘良超　责任编辑：刘良超
责任校对：潘　蕊　封面设计：鞠　杨
责任印制：郜　敏
三河市国英印务有限公司印刷
2025年1月第3版第9次印刷
184mm×260mm · 18.5印张 · 456千字
标准书号：ISBN 978-7-111-67643-0
定价：59.80元

电话服务	网络服务
客服电话：010-88361066	机　工　官　网：www. cmpbook. com
010-88379833	机　工　官　博：weibo. com/cmp1952
010-68326294	金　　书　　网：www. golden-book. com
封底无防伪标均为盗版	机工教育服务网：www. cmpedu. com

关于“十四五”职业教育
国家规划教材的出版说明

为贯彻落实《中共中央关于认真学习宣传贯彻党的二十大精神的决定》《习近平新时代中国特色社会主义思想进课程教材指南》《职业院校教材管理办法》等文件精神，机械工业出版社与教材编写团队一道，认真执行思政内容进教材、进课堂、进头脑要求，尊重教育规律，遵循学科特点，对教材内容进行了更新，着力落实以下要求：

1. 提升教材铸魂育人功能，培育、践行社会主义核心价值观，教育引导学生树立共产主义远大理想和中国特色社会主义共同理想，坚定“四个自信”，厚植爱国主义情怀，把爱国情、强国志、报国行自觉融入建设社会主义现代化强国、实现中华民族伟大复兴的奋斗之中。同时，弘扬中华优秀传统文化，深入开展宪法法治教育。

2. 注重科学思维方法训练和科学伦理教育，培养学生探索未知、追求真理、勇攀科学高峰的责任感和使命感；强化学生工程伦理教育，培养学生精益求精的大国工匠精神，激发学生科技报国的家国情怀和使命担当。加快构建中国特色哲学社会科学学科体系、学术体系、话语体系。帮助学生了解相关专业和行业领域的国家战略、法律法规和相关政策，引导学生深入社会实践、关注现实问题，培育学生经世济民、诚信服务、德法兼修的职业素养。

3. 教育引导学生深刻理解并自觉实践各行业的职业精神、职业规范，增强职业责任感，培养遵纪守法、爱岗敬业、无私奉献、诚实守信、公道办事、开拓创新的职业品格和行为习惯。

在此基础上，及时更新教材知识内容，体现产业发展的新技术、新工艺、新规范、新标准。加强教材数字化建设，丰富配套资源，形成可听、可视、可练、可互动的融媒体教材。

教材建设需要各方的共同努力，也欢迎相关教材使用院校的师生及时反馈意见和建议，我们将认真组织力量进行研究，在后续重印及再版时吸纳改进，不断推动高质量教材出版。

机械工业出版社

前言

本书是针对制冷与空调技术专业高等职业教育的特点，由几所高职院校合作，根据编者多年的教学和课程改革实践经验编写的。全书共分3篇，计12章。第1篇为制冷原理，包括单级蒸气压缩式制冷循环、制冷剂与载冷剂、双级蒸气压缩式和复叠式制冷循环、其他制冷方法。第2篇为制冷压缩机，包括活塞式制冷压缩机、螺杆式制冷压缩机、其他类型的制冷压缩机。第3篇为制冷设备，包括蒸发器与冷凝器、节流装置、制冷系统辅助设备、冷冻水和冷却水系统设备、输送设备等。本书在原版基础上，按照当前的最新技术对原有内容进行了优化和修订。

为了达到培养生产一线高技能人才的目的，本书在内容编写上突破了原来的教学体系，将传统的制冷原理、制冷压缩机、制冷设备三门课程整合成一门课程，一是适应高职教学项目导向课程改革的需要；二是建立制冷系统的概念，而不是孤立的制冷原理、制冷压缩机或制冷设备，以提高学生的工程素质。在内容取舍上注重能力的培养，突出实际、实用、实践的原则，教学内容符合高职学生的认知规律，贯彻重概念、重结论、重技术应用的指导思想，注重内容的典型性、针对性，加强理论联系实际。本书注意运用制冷原理基本概念，综合分析制冷压缩机和制冷设备结构，使学生理解制冷装置的总体设计中的能量平衡原理。党的二十大报告指出，“推进教育数字化，建设全民终身学习的学习型社会、学习型大国。”为响应二十大精神，本书制作了动画、视频等数字资源，以二维码形式放置于相应知识点处，学生手机扫码即可观看相应资源，丰富了教学手段，有利于信息化数学。

制冷原理与设备是一门实践性和应用性均较强的课程，在当今社会，随着制冷工业的发展，制冷原理与设备的应用已渗透到人们生活、生产、科学研究活动的各个领域，并在改善人类的生活质量方面发挥着巨大的作用。在使用本书的过程中应密切结合生产、生活中的实际和实例进行学习和理解。本书的教学内容按110学时编写，在使用过程中若借助实物、多媒体课件等现代教学手段，可以按90学时安排。

本书由辽宁石化职业技术学院李晓东担任主编，负责统稿并编写绪论、第8~10章；南京科技职业学院魏龙编写第5~7章、附录；渤海船舶职业学院孙月秋编写第2~4章；辽宁石化职业技术学院王荣梅编写第1章、第11~12章。本书由辽宁轻工职业学院刘春泽教授主审。锦州瑞祥制冷净化设备有限公司王宝祥为本书提供了企业案例，在此表示感谢。

本书多媒体课件由辽宁石化职业技术学院齐向阳制作。

由于编者经验不足，水平有限，书中难免有不当或错误之处，恳请广大读者批评指正。

编　者

二维码索引

目录

第3篇 制冷设备

绪　论

制冷设备是为了满足人们希望能人工改变局部环境温度的需要而产生和发展的。日常生活中常说的“热”或“冷”是人体对温度高低感觉的反应，制冷中所说的冷和热，是指用人工的方法在一定时间和一定空间内对某物体或对象进行冷却或加热，使其温度升或降到环境温度以下或以上。这是相对于环境温度而言的，如在炎热的夏季，气温高达35℃，要使人感到舒适，需通过人工制冷进行空气调节，使室温保持在25℃左右；为了冷冻储存食品，电冰箱冷冻室内应保持在-18℃等。

1. 实现制冷的途径

自然界的客观规律是热量传递总是从高温物体传向低温物体，直至二者温度相等。如一杯开水放置冷却到“凉白开”，是一个自发的传热过程，属于自然冷却，不是制冷。

虽然热量不可能自发地从低温物体传向高温物体，但消耗能量可使热量从低温对象传递到高温对象，就像借助水泵对水做功，就能使水从低处流向高处。人工制冷就是使热量从低温对象传递到高温对象的技术。工程上实现制冷有许多方法，常用的有压缩式制冷、吸收式制冷、半导体制冷等，每一种方法都有其特点，可以根据使用的条件进行选择。压缩式制冷在各种制冷方法中应用最为广泛，约90%的制冷设备采用压缩式制冷。

制冷一定要借助专门的装置来完成。实现制冷的实际工艺、装置包括：获得低温的方法、原理、制冷剂，即制冷原理；使制冷剂压力升高的做功机械，即制冷压缩机；完成制冷剂吸热或放热、节流、安全运行、经济运行的辅助设备，即制冷设备等。

2. 制冷体系的划分

制冷服务对象不同，要求的制冷温度也不同。在工业生产和科学研究上，人们通常根据制冷温度的不同把制冷体系分为普通制冷（$T>120K$）、低温制冷（$T=4.2\sim120K$）、超低温制冷（$T<4.2K$）。由于制冷温度不同，因此所用的制冷剂、制冷原理、制冷压缩机、制冷设备都有较大的差别，制冷系统的组成也不同。

3. 制冷的发展简史

人类最早的制冷方法是利用自然界存在的冷物质如冰、深井水等。我国早在周朝就有了用冰的历史，到了秦汉，冰的使用就更进了一步，到了唐朝已能够生产冰镇饮料并已有了冰商。

利用天然冷源严格说还不是人工制冷，现代人工制冷始于18世纪中叶。

1748年，英国人柯伦证明了乙醚在真空下蒸发时会产生制冷效应。

1755年，爱丁堡的化学教授库仑利用乙醚蒸发使水结冰，他的学生布拉克从本质上解释了融化和汽化现象，提出了潜热的概念，发明了冰量热器，标志着现代制冷技术的开始。同年，苏格兰人W. 卡伦发明了第一台蒸发式制冷机。

1781年，意大利人凯弗罗进行了乙醚制冰实验。

1834年，在伦敦工作的美国人波尔金斯制成了用乙醚为制冷剂的手摇式压缩制冷机，并正式申请了专利，这就是蒸气压缩式制冷机的雏形，其重要进步是实现了闭合循环。

1844年，美国人戈里发明了第一台空气制冷机，并于1851年获得美国专利。

1858年，美国人尼斯取得了冷库设计的第一个美国专利，从此商用食品冷藏事业开始发展。

1859年，法国人卡列制成了第一台氨吸收式制冷机，并申请了原理专利。

1873年，美国人D. 比奥克制造了第一台氨压缩机。

1874年，德国人林德建成了第一台氨压缩式制冷系统，使氨压缩式制冷机在工业上得到了普遍应用。

1910年左右，马利斯·莱兰克在巴黎发明了蒸气喷射式制冷系统。

1918年，美国工程师考布兰发明了第一台家用电冰箱。

1919年，美国在芝加哥建起了第一座空调电影院，空调技术开始应用。

1929年，美国通用电气公司米杰里发现氟利昂制冷剂R12，从而使氟利昂压缩式制冷机迅速发展起来，并在应用中超过了氨压缩机。

进入20世纪后，制冷进入实际应用的广阔天地，人工制冷不受季节、区域等的限制，可以根据需要制取不同的低温。随后，人们又发现了半导体制冷、声能制冷、热电制冷、磁制冷、吸附式制冷、地温制冷等制冷方法。

我国制冷行业的发展始于20世纪50年代末期。1956年开始在大学中设立制冷学科，制冷压缩机制造业从仿制起步到20世纪60年代能自行设计制造。目前，我国已成为制冷空调产品的生产大国，空调设备产量占到全球产量的70%以上。

4. 制冷的应用

在当代社会，随着制冷工业的发展，制冷的应用也日益广泛，现已渗透到人们生活、生产、科学研究活动的各个领域，并在改善人类的生活质量方面发挥着巨大的作用，从日常的衣、食、住、行，到尖端科学技术都离不开制冷。

（1）空调工程　空调工程是制冷应用的一个广阔领域。光学仪器仪表、精密计量量具、计算机房等，都要求对环境的温度、湿度、洁净度进行不同程度的控制；体育馆、大会堂、宾馆等公共建筑和小汽车、飞机、大型客车等交通工具也都需要空调系统。空调工程可应用于体育运动中，制造人工冰场；在工业生产中，空调设备为生产环境提供必要的恒温恒湿环境。

（2）食品工业　易腐食品从采购或捕捞、加工、储藏、运输到销售的全部流通过程中，都必须保持稳定的低温环境，才能延长和提高食品的质量、经济寿命与价值。这就需有各种制冷设施，如冷加工设备、冷冻冷藏库、冷藏运输车或船、冷藏售货柜台等。大多数食品是容易腐败的，并且食品的生产有较强的季节性和地区性，到目前为止，制冷被认为是加工、储存食品最好的方法，食品工业是利用制冷最早最多的部门。

（3）机械及冶金工业　精密机床液压系统利用制冷来控制油温，可稳定油膜黏度，使机床能正常工作；对钢进行低温处理可改善钢的性能，提高钢的硬度和强度，延长工件的使用寿命；炼钢需要氧气，氧气要通过深冷分离方法从空气中得到；机器装配时，利用低温进行零部件间的过盈配合等。

（4）医疗卫生事业　血浆、疫苗及某些特殊药品需要低温保存，骨髓和外周血干细胞需要低温冷冻；低温麻醉、低温手术及高烧患者的冷敷降温等也需要制冷技术；在生物技术的研究和开发中制冷起着举足轻重的作用；冷冻医疗正在蓬勃发展。

(5) 国防工业和现代科学　许多产品需要进行低温性能试验，例如，各种可能在高寒地区使用的发动机、汽车、坦克、大炮、枪械等常规武器的性能需要作低温环境模拟试验；火箭、航天器也需要在模拟高空低温条件下进行试验，这些都需要人工制冷技术。人工降雨也需要制冷。在高科技领域，如激光、红外、超导、遥感、核工业、微电子技术、宇宙探索、新材料等，都离不开制冷。

(6) 石油化工、有机合成　在石油化工、有机合成、基本化工中的分离、结晶、浓缩、液化、控制反应温度等，都离不开制冷。

(7) 轻工业、精密仪表、电子工业　纺织、印刷、精密仪表、电子工业都需要控制温度和湿度，进行空气调节。多路通信、雷达、卫星地面站等电子设备也都需要在低温下工作。

(8) 农业、水产业　农业中的良种保存、种子处理、人工气候室，都需要低温。没有制冷，海洋渔业将无法生产。

(9) 建筑及水利　对于大型混凝土构件，凝固过程的放热将造成开裂。例如，葛洲坝的建筑过程就离不开制冷。在矿山、隧道建设中，遇到流沙等恶劣地质条件，可以用制冷的方法将土壤冻结，利用制冷实现冻土开采。

(10) 日常生活　日常生活中家用冰箱及空调等是制冷技术的应用；啤酒、胶卷的生产，都离不开制冷。没有制冷技术，卫星地面站就不能正常传输信号，电视节目就看不成了。

综上所述，可见没有制冷工业，就没有现代社会。20 世纪对人类社会和生活影响最大的工程技术成就中，制冷技术被认为是其中的一项。

5. 制冷行业国内外关注的热点

(1) 制冷剂破坏臭氧层问题　制冷剂是压缩式制冷中的工作介质，在系统中循环流动。它在低温下吸热汽化，再在高温下凝结放热。从历史上来看，制冷技术发展的第一阶段，主要采用 NH_3、HCS、CO_2、空气等作为制冷剂，这些制冷剂有的有毒，有的可燃，有的效率很低，使用了 100 年之久。1929 年，美国开发出氟利昂，它是饱和碳氢化合物的氟、氯、溴衍生物的总称。氟利昂有几十种，它们的热力性质虽有很大的区别，但它们的物理和化学性质却有许多共同的优点，因此得到了广泛的应用。

1975 年，美国学者提出，含氯的氟利昂中的氯原子会破坏臭氧层。臭氧层在离地面25~40km 的平流层，它能够屏蔽对地球上生物有害的紫外线。太阳辐射的紫外线有各种波长，其中波长为 0.28~0.32μm 及以下的紫外线会危害生命。臭氧层能够阻挡这些有害的紫外线，保护地球上的人类和生物。

研究表明，臭氧层的臭氧每减少 1%，则有害辐射增加 2%。其后果是使皮肤癌和眼病增加，人体的免疫系统性能下降，海洋生物的食物链被破坏，一些植物生长受影响（包括农作物减产）。有人提出，当臭氧层余下 1/5 时，是地球生命的临界点。

臭氧层破坏是当前人类面临的全球性环境问题之一，中国 1991 年签订了《蒙特利尔议定书》，对世界承诺 2013 年将 HCFCs（含氯含氢的氟利昂制冷剂）产量和消费量冻结在 2009 年和 2010 年平均基线水平，2015 年削减 10%，2020 年削减 35%，2025 年削减 67.5%，到 2030 年除少量（2.5%）用于制冷维修外，全面淘汰。

制冷剂的替换是世界性难题，主要困难在于替代制冷剂的选择。理想的替代物应无毒、不可燃，在工作和储存条件下热稳定、与系统材料兼容，具有高能效、臭氧层破坏潜能（ODP）和全球变暖潜能（GWP）低。

迄今，还没有找到完全满足要求的理想替代物。通过对可能的替代物质大范围地筛选，学术界已经达成共识，没有一种纯质流体能完全满足上述要求，它们至少会有一种缺陷。目前替代工质的研究有两个主要的发展趋向，一是 HFCs（含氟无氯的氟利昂制冷剂）及其混合物，另一个是天然工质如氨、R600a、丙烷、CO_2 等以及它们的混合物。

目前，应用最广泛的制冷剂 R22 的主要环保替代品有 HFCs 及其混合物 R410A、R407C、R411A 等，天然工质有 HC290、HC1270、CO_2、NH_3 等。

（2）制冷空调的节能　我国的人均能源资源占有量相对不足，仅为世界平均水平的 40%~50%，能源问题是制约我国现代化建设的关键之一。随着国民经济的发展和人民生活水平的提高，制冷空调的应用越来越广泛。目前广泛采用的压缩式制冷消耗大量的电能，其消耗电能所占的比例越来越大。据报道，北京、深圳的夏季集中空调用电量，已占全市总用电量的 30%。因此，制冷空调的节能显得越来越重要。

目前人们熟知的“节能”（Energy Saving）已经逐渐为“能量效率”（Energy Efficiency）所取代，这实际上反映了对节能的认识已从单纯地抑制需求、减少耗能，发展为用同样的耗能，或用少许增加的耗能，来满足需求，进而提高工作效率和生活质量。

制冷空调的节能实际上是一个最优化的问题，它包括制冷空调每一个部件和整个系统设计的优化、操作调节的优化、维护管理的优化。通过每一个环节的优化，达到运行的优化，即整个系统的高效率运行，用最小的能源消费代价来满足制冷空调的需求。

6. 制冷原理与设备课程的学习内容

制冷原理与设备课程只介绍普通制冷，以普通制冷温度范围内的蒸气压缩制冷原理、制冷压缩机、制冷设备为主。制冷原理与设备课程学习的内容是：

1）学习获得低温的方法和有关的机理、制冷循环过程、制冷循环的热力学分析和计算，学习制冷剂的热力学性质和物理化学性质。

2）学习实现制冷循环的主要设备即制冷压缩机的原理、结构和应用。

3）学习实现制冷循环的辅助设备即制冷设备的原理、结构和应用。

制冷与空调设备在生活中应用得越来越多，与生活实际密切相关，这有利于使用课内实践、参观、实物展示、拆装、实际设备调查、数字化教学资源等教学形式，深入浅出地讲解基本内容，训练学生举一反三的能力，强化学生的工程观点。

本书把专业课程中的制冷原理、制冷压缩机、制冷设备整合成一门课程，目的是使学生建立制冷系统的概念。学生在学习中应注意运用制冷原理，综合分析制冷压缩机和制冷设备结构，理解制冷装置的总体设计中的能量平衡思想。

由于新工艺、新技术、新材料的研究与应用，高效、节能、环保、新功能的制冷与空调设备不断出现，如具有静音、省电、数字温控、自动除臭、模糊控制、神经系统除霜等功能的冰箱；清新空气、变频、神经系统和模糊控制、双转子压缩机、急冷/急热等功能的空调；新型螺杆式、涡旋式、余摆线式压缩机等。在教学中，应及时将制冷原理与设备行业中的新工艺、新技术、新设备、新知识引入课堂。

第 1 篇

制 冷 原 理

从低于环境温度的空间或物体中吸取热量并将其转移给周围环境的过程，称为制冷。“制冷”中的“冷”是相对于环境温度而言的。灼热的铁块放在空气中，通过辐射和对流向环境传热，逐渐冷却到环境温度；一杯热水置于空气中，逐渐冷却成常温水，类似这样的过程，都是自发的传热降温，属于自然冷却，不是制冷。只有通过一定的方式将铁块或水冷却到环境温度以下，才能称为制冷。热量从低温对象传给高温对象，是一个非自发的传热过程，需要消耗能量作为代价，这就好像水泵消耗电能，才能将低处的水输送到高处一样。

在两个热源之间工作的用于制冷目的的系统称为制冷系统。在制冷系统中传递热量的流体称为制冷剂，制冷系统通过制冷剂在低温低压时从低温热源中吸取热量并在高温高压时将热量排到高温热源中。在制冷系统中制冷剂所经历的一系列热力过程的总和称为制冷循环，包括原动机在内的按照制冷循环依次连接起来的机械和设备的整体称为制冷装置。这些机械和设备都是与制冷剂相接触的。为实现制冷循环，必须消耗能量，该能量可以是机械能、电能、热能、太阳能及其他形式的能量。

制冷原理是以热力学定律为理论基础来分析、研究制冷循环的理论和应用。本篇的主要内容包括：

1）蒸气压缩式制冷循环工作原理、热力性能；单级、双级蒸气压缩式及复叠式制冷循环的组成、工作过程及工作特点。

2）制冷剂的种类、编号，制冷剂的限制与替代；常用制冷剂、载冷剂的性质、特点。

3）吸收式制冷循环的组成、工作原理及工作特点。

4）蒸气喷射式制冷、吸附式制冷、热电制冷、空气膨胀制冷及涡流管制冷的基本原理。

第 1 章　单级蒸气压缩式制冷循环

1.1　单级蒸气压缩式制冷循环的基本工作原理

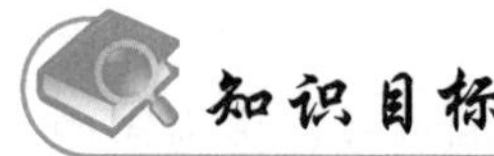

1. 了解制冷剂的变化过程。
2. 熟悉制冷循环系统的基本组成及各部件的主要用途。
3. 掌握制冷循环过程。

1. 能识别制冷系统各部件，并能说明其在系统中的作用。
2. 能详细说明制冷循环的全过程。

在日常生活中我们都有这样的体会，如果给皮肤上涂抹酒精液体时，就会发现皮肤上的酒精很快干掉，并给皮肤带来凉快的感觉，这是什么原因呢？这是因为酒精由液体变为气体时吸收了皮肤上热量的缘故。由此可见，液体汽化时要从周围物体吸收热量。单级蒸气压缩式制冷，就是利用制冷剂由液体状态汽化为蒸气状态过程中吸收热量，被冷却介质因失去热量而降低温度，达到制冷的目的。制冷剂在变为蒸气之后，需要对它进行压缩、冷凝，继而进行再次汽化吸热。对制冷剂蒸气只进行一次压缩，称为蒸气单级压缩。

1.1.1　制冷循环系统的基本组成

根据蒸气压缩式制冷原理构成的单级蒸气压缩式制冷循环系统，是由不同直径的管道和制冷剂在其中会发生不同状态变化的部件，串接成一个封闭的循环回路。在系统回路中装入制冷剂，制冷剂在这个循环回路中能够不停地循环流动，称为制冷循环系统。

制冷剂在流经制冷循环系统的各相关部位，将发生由液态变为气态，再由气态变为液态的重复性的变化。利用制冷剂汽化时吸收其他物质的热量，冷凝时向其他介质放出热量的性质，当制冷剂汽化吸热时，某物质必然放出热量而使其温度下降，这样就达到了制冷的目的。依照上述要求，单级蒸气压缩式制冷循环系统如图 1-1 所示。

蒸气压缩式制冷循环系统主要由四大部件组成，即压缩机、冷凝器、节流元件和蒸发

器，用不同直径的管道把它们串接起来，就形成了一个能使制冷剂循环流动的封闭系统。

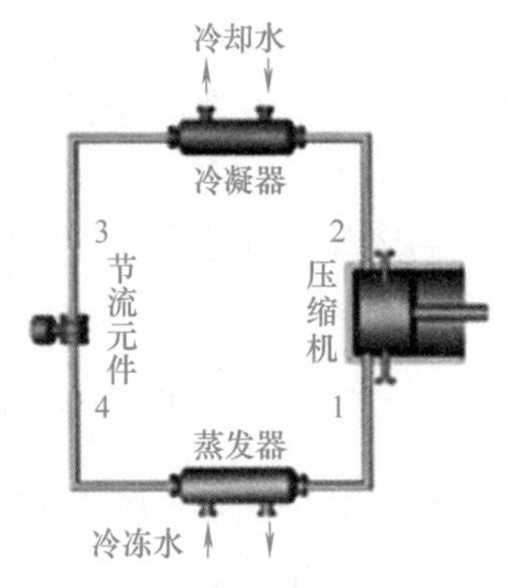

图 1-1　单级蒸气压缩式制冷循环系统

1.1.2　制冷循环过程

制冷压缩机由原动机（如电动机）拖动而工作，不断地抽吸蒸发器中的制冷剂蒸气，压缩成高压（p_k）、过热蒸气而排出并送入冷凝器，正是由于这一高压存在，使制冷剂蒸气在冷凝器中放出热量，把热量传递给周围的环境介质——水或空气，从而使制冷剂蒸气冷凝成液体。当然，制冷剂蒸气冷凝时的温度一定要高于周围介质的温度。

冷凝后的液体仍处于高压状态，流经节流元件进入蒸发器。制冷剂在节流元件中，从入口端的高压 p_k 降低到低压 p_0，从高温 t_k 降低到 t_0，并出现少量液体汽化变为蒸气。

制冷剂液体流入蒸发器后，在蒸发器中吸收热量而沸腾汽化，逐渐变为蒸气，在汽化过程中，制冷剂从被冷却介质中吸收所需要的汽化热，被冷却介质由于失去热量而温度降低，实现了制冷的目的。当然，制冷剂液体汽化时的温度（按习惯称为蒸发温度）t_0 一定要低于被冷却介质的温度。由于压缩机不断地抽吸制冷剂蒸气，蒸发器中的低温、低压制冷剂蒸气能够不断地向前流动，不断地供给压缩机进行抽吸、压缩并排出，制冷剂在流动和变化中完成了一个循环后，进入下一次循环。只要压缩机不停止运转，制冷剂的循环就不会停止。

1.1.3　制冷系统各部件的主要用途

1. 制冷压缩机

制冷压缩机是制冷循环的动力，它由原动机，如电动机拖动而工作，它除了可以及时抽出蒸发器内蒸气，维持低温低压外，还可以通过压缩作用提高制冷剂蒸气的压力和温度，创造将制冷剂蒸气的热量向外界环境介质转移的条件，即将低温低压制冷剂蒸气压缩至高温高压状态，以便能用常温的空气或水作冷却介质来冷凝制冷剂蒸气。

2. 冷凝器

冷凝器是一个热交换设备，其作用是利用环境冷却介质如空气或水，将来自制冷压缩机的高温高压制冷剂蒸气的热量带走，使高温高压制冷剂蒸气冷却、冷凝成高压常温的制冷剂液体。冷凝器向冷却介质散发热量的多少，与冷凝器的面积大小成正比，与制冷剂蒸气温度和冷却介质温度之间的温度差成正比。所以，要散发一定的热量，就需要足够大的冷凝器面积，也需要一定的换热温度差。

3. 节流元件

高压常温的制冷剂液体不能直接送入低温低压的蒸发器。根据饱和压力与饱和温度一一对应原理，降低制冷剂液体的压力，从而降低制冷剂液体的温度。将高压常温的制冷剂液体通过降压装置——节流元件，得到低温低压制冷剂，再送入蒸发器吸热汽化。目前，蒸气压缩式制冷系统中常用的节流元件有膨胀阀和毛细管。

4. 蒸发器

蒸发器也是一个热交换设备。节流后的低温、低压制冷剂液体在其内蒸发（沸腾）变为蒸气，吸收被冷却介质的热量，使被冷却介质温度下降，达到制冷的目的。蒸发器吸收热量的多少与蒸发器的面积大小成正比，与制冷剂的蒸发温度和被冷却介质温度之间的温度差成正比，当然，也与蒸发器内液体制冷剂的多少有关。所以，蒸发器要吸收一定的热量，就需要与之相匹配的蒸发器面积，也需要一定的换热温度差，还需要供给蒸发器适量的液体制冷剂。

1.1.4　制冷剂的变化过程

制冷剂在循环系统中不停地流动，其状态也不断地变化，它在循环系统的每一部位的状态都是各不相同的。

1. 制冷剂在制冷压缩机中的变化

按压缩机工作原理的要求，制冷剂蒸气由蒸发器的末端进入压缩机吸气口时，应该处于饱和蒸气状态，但这是很难实现的。制冷剂的饱和压力和饱和温度存在着一一对应关系，即压力越高温度越高，压力越低温度越低。其饱和压力值和饱和温度值的对应关系，可从附录中各种制冷剂的热力性质表中查阅。

制冷剂蒸气在压缩机中被压缩成过热蒸气，压力由蒸发压力 p_0 升高到冷凝压力 p_k。由于压缩过程是在瞬间完成的，制冷剂蒸气与外界几乎来不及发生热量交换压缩就已完成，所以称为绝热压缩过程。蒸气的被压缩是由于外界施给能量而实现的，即外界的能量对制冷剂做功，这就使得制冷剂蒸气的温度再进一步升高，使蒸气进一步过热，即压缩机排出的蒸气温度高于冷凝温度。

2. 制冷剂在冷凝器中的变化

过热蒸气进入冷凝器后，在压力不变的条件下，先是散发出一部分热量，使制冷剂过热蒸气冷却成饱和蒸气，然后饱和蒸气在等温条件下，继续放出热量而冷凝产生了饱和液体。继续不断地冷凝，饱和液体会越来越多，饱和蒸气越来越少，最终会把制冷剂蒸气全部冷凝为饱和液体，这时饱和液体仍维持冷凝压力 p_k 和冷凝温度 t_k。冷凝温度 t_k 由设备的工况条件确定，对应的冷凝压力可从该制冷剂的热力性质表中查阅。

3. 制冷剂在节流元件中的变化

饱和液体制冷剂经过节流元件，由冷凝压力 p_k 降至蒸发压力 p_0，温度由 t_k 降至 t_0。由节流元件出口流出的制冷剂变为液体约占 80%、气体约占 20%（体积分数）的两相混合状态，这其中少量蒸气的产生，是由于压力下降液体膨胀而出现的闪发气体，其汽化时吸收的热量来源于制冷剂本身，与外界几乎不存在热量的交换，故称为绝热膨胀过程。

4. 制冷剂在蒸发器中的变化

以液体为主的两相混合状态的制冷剂，流入蒸发器内吸收被冷却介质的热量而不断汽化，制冷剂在等压等温条件下的不断汽化，使得液体越来越少，蒸气越来越多，直到制冷剂液体全部汽化变为饱和蒸气时，又重新流回到压缩机的吸气口，再次被压缩机吸入、压缩、排出，进入下一次循环。

以上是制冷剂的一个完整的状态变化过程，也称为一个完整的制冷循环过程。正是由于制冷循环的存在和制冷剂的物理状态变化，通过制冷剂的流动，实现了在蒸发器周围吸收热量，在冷凝器周围又放出热量，起到了把热量搬运、转移的作用，达到蒸发器周围温度下降，即制冷的目的。

单级蒸气压缩式制冷循环，是指制冷剂在一次循环中只经过一次压缩，最低蒸发温度可达-40~-30℃。单级蒸气压缩式制冷广泛用于制冷、冷藏、工业生产过程的冷却，以及空气调节等各种低温要求不太高的制冷工程。

1.1.5　理论制冷循环的假设条件和压焓图

实际的制冷循环极为复杂，难以获得完全真实的全部状态参数。因此，在分析和计算单级蒸气压缩式制冷循环时，通常采用理论制冷循环。

1. 理论制冷循环的假设条件

理论制冷循环是建立在以下假设基础上：

1）压缩过程为等熵过程，即在压缩过程中不存在任何不可逆损失。

2）在冷凝器和蒸发器中，制冷剂的冷凝温度等于冷却介质的温度，蒸发温度等于被冷却介质的温度，且冷凝温度和蒸发温度都是定值。

3）离开蒸发器和进入制冷压缩机的制冷剂蒸气为蒸发压力下的饱和蒸气；离开冷凝器和进入节流元件的液体为冷凝压力下的饱和液体。

4）除节流元件产生节流降压外，制冷剂在设备、管道内的流动没有阻力损失（压降），与外界环境没有热交换。

5）节流过程为绝热过程，即与外界不发生热交换。

2. 制冷剂的压焓图

为了对蒸气压缩式制冷循环有一个全面的认识，不仅要知道循环中每一个过程，而且要了解各个过程之间的关系以及某一过程发生变化时对其他过程的影响。在制冷循环的分析和计算中，通常借助于压焓图，可使整个循环问题简化，并可以看到循环中各状态的变化以及这些变化对循环的影响。

压焓图如图 1-2 所示。以绝对压力为纵坐标（为了缩小图的尺寸，提高低压区域的精度，通常纵坐标取对数坐标），以焓值为横坐标。其中有：

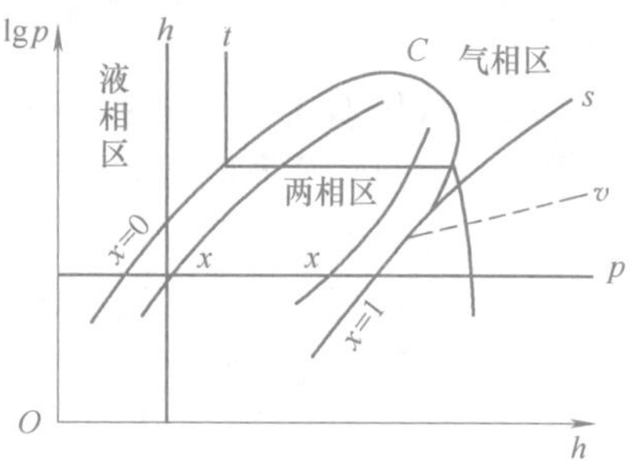

图 1-2　压焓图（lgp-h 图）

1）一点，即临界点 C。

2）三区，即液相区、两相区、气相区。

3）五态，即过冷液状态、饱和液状态、湿蒸气状态、饱和蒸气状态、过热蒸气状态。

4）八线，即等压线 p（水平线）、等焓线 h（垂直线）、饱和液线 $x=0$、饱和蒸气线 $x=1$、无数条等干度线 x（只存在于湿蒸气区域内，其方向大致与饱和液体线或饱和蒸气线相近，视干度大小而定）、等熵线 s（向右上方倾斜的实线）、等比体积线 v（向右上方倾斜的虚线，比等熵线平坦）、等温线 t（液体区几乎为垂直线。两相区内，因制冷剂状态的变化是在等压、等温下进行，故等温线与等压线重合，是水平线。过热蒸气区为向右下方弯曲的倾斜线）。

在温度、压力、比体积、比焓、比熵、干度等参数中，只要知道其中任意两个状态参数，就可以在压焓图中确定过热蒸气及过冷液体的状态点，其他状态参数便可直接从图中读出。对于饱和蒸气及饱和液体，只需知道一个状态参数就能确定其状态。

3. 理论制冷循环过程在压焓图上的表示

根据理论制冷循环的假设条件，单级蒸气压缩式制冷理论循环工作过程，在压焓图上的表示如图 1-3 所示。

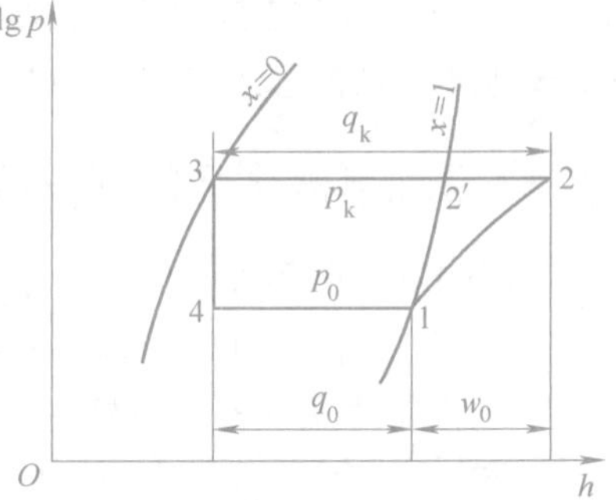

图 1-3　单级蒸气压缩式制冷理论循环在 lg*p*-*h* 图上的表示

1）制冷压缩机从蒸发器吸取蒸发压力为 p_0 的饱和制冷剂蒸气（状态点 1），沿等熵线压缩至冷凝压力 p_k（状态点 2），压缩过程完成。

2）状态点 2 的高温高压制冷剂蒸气进入冷凝器，经冷凝器与环境介质（空气或水）进行热交换，放出热量 q_k 后，沿等压线 p_k 冷却至饱和蒸气状态点 2′，然后冷凝至饱和液状态点 3，冷凝过程完成。在冷却过程（2-2′）中，制冷剂与环境介质有温差；在冷凝过程（2′-3）中，制冷剂与环境介质无温差。

3）状态点 3 的饱和制冷剂液体经节流元件节流降压，沿等焓线（节流过程中焓值保持不变）由冷凝压力 p_k 降至蒸发压力 p_0，到达湿蒸气状态点 4，膨胀过程完成。

4）状态点 4 的制冷剂湿蒸气进入蒸发器，在蒸发器内吸收被冷却介质的热量沿等压线 p_0 汽化，到达饱和蒸气状态点 1，蒸发过程完成。制冷剂的蒸发温度与被冷却介质间无温差。

1.1.6　理论循环的性能指标及其计算

单级蒸气压缩式制冷理论循环的性能指标有单位质量制冷量、单位容积制冷量、理论比功、单位冷凝热负荷及制冷系数等。

1. 单位质量制冷量

制冷压缩机每输送 1kg 制冷剂经循环从被冷却介质中制取的冷量称为单位质量制冷量，用 q_0 表示，其表达式为

$$q_0=h_1-h_4=r_0(1-x_4) \tag{1-1}$$

式中　q_0——单位质量制冷量（kJ/kg）；

h_1——与吸气状态对应的比焓值（kJ/kg）；

h_4——节流后湿蒸气的比焓值（kJ/kg）；

r_0——蒸发温度下制冷剂的汽化热（kJ/kg）；

x_4——节流后气液两相制冷剂的干度。

单位质量制冷量 q_0 在压焓图上相当于过程线 1-4 在 h 轴上的投影（图 1-3）。由式（1-1）可知，制冷剂的汽化热越大，节流后的干度越小，则单位质量制冷量越大。制冷循环的单位质量制冷量的大小与制冷剂的性质和循环的工作温度有关。

2. 单位容积制冷量

制冷压缩机每吸入 $1m^3$ 制冷剂蒸气（按吸气状态计）经循环从被冷却介质中制取的冷量，称为单位容积制冷量，用 q_v 表示。其表达式为

$$q_v=\frac{q_0}{v_1}=\frac{h_1-h_4}{v_1} \tag{1-2}$$

式中　q_v——单位容积制冷量（kJ/m^3）；

v_1——制冷剂在吸气状态时的比体积（m^3/kg）。

由式（1-2）可知，吸气比体积 v_1 将直接影响单位容积制冷量 q_v 的大小，而且吸气比体积 v_1 的大小随蒸发温度的下降而增大，所以理论循环的 q_v 不仅随制冷剂的种类而改变，而且还随循环的蒸发温度的变化而变化。

3. 理论比功

制冷压缩机按等熵压缩时每压缩输送 1kg 制冷剂蒸气所消耗的功，称为理论比功，用 w_0 表示。其表达式为

$$w_0 = h_2 - h_1 \tag{1-3}$$

式中　w_0——理论比功（kJ/kg）；

h_2——压缩机排气状态制冷剂的比焓值（kJ/kg）；

h_1——压缩机吸气状态制冷剂的比焓值（kJ/kg）。

理论比功 w_0 在压焓图上相当于压缩过程线 1-2 在 h 轴上的投影（图 1-3）。理论比功也与制冷剂的种类和循环的工作条件有关，与制冷压缩机的形式无关。

4. 单位冷凝热负荷

制冷压缩机每输送 1kg 制冷剂在冷凝器中放出的热量，称为单位冷凝热负荷，用 q_k 表示。其表达式为

$$q_k = (h_2 - h_{2'}) + (h_{2'} - h_3) = h_2 - h_3 \tag{1-4}$$

式中　q_k——单位冷凝热负荷（kJ/kg）；

$h_{2'}$——与冷凝压力对应的干饱和蒸气状态所具有的比焓值（kJ/kg）；

h_3——与冷凝压力对应的饱和液状态所具有的比焓值（kJ/kg）。

在压焓图中，q_k 相当于等压冷却、冷凝过程线 2-2′-3 在 h 轴上的投影（图 1-3）。

比较式（1-1）、式（1-3）、式（1-4）和 $h_4 = h_3$ 可以看出，对于单级蒸气压缩式制冷理论循环，存在着下列关系，即

$$q_k = q_0 + w_0 \tag{1-5}$$

5. 制冷系数

单位质量制冷量与理论比功之比，即理论循环的收益和代价之比，称为理论循环制冷系数，用 ε_0 表示，即

$$\varepsilon_0 = \frac{q_0}{w_0} = \frac{h_1 - h_4}{h_2 - h_1} \tag{1-6}$$

单级理论循环制冷系数 ε_0 是分析理论制冷循环的一个重要指标。制冷系数不但与循环的高温热源、低温热源有关，还与制冷剂的种类有关。在制冷机工作温度给定的情况下，制冷系数越大，则经济性越高。

根据以上几个性能指标，可进一步求得制冷剂循环量、冷凝器中放出的热量、压缩机所需的理论功率等数据。

上述 5 个性能指标均是对理论循环而言，虽然它们同实际情况尚有一定差别，但却是理解制冷特性和进行制冷性能计算的基础。

例 1-1　假定循环为单级蒸气压缩式制冷的理论循环，蒸发温度 $t_0 = -10℃$，冷凝温度

$t_k=35℃$，工质为 R22，循环的制冷量 $Q_0=55kW$，试对该循环进行热力计算。

解　要进行制冷循环的热力计算，首先需要知道制冷剂在循环各主要状态点的某些热力状态参数，如比焓、比体积等。这些参数值可根据给定的制冷剂种类、温度、压力，在相应的热力性质图和表中查到。

该循环在压焓图上的表示如图 1-3 所示。根据 R22 的热力性质表（附表 B），查出处于饱和线上的有关状态参数值。

点 1：$t_1=t_0=-10℃$，$p_1=p_0=0.3543MPa$，$h_1=401.555kJ/kg$，$v_1=0.0653m^3/kg$。

点 3：$t_3=t_k=35℃$，$p_3=p_k=1.3548MPa$，$h_3=243.114kJ/kg$。

在 R22 的 lg$p$-h 图（见附图 B）上找到 $p_0=0.3543MPa$ 的等压线（或 $t_0=-10℃$ 的等温线）与饱和蒸气线的交点 1，由 1 点作等熵线，此线和 $p_k=1.3548MPa$ 等压线相交于点 2，该点即为压缩机的出口状态。由图可知，$h_2=435.2kJ/kg$，$t_2=57℃$。

1）单位质量制冷量。

$$q_0=h_1-h_4=h_1-h_3=401.555kJ/kg-243.114kJ/kg=158.441kJ/kg$$

2）单位容积制冷量。

$$q_v=\frac{q_0}{v_1}=\frac{158.441}{0.0653}kJ/m^3=2426kJ/m^3$$

3）制冷剂质量流量。

$$q_m=\frac{Q_0}{q_0}=\frac{55}{158.441}kg/s=0.3471kg/s$$

4）理论比功。

$$w_0=h_2-h_1=435.2kJ/kg-401.555kJ/kg=33.645kJ/kg$$

5）压缩机消耗的理论功率。

$$P_0=q_m w_0=0.3471kg/s\times33.645kJ/kg=11.68kW$$

6）制冷系数。

$$\varepsilon_0=\frac{q_0}{w_0}=\frac{158.441}{33.645}=4.71$$

7）冷凝器单位热负荷。

$$q_k=h_2-h_3=435.2kJ/kg-243.114kJ/kg=192.086kJ/kg$$

8）冷凝器热负荷。

$$Q_k=q_m q_k=0.3471kg/s\times192.086kJ/kg=66.67kW$$

1.2　单级蒸气压缩式制冷实际循环

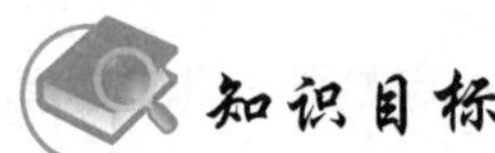

知识目标

1. 理解单级蒸气压缩式制冷实际循环与理论循环的区别。

2. 掌握液体过冷、吸气过热及回热的概念，能够绘制相应的压焓图。
3. 掌握各种实际情况变化对制冷循环的影响，能够进行性能分析。

能力目标

1. 能够分析实际制冷循环过程受哪些条件影响。
2. 能够通过测得的制冷循环性能参数，分析出制冷循环的具体循环过程。

相关知识

1.2.1　单级蒸气压缩式制冷实际循环与理论循环的区别

单级蒸气压缩式制冷理论循环中的理想化假设在实际制冷循环中是不能实现的。对于单级蒸气压缩式制冷来说，实际制冷循环与理论制冷循环的差异主要表现在：

1）制冷压缩机的压缩过程不是等熵过程，且有摩擦损失。

2）实际制冷循环中压缩机吸入的制冷剂往往是过热蒸气，节流前往往是过冷液体，即存在气体过热、液体过冷现象。

3）热交换过程中，存在着传热温差，被冷却介质温度高于制冷剂的蒸发温度，环境冷却介质温度低于制冷剂冷凝温度。

4）制冷剂在设备及管道内流动时，存在着流动阻力损失，且与外界有热量交换。

5）实际节流过程不完全是绝热的等焓过程，节流后的焓值有所增加。

6）制冷系统中存在着不凝性气体。

1.2.2　液体过冷、吸气过热及回热循环

1. 液体过冷

将节流前的制冷剂液体冷却到低于冷凝温度的状态，称为液体过冷。带有过冷的循环，称为过冷循环。

液体制冷剂节流后进入湿蒸气区，节流后制冷剂的干度越小，它在蒸发器中汽化时的吸热量越大，循环的制冷系数越高。在一定的冷凝温度和蒸发温度下，采用使节流前制冷剂液体过冷的方法可以达到减小节流后制冷剂干度的目的。

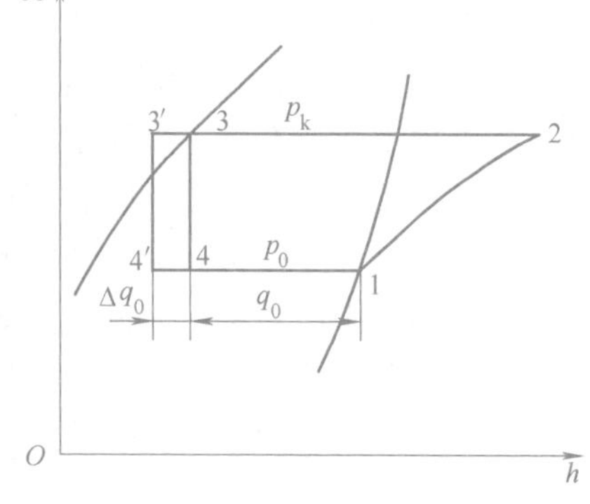

图 1-4　理论循环与过冷循环的 lg*p*-*h* 图

图 1-4 所示为具有液体过冷的循环和理论循环的对比图。图中 1-2-3-4-1 为理论循环，1-2-3′-4′-1 为过冷循环。其中 3-3′表示液态制冷剂的过冷过程。

从制冷系数变化的角度对比如下：

理论循环　1-2-3-4-1　　　过冷循环　1-2-3′-4′-1

$q_0=h_1-h_4$　　　$q'_0=h_1-h_{4'}=(h_1-h_4)+(h_4-h_{4'})=q_0+\Delta q_0$

$w_0=h_2-h_1$　　　$w'_0=h_2-h_1$

$$\varepsilon_0=\frac{q_0}{w_0} \qquad \varepsilon'_0=\frac{q'_0}{w'_0}=\frac{(q_0+\Delta q_0)}{w_0}=\varepsilon_0+\Delta\varepsilon_0$$

分析表明，两个循环的比功相同，过冷循环中单位制冷量增加，从而使过冷循环的制冷系数增加，且过冷度越大，对制冷循环越有益。同时，从图 1-4 中可以看出，过冷循环的节流点 4′与理论循环的节流点 4 相比较，更靠近饱和液线，即过冷循环节流后制冷剂的干度减小，闪发性气体减少，这对制冷循环也是有益的。但在实际工程中采用液体过冷，必然要增加设备投资，所以在实际应用中应对各项经济指标作出综合论证后才能确定。

2. 吸气过热

制冷压缩机吸入前的制冷剂蒸气温度高于蒸发压力下的饱和温度时，称为吸气过热，两者温度之差称为过热度。具有吸气过热的循环，称为过热循环。

实际循环中，为了不将液滴带入压缩机，通常制冷剂液体在蒸发器中完全汽化后仍然要继续吸收一部分热量，这样，在它到达压缩机之前已处于过热状态，如图 1-5 所示。图中 1-2-3-4-1 表示理论循环，1′-2′-3-4-1′表示具有吸气过热的循环。

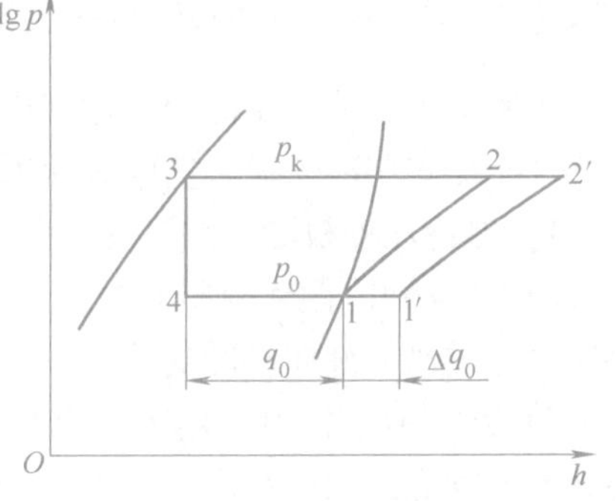

图 1-5　理论循环与过热循环的 lg*p*-*h* 图

过热分为有效过热和有害过热两种。过热吸收的热量来自被冷却介质，产生了有用的制冷效果，这种过热称为有效过热；反之，过热吸收的热量来自被冷却介质之外，没有产生有用的制冷效果，则称为有害过热。

实际循环中，形成制冷循环中吸气过热现象的原因很多，主要有：

1）蒸发器的蒸发面积的选择大于设计所需的蒸发面积，制冷剂在蒸发器内吸收被冷却介质的热量而过热，属有效过热。

2）制冷剂蒸气在压缩机的吸气管路中吸收外界环境的热量而过热，属有害过热。

3）在半封闭、全封闭制冷压缩机中，低压制冷剂蒸气进入压缩以前，吸收电动机运转时所产生的热量而过热，属有害过热，但这是避免不了的。

4）制冷系统设置了回热器，制冷剂蒸气在回热器中吸收制冷剂液体的热量而过热，属有害过热，但其过程有过冷过程伴随。

由图 1-5 可以看出，过热循环中压缩机的排气温度比理论循环的排气温度高；过热循环的比功大于理论循环比功；由于过热循环在过热过程中吸收了一部分热量，再加上压缩机功率又稍有增加，因此，每千克制冷剂蒸气在冷凝器中排出的热量较理论循环大；相同压力下，温度升高时，蒸气的比体积要增大，这说明对每千克制冷剂而言，将需要更大的压缩机容积，也就是说，对于给定压缩机，过热循环中压缩机的制冷剂质量流量始终小于理论循环的质量流量。

吸入过热蒸气对制冷量和制冷系数的影响取决于蒸气过热时吸收的热量是否产生有用的制冷效果以及过热度的大小。下面从制冷量和制冷系数变化角度对比来说明：

理论循环　1-2-3-4-1　　　　过热循环　1′-2′-3-4-1′

$q_0=h_1-h_4$	有效过热	$q_0'=h_{1'}-h_4=(h_1-h_4)+(h_{1'}-h_1)=q_0+\Delta q_0$
	有害过热	$q_0''=h_1-h_4=q_0$
$w_0=h_2-h_1$	有效过热	$w_0'=h_{2'}-h_{1'}=w_0+\Delta w_0$
	有害过热	$w_0''=h_{2'}-h_{1'}=w_0+\Delta w_0$
$\varepsilon_0=\dfrac{q_0}{w_0}$	有效过热	$\varepsilon_0'=\dfrac{q_0'}{w_0'}=\dfrac{q_0+\Delta q_0}{w_0+\Delta w_0}$
	有害过热	$\varepsilon_0''=\dfrac{q_0''}{w_0''}=\dfrac{q_0}{w_0+\Delta w_0}$

分析表明，有害过热对循环是不利的，这种过热通常是由于制冷剂蒸气在压缩机吸气管路中吸收外界环境的热量而产生的，它并没有对被冷却介质产生任何制冷效应，而且蒸发温度越低，与环境温差越大，循环经济性越差。因此，制冷设备通常都通过在吸气管路上敷设保温材料，尽量避免产生有害过热。有效过热使循环的单位质量制冷量有所增加，但由于比功也增加，因此，有效过热对循环是否有益与制冷剂本身的特性有关，如图 1-6 所示。该图是在蒸发温度为 0℃、冷凝温度为 40℃的条件下计算所得的结果。

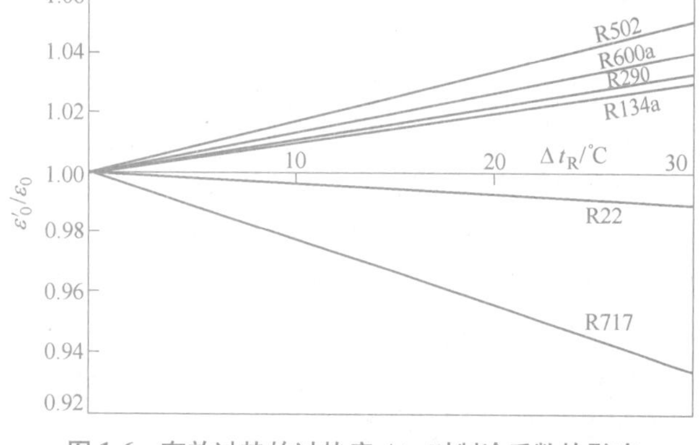

图 1-6　有效过热的过热度 Δt_R 对制冷系数的影响

图 1-6 显示，蒸气有效过热对制冷剂 R134a、R290、R600a、R502 有益，使它们的制冷系数增加，且制冷系数的增加值与过热度成正比；蒸气过热对制冷剂 R22、R717 无益，使它们的制冷系数降低，且制冷系数的降低值与过热度成正比，制冷剂 R717 所受影响更大。

虽然蒸气过热对循环性能不利，但实际运行的压缩机，希望吸入的蒸气带有一定的过热度，否则压缩机就有可能吸入在蒸发器中未完全汽化的制冷剂液滴，给运行带来危害，并使压缩机的输气量下降。对于 R717，通常希望 5~10℃的过热度。对于 R22，由于等熵指数较小，允许有较大的过热度，但仍受到最高排气温度这一条件的限制。

3. 回热循环

参照液体过冷和吸气过热在单级压缩式制冷循环中所起的作用，可在普通的制冷循环系统中增加一个回热器。回热器又称为气-液热交换器，是一个热交换设备。它使节流前常温下的制冷剂液体同制冷压缩机吸入前低温的制冷剂蒸气进行热交换，同时达到实现液体过冷和吸气过热的目的，这样便组成了回热循环，其系统图如图 1-7 所示。图中 3-3′和 1-1′表示回热过程。前已分析，制冷剂液体过冷对制冷循环有益，而且一般情况下过热对氟制冷循环有益，因此，回热循环适合在氟制冷系统中使用。

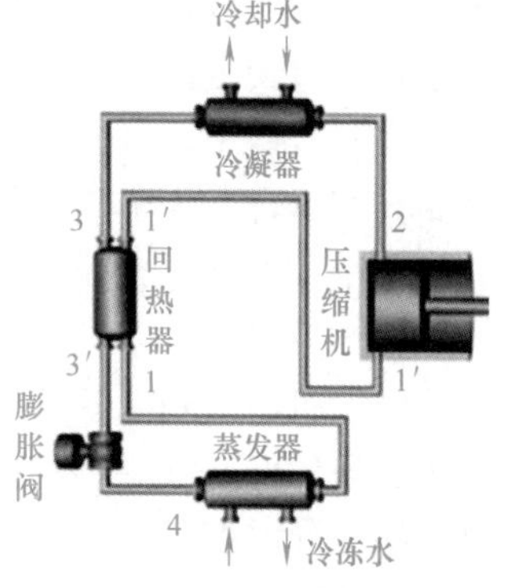

图 1-7　单级蒸气压缩式制冷回热循环系统图

图 1-8 所示是理论循环与回热循环的 lg$p$-h 图。图中，回热循环 1′-2′-3′-4′-1′与理论循环 1-2-3-4-1 相比较，制冷系数的变化情况如下：

理论循环　1-2-3-4-1	回热循环　1′-2′-3′-4′-1′
$q_0=h_1-h_4$	$q'_0=h_1-h_{4'}=q_0+\Delta q_0$
$w_0=h_2-h_1$	$w'_0=h_{2'}-h_{1'}=w_0+\Delta w_0$
$\varepsilon_0=\dfrac{q_0}{w_0}$	$\varepsilon'_0=\dfrac{q'_0}{w'_0}=\dfrac{q_0+\Delta q_0}{w_0+\Delta w_0}$

分析表明，回热循环的单位质量制冷量和理论比功均有增加，故回热循环的制冷系数是增大还是减小同制冷剂的种类有关，这同吸气过热的循环是一样的。大体情况是，R717 采用回热循环时制冷系数降低，R134a、R290、R502 采用回热循环时制冷系数提高，而 R22 采用回热循环时制冷系数无明显变化。

在实际应用中，氟制冷循环适合使用回热器。因为氟制冷系统一般采用直接膨胀供液方式给蒸发器供液，为简化系统，一般不设气液分离装置。回热循环的过冷可使节流降压后的闪发性气体减少，从而使节流机构工作稳定，蒸发器的供液均匀。同时，回热循环的过热又可使制冷压缩机避免“湿冲程”，保护制冷压缩机。但氨制冷系统是不采用回热循环的，不仅是由于回热循环的制冷系数降低，还因为采用回热循环后将使压缩机的排气温度过高。

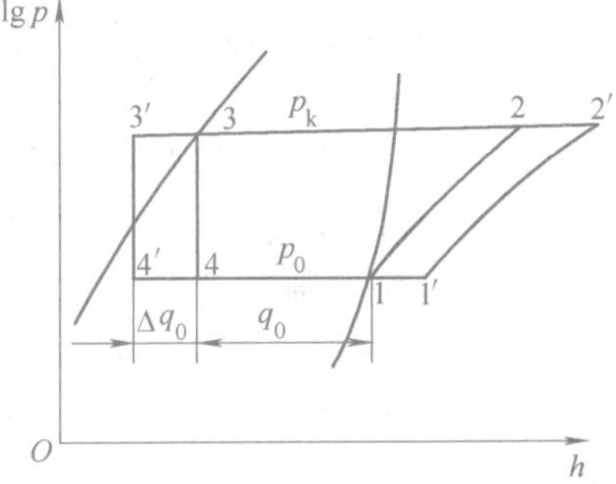

图 1-8　理论循环与回热循环的 lg$p$-h 图

1.2.3　热交换及压力损失对制冷循环的影响

制冷剂在制冷设备和连接管道中连续不断地流动，使制冷循环得以实现，形成制冷效应。制冷剂沿制冷设备和连接管道流动，将产生摩擦阻力和局部压力损失，同时制冷剂还会或多或少地与外部环境进行热交换，下面将讨论这些因素对循环性能的影响。

1. 吸气管道

从蒸发器出口到压缩机吸气入口之间的管道称为吸气管道。吸气管道中的换热和压降，直接影响到压缩机的吸气状态。通常认为吸气管道中的换热是无效的，它对循环性能的影响前面已作过详细分析。压降使得吸气比体积增大、压缩机的压力比增大，单位容积制冷量减小、压缩机容积效率降低、比功增大，制冷系数下降。

在实际工程中，可以通过降低流速的办法来减少阻力，即通过增大管径来减少压降。但考虑到有些场合，为了确保润滑油能顺利地从蒸发器返回压缩机，这一流速又不能太低。此外，应尽量减少设置在吸气管道上的阀门、弯头等阻力部件，以减少吸气管道的局部阻力。

2. 排气管道

从压缩机出口到冷凝器入口之间的管道称为排气管道。压缩机的排气温度一般均高于环境温度，向环境空气传热不会引起系统性能的改变，仅仅是减少了冷凝器中的热负荷。排气管道中的压降增加了压缩机的排气压力及比功，使得容积效率降低，制冷系数下降。在实际中，由于这一阻力降相对于压缩机的吸排气压差要小得多，因此，它对系统性能的影响要比吸气管道阻力的影响小。

3. 液体管道

从冷凝器出口到节流元件入口之间的管路称为液体管道。热量通常由液体制冷剂传给周围空气，产生过冷效应，使制冷量增大。由于液体流速较气体要小得多，因而阻力相对较小。但在许多场合下，冷凝器出口与节流元件入口不在同一高度上，若前者的位置比后者低，由于静液柱的存在，其高度差要导致压降。该压降对于具有足够过冷度的制冷系统，制冷性能不会受其影响。但如果从冷凝器里出来的制冷剂为饱和状态或过冷度不大，则液体管道的压降将导致部分液体制冷剂汽化，从而使进入节流元件的制冷剂处于两相状态，这将增加节流过程的压降，对系统性能产生不利的影响；同时，对系统的稳定运行也会产生不利影响。为了避免这些影响，设计制冷系统时，要注意冷凝器与节流元件的相对位置，并且要降低节流前管路的压力损失。

4. 两相管道

从节流元件到蒸发器之间的管道中流动着两相的制冷剂，称为两相管道。通常节流元件是紧靠蒸发器安装的，倘若将它安装在被冷却空间内，那么传给管道的热量是有效的；若安装在室外，热量的传递将使制冷量减少。管道中的压降对系统性能几乎没有影响，因为对于给定的蒸发温度而言，制冷剂进入蒸发器之前压力必须降到蒸发压力，这一压力的降低不论是发生在节流元件内还是发生在两相管道上是无关紧要的。但是，如果系统中有多个蒸发器共用一个节流元件，则要尽量保证从液体分配器到各个蒸发器之间的压降相等，否则将出现分液不均匀现象，影响制冷效果。

5. 蒸发器

在讨论蒸发器中的压降对循环性能的影响时，必须注意到它的比较条件。如果假定不改变制冷剂流出蒸发器时的状态，为了克服蒸发器中的流动阻力，必须提高制冷剂进蒸发器时的压力，即提高开始蒸发时的温度。由于节流前后焓值相等，又因为压缩机的吸气状态没有变化，故制冷系统的性能没受到什么影响，它仅使蒸发器中的传热温差减小，要求传热面积增大而已。如果假定不改变蒸发过程中的平均传热温差，那么流出蒸发器时的制冷剂压力稍有降低，其结果与吸气管道阻力引起的结果是一样的。

6. 冷凝器

假定流出冷凝器时制冷剂的压力不变，为克服冷凝器中的流动阻力，必须提高进冷凝器时制冷剂的压力，必然导致压缩机排气压力升高，压力比增大，压缩机耗功增大，制冷系数下降。

7. 压缩机

在理论循环中，曾假定压缩过程为等熵过程，实际上，在压缩的开始阶段，由于气缸壁温度高于吸入的蒸气温度，因而存在着由气缸壁向蒸气传递热量的过程；到了压缩终了阶段，由于气体被压缩后温度高于气缸壁温度，热量又由蒸气传向气缸壁，因此整个压缩过程是一个过程指数在不断变化的多变过程。另外，由于压缩机气缸中有余隙容积存在，气体经过吸、排气阀及通道处，有热量交换及流动阻力，活塞与气缸间隙处会产生制冷剂泄漏等，这些因素都会使压缩机的输气量下降，功率消耗增大。压缩机的实际工作性能将在第 3 篇制冷设备中具体介绍。

1.2.4　不凝性气体对制冷循环的影响

不凝性气体，是指在冷凝压力下不能冷凝为液体的气体。不凝性气体一般积存于冷凝器和贮液器上部，因为它不能通过冷凝器或贮液器内的液体部分的液封往下传递。不凝性气体的存在将使冷凝器内冷凝面积减少，冷凝压力升高，导致制冷压缩机排气压力、温度升高，压缩比功增加，制冷系数下降，制冷量减少。在热力计算中由于这些参数无法统计且数量小，通常忽略不计。

制冷系统中不凝性气体来源于：系统检修时带入的空气；部分润滑油、制冷剂发生的分解；制冷压缩机负压时低压部分渗透进来的空气。实际应用中可采取一些措施减少不凝性气体的影响，如小型家用分体式空调在安装时，靠室外机内原有的制冷剂压力排出连接管路中的不凝性气体；制冷系统充灌制冷剂之前需进行抽真空处理；中、大型冷库制冷系统中加装空气分离器，定期由空气分离器排出不凝性气体；在一些中央空调系统中，由于使用的制冷机是在高真空度下工作，如溴化锂吸收式制冷机、使用 R123 的离心式制冷机等，因此，在系统中需加装抽气装置，及时抽出制冷机中的不凝性气体，维持制冷系统的高真空度。

1.2.5　冷凝、蒸发过程传热温差对循环性能的影响

现实生活中，没有温差的传热是不可能实现的，故实际制冷循环中，制冷剂与热源之间必须存在一个传热温差。被冷却介质温度 t_C 必须大于制冷剂的蒸发温度 t_0，被冷却介质的热量 Q_0 才能通过蒸发器传递给温度为蒸发温度的制冷剂，才能符合热量从高温物体传向低温物体的热传递规律；同理，环境介质温度 t_H 必须小于制冷剂的冷凝温度 t_k，环境介质才能带走冷凝器内制冷剂蒸气放出的热量 Q_k，也才能符合热传递规律。

由于冷凝器与蒸发器中传热温差的存在，会使实际的冷凝温度比理论循环的冷凝温度高，蒸发温度则比理论循环的蒸发温度低，从而使循环的制冷系数下降。制冷循环中制冷剂与热源之间的传热温差越大，制冷循环的效率越低，但传热温差的存在并不影响理论制冷循环的热力计算用于实际制冷循环。因为在理论制冷循环的热力计算中所采用的计算温度已经是蒸发温度 t_0 和冷凝温度 t_k，并未考虑被冷却介质的温度 t_C 和环境介质温度 t_H。因此，在这一温差传热方面，前述理论制冷循环的热力计算不用再修正，就可以直接用于实际制冷循环的热力计算。

在实际制冷循环中，制冷剂与热源之间的传热温差须取一个适当的值。因为传热温差太大，制冷循环的效率就会降低；而传热温差太小，制冷循环的效率虽会相应提高，但传递热量所需要的传热面积（蒸发器面积、冷凝器面积）将大大增加，导致制冷设备庞大且一次性投资增大。

1.2.6　实际制冷循环在压焓图上的表示及性能指标

如果将实际循环偏离理论循环的各种因素综合在一起考虑，可得到实际制冷循环，如图 1-9 所示。图中 4′-1 表示制冷剂在蒸发器汽化和压降过程；1-1′表示制冷剂蒸气的过热（有效或有害）和压降过程；$1'$-$2'_s$ 表示制冷剂蒸气在制冷压缩机内实际的非等熵压缩过程；$2'_s$-2_s 表示制冷压缩机压缩后的制冷剂蒸气经过排气阀的压降过程；2_s-3 表示制冷剂蒸气经排气管进入冷凝器的冷却、冷凝和压降过程；3-3′表示制冷剂液体的过冷和压降过程；3′-4′表

示制冷剂液体的非绝热节流过程。图中1-2-3-4-1为单级蒸气压缩式制冷理论循环过程。

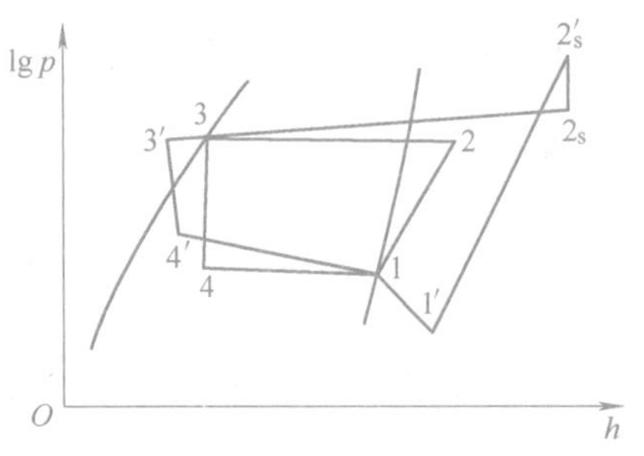

图1-9　单级蒸气压缩式制冷实际循环的lgp-h图

图1-9只是对实际循环的简单表示，由于实际循环的复杂性，很难直接利用理论循环模型来进行热力分析，也难以用数学表达式加以描述。因此，在工程应用中常常对它作一些简化，以达到对实际循环进行较为准确的热力分析的目的，简化的途径是：

1）忽略管道和换热设备中的压降，以及管道的传热和管道内制冷剂的状态变化；同时，认为冷凝温度和蒸发温度均为定值。

2）认为压缩机的压缩过程为不可逆增熵压缩过程。

3）节流过程近似地看作是不可逆的绝热等焓节流过程。

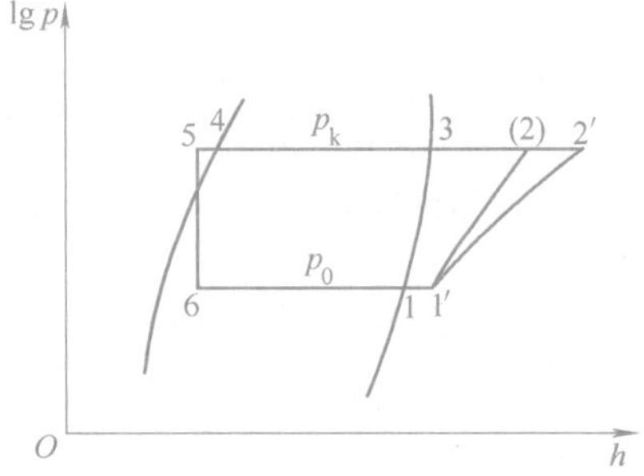

图1-10　简化后的实际制冷循环在lgp-h图上的表示

经过上述简化，实际循环可表示为图1-10中的1-1′-2′-3-4-5-6-1。图中1-1′表示蒸气的过热过程，1′点是压缩机的吸气状态点；1′-2′表示实际增熵压缩过程，2′点是实际压缩过程排气状态点，也是进入冷凝器的蒸气状态点；1′-2是在相同p_0和p_k间讨论时用作比较的等熵压缩过程；2′-3-4表示制冷剂在冷凝压力p_k下的等压冷却、冷凝过程；4-5表示制冷剂在冷凝压力下的过冷过程；5-6表示制冷剂在等焓下的节流过程；6-1表示制冷剂在蒸发压力p_0下的等压汽化过程。经过这样的简化之后，即可直接利用lg$p$-h图进行循环性能指标的计算，且事实证明，通过如此简化归纳之后的实际循环热力分析计算产生的误差也不会很大。

下面是按照这样简化后的循环性能指标的表达式，各参数符号的下标对应于图1-10所示的状态点。

（1）单位质量制冷量q_0和单位容积制冷量q_v　其表达式为

$$q_0 = h_1 - h_6 \tag{1-7}$$

$$q_v = \frac{q_0}{v_1'} \tag{1-8}$$

式（1-7）和式（1-8）的说明：①v_1'是实际制冷循环的吸气比体积。②假定制冷剂在蒸发器内无过热，若蒸发器内有过热，h_1必须是制冷剂出蒸发器时处于过热蒸气下的焓值。

（2）理论比功w_0、指示比功w_i和指示效率η_i　制冷压缩机按等熵压缩时每压缩输送1kg制冷剂蒸气所消耗的功，称为理论比功。在实际制冷循环中，制冷压缩机的压缩过程不是等熵过程。由于偏离等熵过程，压缩输送1kg制冷剂蒸气实际消耗的功，称为指示比功。理论比功w_0和指示比功w_i表达式为

$$w_0 = h_2 - h_{1'} \tag{1-9}$$

$$w_i = h_{2'} - h_{1'} \tag{1-10}$$

理论比功w_0与指示比功w_i之比，称为制冷压缩机的指示效率η_i，表示了压缩机在实际

压缩过程中偏离等熵过程的程度。其表达式为

$$\eta_i=\frac{w_0}{w_i} \tag{1-11}$$

（3）单位冷凝热负荷 q_k　其表达式为

$$q_k=h_{2'}-h_4 \tag{1-12}$$

（4）制冷剂质量流量 q_m　其表达式为

$$q_m=\frac{Q_0}{q_0} \tag{1-13}$$

式（1-13）中，Q_0 为制冷量，通常由设计任务给出。

（5）压缩机的理论功率 P_0 和指示功率 P_i　其表达式为

$$P_0=q_m w_0 \tag{1-14}$$

$$P_i=\frac{P_0}{\eta_i} \tag{1-15}$$

式（1-15）中，指示功率 P_i 为制冷压缩机在单位时间内压缩制冷剂蒸气实际消耗的功。

（6）冷凝器的热负荷 Q_k　其表达式为

$$Q_k=q_m q_k \tag{1-16}$$

（7）实际制冷系数 ε　其表达式为

$$\varepsilon=\frac{Q_0}{P_i} \tag{1-17}$$

（8）热力完善度 η　所谓完善度，是指制冷循环接近它理想情况的程度，接近完善的程度。一个实际制冷循环的制冷系数 ε 与工作在相同热源温度条件下，它的理想制冷循环（逆卡诺循环）的制冷系数 ε_c 的比值，就是这个实际制冷循环接近它自己完善的程度，因此，这个实际制冷循环的热力完善度为

$$\eta=\frac{\varepsilon}{\varepsilon_c} \tag{1-18}$$

η 越大，说明制冷循环经济性越好，热力学的不可逆损失越小；反之，则制冷循环效果差，效率低。η 永远小于 1。

1.3　单级蒸气压缩式制冷机的性能及工况

1. 了解单级蒸气压缩式制冷机的性能。
2. 掌握工况的概念，并熟知常用制冷机工况。
3. 了解制冷压缩机及机组的名义工况。

能力目标

1. 能在制冷机性能变化的情况下，分析出制冷循环的变化规律。
2. 能通过压缩机及机组铭牌了解制冷工况。

相关知识

制冷机的运行工况不会是一成不变的。不同用途（如空调与冷藏）的工况不一样；环境条件不同（如空气温度或冷却水温度等不同），其工况也不一样；同一系统随时间的变化其热负荷也在变化，因而运行工况也不一样。变工况运行是绝对的，工况稳定运行是相对的。因此，要对变工况运行时制冷机的性能进行分析。

1.3.1　单级蒸气压缩式制冷机的性能

制冷机的性能随蒸发温度和冷凝温度的变化而变化，为了方便表示，仍然以理论制冷循环为分析对象，分析制冷机性能的变化规律，分析所得结论同样适用于实际制冷循环。

1. 冷凝温度对制冷机性能的影响

冷凝温度的变化主要是由地区的不同及季节的改变、冷却方式不同等原因引起的。在分析冷凝温度对制冷机性能的影响时，假定蒸发温度保持不变，如图1-11所示。当冷凝温度由 t_k 上升到 t_k'时，制冷循环由图中1-2-3-4-1变为1-2′-3′-4′-1。比较这两个循环可知，因冷凝温度的上升，其性能发生了下列变化：

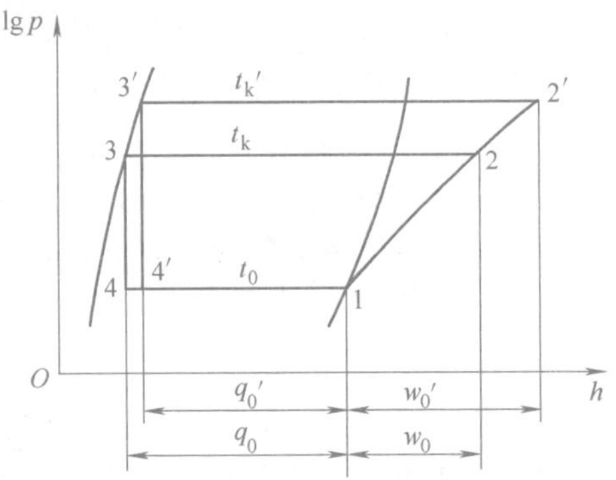

图1-11　冷凝温度变化时循环性能的改变

1）冷凝压力随冷凝温度的升高而升高，压缩机的排气温度由 t_2 升高到 $t_{2'}$。

2）单位质量制冷量由 q_0 减小到 q'_0，吸气比体积 v_1 不变，单位容积制冷量由 q_v 减小到 q'_v。

3）理论比功由 w_0 增大到 w'_0。

4）忽略压缩机容积效率的变化，则制冷剂质量流量 q_m 不变，所以制冷量 Q_0 必定降低，压缩机的理论功率 P_0 必定增大。

由以上分析可知，当蒸发温度 t_0 不变而冷凝温度 t_k 升高时，对于同一台制冷机来说，它的制冷量将要减小，而消耗的功率将要增大，因此，制冷系数将要降低。当 t_k 降低时，变化的情况正好相反。

2. 蒸发温度对制冷机性能的影响

在分析蒸发温度对制冷机性能的影响时，假定冷凝温度保持不变。冷凝温度保持不变而蒸发温度发生变化的情况是经常出现的，一方面是由于制冷机用于不同的目的而需要保持不同的蒸发温度；另一方面制冷机在起动运行后，对冷间的降温过程中，蒸发温度也是不断变化的，由环境温度逐渐降到工作温度，如图1-12所示。当蒸发温度由 t_0 下降到 t_0'时，制冷循环由图中 1-2-3-4-1 变为 1′-2′-3-4′-1′。比较这两个循环可知，因蒸发温度的下降，其性能发生了下列变化：

1）蒸发压力随蒸发温度的降低而降低，压缩机的排气温度由 t_2 升高到 $t_{2'}$。

2）单位质量制冷量由 q_0 减小到 q_0'，吸气比体积由 v_1 增大到 v_1'，单位容积制冷量由 q_v 减小到 q_v'。

3）由于吸气比体积增大，造成制冷剂质量流量 q_m 减小，因此，制冷量 Q_0 明显减小。

4）理论比功由 w_0 增大到 w_0'，但由于制冷剂质量流量 q_m 的减小，因此，不能直接看出制冷压缩机的功率是增大还是减小。实际吸气压力 p_0 从理论最大值（$p_0=p_k$）逐渐下降时，压缩机的功率将先是增大，达到某一最大值后再开始下降。通过对不同的制冷剂进行热力学分析和计算后发现，当其压力比 $p_k/p_0\approx3$ 时，压缩机消耗功率最大。

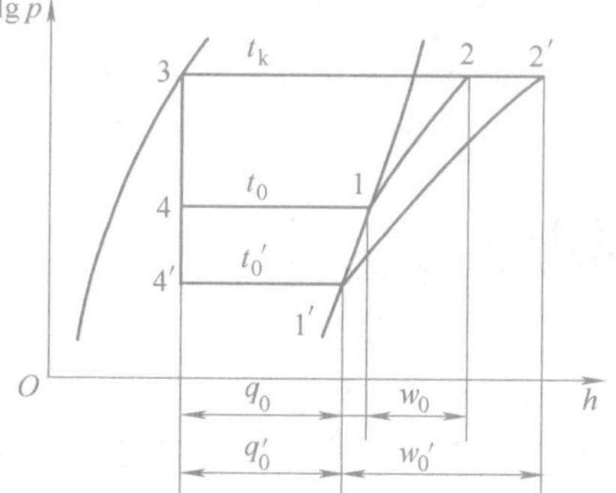

图 1-12　蒸发温度变化时循环性能的改变

5）由于制冷系数是单位质量制冷量 q_0 与理论比功 w_0 之比，很明显，蒸发温度降低时，制冷系数是下降的。

由以上分析可知，蒸发温度 t_0 降低，制冷循环性能变差，制冷量 Q_0 减小，制冷系数降低；反之，则制冷循环性能将得到改善。当 $p_k/p_0\approx3$ 时，功率消耗有一极值，制冷循环此时消耗功率最大，因此，设计、运行时应避开此极值。

一般来讲，蒸发温度的变化对制冷机性能的影响比冷凝温度变化带来的影响要大，因此，在实际运行中更需注意，在满足制冷工艺要求的前提下，应保持尽可能高的蒸发温度。

1.3.2　制冷工况

由于制冷机的制冷量随蒸发温度和冷凝温度而变，故在说明一台制冷机的制冷量时，必须同时说明使用什么制冷剂和在怎样的冷凝温度和蒸发温度下工作。

实际上，制冷机或制冷压缩机在试制定型之后，要进行性能测试（称为型式试验），以便能标定名义制冷量和功率，因此，需要有一个公共约定的工况条件；另外，对制冷机的使用者来说，在比较和评价制冷机或制冷压缩机的容量及其他性能指标时，也需要有一个共同的比较条件。因此，对制冷机规定了几种“工况”，以作为比较制冷机性能指标的基础。

所谓工况，是指规定的制冷机工作状态的工作条件，通常情况下是指制冷剂在机内各特定点的温度和机器所处的环境温度。这些“工况”的具体的温度数值是根据各国的具体情况而确定的，同时也考虑到制冷剂的种类。我国 20 世纪 80 年代以前的工况标准有标准工况、空调工况以及最大功率工况、最大压差工况，见表 1-1。新标准对各种形式的制冷压缩机规定了三种名义工况，即高温工况、中温工况和低温工况。与名义参数（通常规定在有关标准、产品标牌或样本上）所相应的温度条件称为名义工况。我国国家标准 GB/T 21363—2018、GB/T 19410—2008 和 GB/T 10079—2018 分别规定了容积式制冷压缩机及机组、螺杆式制冷压缩机及机组和活塞式制冷压缩机的名义工况。表 1-2～表 1-4 列举了国家标准 GB/T 21363—2018、GB/T 19410—2008 和 GB/T 10079—2018 部分名义工况值。

表 1-1　我国常用制冷机工况（通常适用于开启式）

工况种类	工作温度/℃	制冷剂			工况种类	工作温度/℃	制冷剂		
		R717	R12	R22			R717	R12	R22
标准工况	冷凝温度 t_k	30	30	30	最大压差工况	冷凝温度 t_k	40	50	40
	蒸发温度 t_0	-15	-15	-15		蒸发温度 t_0	-20	-30(-8)	-30
	过冷温度 t_{sc}	25	25	25		过冷温度 t_{sc}	40	50	40
	吸气温度 t_{sh}	-10	15	15		吸气温度 t_{sh}	-15	0(15)	15
空调工况	冷凝温度 t_k	40	40	40	最大功率工况	冷凝温度 t_k	40	50	40
	蒸发温度 t_0	5	5	5		蒸发温度 t_0	5(0)	10	5
	过冷温度 t_{sc}	35	35	35		过冷温度 t_{sc}	40	50	40
	吸气温度 t_{sh}	10	15	15		吸气温度 t_{sh}	10(5)	15	15

注：括号内的数字相当于最大压差≤980kPa 或最高蒸发温度为 0℃的压缩机工况。

表 1-2　容积式制冷压缩机及机组的名义工况

类别	蒸发温度①/℃	吸气温度/℃		冷凝器进、出口温度/℃			蒸发冷却式
		R22,R134a,R404A,R407C,R407E,R410A	R717	风冷式	水冷式		
				空气进入干球温度	进水温度	出水温度	空气湿球温度
高温	7	18	12	32	30	35	24
中温	-7	18	-2				
低温	-23	5	-15				

① 对非共沸制冷剂为吸气露点温度。

表 1-3　螺杆式制冷压缩机及机组名义工况

类型	吸气饱和(蒸发)温度/℃	排气饱和(冷凝)温度/℃	吸气温度②/℃	吸气过热度②/℃	过冷度/K
高温(高冷凝压力)	5	50	20	—	0
低温(低冷凝压力)		40			
中温(高冷凝压力)	-10	45	—	10 或 5①	
中温(低冷凝压力)		40			
低温	-35				

① 用于 R717。

② 吸气温度适用于高温名义工况，吸气过热温度适用于中温、低温名义工况。

表 1-4　活塞式单级制冷压缩机有机制冷剂的名义工况

类型	吸入饱和(蒸发)温度/℃	排出饱和(冷凝)温度/℃	吸入温度/℃	过冷度/K
高温	10	46	21	8.5
	7.0	54.5	18.5	8.5
中温	-6.5	43.5	4.5/18.5	0
低温	-31.5	40.5	4.5/-20.5	0

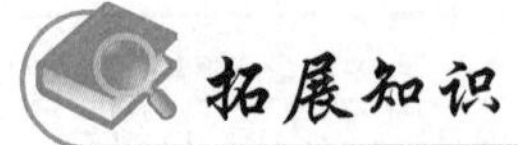

家用电冰箱制冷系统

家用电冰箱的制冷系统主要由压缩机、冷凝器、电磁阀、毛细管、蒸发器等组成。电冰箱的核心部件是压缩机，家用电冰箱压缩机采用全封闭式压缩机，电冰箱的制冷工作原理如下：

1）第一制冷回路A：压缩机→冷凝器→二位三通电磁阀→第一毛细管→冷藏室蒸发器→冷冻室蒸发器→压缩机。

2）第二制冷回路B：压缩机→冷凝器→二位三通电磁阀→第二毛细管→冷冻室蒸发器→压缩机。

典型的压缩式电冰箱制冷系统，如图1-13所示。

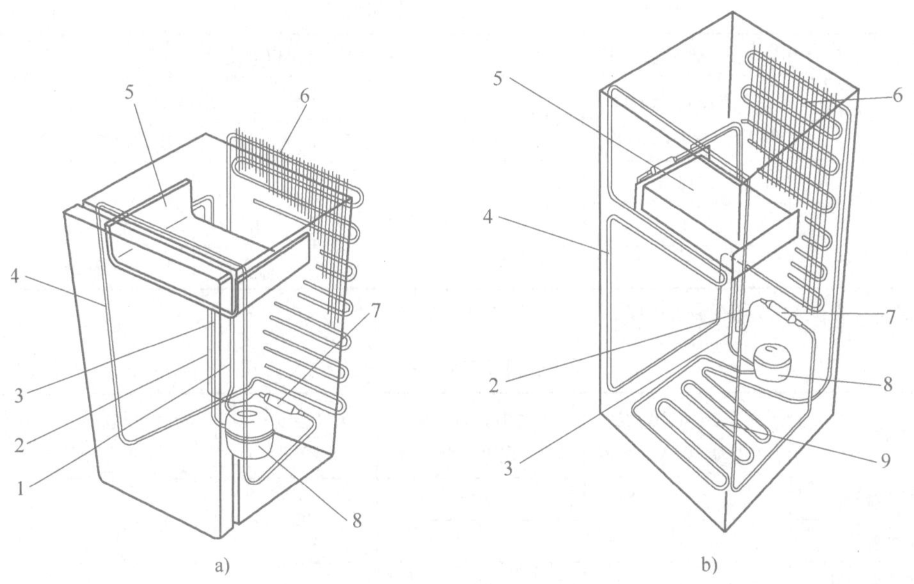

图1-13　冰箱制冷系统实际布置图

a）直冷式单门电冰箱制冷系统　b）间冷式双门双温电冰箱制冷系统

1—排气管　2—毛细管　3—吸气管　4—防露管　5—蒸发器　6—冷凝器　7—干燥过滤器　8—压缩机　9—加热板（副冷凝器）

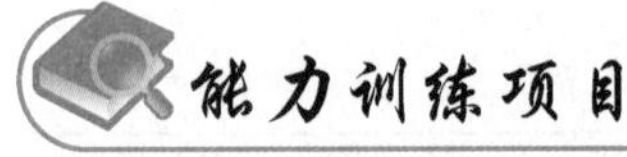

解析空调

结合你对空调器的了解，通过观察家用空调器的结构，说明其制冷循环过程，简要说明各主要制冷部件的位置及作用，如图1-14所示。

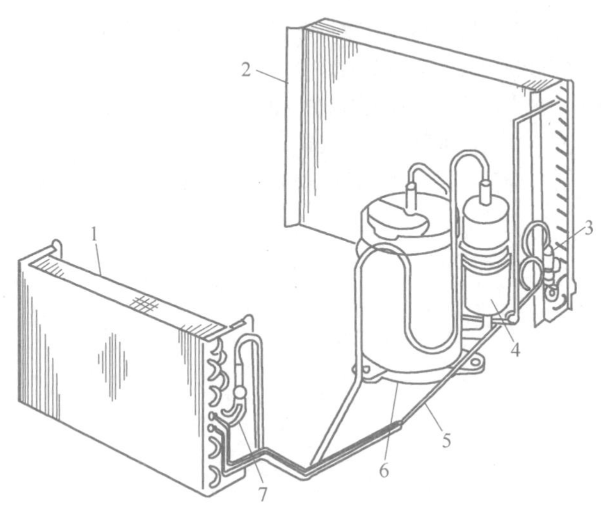

图 1-14　家用空调器结构

1—蒸发器　2—冷凝器　3—干燥过滤器　4—贮液器　5—毛细管　6—压缩机　7—分液器

复习思考题

1. 蒸气压缩式制冷循环系统主要由哪些部件组成？各有何作用？

2. 蒸发器内制冷剂的汽化过程是蒸发吗？

3. 制冷剂在蒸气压缩制冷循环中，热力状态是如何变化的？

4. 制冷剂在通过节流元件时压力降低，温度也大幅下降，可以认为节流过程近似为绝热过程，那么制冷剂降温时的热量传给了谁？

5. 单级蒸气压缩式制冷理论循环有哪些假设条件？

6. 试画出单级蒸气压缩式制冷理论循环的 $\lg p$-h 图，并说明图中各过程线的含义。

7. 已知工质 R22 的压力为 0.1MPa，温度为 10℃。求该状态下 R22 的比焓、比熵和比体积。

8. 已知工质 R134a 和表 1-5 填入的参数值，请查找 $\lg p$-h 图填入未知项。

表 1-5　工质 R134a 参数

p/MPa	t/℃	h/(kJ/kg)	v/(m^3/kg)	s/[kJ/(kg·K)]	x
0.3			0.1		
	−25				0.3
	70			1.25	

9. 有一个单级蒸气压缩式制冷系统，高温热源温度为 30℃，低温热源温度为−15℃，分别采用 R22 和 R717 为制冷剂，试求其工作时理论循环的性能指标。

10. 一台单级蒸气压缩式制冷机，工作在高温热源温度为 40℃，低温热源温度为−20℃，试求分别用 R134a 和 R22 工作时，理论循环的性能指标。

11. 有一单级蒸气压缩式制冷循环用于空调，假定为理论制冷循环，工作条件如下：蒸发温度 $t_0=5$℃，冷凝温度 $t_k=40$℃，制冷剂为 R134a。空调房间需要的制冷量是 3kW，试求：该理论制冷循环的单位质量制冷量 q_0、制冷剂质量流量 q_m、理论比功 w_0、压缩机消耗的理论功率 P_0、制冷系数 ε_0 和冷凝器热负荷 Q_k。

12. 单级蒸气压缩式制冷实际循环与理论循环有何区别？

13. 什么叫有效过热？什么叫有害过热？有效过热对哪些制冷剂有利，对哪些制冷剂无利？
14. 什么是回热循环？它对制冷循环有何影响？
15. 压缩机吸气管道中的热交换和压力损失对制冷循环有何影响？
16. 试分析蒸发温度升高、冷凝温度降低时，对制冷循环的影响。
17. 制冷工况指的是什么？为什么说一台制冷机如果不说明工况，其制冷量是没有意义的？

第2章　制冷剂与载冷剂

制冷剂是制冷机中的工作介质，故又称为制冷工质。制冷剂在制冷机中循环流动，在蒸发器内吸取被冷却物体或空间的热量而蒸发，在冷凝器内将热量传递给周围介质而被冷凝成液体，制冷系统借助于制冷剂状态的变化，实现制冷的目的。

载冷剂又称为冷媒，是在间接供冷系统中用以传递制冷量的中间介质。载冷剂在蒸发器中被制冷剂冷却后，送到冷却设备中，吸收被冷却物体或空间的热量，再返回蒸发器重新被冷却，如此循环不止，以达到传递制冷量的目的。

本章主要介绍制冷剂必备的特性以及常用制冷剂和载冷剂的主要性质。

2.1　制冷剂

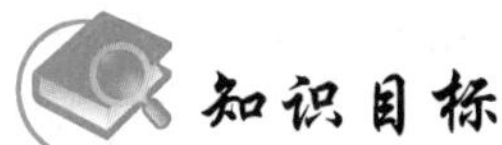

知识目标

1. 掌握制冷剂的特性、分类与命名。
2. 学会从环保、热力学性质、理化指标等方面考虑对制冷剂进行选择。
3. 了解新型制冷剂的替代路线和应用现状。

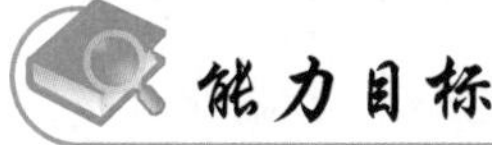

能力目标

1. 能够恰当选择制冷剂。
2. 能够掌握制冷剂的编号表示方法。

相关知识

蒸气压缩式制冷系统中的制冷剂是一种在系统中循环工作的、汽化和凝结交替变化，进行传递热量的工作流体。系统中的制冷剂在低压、低温下汽化吸热（实现制冷），而在高压、高温下凝结放热（蒸气还原为液体）。有适宜的压力和温度，并满足一定条件的可作为制冷剂的物质大约有几十种，常用的有十几种。在空调、冷藏中广泛使用的制冷剂只有几种。

2.1.1　制冷剂的种类与编号

1. 制冷剂的种类与分类

可作为制冷剂的物质较多，其种类如下：

1）无机化合物，如水、氨、二氧化碳等。

2）饱和碳氢化合物的氟、氯、溴衍生物，俗称氟利昂，主要是甲烷和乙烷的衍生物，如R12、R22、R134a等。

3）饱和碳氢化合物，如丙烷、异丁烷等。

4）不饱和碳氢化合物，如乙烯、丙烯等。

5）共沸混合制冷剂，如R502等。

6）非共沸混合制冷剂，如R407C等。

通常按照制冷剂的标准蒸发温度，将其分为三类，即高温、中温和低温制冷剂。所谓标准蒸发温度，是指在标准大气压力下的蒸发温度，也就是通常所说的沸点。

1）高温（低压）制冷剂。标准蒸发温度 $t_s>0℃$，冷凝压力 $p_k \leqslant 0.3MPa$。常用的高温制冷剂有R123等。

2）中温（中压）制冷剂。$0℃>t_s>-60℃$，$0.3MPa<p_c<2.0MPa$。常用的中温制冷剂有氨、R12、R22、R134a、丙烷等。

3）低温（高压）制冷剂。$t_s \leqslant -60℃$。常用的低温制冷剂有R13、乙烯、R744等。

2. 制冷剂的编号表示方法

（1）甲烷、乙烷、丙烷和环丁烷系的卤代烃以及碳氢化合物　规定的识别编号要使化合物的结构可以从制冷剂的编号推导出来，且不致产生模棱两可的判断。并且规定的制冷剂编号前面应加字母R。例如：R12、R500、R22/152a/114（36/24/40）和R717。在设备标牌上、样本以及使用维护说明书中应不使用商标和商品名表示制冷剂。

1）自右向左的第一位数字是化合物中氟（F）原子数。

2）自右向左的第二位数字是化合物中氢（H）原子数加1的数。

3）自右向左的第三位数字是化合物中碳（C）原子数减1的数。当该数字为零时，则不写。

4）自右向左的第四位数字是化合物中非饱和碳键的个数。当该数字为零时，则不写。

5）在溴部分和全部代替氯的情况下，仍然采用同样的规则，但要在原来氯-氟化合物的识别编号后面加字母B以表示溴（Br）的存在，字母B后的数字表示溴的原子个数。

6）化合物中氯（Cl）原子数，是从能够与碳（C）原子结合的原子总数中减去氟（F）、溴（Br）和氢（H）原子数的和后求得的。

对于饱和的制冷剂，连接的原子总数是 $2n+2$，其中 n 是碳原子数。对于单个不饱和的制冷剂和环状饱和制冷剂，连接的原子总数是 $2n$。

7）环状衍生物，在制冷剂的识别编号之前使用字母C。

8）乙烷系同分异构体都具有相同的编号，但最对称的一种用编号后面不带任何字母来表示。随着同分异构体变得越来越不对称时，就应附加a、b、c等字母。对称度是把连接到每个碳原子的卤素原子和氢原子的质量相加，并用一个质量总和减去所得的差值来确定，其差值绝对值越小，生成物就越对称。

9）丙烷系的同分异构体都具有相同编号，它们通过后面加上两个小写字母来区别。加的第一个字母表示中间碳原子（C2）上的取代基，见表2-1。

对环丙烷的卤代衍生物，用所连接原子的质量总和为最大的碳原子作为中心碳原子，对这些化合物，舍去第一个后缀字母。

表 2-1　丙烷同分异构体附加字母

同分异构体	附 加 字 母	同分异构体	附 加 字 母
CCl_2	a	CHCl	d
CClF	b	CHF	e
CF_2	c	CH_2	f

加的第二个字母表示两端碳原子（C1 和 C3）取代基的相对对称性，对称性取决于与“C1”和“C3”碳原子分别相连的卤素原子和氢原子质量总和，两个和之差绝对值越小，这个同分异构体越对称。但与乙烷系列不同，最对称的同分异构体具有第二个附加字母 a（乙烷系列同分异构体不加字母），按不对称顺序再附加字母（b、c 等）；如果没有同分异构体时，则省略附加字母，这时仅用制冷剂编号就明确地表示出分子结构；例如，$CF_3CF_2CF_3$ 编号为 R218，而不是 R218ca。

10）含溴的丙烷系的同分异构体不能由这个体系唯一命名。

这里规定的制冷剂编号前面加“C”表示有碳，加“B”“C”“F”或它们的组合说明含有溴、氯、氟元素。对于还含有氢的化合物应再加上字母“H”，以表明到达平流层前增长的分解潜力。例如 CFC-11、BCFC-12B1、HCFC-22、HC-50、CFC-113、HCFC-123、HFC-134a、HC-170 和 FC-C318。

（2）混合物　非共沸混合物和共沸混合物由制冷剂编号和组成的质量分数来表示。制冷剂应按其组分的标准沸点增高次序来标注。例如，制冷剂 R22 和 R12 按质量百分比 90/10 组成混合物时，可表示为 R22/12（90/10）；92%的 R502（R22 和 R115 的共沸混合物）和 8%的 R290（丙烷）的混合物表示为 R290/22/115（8/45/47）。

1）已经编号的非共沸混合物，依应用先后在 400 序号中顺次地规定其识别编号。该编号指明混合物的组分而没有各组分的量，各组分的量应按所述来表示，例如质量分数为 90/10 的 R12 和 R114 混合物应该是 R400（90/10）。

2）已经编号的共沸混合物，依应用先后在 500 序号中顺次地规定其识别编号。当编号确定后，就没有必要用括号附带说明其组成质量分数。

3）为区别组分相同而比例不同（质量分数）的混合物，应在识别编号之后加上大写字母 A、B、C……后缀。

（3）其他化合物　其他各种有机化合物规定按 600 序号编号，无机化合物按 700 序号编号。

1）有机化合物规定按 600 序号编号。

2）在无机化合物的 700 序号中，化合物的相对分子质量加上 700 就得出制冷剂的识别编号。无机化合物的制冷剂有氨（NH_3）、二氧化碳（CO_2）、水（H_2O）等，其中氨是常用的一种制冷剂。无机化合物的编号法则是 700 加化合物分子量（取整数）。如氨的编号为 R717，二氧化碳的编号为 R744。

制冷剂的种类很多，但目前在冷藏、空调、低温试验箱等的制冷系统中采用的制冷剂也就是 R22、R13、R134a、R123、R142、R502、R717 等十几种。

3）当两种或多种无机制冷剂具有相同的相对分子质量时，用 A、B、C 等字母予以区别。

2.1.2　对制冷剂的要求

制冷剂的性质将直接影响制冷机的种类、构造、尺寸和运转特性，同时也影响到制冷循环的形式、设备结构及经济技术性能。因此，合理地选择制冷剂是一个很重要的问题。通常对制冷剂的性能要求从热力学、物理化学、安全性和经济性方面加以考虑。

1. 热力学方面的要求

1）沸点低是一个必要的条件，这样可以获得较低的蒸发温度。

2）临界温度要高、凝固温度要低，以保证制冷机在较广的温度范围内安全工作。临界温度高的制冷剂在常温条件下能够液化，即可用普通冷却介质使制冷剂冷凝，同时能使制冷剂在远离临界点下节流而减少损失，提高循环的性能；凝固点低，可使制冷系统安全地获得较低的蒸发温度，使制冷剂在工作温度范围内不发生凝固现象。

3）制冷剂应具有适宜的工作压力，即蒸发压力要接近或略高于大气压力，但冷凝压力不能过高。尽可能使冷凝压力与蒸发压力的压力比（p_k/p_0）小。

4）制冷剂的汽化热要大，在一定的饱和压力下，制冷剂的汽化热大，可得到较大的单位制冷量。

5）对于大型制冷系统，制冷剂的单位容积制冷量应尽可能地大。在产冷量一定时，可减少制冷剂的循环量，从而缩小制冷机的尺寸和管道的直径。但对于小型制冷系统，要求单位容积制冷量小些，这样可不致于使制冷剂所通过的流道截面太窄而增加制冷剂的流动阻力、降低制冷机效率和增加制造加工的难度。

6）制冷剂的等熵指数应小些，可使压缩过程功耗减少，压缩终了时的排气温度不过高，从而改善运行性能和简化机器结构。

7）对于离心式制冷压缩机应采用相对分子质量大的制冷剂，因为相对分子质量大其蒸气密度也大，在同样的旋转速度时可产生较大的离心力，每一级所产生的压力比也就大。采用相对分子质量大的制冷剂，当制冷系统的压力比 p_k/p_0 一定时，所需要的离心式制冷压缩机的级数少。

2. 物理化学方面的要求

1）制冷剂的黏度尽可能小，黏度小可以减少流动阻力损失。

2）热导率要求高，可提高换热设备的传热系数，减少换热设备的换热面积。

3）制冷剂纯度要高。

4）制冷剂的热化学稳定性要好，高温下不易分解。制冷剂与油、水相混合时对金属材料不应有明显的腐蚀作用。对制冷机的密封材料的膨润作用要求尽可能小。

5）在半封闭和全封闭式制冷机中，电动机绕组与制冷剂、润滑油直接接触，因此，要求制冷剂具有良好的电绝缘性。

6）制冷剂溶解于油的不同性质表现出不同的特点。制冷剂在润滑油中的溶解性可分为完全溶解、微溶解和完全不溶解。

3. 安全性方面的要求

1）制冷剂在工作温度范围内不燃烧、不爆炸。

2）所选择的制冷剂无毒或低毒，相对安全性好。制冷剂的毒性、燃烧性和爆炸性都是评价制冷剂安全程度的指标，各国都规定了最低安全程度标准。

3）所选择的制冷剂应具有易检漏的特点，以确保运行安全。

4）泄漏的制冷剂与食品接触时，食品不会变色、变味，不会被污染及损伤组织。空调用制冷剂应对人体的健康无损害，无刺激性气味。

4. 经济性方面的要求

制冷剂的生产工艺应简单，以降低制冷剂的生产成本。总之，要求制冷剂“价廉、易得”。

2.1.3　常用制冷剂的性质

在蒸汽压缩式制冷系统中，能够使用的制冷剂有卤代烃类（即氟利昂）、无机物类、饱和碳氢化合物类等，目前使用最广泛的制冷剂有氟利昂、氨和氟利昂的混合溶液等。现将它们的主要性质介绍如下：

1. 水的特性（R718）

水属于无机物类制冷剂，是所有制冷剂中来源最为广泛、最为安全而便宜的工质。水的标准蒸发温度为 100℃，冰点为 0℃，适用于制取 0℃以上的温度。水无毒、无味、不燃、不爆，但水蒸汽的比体积大，蒸发压力低，使系统处于高真空状态（例如，饱和水蒸汽在 35℃时，比体积为 25m^3/kg，压力为 5650Pa；5℃时，比体积为 147m^3/kg，压力为 873Pa）。由于这两个特点，水不宜在压缩式制冷机中使用，只适合在空调用的吸收式和蒸气喷射式制冷机中作制冷剂。

2. 氨的特性（R717）

氨的标准蒸发温度为-33.4℃，凝固温度为-77.7℃，氨的压力适中，单位容积制冷量大，流动阻力小，热导率大，价格低廉，对大气臭氧层无破坏作用，故目前仍被广泛采用。氨的主要缺点是毒性较大、可燃、可爆、有强烈的刺激性臭味、等熵指数较大，若系统中含有较多空气时，遇火会引起爆炸，因此，氨制冷系统中应设有空气分离器，及时排除系统内的空气及其他不凝性气体。

氨与水可以以任意比例互溶，形成氨水溶液，在低温时水也不会从溶液中析出而造成冰堵的危险，所以氨系统中不必设置干燥器。但水分的存在会加剧对金属的腐蚀，所以氨中的含水量（质量分数）仍限制在小于或等于 0.2%的范围内。

氨在润滑油中的溶解度很小，油进入系统后，会在换热器的传热表面上形成油膜，影响传热效果，因此，在氨制冷系统中往往设有油分离器。氨液的密度比润滑油小，运行中油会逐渐积存在贮液器、蒸发器等容器的底部，可以较方便地从容器底部定期放出。

氨对钢铁不起腐蚀作用，但对锌、铜及铜合金（磷青铜除外）有腐蚀作用，因此，在氨制冷系统中，不允许使用铜及铜合金材料，只有连杆衬套、密封环等零件允许使用高锡磷青铜。目前氨用于蒸发温度在-65℃以上的大、中型单、双级制冷机中。

3. 氟利昂的特性

氟利昂是应用较广的一类制冷剂，目前主要用于中、小型活塞式及螺杆式制冷压缩机、空调用离心式制冷压缩机、低温制冷装置及其有特殊要求的制冷装置中。大部分氟利昂具有无毒或低毒，无刺激性气味，在制冷循环工作温度范围内不燃烧、不爆炸，热稳定性好，凝固点低，对金属的润滑性好等显著的优点。

1）R12 对大气臭氧层有严重破坏作用，并产生温室效应，危及人类赖以生存的环境，因此，它已受到限用与禁用。

R12 的标准蒸发温度为-29.8℃，凝固点为-155℃，可用来制取-70℃以上的低温。R12 无色、气味很弱、毒性小、不燃烧、不爆炸，但当温度达到 400℃以上、遇明火时，会分解出具有剧毒性的光气。R12 等熵指数小，所以压缩机的排气温度较低。单位容积制冷量小、相对分子质量大、流动阻力大、热导率较小。

2）R22 对大气臭氧层有轻微破坏作用，并产生温室效应。它将是第二批被列入限用与禁用的制冷剂之一。

R22 也是最为广泛使用的中温制冷剂，标准蒸发温度为-40.8℃，凝固点为-160℃，单位容积制冷量稍低于氨，但比 R12 大得多。压缩终温介于氨和 R12 之间，能制取-80℃以上的低温。

R22 无色、气味很弱、不燃烧、不爆炸、毒性比 R12 稍大，但仍属安全性制冷剂。它的传热性能与 R12 相近，溶水性比 R12 稍大，但仍属于不溶于水的物质。含水量（质量分数）仍限制在 0.0025%之内，防止含水量（质量分数）过多和冰堵所采取的措施，与 R12 系统相同。

R22 化学性质不如 R12 稳定。它的分子极性比 R12 大，故对有机物的膨润作用更强。密封材料可采用氯乙醇橡胶，封闭式压缩机中的电动机绕组可采用 QF 改性缩醛漆包线（F 级或 E 级）或 QZY 聚酯亚胺漆包线。

R22 能部分地与润滑油互溶，故在低温（蒸发器中）会出现分层现象，采用的回油措施与 R12 相同。R22 对金属的作用、泄漏性与 R12 相同。

R22 广泛用于冷藏、空调、低温设备中。在活塞式、离心式压缩机系统中均有采用。由于它对大气臭氧层仅有微弱的破坏作用，故可作为 R12 的近期过渡性替代制冷剂。

3）R142b 属标准蒸发温度较高（-9.25℃）的中温制冷剂，凝固点为-130.8℃，它的最大特点是在很高的冷凝温度下（例如 80℃），其冷凝压力并不高（1.35MPa），因此，适合于在热泵装置和高环境温度下的空调装置中使用。

R142b 与空气混合的体积分数在 10.6%~15.1%范围内，会发生爆炸。它对大气臭氧层仅有微弱的破坏作用，也将在第二批禁用名单中出现。

4）R134a 的标准蒸发温度为-26.5℃，凝固点为-101℃，属中温制冷剂，无色、无味、无毒、不燃烧、不爆炸。R134a 与矿物性润滑油不相溶，必须采用聚酯类合成油（如聚烯烃乙二醇）。它与丁腈橡胶不相溶，须改用聚丁腈橡胶作密封元件。它吸水性较强，且易与水反应生成酸，腐蚀制冷机管路及压缩机，故对系统的干燥度提出了更高的要求，系统中的干燥剂应换成 XH-7 或 XH-9 型分子筛，压缩机中的电动机绕组及绝缘材料需加强绝缘等级。R134a 对大气臭氧层无破坏作用，但仍有一定的温室效应（GWP 值约为 0.27）。

5）R600a 的标准蒸发温度为-11.7℃，凝固点为-160℃，属中温制冷剂。它对大气臭氧层无破坏作用，无温室效应，无毒，但可燃、可爆，在空气中爆炸的体积分数为 1.8%~8.4%，故在有 R600a 存在的制冷管路，不允许采用气焊或电焊。它能与矿物油互溶。汽化潜热大，故系统充灌量少。它的热导率高，压缩比小，对提高压缩机的输气系数及压缩机效率有重要作用且等熵指数小，排温低。它的单位容积制冷量仅为 R12 的 50%左右。它的工作压力低，低温下蒸发压力低于大气压力，因而增加了吸入空气的可能性。由于它具有极好的环境特性，对大气完全没有污染，价格便宜，故目前广泛被采用，作为 R12 的替代工质之一。

6）R123 的标准蒸发温度为 27.9℃，凝固温度为-107℃，属高温制冷剂。相对分子质量大（152.9），适用于离心式制冷压缩机。R123 有侵蚀性，故橡胶材料（如密封垫片）必须更换成与 R123 相容的材料。它与矿物油能互溶并具有一定毒性，其允许暴露值为 30×10^{-6}。R123 传热系数较小，具有优良的大气环境特性（ODP=0.02，GWP=0.02）。

4. 碳氢化合物的特性

丙烷（R290）是较多采用的碳氢化合物。它的标准蒸发温度为-42.2℃，凝固温度为-187.1℃，属中温制冷剂。它广泛存在于石油、天然气中，成本低、易于获得。它与目前广泛使用的矿物油相溶。R290 对干燥剂、密封材料无特殊要求；汽化热大，热导率高，故可减少系统充灌量。它的流动阻力小，压缩机排气温度低。但它易燃易爆，空气中可燃极限为体积分数 2%～10%，故对电子元件和电气部件均应采用防爆措施。如果在 R290 中混入少量阻燃剂（例如 R22），则可有效地提高空气中的可燃极限。R290 化学性质很不活泼，难溶于水；大气环境特性优良（ODP=0，GWP=0.03），是目前被研究的替代工质之一。

除丙烷外，通常用作制冷剂的碳氢化合物还有乙烷（R170）、丙烯（R1270）、乙烯（R1150）。这些制冷剂的优点是易于获得、价格低廉、凝固点低、对金属不腐蚀、对大气臭氧层无破坏作用。但它们的最大缺点是易燃、易爆，因此，使用这类制冷剂时，系统内应保持正压，以防空气漏入系统而引起爆炸。它们均能与润滑油相溶，使润滑油黏度降低，故需选用黏度较大的润滑油。

丙烯、乙烯是不饱和碳氢化合物，化学性质活泼，在水中溶解度极小，易溶于酒精和其他有机溶剂。

乙烷、乙烯属低温制冷剂，临界温度都很低，常温下无法使它们液化，故限用于复叠式制冷系统的低温部分。

表 2-2 列出了一些制冷剂的热力性质。

表 2-2　制冷剂的热力性质

制冷剂	化学式	符号	相对分子质量	标准蒸发温度/℃	临界温度/℃	临界压力/MPa	临界比体积/(L/kg)	凝固温度/℃
水	H_2O	R718	18.02	100.0	374.12	22.12	3.0	0.0
氨	NH_3	R717	17.03	-33.35	132.4	11.29	4.130	-77.7
二氧化碳	CO_2	R744	44.01	-78.52	31.0	7.38	2.456	-56.6
一氟三氯甲烷	$CFCl_3$	R11	137.39	23.7	198.0	4.37	1.805	-111.0
二氟二氯甲烷	CF_2Cl_2	R12	120.92	-29.8	112.04	4.12	1.793	-155.0
三氟一氯甲烷	CF_3Cl	R13	104.47	-81.5	28.27	3.86	1.721	-180.0
二氟一氯甲烷	CHF_2Cl	R22	86.48	-40.8	96.0	4.986	1.905	-160.0
三氟三氯乙烷	$C_2F_3Cl_3$	R113	187.39	47.68	214.1	3.415	1.735	-36.6
四氟二氯乙烷	$C_2F_4Cl_2$	R114	170.91	3.5	145.8	3.275	1.715	-94.0
五氟一氯乙烷	C_2F_5Cl	R115	154.48	-38.0	80.0	3.24	1.680	-106.0
三氟二氯乙烷	$C_2HF_3Cl_2$	R123	152.9	27.9	183.9	3.673	1.82	-107
四氟乙烷	$C_2H_2F_4$	R134a	102.0	-26.5	100.6	3.944	2.05	-101.0
二氟一氯乙烷	$C_2H_3F_2Cl$	R142b	100.48	-9.25	136.45	4.15	2.349	-130.8
二氟乙烷	$C_2H_4F_2$	R152a	66.05	-25.0	113.5	4.49	2.740	-117.0
丙烷	C_3H_8	R290	44.10	-42.17	96.8	4.256	4.46	-187.1
异丁烷	C_4H_{10}	R600a	58.13	-11.73	135.0	3.645	4.326	-160
乙烯	C_2H_4	R1150	28.05	-103.7	9.5	5.06	4.62	-169.5

2.1.4 CFCs、HCFCs 的限制与替代

1. 问题的提出

CFCs 又称为氯氟烃，是氟利昂制冷剂家族中的一员。由于 CFCs 物质对大气臭氧层有严重破坏作用，所以提出了对它的限用与禁用，但决不意味着整个氟利昂家族成员都对大气臭氧层有破坏作用，把对 CFCs 物质的限用与禁用误认为是对氟利昂的限用与禁用是不恰当的。

早在 1974 年，美国加利福尼亚大学的莫莱耐博士和罗兰特教授就指出，氯氟碳化物扩散至同温层时，会被太阳的紫外线照射而分解，放出氯原子，与同温层中的臭氧进行连锁反应，使臭氧层遭到破坏，危及人类健康及生态平衡。

研究表明，当 CFCs 受强烈紫外线照射后，将产生下列反应（以 CFC12 为例）

$CF_2Cl_2 \xrightarrow{紫外线} CF_2Cl+Cl$；$Cl+O_3 \longrightarrow ClO+O_2$；$ClO+O \longrightarrow Cl+O_2$

循环反应产生的氯原子不断地与臭氧分子作用，一个氯氟烃分子，可以破坏成千上万个臭氧分子，使臭氧层出现“空洞”，这一现象已被英国南极考察队和卫星观测所证实。据 UNEP（联合国环境规划署）提供的资料，臭氧每减少 1%，紫外线辐射量约增加 2%。臭氧层的破坏将导致：①危及人类健康，可使皮肤癌、白内障的发病率增加，破坏人体免疫系统。②危及植物及海洋生物，使农作物减产，不利于海洋生物的生长与繁殖。③产生附加温室效应，从而加剧全球气候转暖过程。④加速聚合物（如塑料等）的老化。因此，保护臭氧层已成为当前一项全球性的紧迫任务。

2. CFCs、HCFCs 的限用与禁用

自从发现 CFCs 进入同温层会破坏臭氧层以来，国际上多次召开会议，明确保护臭氧层的宗旨和原则。1987 年 9 月，有 23 个国家外长签署了《关于消耗臭氧层物质的蒙特利尔议定书》，规定了消耗臭氧层的化学物质生产量和消耗量的限制进程。受控制的化学物质见表 2-3。

表 2-3　受控制的消耗臭氧层物质

类　别	物　质	类　别	物　质
第一类（氯氟烷烃）	$CFCl_3$（CFC11） CF_2Cl_2（CFC12） $C_2F_3Cl_3$（CFC113） $C_2F_4Cl_2$（CFC114） C_2F_5Cl（CFC115）	第二类（溴氟烷烃）	CF_2BrCl（哈隆 1211） CF_3Br（哈隆 1301） $C_2F_4Br_2$（哈隆 2402）

随着保护臭氧层的日益紧迫，国际上又先后通过《伦敦修正书》《哥本哈根修正案》《维也纳修正书》等，对蒙特利尔议定书所列控制物质的种类、消费量基准和禁用时间等作了进一步的调整和限制。控制物质除表 2-3 所列之外，又增添了 CFC13 等 12 种物质，进一步明确 HCFC22、HCFC123、HCFC142 等 34 种 HCFCs 物质（一系列制冷剂的代称）为过渡性物质。

对于 CFCs 类物质，发达国家已从 1996 年 1 月 1 日起禁止生产和使用。中国对表 2-3 中的第一类物质规定，自 2010 年 1 月 1 日起，完全停止生产和消费。

对于 CFCs 类物质，表 2-4 列出了发达国家的禁用时间表。对于发展中国家，则规定 2016 年 1 月 1 日起，冻结在 2015 年的消费水平上，并于 2040 年 1 月 1 日起，禁止生产和使用。由于发达国家已禁用 CFCs 类物质，我国现在已成为世界上消耗臭氧层物质生产量和消费量最大的国家，占全球总消费量的一半以上。

表 2-4　HCFC 禁用时间表（发达国家）

《蒙特利尔议定书》缔约国	1996. 1. 1，以 1989 年的 HCFC 消费量加 2. 8%CFC 消费量的总和（折合到 ODS 吨）作为基准加以冻结；2004. 1. 1，削减 35%；2010. 1. 1，削减 65%；2015. 1. 1，削减 95%；2020. 1. 1，削减 99. 5%（0. 5%仅用于现有设备的维修）；2030. 1. 1，削减 100%
美国	2003. 1. 1，禁止 HCFC141b 用于发泡剂；2010. 1. 1，冻结 HCFC22 和 HCFC142b 的生产；不再制造使用制备 HCFC22 的新设备；2015. 1. 1，冻结 HCFC123 和 HCFC124 的生产；2020. 1. 1，禁用 HCFC22 和 HCFC141b；不再制造使用制备 HCFC123 和 HCFC124 的新设备；2030. 1. 1，禁用 HCFC123 和 HCFC124
欧盟部分成员国	2000. 1. 1，削减 50%；2004. 1. 1，削减 75%；2007. 1. 1，削减 90%；2015. 1. 1，削减 100%
瑞士、意大利	2000. 1. 1，禁用 HCFC
德国	2000. 1. 1，禁用 HCFC22
瑞典、加拿大	2010. 1. 1，禁用 HCFC

物质对臭氧层破坏作用的大小，是以其大气臭氧层损耗的潜能值（缩写为 ODP 值）的大小来衡量的，并以 CFC11 为基准，规定 CFC11 的 ODP 值为 1。温室效应的定量评价，是以全球温室效应潜能值（缩写为 GWP 值）来表示的。其大小是相对于 CO_2 的温室效应而言的，规定 CO_2 的 GWP 值为 1（ GWP 值也可以以 CFC11 为准，得出另一套数据）。某些物质的 ODP 值及 GWP 值见表 2-5。

表 2-5　某些物质的 ODP 值及 GWP 值

物　质	ODP 值(R11=1)	GWP 值(CO_2=1)	是否受控物质
CFC12(R12)	1. 0	4500	是
HCFC22(R22)	0. 05	510	(否)
HFC32(R32)	0	—	否
CFC113(R113)	0. 8	2100	是
CFC114(R114)	1. 0	5500	是
CFC115(R115)	0. 6	7400	是
HCFC123(R123)	0. 02	29	(否)
HCFC124(R124)	0. 02	150	(否)
HFC125(R125)	0	860	否
HFC134a(R134a)	0	420	(否)
HCFC141b(R141b)	0. 08	150	(否)
HCFC142b(R142b)	0. 08	540	(否)
HFC143a(R143a)	0	1800	是
HFC152a(R152a)	0	47	否
HC600a(R600a)	0	15	否

注：（否）为过渡性物质。

目前，ODP≤0.05，GWP≤750 的制冷剂被认为是可以接受的。

3. 替代制冷剂的研究动向

CFCs 的禁用使全球制冷、空调行业面临一场新的挑战，各国相继开展寻找替代物的研究。理想替代制冷剂除应有较低的 ODP 值和 GWP 值外，还应具有良好的使用安全性（如无毒、不燃、不爆等）、经济性、优良的热物性（如饱和压力适中、容积制冷量大、低能耗、合适的临界温度和标准蒸发温度、低黏度、高热导率等）、与润滑油的可溶性、与水的溶解性、高电绝缘强度、低凝固点、对金属与非金属材料无腐蚀以及易检漏等。

为了适应环保的需要，特别是为了适应保护臭氧层的需要，近年来，制冷空调行业已作了积极响应，采取了许多措施和行动。从目前情况分类，替代工质有许多种，大致归纳如图 2-1 所示。潜在的替代物有合成的和天然的两种。合成的替代物有 HFC，天然的有氨（NH_3）、二氧化碳（CO_2）、水、碳氢化合物等。表 2-6 列出按用途分类的绿色环保制冷剂的替代趋势。

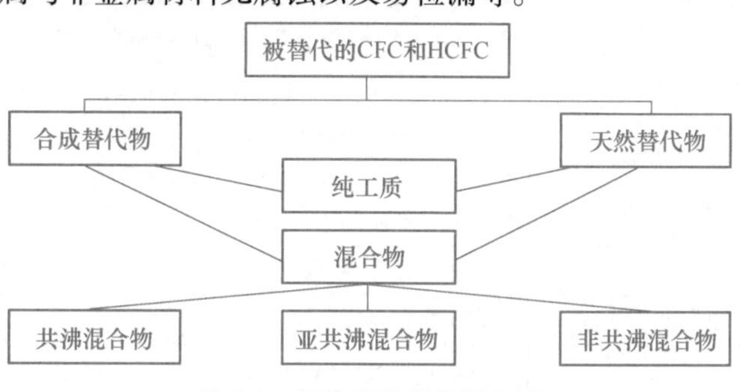

图 2-1　制冷剂替代物示意图

表 2-6　绿色环保制冷剂的替代趋势

制冷用途	原制冷剂	制冷剂替代物
家用和楼宇空调系统	HCFC22	HFC 混合制冷剂
大型离心式冷水机组	CFC11	HCFC123
	CFC12，R500	HFC134a
	HCFC22	HFC 混合制冷剂
低温冷冻冷藏机组和冷库	CFC12	HFC134a
	R502，HCFC22	HCFC22，HFC 或 HCFC 混合制冷剂
	NH_3	NH_3
冰箱冷柜、汽车空调	CFC12	HFC134a
		HC 及其混合物制冷剂
		HCFC 混合制冷剂

（1）CFC12（R12）的替代　CFC12 被研究的替代制冷剂中，有单一制冷剂，也有混合制冷剂。单一制冷剂主要有 R134a、R152a、R600a、R290 等。混合制冷剂主要有 R22/R152a、R22/R152a /R124、R290/R600a 等。最受关注的是 R134a 和 R600a 制冷剂。在美国与日本，替代物几乎全部为 R134a。在欧洲如德国、意大利等，R600a 则有更大的市场。中国的家用制冷工业中，R134a 及 R600a 均被推荐为 R12 的替代制冷剂。在汽车空调上，全世界的生产厂商均一致选用 R134a 作为替代制冷剂。

R12、R134a、R600a 制冷剂的部分物性参数及性能对比列于表 2-7。

R134a 的 ODP＝0，GWP＝420，不可燃，无毒、无味，使用安全，其热物理性质与 R12 十分接近，目前已达到商品化生产要求。试验研究表明：在家用冰箱中用 R134a 替代 R12

后，制冷量下降，能耗比增加，但其热工性能及安全性能仍能符合《家用和类似用途制冷器具》（GB/T 8059—2016）的要求，冷却速度及耗电量均达到轻工行业A级指标。如果针对R134a的特性，进一步对压缩机加以改进，能耗比还可往下降，甚至可优于R12。

表2-7 R12、R134a、R600a制冷剂部分物性参数及性能对比

制冷剂代号	R12	R134a	R600a
相对分子质量	120.92	102.0	58.13
标准蒸发温度/℃	-29.8	-26.5	-11.7
燃烧极限(体积分数)(%)	无	无	1.8~8.4
ODP值	1.0	0	0
GWP值	4500	420	15
冷凝压力(40℃时)/MPa	1.01	1.02	0.53
蒸发压力(-30℃时)/MPa	0.10	0.084	0.047
理论排气温度/℃	120~125	125~130	100~105
液体密度(-25℃时)/(kg/m^3)	1472.0	1371.0	608.3
润滑油	矿物油	酯类油	矿物油
对杂质的敏感性	敏感	高度敏感	敏感
溶水性	极微	易溶	极微
真空度要求	一般	较高	一般
材料兼容性	好	不好	好

进一步研究表明，使用R12的冰箱中用的润滑油、干燥剂、橡胶和电动机绝缘漆都不适用于R134a，替换时必须改用酯类油或聚二醇（PAG）油。由于新润滑油具有极强的吸水性，且易与水反应生成酸，对系统产生腐蚀，故除在生产过程中严格控制系统内含水量外，还应更换吸水性更强的XH-7或XH-9型分子筛。压缩机电动机线圈及绝缘材料必须加强绝缘等级，严防腐蚀。R134a用于汽车空调时，由于压缩机的性能系数（COP值）较低，应强化冷凝器和蒸发器的传热，以达到提高COP值的目的。

R600a的ODP=0，GWP=15，环保性能好，易于获得，成本低，运行压力低，噪声小，能耗可下降5%~10%，对制冷系统材料无特殊要求，润滑油可与R12通用。但R600a易燃、易爆，用于冰箱时，电器件应采用防爆型，避免产生火花。除霜系统（用于无霜冰箱时）可采用电阻式接触加热方式，使其表面温度远低于R600a的燃烧温度（494℃）。压缩机必须采用适合于R600a的专用压缩机。R600a的单位容积制冷量比R12低，要求压缩机的排气量至少增加1倍。试验结果表明：与R12相比，压缩机的耗电量降低约12%，噪声降低约2dB(A)。

用R152a替代R12后，压缩机的能耗仅降低3%~7%，单位容积制冷量下降，排气温度高，具有中等程度的可燃性，故其推广使用受到一定限制。

R22/R152a属近共沸混合制冷剂，替代后原有制冷系统不必作重大变动，泄漏对成分影响较小，在配比为50∶50（质量比）下，ODP=0.05，GWP=105，均在可接受的范围之内。在选择合适配比后，具有较优良的热工性能，冷却速度快，耗电量略有下降。但它仍具有排气温度高、单位容积制冷量小、溶油性差、可燃等一系列缺陷，有待进一步研究和改进。

对于食品的冷冻与冷藏设备，制冷量为1~12kW的小型制冷设备，可选择R22替代R12；制冷量在12~72kW的制冷机，可选择R22或R717（氨）来替代。对于单元式空调器中制冷量在22~140kW的空调器，可选择R22替代R12。对于运输用冷藏设备，则可以选择R22或R134a替代R12。

（2）HCFC22(R22）的替代　HCFC22具有优良的热力性质，对矿物油等具有相溶性，因此，目前几乎所有的空调机组中都使用R22作为制冷剂。但R22对大气臭氧层仍有一定的破坏作用，它已被列入过渡性物质之列，寻找R22的替代物也就成为当今世界的热门课题。

到目前为止，已被研究的替代物主要有R134a、R290、R410A、R407C、R32/R134a等。遗憾的是这些替代物的制冷量和效率均比R22低，必须对系统及设备加以改进，才有可能达到与R22同样的效果。

R410A是近共沸混合制冷剂，是由质量分数为50%的R32和质量分数为50%的R125组成。它的ODP=0，同温度下它的压力值比R22约高60%，因而制冷系统中的各设备及连接管路应重新设计。R410A单位容积制冷量较大，传热性能及流动特性较好，COP值较R22略低。

R407C是非共沸混合制冷剂，是由质量分数为23%的R32、25%的R125和52%的R134a组成。它的ODP=0，同温度下它的压力比R22大10%左右。由于是非共沸混合工质，在换热器中存在明显的温度梯度，加上传热性能较差，为达到与R22同样的制冷量，冷凝器和蒸发器的面积将需有较大的增加。R407C单位容积制冷量大，但较R41A小，COP值也略有下降。

随着CFC、HCFC禁用的提出，人们对替代制冷剂的研究方兴未艾，可以预见，新的替代制冷剂将会不断地被研究和开发。但在商业化之前，成分的可燃性、材料的相容性、润滑油、干燥剂、成分的迁移、压缩机和换热器的设计、生产和维修等一系列问题，必须得到解决。在研究替代制冷剂的同时，在制冷方式的替代研究方面也较为活跃，如吸收式制冷、吸附式制冷、磁制冷、脉管制冷、涡流管制冷等，均在进一步研究之中。另外，对现有蒸气压缩式制冷系统，如何提高系统的密封性，强化传热、传质过程，以减少传热面积，进而减少系统中制冷剂的充灌量，提高操作和维修水平，防止和减少CFCs、HCFCs的泄漏，以及提高制冷剂的回收技术等，均可减少CFCs、HCFCs向大气的排放量，使臭氧层的破坏得到缓解和控制。

2.1.5　天然制冷剂的推广

氨（NH_3）是一种传统工质，其优点是ODP=0，GWP=0，价格低廉、能效高、传热性能好，且易检漏、含水量余地大、管径小，但其毒性需认真对待，而100多年使用的历史表明，NH_3的安全记录是好的，今后必须找到更好的安全办法，如减少充灌量、采用螺杆式压缩机、引入板式换热器等。然而，其油溶性、与某些材料不相容性、高的排气温度等问题也需合理解决。由此看来，NH_3会有更大的空调市场份额。

另一种传统天然工质是二氧化碳（CO_2），现已引起注意，其优点是ODP=0，GWP值为1。主要问题是其临界温度低（31℃），因此能效低，而且它是一种高压制冷剂，系统的压力较现有的制冷剂高很多。CO_2制冷剂可能应用的领域有以下三个方面：第一是CO_2超临界循环的汽车空调。由于其压比低，使压缩机效率高，高效换热器的采用也对提高其能效作

出贡献。此外，CO_2 系统在热泵方面的特殊优越性，可以解决现代汽车冬天不能向车厢提供足够热量的缺陷。第二是 CO_2 热泵热水加热器，由于 CO_2 在高压侧具有较大变化（约 80~100℃）的放热过程，适用于加热水。第三是在复叠式制冷系统中，CO_2 用作低压级制冷剂，高压级则用 NH_3 或 HFC134a 作制冷剂。

从空调制冷行业来看，要求在 2040 年实现 HCFC22 的替代，注意开发 HFC 制冷剂的利用技术，同时考虑保护臭氧层和气候变暖的问题，应该加强低 GWP 值，高效节能的新制冷剂的跟踪、开发和利用，包括 HCFC123 制冷剂替代物的评价和探索，提高能效和减少泄漏技术的开发和研究。

2.2　载冷剂

知识目标

1. 了解载冷剂的选择要求和选择方法。
2. 掌握常用载冷剂的特性。

能力目标

能够恰当选择载冷剂。

相关知识

在盐水制冰、冰蓄冷集中空调等需要采用间接冷却方法的运作过程中，需使用载冷剂来传送冷量。载冷剂在制冷系统的蒸发器中被冷却后，用来冷却被冷却物质，然后再返回蒸发器，将热量传递给制冷剂。载冷剂起到了运载冷量的作用，故又称为冷媒。这样既可减少制冷剂的充灌量，减少泄漏的可能性，又易于解决冷量的控制和分配问题。

2.2.1　载冷剂与载冷剂循环特点

载冷剂是在间接冷却的制冷装置中完成把被冷却系统（物体或空间）的热量传递给制冷剂的中间冷却介质。这种中间冷却介质也称为第二制冷剂（Secondary Refrigerant）。

载冷剂的循环是在蒸发器中被制冷剂冷却并送到冷却设备中吸收被冷却系统的热量，然后返回蒸发器将吸收的热量传递给制冷剂，而载冷剂重新被冷却；如此循环，以达到连续制冷的目的。

使用载冷剂能使制冷剂集中在较小的循环系统中，而将冷量输送到较远的冷却设备中，可减少制冷剂的循环量，解决某些直接冷却的制冷装置难以解决的问题；并且使用载冷剂能使某些毒性较大或刺激性气味较强的制冷剂远离使用环境，增强制冷系统的安全性。载冷剂是依靠显热来运载冷量的，这是与制冷剂依靠汽化热来制冷的最大区别。由于使用了载冷剂，增加了制冷系统的复杂性，同时，制冷循环从低温热源获得热量时存在二次传热温差，即载冷剂与被冷却系统和载冷剂与制冷剂之间的传热温差，增大了制冷系统的传热不可逆损失，降低了制冷循环的制冷效率，所以说间接制冷系统只有在为了满足特殊要求时才采用。

2.2.2　载冷剂的选择要求和选择方法

选择理想的载冷剂，应具备下列基本条件：

1）载冷剂是依靠显热来运载热量的，所以要求载冷剂在工作温度下处于液体状态，不发生相变。要求载冷剂的凝固温度至少比制冷剂的蒸发温度低4~8℃，标准蒸发温度比制冷系统所能达到的最高温度高。

2）比热容要大，在传递一定热量时，可使载冷剂的循环量小，使输送载冷剂的泵耗功减少，管道的耗材量减少，从而提高循环的经济性；另外，当一定量的流体运载一定量的热量时，比热容大能使传热温差减小。

3）热导率要大，可增加传热效果，减少换热设备的传热面积。

4）黏度要小，以减少流动阻力和输送泵功率。

5）化学性能要求稳定。载冷剂在工作温度内不分解；不与空气中的氧化合；不改变其物理化学性能；不燃烧、不爆炸，挥发性要小；如在特殊情况下，必须使用有燃烧性、有挥发性的载冷剂时，其闪点须高于65℃；载冷剂与制冷剂接触时化学性质应稳定，不发生化学变化。

6）要求对人体和食品、环境，无毒、无害，不会引起其他物质的变色、变味、变质。

7）要求不腐蚀设备和管道，如果载冷剂稍带腐蚀性时，应能添加缓蚀剂阻滞腐蚀。

8）要求价格低廉，易于获得。

在实际工程中使用的载冷剂有：水、氯化钠盐水溶液、氯化钙盐水溶液、丙三醇水溶液（甘油水溶液）、乙二醇水溶液、甲醇、乙醇、丙酮、三氯乙烯、二氯甲烷、四氟三溴乙烷和三氯氟甲烷等。

虽然可用作载冷剂的物质很多，但是在某一温度范围内，适用的载冷剂种类并不多。所以，在实际工程设计时，当载冷剂系统的工作温度和使用目的确定之后，只需在几种载冷剂中进行比较选择。适合于某一温度范围内工作和使用目的，是选择载冷剂的两个主要方面，具体选择办法是：

1）蒸发温度在5℃以上的载冷剂系统，一般都采用水作载冷剂。水具有许多优良特点，但是水的凝固点高，这就大大限制了水在制冷工程中作为载冷剂的使用范围。在空调系统中用水作载冷剂是理想的。

2）蒸发温度在-50~5℃的范围内，一般可采用氯化钠盐水溶液或氯化钙盐水溶液作载冷剂。由于共晶点的限制，氯化钠盐水溶液用于-16~5℃的场合；而氯化钙盐水溶液可用于-50~5℃的系统中。

用盐水溶液作载冷剂，在制冷工程中是相当普遍的，如制冰、制冷饮制品、酒类生产及其他工业生产中等。盐水溶液的最大缺点是对金属有腐蚀作用，当泄漏时会对食品有一定的影响，所以在不便维修或不便更换设备及管道的场合、某些特定食品的加工工艺中，可采用乙二醇水溶液、丙三醇水溶液、酒精水溶液等作为载冷剂；另外，也可用三氯乙烯、二氯甲

烷等物质来代替氯化钙盐水溶液。

3）当载冷剂系统的工作温度范围较广，既需要在低温下工作，又需要在高温下工作时，应选择能同时满足高、低温要求的物质作载冷剂。这时载冷剂应具备凝固点低，标准蒸发温度高的特性。例如，在具有 50℃温度要求的环境试验室和需冷却到-50℃也需加热到 60~70℃的生物药品、疫苗等生产中的冷冻干燥装置中，应选用三氯乙烯（标准蒸发温度 87.2℃），不能采用二氯甲烷（标准蒸发温度 40.2℃）。

4）当蒸发温度低于-50℃时，可采用凝固点更低的有机化合物作载冷剂。例如，三氯乙烯、二氯甲烷、三氯氟甲烷、乙醇、丙酮等。这些物质的沸点也较低，一般需采用封闭式系统，以防溶液泵气蚀、载冷剂汽化以及减少冷量损失。

2.2.3　常用载冷剂的特性

常用的载冷剂有空气、水、盐水和有机物等。

1. 空气

空气作为载冷剂在冷库及空调中多有采用。空气比热容较小，所需传热面积较大。

2. 水

水作为载冷剂只适用于载冷温度在 0℃ 以上的场合，空调系统中多有采用。水在蒸发器中得到冷却，然后再送入风机盘管内或直接喷入空气，对空气进行温、湿度调节。水作为载冷剂具有以下优点：

1）水的凝固点为 0℃，标准蒸发温度为 100℃。

2）水的密度小，黏度小，水的流动阻力小，所采用的设备尺寸较小。

3）水的比热容大，传热效果好，循环水量少。

4）水的化学稳定性好，不燃烧、不爆炸，纯净的水对设备和管道的腐蚀性小，系统安全性好。水无毒，对人、食品和环境都是绝对无害的，所以在空调系统中，水不仅可作为载冷剂，也可直接喷入空气中进行调湿和洗涤空气。

水的缺点是凝固点高，限制了它的应用范围，并且在作为接近 0℃的载冷剂使用时，应注意壳管式蒸发器等换热设备的防冻措施。

3. 盐水溶液

盐水溶液有较低的凝固温度，适用于中、低温制冷装置中运载冷量。通常采用氯化钠（NaCl）、氯化钙（$CaCl_2$）、氯化镁（$MgCl_2$）水溶液。

盐水的性质和含盐量的大小有关。也可以说，盐水的凝固点取决于盐水的浓度。图 2-2 表示了盐水凝固点与浓度[㊀]的关系。当盐水浓度为 ξ_1（$\xi_1<\xi_E$）时，冷却到 0℃时并不凝固，继续冷却到低于 0℃的 t_B 时，若再取出热量，即开始凝固，在 B 点开始形成冰的结晶，溶液中的水以冰的形式析出，剩余溶液的浓度升高。故把 aBE 线称为析冰线。进一步降低温度，冰析

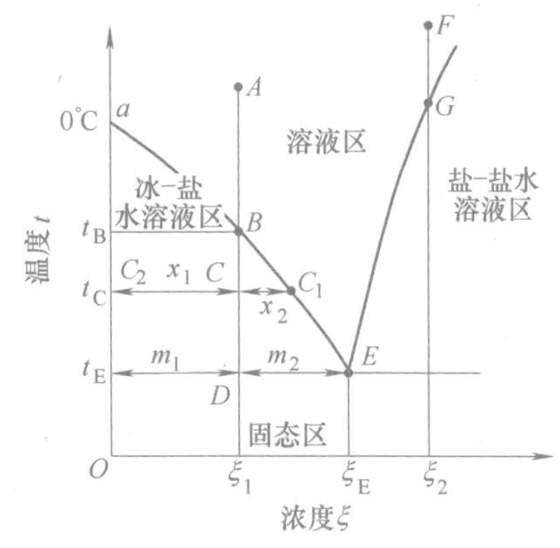

图 2-2　盐水的凝固点与盐水浓度的关系

㊀ 浓度是制冷专业的习惯用词，实际上是指物质的质量分数，全书同。——编者注

出量更加增多，冰与载冷剂溶液是雪融状。当温度到达 t_C（C 点）时，此处是 C_2 的冰和 C_1 的溶液（浓度为 ξ_{c_1}）相混合状态，其冰的质量与载冷剂溶液质量之比等于 x_2 与 x_1 之比。温度再下降到 t_E（E 点）时，全部溶液都冻结成固体，即变成 m_2 的冰和 m_1 的盐水共晶体，t_E 称为该盐水的共晶点温度，ξ_E 称为共晶浓度，E 点称为共晶点。氯化钠盐水的共晶点是 -21.2℃，共晶浓度为 22.4%（100kg 盐水中含有 22.4kgNaCl）；氯化钙盐水的共晶点是 -55℃，共晶浓度为 29.9%（100kg 盐水中含有 29.9kg$CaCl_2$）。

如果盐水溶液初始浓度为 ξ_2（$\xi_2>\xi_E$），则温度降至 t_G（G 点）时不是结冰，而是析出盐，使剩余溶液的浓度降低，故把 GE 线称为析盐线。由此可见，盐水的凝固点取决于盐水的浓度。浓度增加，则凝固点下降，当浓度增大至共晶浓度 ξ_E 时，凝固点下降到最低点，即共晶点温度（t_E），若浓度再增大，则凝固点反而升高。同时，可以看出，曲线将图分为四区，即溶液区、冰-盐水溶液区、盐-盐水溶液区、固态区。

盐水作载冷剂时应注意几个问题：

1）要合理地选择盐水的浓度。盐水浓度增高，将使盐水的密度增大，会使输送盐水的泵的功率消耗增大；而盐水的比热容却减少，输送一定制冷量所需的盐水流量将增多，同样增加泵的功率消耗。因此，不应选择过高的盐水浓度，而应根据使盐水的凝固点低于载冷剂系统中可能出现的最低温度的原则来选择盐水浓度。目前，一般的选法是，选择盐水的浓度使凝固点比制冷装置的蒸发温度低 5~8℃（采用水箱式蒸发器时取 5~6℃，采用壳管式蒸发器时取 6~8℃）。鉴于此，氯化钠（NaCl）溶液只使用在蒸发温度高于-16℃的制冷系统中；氯化钙（$CaCl_2$）溶液可使用在蒸发温度不低于-50℃的制冷系统之中。

2）注意盐水溶液对设备、管道的腐蚀问题。盐水载冷剂对金属的腐蚀随盐水中含氧量（质量分数）的减少而变慢，最好采用闭式盐水系统，以减少与空气接触；另外，为了减轻腐蚀作用，可在盐水溶液中加入一定量的缓蚀剂。1m^3 氯化钙水溶液中应加 1.6kg 重铬酸钠（$Na_2Cr_2O_7$）和 0.45kg 氢氧化钠（NaOH）；1m^3 氯化钠水溶液中应加 3.2kg 重铬酸钠和 0.89kg 氢氧化钠。加入缓蚀剂后，必须使盐水略带碱性（pH=7~8.5）。在添加上述化学品时，要注意毒性。

3）盐水载冷剂在使用过程中，会因吸收空气中的水分而使其浓度降低，尤其是在开式盐水系统中。为了防止盐水的浓度降低，引起凝固点温度升高，必须定期用比重计测定盐水的密度。若浓度降低时，应补充盐量，以保持在适当的浓度。

4）氯化钠和氯化钙不能混合使用，以防盐水池中出现沉淀。氯化镁盐水溶液可作为氯化钙盐水溶液的替代品，但其价格昂贵，用途不广。

4. 有机物载冷剂

有机物载冷剂有乙醇（CH_3—CH_2OH）、乙二醇（CH_2OH—CH_2OH）、丙二醇（CH_2OH—CHOH—CH_3）、丙三醇（CH_2OH—CHOH—CH_2OH）、二氯甲烷（CH_2Cl_2）及三氯乙烯（CHCl—CCl_2）等。它们都具有较低的凝固温度。例如，乙二醇常用在冰蓄冷系统中作载冷剂使用，是腐蚀性小的一种载冷剂。它无色、无味、无电解性、无燃烧性。乙二醇的价格和黏度较丙二醇低。乙二醇水溶液略有腐蚀性，应加缓蚀剂以减弱对金属的腐蚀。乙醇的凝固点为-117℃，二氯甲烷的凝固点为-97℃，适用于更低的载冷温度。丙三醇（甘油）是极稳定的化合物，其水溶液无腐蚀性、无毒，可以和食品直接接触。乙醇具有燃烧性，使用时应予以注意，并采取防火措施。

有机物载冷剂标准蒸发温度均较低，因此，一般都采用闭式循环，考虑到温度变化时，有机载冷剂体积有变化，系统中往往设有膨胀节或膨胀容器。

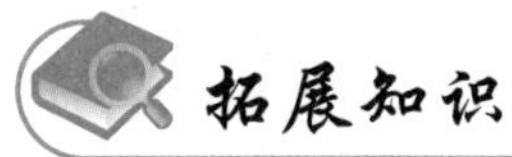

使用制冷剂的注意事项

1. 使用注意事项

1）制冷剂钢瓶应放在阴凉通风处，使浓度降到操作标准或低爆炸限度之下。尽管在大多数情况下空气稀释已足够，但还是需要排气通风，通风速率至少达到 0.3m/s。防止高温和太阳曝晒。搬运中需小心轻放，禁止敲击。

2）制冷剂在保存时，钢瓶阀门处绝对不应有慢性泄漏现象。储存处最起码的条件是干燥、阴凉、安全、远离热、远离点火源、远离氧化物质。不用时将气罐关好，直立。发生泄漏时，切断泄漏源。如泄漏量大，切断所有点火源，让一切无关人员撤离泄漏区。如可能，给该泄漏区通风。发生火灾时，立即向当地消防部门或公安部门求援。

3）发现制冷剂有大量泄漏现象时，必须打开门窗通风，防止引起人员中毒和窒息。

4）制冷剂钢瓶须经严格检验合格后才能使用。氨瓶为黄色，氟利昂瓶为银灰色。

5）使用时严禁明火加热，但可用热水或热布贴敷。

6）向机组内添加制冷剂时应远离火源。空气中含有制冷剂时严禁明火。

7）从系统中将制冷剂抽出、压入钢瓶时应加以冷却。一般以装满钢瓶的 60% 为宜。

8）在分装或充加制冷剂时，室内必须空气畅通，操作人员要戴手套、眼镜，防止意外冻伤。

2. 警示标识

所有充注碳氢制冷剂的设备，必须在设备明显部位使用公司提供的标准警示标贴，防止非公司指定人员误操作对空调进行维护，造成安全灾害。

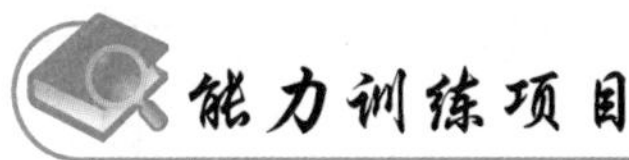

何谓“无氟”

通过上述相关知识的学习，我们了解到制冷剂和载冷剂很多相关的知识，试分析市面上销售的“无氟冰箱”真的就无氟吗？冰箱中的制冷剂 R134a 与 R600a 的区别又是什么，应该如何加以选择？

复习思考题

1. 制冷剂的作用是什么？
2. 制冷剂是怎样分类的？
3. 什么是共沸制冷剂？
4. 无机化合物制冷剂的命名是怎样的？
5. 选择制冷剂时有哪些要求？

6. 家用的冰箱、空调用什么制冷剂？
7. 常用制冷剂有哪些？它们的工作温度、工作压力怎样？
8. 为什么国际上提出对 R11、R12、R113 等制冷剂限制使用？
9. 试述 R22、R717、R123、R134a 制冷剂的主要性质。
10. 使用 R134a 制冷剂时，应注意什么问题？
11. 试写出制冷剂 R22、R115、R32 和 R12B1 的化学式。
12. 试写出制冷剂 CF_3Cl、CH_4、CHF_3、$C_2H_3F_2Cl$、H_2O、CO_2 的编号。
13. 什么叫载冷剂？对载冷剂的要求有哪些？
14. 常用载冷剂的种类有哪些？它们的适用范围怎样？
15. 水作为载冷剂有什么优点？
16. “盐水的浓度越高，使用温度越低”这种说法对吗？为什么？
17. 人们常讲的无氟是什么意思？
18. 共沸混合物类制冷剂有什么特点？
19. 简述 R22、R717 制冷剂与润滑油的溶解性。
20. 为什么要严格控制氟利昂制冷剂中的含水量？

第 3 章　双级蒸气压缩式和复叠式制冷循环

为了满足生产工艺的要求，往往需要制冷循环能获得较低的蒸发温度。单级蒸气压缩式制冷循环所能达到的最低蒸发温度，因压缩机的工作原理和制冷剂的种类不同而有所差异。常用的单级活塞式制冷压缩机，在使用氨制冷剂时，所能达到的最低蒸发温度一般不超过-30℃。在前面我们也曾分析，随着蒸发温度的降低，制冷循环的效率将快速地下降。为了获得更低的蒸发温度，同时保证制冷循环的效率不至于下降，就需要采用双级或多级蒸气压缩式制冷循环。

3.1　双级蒸气压缩式制冷循环

知识目标

1. 了解采用多级蒸气压缩式制冷循环的必要性。
2. 认识掌握双级蒸气压缩式制冷循环的类型。
3. 掌握各双级蒸气压缩式制冷循环的工作过程。

能力目标

能判断双级蒸气压缩式制冷循环的类型和特征。

相关知识

3.1.1　单级蒸气压缩式制冷循环的局限性

单级活塞式制冷循环在应用中温制冷剂时，根据冷凝温度和所用制冷剂的不同，蒸发温度只能达到-40～-20℃的低温。如果需要获得更低的温度，则冷凝温度与蒸发温度将相差很大，冷凝压力与蒸发压力之比 p_k/p_0 就会升高。这时，若仍然采用单级压缩，将会产生下列一些问题：

1）循环的压力比增大，压缩机的输气系数减小，实际吸气容积减少，制冷量降低，而压缩机消耗功率增加，制冷系数降低。压力比越大，其影响也就越大。

2）排气温度升高，润滑油变稀甚至炭化，使压缩机不能正常运行。

3）实际压缩过程偏离等熵压缩程度更大，制冷效率降低。

因此，对于单级压缩制冷循环，其压力比不宜过大，对于氨压缩机，压力比应小于或等于8；氟利昂压缩机，压力比应小于或等于10。为了达到更低的蒸发温度，或者提高制冷系统的工作效率，就需要采用多级压缩制冷循环或复叠式制冷循环。

3.1.2　采用多级蒸气压缩制冷循环的必要性

为了获得更低的蒸发温度（-70～-40℃），同时又能使压缩机的工作压力控制在一个合适的范围内，就要采用多级压缩循环。采用多级压缩可以从根本上改善制冷循环的性能指标。多级压缩制冷循环的基本特点是分级压缩并进行中间冷却。采用多级压缩后，每一级的压力比减小，提高了压缩机的输气系数和指示效率；同时，由于排气温度降低，润滑情况有了很大改善，保障了压缩机的运行安全。

从理论上讲，级数越多，节省的功也越多，制冷系数也就越大。如果是无穷级数，则整个压缩过程越接近等温压缩。然而，实际上并不采用过多的级数，因为每增加一级都需要增添设备，提高成本，也提高了技术复杂性；另外，由于压缩机不能保持很低的蒸发压力，在应用中温制冷剂时，三级压缩循环的蒸发温度范围与两级压缩循环相差不大，所以制冷循环中采用三级压缩循环很少，一般采用双级压缩循环。

3.1.3　双级蒸气压缩式制冷循环基本类型

双级压缩制冷循环是在单级压缩制冷循环的基础上发展起来的。单级压缩制冷循环是把来自蒸发器的气体直接压缩至冷凝压力；而双级压缩则分两个阶段进行压缩，将来自蒸发器的低温、低压制冷剂蒸气先用低压级压缩机（或低压缸）压缩到适当的中间压力之后，进入高压级压缩机（或高压缸）再次压缩到冷凝压力，排入冷凝器中。因此，双级压缩可以由两台压缩机完成，组成的系统称为两机双级系统（又称配组式双级系统），其中一台为低压级压缩机，另一台为高压级压缩机；也可以由一台压缩机完成，组成的系统称为单机双级系统，其中部分气缸作为高压缸，其余气缸作为低压缸。

由于双级压缩制冷循环的节流级数以及中间冷却方式不同，双级压缩制冷循环有不同的形式。节流级数分为一级节流和二级节流。中间冷却方式分为中间完全冷却、中间不完全冷却和中间不冷却三种。一级节流，是指由冷凝压力到蒸发压力由一个节流阀来完成；二级节流，是指由一个节流阀把冷凝压力节流到中间压力，再由另一个节流阀由中间压力节流到蒸发压力。中间完全冷却，是指将低压级压缩机的排气等压冷却成为中间压力下的饱和蒸气；中间不完全冷却，是指只将低压级压缩机的排气等压冷却降温，但并未达到饱和，仍是过热蒸气；中间不冷却，是指低压级压缩机的排气直接进入高压级压缩机，而不采用中间冷却的方式。因此，双级压缩制冷循环可组成五种形式：

1）一级节流中间完全冷却循环。

2）一级节流中间不完全冷却循环。

3）一级节流中间不冷却循环。

4）二级节流中间完全冷却循环。

5）二级节流中间不完全冷却循环。

采用何种形式的双级压缩循环，与制冷剂的种类、制冷装置的容量及运行的具体条件有关。一般来说，节流方式的选择主要与制冷系统的大小以及设备的形式有关。一级节流方式简单、便于操作控制，应用十分广泛。二级节流的双级压缩制冷循环主要用于离心式制冷系

统，以及具有多个蒸发温度的大型制冷系统中。在这里介绍几种常用的形式。

3.1.4　一级节流中间完全冷却循环

一级节流中间完全冷却的双级压缩制冷循环是目前活塞式、螺杆式等制冷机最常用的双级压缩制冷循环形式，使用氨制冷剂，其制冷循环原理图、相应的 lg$p$-h 图及外观图如图 3-1 所示。

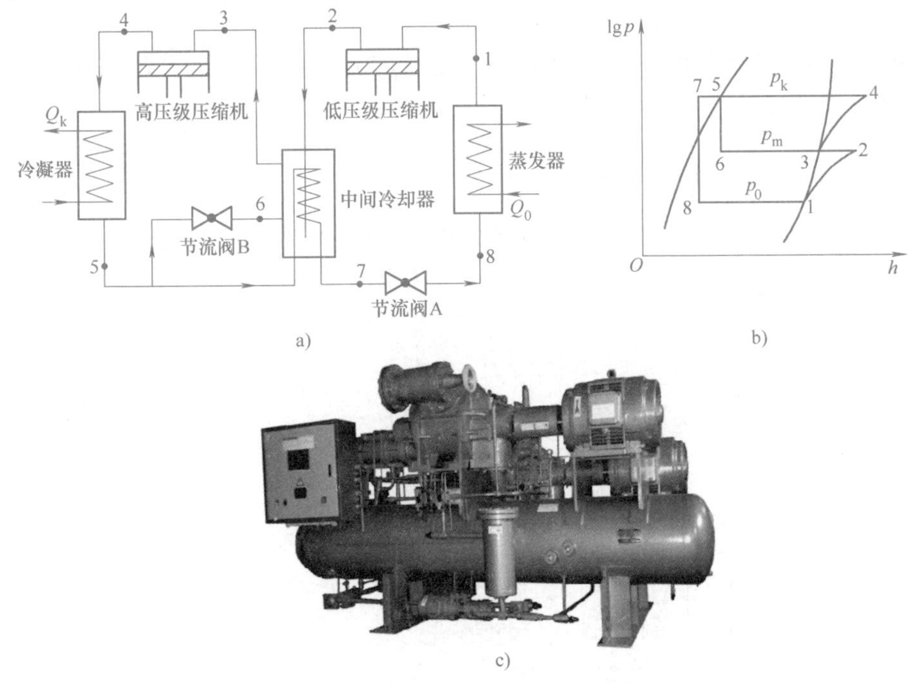

图 3-1　一级节流中间完全冷却循环

a）原理图　b）lg$p$-h 图　c）外观图

一级节流中间完全冷却的双级压缩制冷循环的工作过程是：来自蒸发器的制冷剂蒸气（状态 1 点）被低压级压缩机吸入，由蒸发压力 p_0 压缩至中间压力 p_m（状态 2 点），进入中间冷却器；在中间冷却器中与中间压力下的该制冷剂饱和液体混合，由过热蒸气冷却成为中间压力 p_m 下的饱和蒸气（状态 3 点），同时中间冷却器中部分饱和液体吸热汽化。冷却后的低压级排气与中间冷却器内产生的制冷剂蒸气一起进入高压级压缩机，被压缩至冷凝压力 p_k（状态 4 点），排出后进入冷凝器，在冷凝器中被冷却冷凝成饱和液体（状态 5 点）。冷凝器出来的制冷剂液体分成两路：主要一路液体经中间冷却器的盘管内放出热量，过冷后（状态 7 点）经节流阀 A 直接节流至蒸发压力 p_0（状态 8 点），进入蒸发器汽化吸热制冷；另一路少部分液体（状态 5 点）经节流阀 B 由冷凝压力 p_k 节流至中间压力 p_m（状态 6 点）后进入中间冷却器，利用这部分制冷剂的汽化来冷却低压级压缩机排入中间冷却器的过热蒸气和使中间冷却器盘管中的高压制冷剂液体过冷，然后与低压级排气和节流时闪发的气体一起进入高压级压缩机。从以上循环过程可知，高、低压压缩机的制冷剂循环量不相同，高压压缩机的流量大于低压压缩机的流量。这种循环虽然使高压压缩机的流量增加，但高压压缩机所吸入的不再是过热蒸气，而是饱和蒸气，因此，高压压缩机的排气温度不致过高，这对等熵指数较大的制冷剂（如氨）是有利的。

从图 3-1 的压焓图中可以直接看出，双级压缩循环比单级循环在蒸发温度较低的情况下，有很大的改善。

1）系统的压力比由单级压力比 p_k/p_0 降为高压级 p_k/p_m 和低压级 p_m/p_0，大大降低了压力比。

2）高压压缩机所吸入的不再是过热蒸气，而是饱和蒸气，因此高压压缩机的排气温度不致过高。

3）由于进入蒸发器的制冷剂节流前在中间冷却器中已充分预冷，所以节流后产生的闪发蒸气减少，单位质量制冷量提高。

3.1.5　一级节流中间不完全冷却循环

一级节流中间不完全冷却的双级压缩制冷循环一般使用氟利昂制冷剂，主要用于中、小型制冷系统，其制冷循环原理图及相应的 lg*p*-*h* 图如图 3-2 所示。

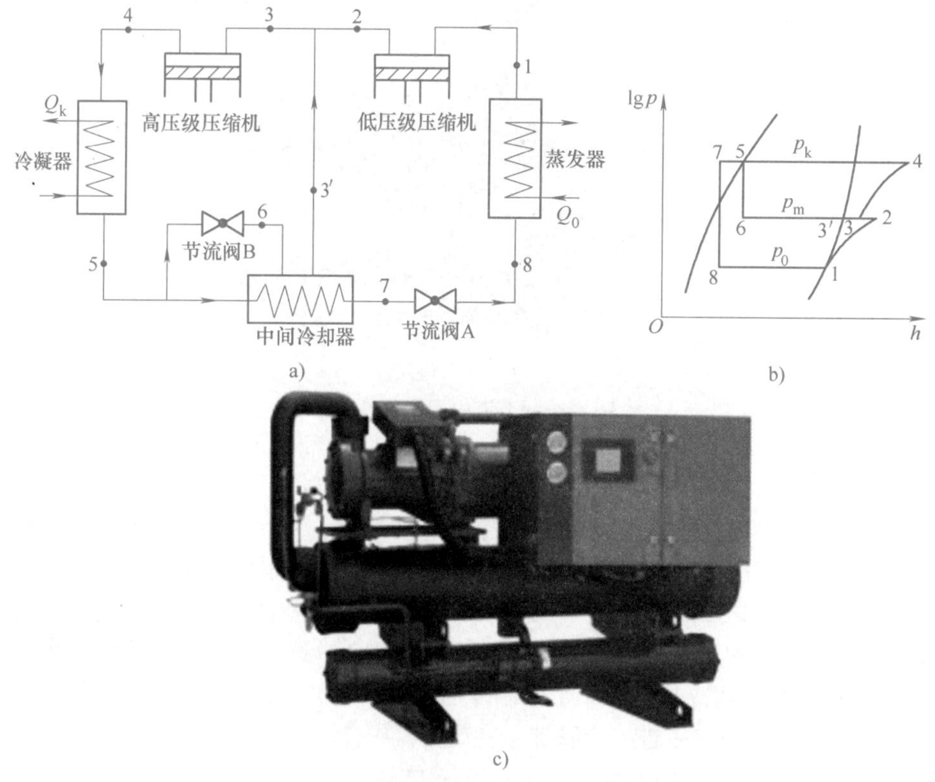

图 3-2　一级节流中间不完全冷却制冷循环

a）制冷循环原理图　b）lg*p*-*h* 图　c）制冷循环外观图

此类制冷循环与图 3-1 所示的循环主要区别在于：低压级压缩机排出的中压蒸气（状态 2 点）不进入中间冷却器中冷却，而是与中间冷却器出来的制冷剂蒸气（状态 3′点）在管道中相互混合被冷却，然后一起（状态 3 点）进入高压级压缩机压缩。理论循环一般认为中间冷却器出来的制冷剂状态为饱和蒸气，因此，与低压级排气混合后得到的蒸气具有一定的过热度，高压级压缩机吸入的是中间压力 p_m 下的过热蒸气，这就是所谓的“中间不完全冷却”。这种制冷循环特别适用于 R22、R134a 等氟利昂制冷系统。

3.1.6　一级节流中间不冷却循环

所谓中间完全不冷却，是指在两级压缩循环中不采用中间冷却的方式。

在冷藏运输装置（如冷藏车、冷藏船等）以及某些特定的生产工艺制冷工段的制冷装置中，既要达到低温又要简化制冷系统，这时常采用一级节流中间不冷却双级压缩制冷循环。这种循环和前面所述的双级压缩比较，取消了中间冷却器，因而系统进一步简化。这种循环实际上与单级压缩制冷循环很相似，只不过一个压缩过程由高压级压缩机和低压级压缩机分开完成，如图 3-3 所示。

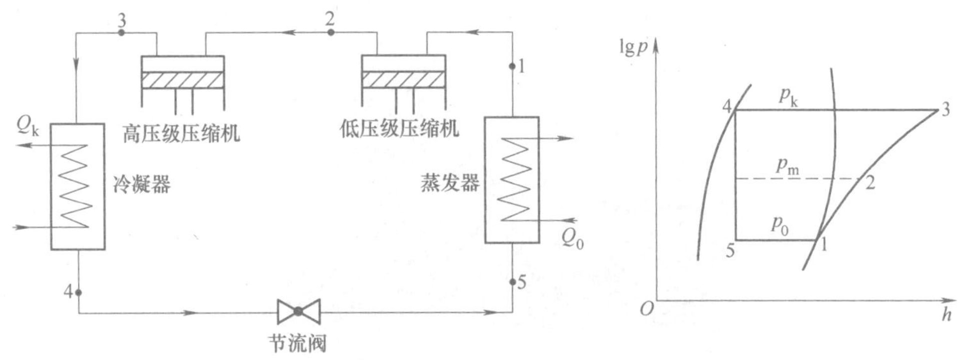

图 3-3　一级节流中间不冷却制冷循环

显然一级节流中间不冷却的双级压缩循环不能提高循环的制冷量和制冷系数，但在实际循环中是有利的，因为分级压缩可降低每一级的压力比，改善每一级制冷压缩机的工作性能，提高制冷压缩机的输气系数、指示效率，相应提高了循环的实际输气量，降低了轴功率，从而在一定程度上提高了制冷量和制冷系数。

3.1.7　二级节流中间完全冷却循环

二级节流中间完全冷却的双级压缩制冷循环一般适用于氨离心式双级压缩制冷系统，其工作原理图、相应的 lg$p$-h 图和外观图如图 3-4 所示。

二级节流中间完全冷却的双级压缩制冷循环的工作过程是：来自蒸发器的制冷剂饱和蒸气（状态点 1）被压缩机低压级吸入，并压缩到中间压力 p_m（状态点 2），排入中间冷却器，被其中的制冷剂液体冷却成为饱和蒸气（状态点 3），同时中间冷却器中的一部分液体制冷剂吸热变为饱和蒸气，两者一起进入压缩机高压级，再次被压缩到冷凝压力 p_k（状态点 4），进入冷凝器并冷凝成饱和液体（状态点 5），经节流阀 A 降压到中间压力 p_m（状态点 6），并进入中间冷却器而分离成蒸气和液体两部分。在中间冷却器中，液体制冷剂的一小部分用于冷却低压级的排气变成蒸气，并随同低压排气、节流产生的蒸气一同被高压级吸回；液体制冷剂的大部分（状态点 7）则经节流阀 B 节流到蒸发压力 p_0（状态点 8），并进入蒸发器制取冷量，循环如此周而复始地进行。

二级节流中间完全冷却的优点是可以消除一级节流中间冷却器盘管的传热温差。因此，在其他参数相同时，循环的制冷系数比一级节流略高。它的缺点是当压缩机排气中含油时，特别是对氨制冷机，会在中间冷却器中积油，对活塞式、螺杆式制冷系统不太适用，而较适用于氨离心式制冷系统。

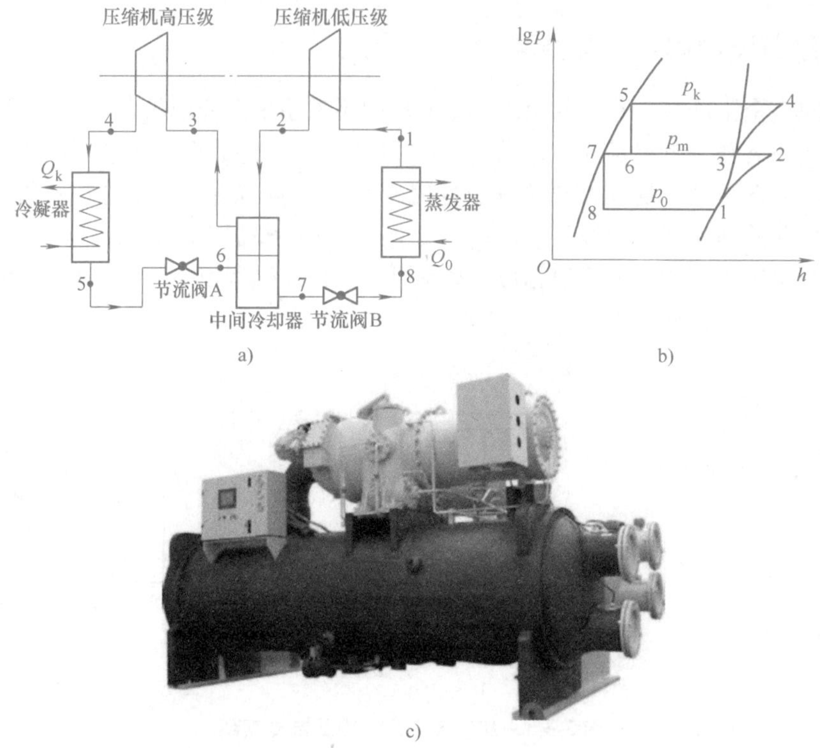

图 3-4　二级节流中间完全冷却制冷循环

a）原理图　b）lg$p$-h 图　c）外观图

3.1.8　二级节流中间不完全冷却循环

这一循环适用于氟利昂离心式制冷机。二级节流中间不完全冷却循环的系统原理图和压焓图如图 3-5 所示。进入蒸发器的制冷剂先由节流阀 A 节流（状态点 6），再由节流阀 B 节流（状态点 8）。进入压缩机高压级的制冷剂蒸气系由中间冷却器出来的（状态点 3′）饱和蒸气和压缩机低压级排出的（状态点 2）过热蒸气相混合，其（状态点 3）为中间压力下的过热蒸气。

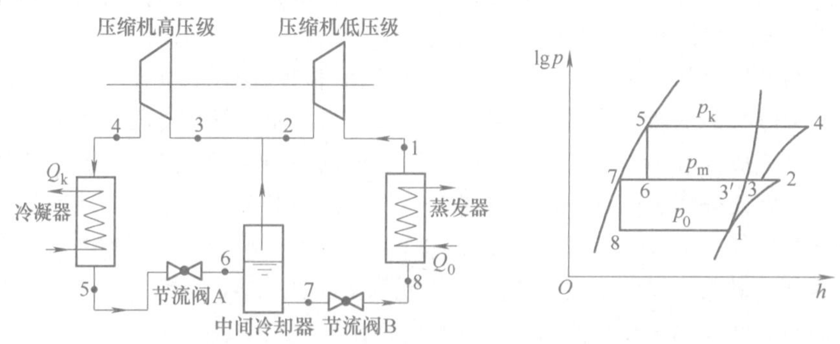

图 3-5　二级节流中间不完全冷却制冷循环

3.1.9　氨泵供液的双级压缩制冷循环

在大、中型氨制冷装置中，常采用氨泵将低压循环桶中的低温制冷剂液体强制送入蒸发

器，以增加制冷剂在蒸发器内的流动速度，提高传热效率，缩短降温时间。其中一级节流循环的应用更为广泛。

氨泵供液的一级节流中间完全冷却制冷循环的系统原理图和压焓图如图 3-6 所示。

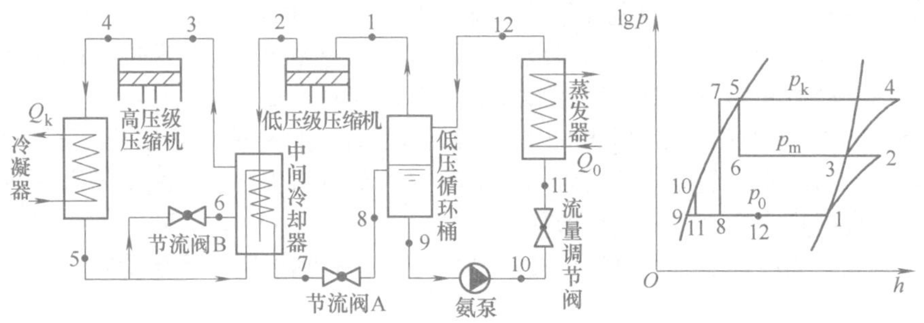

图 3-6　氨泵供液的一级节流中间完全冷却制冷循环

氨泵供液的一级节流中间完全冷却制冷循环与一级节流中间完全冷却制冷循环（图 3-1）不同之处在于给蒸发器供液的方式。在图 3-1 中，从冷凝器流出制冷剂液体，通过在中间冷却器盘管达到过冷，再经节流阀 A 节流降压后，依靠冷凝和蒸发压差直接给蒸发器供液；而氨泵供液的系统中，节流降压后的制冷剂去了低压循环桶，通过低压循环桶给蒸发器供液。由于低压循环桶和蒸发器均为低压，因此，需要利用氨泵提供动力克服管路的流动阻力向蒸发器供液，而不再是利用制冷剂的压差。氨泵供液系统非常适合蒸发器多且系统管路较长的大型制冷系统。低压循环桶起到的第二个作用是分离节流后闪发性气体，使湿蒸气（状态点 8）中的饱和蒸气经低压循环桶直接被低压级压缩机抽走，保证了蒸发器供液均匀。低压循环桶起到的第三个作用是使吸热蒸发完毕后的制冷剂（状态点 12）气、液分离（氨泵供液量是蒸发量的 3~6 倍），避免制冷压缩机的“湿冲程”。

氨泵（图 3-7）供液制冷循环后半段的工作过程：中间冷却器盘管出来的制冷剂液体（状态点 7）通过节流后（状态点 8）进入低压循环桶内，气液分离为饱和液体（状态点 9）及闪发性饱和蒸气（状态点 1）两部分。其中饱和液体被氨泵增压（氨泵的扬程取决于氨泵与低压循环桶之间的管路与阀门的流动阻力大小）后（状态点 10），再经流量调节阀节流（状态点 11），进入蒸发器汽化制冷。蒸发器出来的气液混合制冷剂（状态点 12）返回低压循环桶再次进行气、液分离。在低压循环桶中先后两次分离出的低压蒸气（状态点 1）进入低压级压缩机压缩，后面的循环过程与一级节流中间完全冷却制冷循环（压差式）一样。

图 3-7　氨液循环泵

3.1.10　双级蒸气压缩式制冷循环的比较分析

比较上述各类双级蒸气压缩式制冷循环，在制冷剂、蒸发温度 t_0，冷凝温度 t_k 及中间温度 t_m 分别相同的前提下，其不同点在于：

1）中间不完全冷却循环的制冷系数要比中间完全冷却循环的制冷系数小，这是因为在其他条件相同的情况下，中间不完全冷却循环的耗功大。

2）在相同的冷却条件下，一级节流循环要比二级节流循环的制冷系数小，这是因为，一级节流循环中，中间冷却器盘管具有传热温差 Δt，而使循环的单位质量制冷量减小。通常中间冷却器盘管出液端传热温差比较小（$\Delta t=3\sim7$℃），因此，一级节流循环和二级节流循环实际的经济性差别是很小的。除多级离心式压缩制冷循环外，目前冷负荷变化较大的活塞式、螺杆式制冷机采用一级节流循环形式的较多，其原因在于：

①一级节流可依靠高压制冷剂本身的压力供液到较远的用冷场所，适用于大型制冷装置。

②盘管中的高压制冷剂液体不与中间冷却器中的制冷剂相接触，减少了润滑油进入蒸发器的机会，可提高热交换设备的换热效果。

③蒸发器和中间冷却器分别供液，便于操作控制，有利于制冷系统的安全运行。

3.2　双级蒸气压缩式制冷循环的热力计算及运行特性分析

知识目标

1. 了解双级蒸气压缩式制冷循环的热力计算公式及各参数的物理意义。
2. 能够对双级蒸气压缩式制冷循环的运行特性进行分析。

能力目标

能进行双级蒸气压缩式制冷循环的热力分析计算。

相关知识

双级压缩制冷循环热力分析计算步骤与单级压缩制冷循环相似，一般包括：制冷剂与循环形式的选择；循环工作参数的确定；循环热力性能的计算分析。

3.2.1　制冷剂与循环形式的选择

双级压缩制冷循环通常应使用中温制冷剂，这是因为受到在低温情况下制冷系统中蒸发压力不能太低，以及在常温下能够液化且冷凝压力又不能过高的限制。在双级压缩的制冷装置中，目前广泛使用的制冷剂是R717、R22和R502。根据制冷剂的热力性质，R717常采用一级节流中间完全冷却形式，R22、R502常采用一级节流中间不完全冷却形式。

中间冷却的方法与选用的制冷剂的种类密切相关。对采用回热循环有利的R12、R502等制冷剂，应采用中间不完全冷却的循环形式；对采用回热循环形式不利的制冷剂（如R717），则应采用中间完全冷却的循环形式。

3.2.2　循环工作参数的确定

1. 容积比的选择

所谓容积比，是指高压级压缩机的理论输气量 q_{vtg} 与低压级压缩机的理论输气量 q_{vtd} 的

比值，用符号 ξ 来表示，即

$$\xi=\frac{q_{\mathrm{vtg}}}{q_{\mathrm{vtd}}}=\frac{q_{\mathrm{mg}}v_{\mathrm{g}}\lambda_{\mathrm{g}}}{q_{\mathrm{md}}v_{\mathrm{d}}\lambda_{\mathrm{d}}} \tag{3-1}$$

式中　q_{vtg}——高压级理论输气量（m^3/s）；

q_{vtd}——低压级理论输气量（m^3/s）；

q_{mg}——高压级制冷剂的质量流量（kg/s）；

q_{md}——低压级制冷剂的质量流量（kg/s）；

v_{g}——高压级吸气比体积（m^3/kg）；

v_{d}——低压级吸气比体积（m^3/kg）；

λ_{g}——高压级输气系数；

λ_{d}——低压级输气系数。

根据我国冷藏库的生产实践，当蒸发温度 $t_0=-40\sim-28$℃范围内时，容积比 ξ 的值通常取 0.33～0.5，即 $q_{\mathrm{vtg}}:q_{\mathrm{vtd}}=(1:3)\sim(1:2)$。在长江以南地区 ξ 宜取大些，如 0.5 左右。这是因为南方地区盛夏炎热，冷凝温度升高很多，在蒸发温度不变的条件下，高压级压力比就会增大。容积比选大些，可以使高压级压力比减小，从而减轻高压级的负荷，并且可以提高中间压力以便于操作。

合理的容积比的选择还应结合考虑其他经济指标。配组双级压缩机的容积比可以有较大的选择余地。如果采用单机双级压缩机，则它的容积比是既定的，容积比 ξ 的值通常只有 0.33 和 0.5 两种。

2. 中间压力与中间温度的确定

双级压缩制冷循环的中间压力 p_{m} 或中间温度 t_{m} 对循环的制冷系数和压缩机的制冷量、功耗以及结构都有直接的影响，因此，合理地选择中间压力 p_{m} 或中间温度 t_{m} 是双级压缩制冷循环的一个重要问题。中间压力的确定有两种情况，一种是从选定的循环出发去选配压缩机，或者说为压缩机的设计提供数据；另一种是根据已选定的压缩机去确定中间压力。

（1）选配压缩机时中间压力的确定　选配压缩机时，中间压力 p_{m} 的选择，可以根据制冷系数最大这一原则去选取，这一中间压力 p_{m} 又称最佳中间压力。确定最佳中间压力 p_{m} 常用的方法有公式法和图解法。

1）公式法。常用的公式法有比例中项公式法和拉塞经验公式法两种。

①比例中项公式法。用比例中项确定的中间压力为

$$p_{\mathrm{m}}=\sqrt{p_0p_{\mathrm{k}}} \tag{3-2}$$

式中　p_{m}——中间压力（Pa）；

p_0——蒸发压力（Pa）；

p_{k}——冷凝压力（Pa）。

式（3-2）是针对双级压缩的压缩机用理论方法推导得出的。推导时作了两个假设：一是压缩机的高压级与低压级的制冷剂流量相等；二是中间冷却后第二级的吸气温度等于第一级的吸气温度。在上述前提下，按耗功最小的条件导出式（3-2）。对于双级制冷压缩机来讲，上述两个条件是不存在的，因此，按式（3-2）确定的中间压力与最佳中间压力有一定的差距，但只要蒸发温度不是太低，这种差距就很微小。

②拉塞经验公式法。对于氨的双级压缩制冷循环，拉塞提出了较为简单的最佳中间温度计算式，即

$$t_m = 0.4t_k + 0.6t_0 + 3 \tag{3-3}$$

式中　t_m——中间温度（℃）；

t_k——冷凝温度（℃）；

t_0——蒸发温度（℃）。

在−40～40℃的温度范围内，式（3-3）对R717、R40、R12等制冷剂都是适用的。

2）图解法。图解法的步骤为：

①根据确定的蒸发压力 p_0 和冷凝压力 p_k，按式（3-2）先求得一个中间压力 p_m 近似值。

②在 p_m（t_m）值的上下，按一定间隔选取若干个中间温度 t_m 值。

③根据给定的工况和选取的各个中间温度 t_m 分别画出双级缩循环的 lg$p$-h 图，确定循环的各状态点的参数，计算出相应的制冷系数 ε。

④绘制 $\varepsilon = f(t_m)$ 曲线，找到制冷系数最大值 ε_{max}，与该点对应的中间温度 t_m，即为循环的最佳中间温度 $t_{m.opt}$，如图3-8所示。$t_{m.opt}$对应的饱和压力即为最佳中间压力。

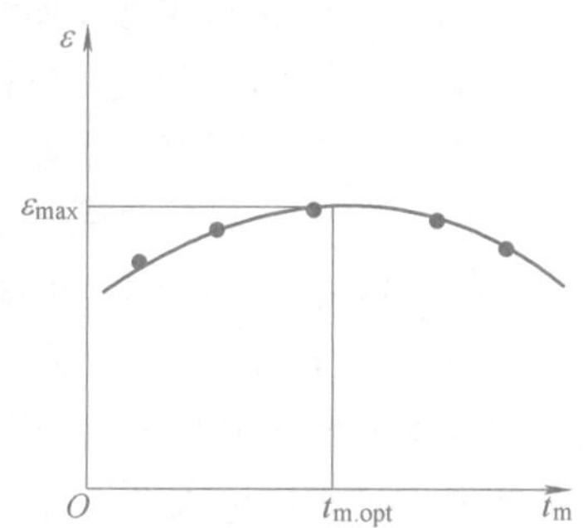

图3-8　图解法确定最佳中间温度

（2）既定压缩机时中间压力的确定　在实际工作中，常常是压缩机已经选定好，此时高、低压级的容积比已确定，即 ξ 值一定，这时可采用容积比插入法求出中间压力。

容积比插入法的具体步骤是：先按一定的温度间隔（例如 $\Delta t = 2 \sim 5$℃）选取几个不同的中间温度 t_m，再根据给定的工况和选取的各个中间温度分别画出双级压缩循环的 lg$p$-h 图，确定循环的各状态点的参数，计算出相应的容积比 ξ，然后画在以 ξ 和 t_m 为坐标的图上。连接这些点，形成一条曲线，找出实际容积比 ξ 对应的中间温度即为所求的中间温度，其对应的饱和压力即为所求的中间压力。

由于在给定冷凝温度、蒸发温度条件下的实际中间温度 t_m 与压缩机容积比 ξ 基本成线性关系，因此，往往可以选取两个中间温度点即可求出中间温度 t_m 与容积比 ξ 之间的关系直线，并由此插入得出实际中间温度 t_m，如图3-9所示。

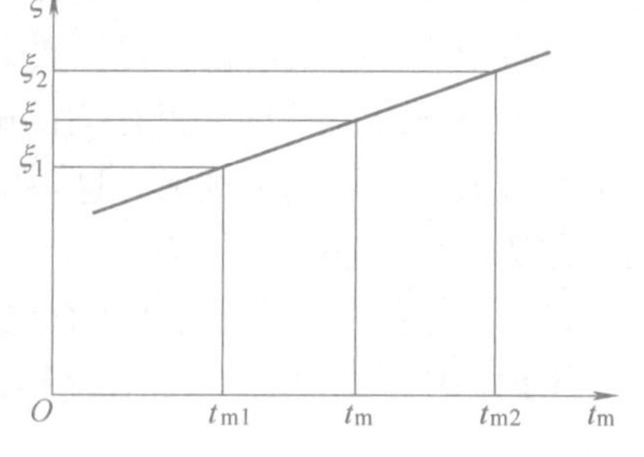

图3-9　容积比插入法确定中间温度

中间温度的数值一般比冷凝温度和蒸发温度的平均值低，容积比越小，中间温度越低。容积比插入法求中间温度时也应注意所选温度点的范围。

3. 高压级压缩机吸气温度与节流前液体制冷剂温度的确定

由于R717采用中间完全冷却方式，所以R717高压级压缩机的吸气温度即为中间温度 t_m，吸气状态为中间压力 p_m 下的干饱和蒸气。采用中间不完全冷却循环的氟利昂制冷剂，其高压级吸气温度小于或等于−15℃时，吸气状态为中间压力 p_m 下的过热蒸气。

使用中间冷却器盘管过冷的循环，根据盘管的传热性能可认为冷凝器来的制冷剂液体经

中间冷却器盘管冷却后的出液温度比中间温度高 3～7℃，一般 R717 取小值，氟利昂取大值。R717 的一级节流中间完全冷却循环，节流前的液态制冷剂只在中间冷却器盘管中过冷，节流前制冷剂液体的温度即为中间冷却器盘管的出液温度。对于氟利昂双级制冷系统，除了采用中间冷却器盘管中过冷外，还常常采用回热器来使节流前的液体制冷剂第二次再冷却，其过冷度取值可由回热器的热量平衡关系式求得。

3.2.3　循环热力性能的计算

根据已知的循环工作参数，画出循环的 lg$p$-h 图，查找出各状态点的有关参数，然后进行热力计算。下面以图 3-1 所示的一级节流中间完全冷却双级压缩制冷循环为例，说明热力计算的方法。

蒸发过程状态点 8-1 为制取冷量的过程，其单位质量制冷量为

$$q_0 = h_1 - h_8 \tag{3-4}$$

低压级的理论比功为

$$w_{0d} = h_2 - h_1 \tag{3-5}$$

装置的制冷量为 Q_0 时，低压级制冷剂的质量流量 q_{md} 为

$$q_{md} = \frac{Q_0}{q_0} = \frac{Q_0}{h_1 - h_8} \tag{3-6}$$

从而求出低压级压缩机的理论功率为

$$P_{0d} = q_{md} w_{0d} = Q_0 \frac{h_2 - h_1}{h_1 - h_8} \tag{3-7}$$

高压级的理论比功为

$$w_{0g} = h_4 - h_3 \tag{3-8}$$

若用 q_{mg} 表示高压级制冷剂的质量流量，根据中间冷却器的热平衡关系，可列出平衡式为

$$q_{md} h_2 + q_{md}(h_5 - h_7) + (q_{mg} - q_{md}) h_5 = q_{mg} h_3 \tag{3-9}$$

结合图 3-1，式（3-9）中的 $q_{md}h_2$ 为低压级排气向中间冷却器注入的热量，$q_{md}(h_5-h_7)$ 表示高压级液体在中间冷却器获得的过冷量（相当于向中间冷却器注入的热量），$(q_{mg}-q_{md})h_5$ 表示经节流后向中间冷却器注入的热量。这三项的和应该等于 $q_{mg}h_3$，即高压级吸入的全部热量。

将式（3-9）整理后可得高压级制冷剂的质量流量为

$$q_{mg} = q_{md} \frac{h_2 - h_7}{h_3 - h_5} \tag{3-10}$$

高压级压缩机的理论功率为

$$P_{0g} = q_{mg} w_{0g} = Q_0 \frac{(h_2 - h_7)(h_4 - h_3)}{(h_3 - h_5)(h_1 - h_8)} \tag{3-11}$$

理论循环制冷系数为

$$\varepsilon_0 = \frac{Q_0}{P_{0d} + P_{0g}} = \frac{(h_3 - h_5)(h_1 - h_8)}{(h_3 - h_5)(h_2 - h_1) + (h_2 - h_7)(h_4 - h_3)} \tag{3-12}$$

3.2.4 运行特性分析

单级压缩制冷循环中蒸发温度、冷凝温度的变化将影响制冷机的制冷量和轴功率。在双级压缩制冷机中，蒸发温度、冷凝温度的变化对制冷量与轴功率的影响规律与单级压缩制冷机相同。这里主要讨论工作条件的变化对双级压缩制冷机中间压力的影响，它在实际双级蒸气压缩式制冷系统的操作运行管理中具有重要的意义。

1. 变工况特性

（1）蒸发温度的变化对中间压力的影响　对于已经选定压缩机的系统，可认为容积比 ξ 为定值。当冷却介质选定之后，冷凝温度随环境温度的变动变化不大，可近似认为冷凝温度 t_k 为定值。在冷凝温度 t_k、容积比 ξ 均为定值时，随着蒸发温度 t_0 的变化，蒸发压力 p_0 与中间压力 p_m 的变化关系与循环的形式以及制冷剂的种类有关。图 3-10 给出了按一级节流中间完全冷却循环工作的单机双级氨制冷机工作压力与蒸发温度 t_0 之间的变化关系，压缩机型号为 S812.5，容积比 $\xi=0.333$，冷凝温度 $t_k=35℃$，节流前液体制冷剂温度 $t_7=30℃$。

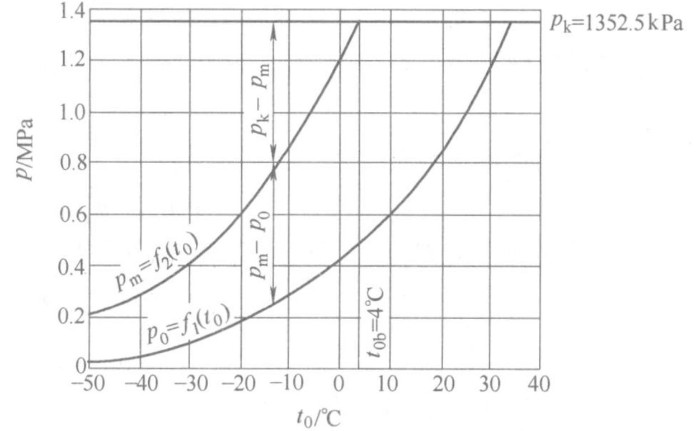

图 3-10　t_k、ξ 为定值时双级压缩制冷机的工作压力与蒸发温度 t_0 的变化关系

从图 3-10 中可以证实以下特性：

1）当 t_0 上升时，p_m 和 p_0 随之上升，而且 p_m 的升高率大于 p_0 升高率。在 t_0 升高到某一边界值 t_{0b}（图中 $t_{0b}=4℃$）时，$p_m=p_k$。从这一温度开始高压级压缩机将不起压缩作用。

2）t_0 上升时，(p_k-p_m) 值逐渐减小，而 (p_m-p_0) 值先逐渐增大，到 $t_0=t_{0b}$ 时，$p_k-p_m=0$，p_m-p_0 达到最大值，然后又逐渐减小。$p_m/p_0\approx3$ 时，低压级压缩机出现最大功率值。

3）当 $t_0=-27℃$ 时，$p_k/p_m\approx3$，高压级压缩机出现最大功率，由此可以确定高压级压缩机的电动机功率配备问题。

（2）冷凝温度的变化对中间压力的影响　如果蒸发温度 t_0 和容积比 ξ 保持不变，随着冷凝温度 t_k 的升高，中间压力 p_m 也升高。这是由于冷凝压力的升高导致高压级压力比 p_k/p_m 增大，高压级输气系数减小，使高压级的输气量减少而引起的。反之，t_k 降低，则 p_m 也降低。

（3）容积比的变化对中间压力的影响　当蒸发温度 t_0 和冷凝温度 t_k 都不变时，改变高、低压级压缩机输气量的比值，则中间压力 p_m 也随之改变。随着容积比 ξ 的减小，中间压力 p_m 升高；反之，容积比 ξ 增大，中间压力 p_m 降低。在实际双级蒸气压缩式制冷系统的操作运行管理中，可以通过改变配组双级制冷机低压级压缩机的运转台数，或改变单机双级制冷压缩机低压级气缸工作的数量，来改变容积比 ξ 的大小。低压级卸载，容积比 ξ 增大，中间压力 p_m 降低；低压级加载，容积比 ξ 减小，中间压力 p_m 升高。

2. 压缩机电动机功率的配备

对于配组双级的制冷系统，高、低压级压缩机的电动机要分别选取。

高压级压缩机电动机的选取与单级压缩机相同，可以按它的最大轴功率工况选配电动机

的功率；也可以按最常运行工况选配电动机，但这种情况下压缩机的起动过程中需采取部分卸载或进气节流等措施以降低起动电流，防止电动机过载。

对于低压级压缩机，如果按最大轴功率工况来选配电动机，则电动机的容量将会很大（约为高压级电动机的 $1/\xi$ 倍），而正常工作时需要的电动机功率又较小，于是运行中电动机始终处于低负荷状态，造成装机容量及电能的浪费。因此，低压级电动机的选配可根据系统的不同要求来进行。如果低压级压缩机只作为双级压缩制冷机的低压级运行，则低压级压缩机可按照正常工作温度范围内功率最大的情况去选配电动机；如果低压级压缩机既可以作为双级压缩制冷机的低压级运行，又可以作为单级制冷机运行，则其电动机的选配应按照单级制冷机运行来进行选配。

对于单机双级压缩机电动机的选配，其电动机轴功率应为高、低压级轴功率之和；对于采用同时起动的小型双级压缩制冷机组，低压级压缩机电动机的容量相应要选得大一些。

3. 双级压缩制冷装置的起动问题

制冷装置首次起动或长时间停机后起动运行，蒸发温度 t_0 都是从环境温度逐渐降低，直到达到使用工况所需要的蒸发温度。由前面的分析可知，当 t_0 尚未达到边界温度 t_{0b}之前，高压级压缩机不起压缩作用。因此，采取高、低压级同时起动，必然产生能量的浪费。因此，对于配组双级制冷压缩机，可以先运行单级循环对系统进行降温，等蒸发温度降低到某一数值时再运行双级循环。蒸发温度所需降低到的温度数值大小取决于低压级压缩机配用的电动机功率。对于小型机组来讲，分别起动的节能效果并不明显，为了方便起见，往往采用高、低压级压缩机同时起动的方法。

对于带有能量调节装置的单机双级制冷机，在起动初始阶段，可按高蒸发温度选用大的容积比 ξ 值运转，随着蒸发温度的降低，再将容积比 ξ 调整到正常运行值。相应的措施是起动时，对低压级气缸进行部分卸载，随着蒸发温度的降低，对低压级气缸进行逐步加载。这样，既可以避免起动时压缩机电动机过载，又能使起动过程节能。

3.3　复叠式制冷循环

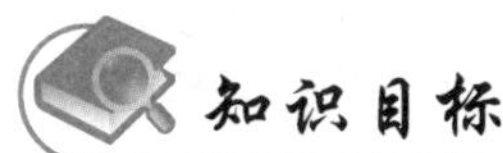

1. 了解采用复叠式式制冷循环的原因。
2. 掌握复叠式制冷循环的工作过程。

能分析和处理复叠式制冷循环工作过程经常遇到的问题。

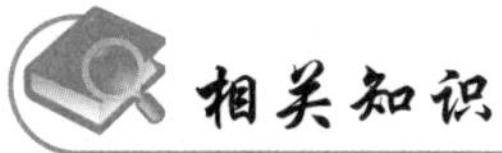

两级或多级压缩制冷循环可以获得较低温度，而且解决了压力比过大的问题，但是当需

要-70℃以下的蒸发温度时，采用中温制冷剂的双级或多级蒸气压缩式制冷循环往往也不能满足要求，这时就需采用复叠式制冷循环。

3.3.1　采用复叠式制冷循环的原因

1. 制冷剂凝固点的限制

当制冷循环需要的蒸发温度低于制冷剂凝固点时，制冷剂就会因凝固不能流动而无法循环。例如，R717的凝固点为-77.7℃，因而它不适用于蒸发温度在-77.7℃以下的制冷循环。

2. 制冷循环压力比的限制

当需要的蒸发压力过低时，即便采用双级压缩也将使每一级的压力比超过规定值，使制冷循环的效率大大降低。而且即使采用多级压缩，循环压力比能够得到保证，也会使制冷系统很复杂，技术经济性指标不高。

3. 活塞式压缩机阀门结构特性的限制

过低的蒸发压力，会使往复活塞式压缩机气阀的自动开闭特性偏离设计范围。当吸气压力在10~16kPa时，压缩机的吸气阀门不能开启，以致压缩机无法吸气。另外，还会导致压缩机和系统低压部分在高真空下运行，增加不凝性气体渗入的可能。

由于上述原因，要想达到更低的温度，采用单一制冷剂的多级压缩制冷循环是不利的，或者说是不可能的。在一般情况下，当蒸发温度在-70℃以下时，就需要应用复叠式制冷装置或其他形式的制冷机。

3.3.2　复叠式制冷循环

复叠式制冷循环是由两种或两种以上不同的制冷剂，采用两个或两个以上的单级（也可以是双级）制冷系统组合而成，如图3-11所示。

在这两个制冷系统中使用两种热力性质不同的制冷剂，即在高温系统里通常使用中温制冷剂，如R22等；在低温系统里一般用低温制冷剂，如R13、R14等。高温部分和低温部分都是一个完整的使用单一制冷剂的单级或双级蒸气压缩式制冷循环。高温系统的蒸发器就是低温系统的冷凝器，高温系统和低温系统就是通过它联系起来的，一般称它为冷凝蒸发器。只有低温系统的蒸发器才制取冷量，即吸收被冷却介质的热量，高温系统中制冷剂再将热量传给环境介质（空气或水）。

复叠式制冷机可制取的低温范围是相当广泛的，至于是采用由两个单级压缩循环的组合或由一个单级压缩循环和一个双级压缩循环的组合，还是由三个单级压缩循环的组合，主要取决于所需制冷温度。不同组合的复叠式制冷循环组合形式与制冷温度和制冷剂种类的关系见表3-1。复叠式制冷循环不仅可以采用不同的制冷剂，还可以用不同的制冷方法，例如低温部分用蒸气压缩式循环，而高温部分用吸收式制冷循环。

3.3.3　复叠式制冷循环应用中的一些问题

1. 停机后低温制冷剂的处理

当复叠式制冷机在停止运转后，系统内部温度会逐渐升高到接近环境温度，低温部分的制冷剂就会全部汽化成过热蒸气，这时低温部分的压力将会超出制冷系统允许的最高工作压

力，这是非常危险的情况。当环境温度为 40℃ 时，低温部分允许的最高绝对压力为 1.079MPa。为解决这一问题，大型系统采用高温系统定时开机，以维持低温系统较低压力，但这种方法耗功大；或者将低温制冷剂抽出装入高压钢瓶中。对于小型复叠式制冷装置，通常在低温部分的系统中连接一个膨胀容器，当停机后低温部分的制冷剂蒸气可进入膨胀容器，如系统中不设膨胀容器，则应考虑加大蒸发冷凝器的容积，使其起到膨胀容器的作用，以免系统压力过高。

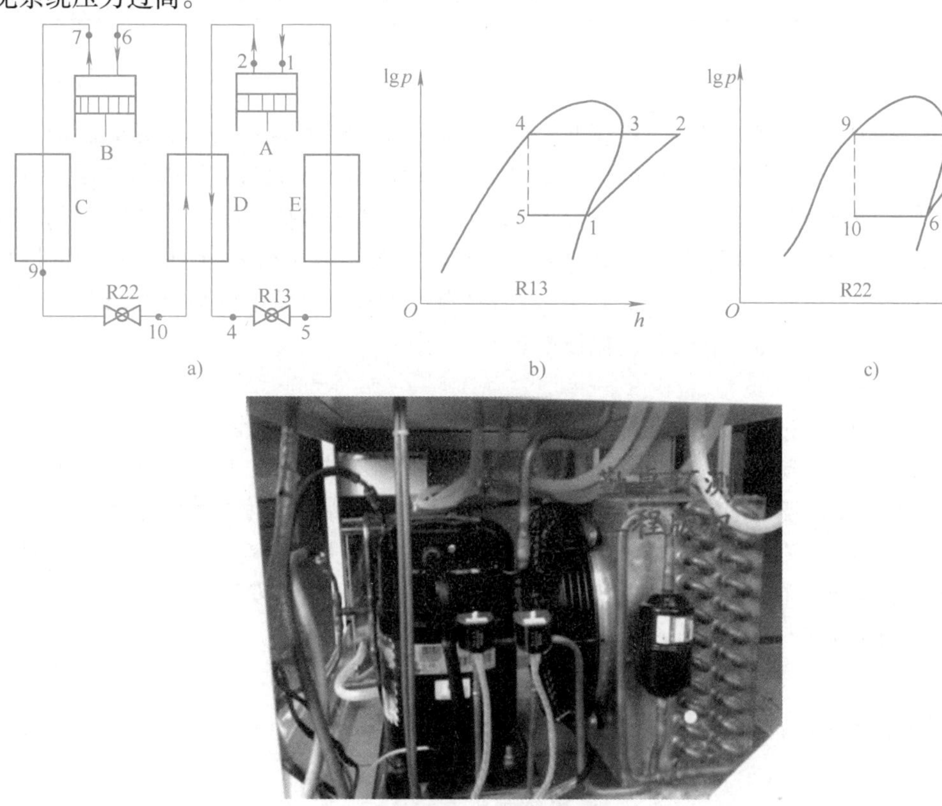

图 3-11　复叠式制冷循环

a）系统原理图　b）低温部分 lg*p*-*h* 图　c）高温部分 lg*p*-*h* 图　d）复叠式制冷机组

A—低温部分压缩机　B—高温部分压缩机　C—冷凝器　D—冷凝蒸发器　E—蒸发器

表 3-1　复叠式制冷循环的组合形式与制冷温度和制冷剂种类的关系

最低蒸发温度/℃	制冷剂	制冷循环形式
-80	R22-R23	R22 单级或双级压缩-R23 单级压缩组合的复叠式循环
	R507-R23	R507 单级或双级压缩-R23 单级压缩组合的复叠式循环
	R290-R23	R290 双级压缩-R23 单级压缩组合的复叠式循环
-100	R22-R23	R22 双级压缩-R23 单级或双级压缩组合的复叠式循环
	R507-R23	R507 双级压缩-R23 单级或双级压缩组合的复叠式循环
	R22-R1150	R22 双级压缩-R1150 单级压缩组合的复叠式循环
	R507-R1150	R507 双级压缩-R1150 单级压缩组合的复叠式循环

（续）

最低蒸发温度/℃	制冷剂	制冷循环形式
-120	R22-R1150	R22 双级压缩-R1150 双级压缩组合的复叠式循环
	R507-R1150	R507 双级压缩-R1150 双级压缩组合的复叠式循环
	R22-R23-R50	R22 单级压缩-R23 单级压缩-R50 单级压缩组合的复叠式循环
	R507-R23-R50	R507 单级压缩-R23 单级压缩-R50 单级压缩组合的复叠式循环

2. 系统的起动

由于低温制冷剂的临界温度一般较低，所以复叠式制冷机在起动时，必须先起动高温部分，当高温部分的蒸发温度降到足以保证低温部分的冷凝压力不超过允许的最高压力时，才可以起动低温部分。例如，对于使用 R22 与 R13 的二元复叠式制冷循环，要先将 R22 的蒸发温度降至-15℃以下，这时低温系统中 R13 的最高冷凝温度大约为-10℃，相应的饱和压力为 1.5616MPa（在允许值内）。对于小型复叠式制冷循环，高低温部分可同时起动，但在低温系统上必须装设压力控制阀，以保证系统的安全。

3. 温度范围的调节

复叠式制冷循环的制冷温度是可以调节的，但有一定的温度范围。因压力比不能太大，所以吸气压力不能调节得太低，这就决定了它的下限温度不能太低。同时，吸气压力也不能调得太高，因为随着吸气压力的升高，蒸发温度也升高，当蒸发温度高到一定程度时，就失去了复叠式循环的意义。而且随着吸气压力的升高，冷凝压力也升高，一般压缩机的耐压为 2MPa。为使压缩机和制冷系统能正常工作，复叠式制冷循环的蒸发温度在调节时一般不高于-50℃，也不应低于-80℃。

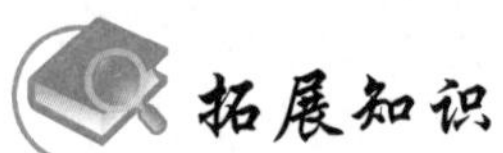

低温箱制冷系统

图 3-12 所示为国产 D-8 型低温箱所用的制冷剂实际系统图。它就是按照 3-11a 所示的循环设计的。在低温部分的系统中，还增设了气液换热器、水冷却器及膨胀容器。气液换热器用来提高低温部分压缩机的吸气温度，同时也增加了低温级的单位制冷量。水冷却器可以减少冷凝蒸发器的热负荷，即可以减少高温级的冷负荷。系统的工作过程可以清楚地看出。

由两个单级系统组成的复叠式循环，因同样受到压缩比的限制，它只能达到-80℃左右的低温。如果采用一个单级系统和一个两级系统组成的复叠式循环，则可制取-110℃的低温。为了得到更低的温度，可以采用三元复叠，即用三种不同的制冷剂组成的复叠系统。例如，在 R22 和 R13 复叠式系统上，再增加一个以 R14 为制冷剂的单级系统，就可获得-140℃的低温。由此可见，复叠式系统的循环选择，主要取决于所需要达到的低温程度。如果配合恰当，可使整个系统的经济性、可靠性均有所提高。

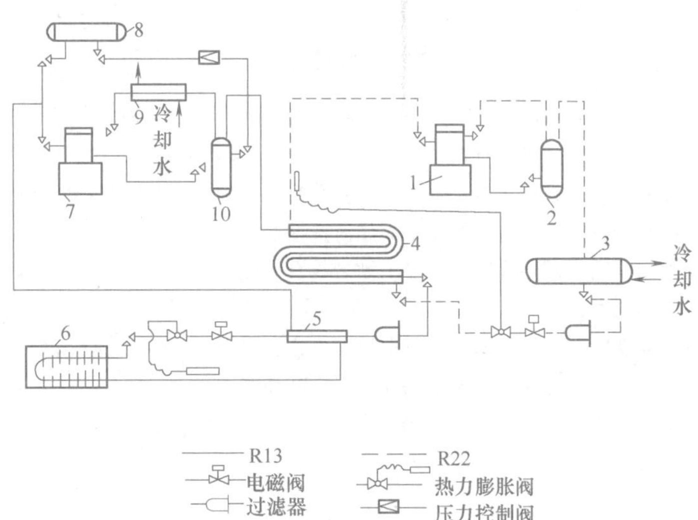

图 3-12　D-8 型低温箱复叠式制冷剂实际系统图

1、7—压缩机　2、10—油分离器　3—冷凝器　4—冷凝蒸发器　5—气液换热器　6—蒸发器　8—膨胀容器　9—水冷却器

能力训练项目

两级压缩氨制冷机解析

图 3-13 所示为两级压缩氨制冷机在冷库制冷装置中的实际系统。它除了完成工作循环所必需的基本设备外，还包括了一些辅助设备和控制阀门。试对其工作过程加以阐述，并说明系统中设置油分离器和单向阀的作用。

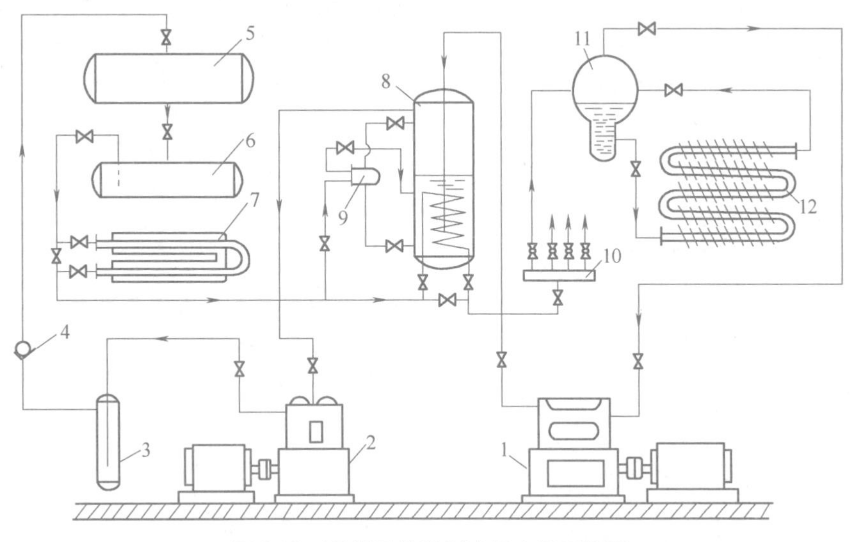

图 3-13　两级压缩氨制冷机实际系统图

1—低压压缩机　2—高压压缩机　3—油分离器　4—单向阀　5—冷凝器　6—贮液器　7—过冷器　8—中间冷却器　9—浮子调节阀　10—调节站　11—气液分离器　12—室内冷却排管（蒸发器）

复习思考题

1. 为什么单级压缩制冷压缩机的压力比一般不应超过 8~10？
2. 双级蒸气压缩式制冷循环的形式有哪些？
3. 一级节流与二级节流相比有什么特点？中间不完全冷却与中间完全冷却相比又有什么特点？
4. 双级蒸气压缩式制冷系统制冷剂与循环形式如何选择？
5. 双级蒸气压缩式制冷循环需要确定的主要工作参数有哪些？
6. 如何确定最佳中间压力？
7. 蒸发温度、冷凝温度以及容积比的变化对中间压力各有何影响？
8. 什么是复叠式制冷循环？为什么要采用复叠式制冷循环？

第4章　其他制冷方法

人工制冷的方法很多，主要有相变制冷、气体膨胀制冷、热电制冷以及新型的气波制冷等。相变制冷中除以消耗机械能（或电能）作为补偿过程的蒸气压缩式制冷外，还有消耗热能的吸收式制冷、蒸气喷射式制冷、吸附式制冷等。蒸气压缩式制冷前面已做过详细论述，下面将对其他制冷方式做简要介绍。

4.1　吸收式制冷

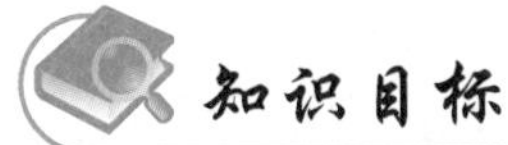

1. 了解吸收式制冷的原理及应用。
2. 掌握溴化锂吸收式制冷机的分类。
3. 了解常用吸收式制冷循环工质对的性质。

根据吸收式制冷的原理和实际应用，会对常用工质对加以选择。

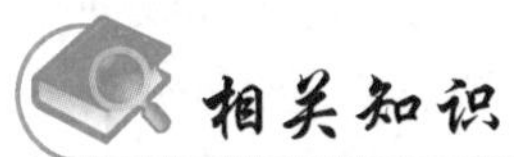

吸收式制冷机是一种以热能为主要动力的制冷机，它的工作原理早在18世纪70年代就已提出，直到1859年才试制成功第一台吸收式制冷机。

早期的吸收式制冷循环用氨水溶液作为工质，其中氨为制冷剂，水为吸收剂，并使用水蒸气作为热源。它是一种蒸发温度较低的吸收式制冷循环。当热源温度在100~150℃范围内，冷却水温度为10~30℃时，蒸发温度可达-30℃，两级氨水吸收式制冷循环则可获得更低的蒸发温度。但是氨有毒、对人体有危害，因而它的应用受到限制；另外，由于装置比较复杂，金属消耗量大，加热水蒸气的压力要求较高，冷却水消耗量大，热力系数较低，使氨水吸收式制冷机的使用受到限制。

随着制冷技术的发展，1945年，美国开利公司试制出第一台制冷量为523kW的单效溴化锂吸收式制冷机，开创了吸收式制冷机的新局面。1966年，我国上海第一冷冻机厂试制出了制冷量1160kW的单效溴化锂吸收式制冷机。溴化锂吸收式制冷循环以水为制冷剂，以溴化锂溶液为吸收剂，蒸发温度较高（0℃以上），适用于空调。这种工质无毒、无臭、无味，对人体也无害。溴化锂吸收式制冷机可用一般的低压蒸气或60℃以上的热水作为热源，因而在利用低温热能及太阳能制冷方面具有独特的作用。当前由于限制使用 CFC_s，世界各国对吸收式制冷更加重视。

4.1.1　吸收式制冷工作原理

吸收式制冷是用热能作为动力的制冷方法，它也是利用制冷剂汽化吸热来实现制冷的。因此，它与蒸气压缩式制冷有类似之处，所不同的是两者实现把热量由低温处转移到高温处所用的补偿方法不同，蒸气压缩式制冷用机械功补偿，而吸收式制冷用热能来补偿。为了比较，图 4-1 同时给出了吸收式和蒸气压缩式制冷机的工作原理图。吸收式制冷机中所用的工质是由两种沸点不同的物质组成的二元混合物（溶液）。低沸点的物质是制冷剂，高沸点的物质是吸收剂。吸收式制冷机中有两个循环——制冷剂循环和溶液循环。

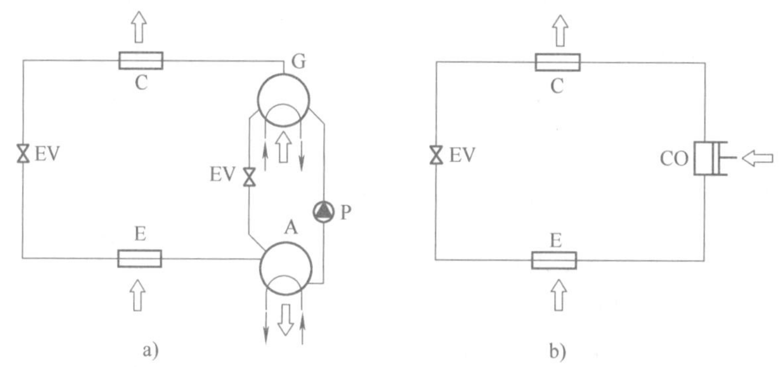

图 4-1　吸收式和蒸气压缩式制冷机工作原理

a）吸收式制冷机　b）蒸气压缩式制冷机

E—蒸发器　C—冷凝器　EV—膨胀阀　CO—压缩机　G—发生器　A—吸收器　P—溶液泵

吸收式制冷循环由发生器、吸收器、冷凝器、蒸发器、溶液泵以及节流器等组成。

1）制冷剂循环的完成过程。由发生器 G 出来的制冷剂蒸气（可能含有少量的吸收剂蒸气）在冷凝器 C 中冷凝成高压液体，同时释放出冷凝热量；高压液体经膨胀阀 EV 节流到蒸发压力，进入蒸发器 E 中。低压制冷剂液体在蒸发器中蒸发成低压蒸气，并同时从外界吸取热量。

低压制冷剂蒸气进入吸收器 A 中，而后由吸收器、发生器组成的溶液循环将低压制冷剂蒸气转变成高压蒸气。

2）溶液循环过程。在吸收器中，由发生器来的稀溶液（若溶液的浓度以制冷剂的含量计）吸收蒸发器来的制冷剂蒸气，而成为浓溶液，吸收过程释放出的热量用冷却水带走。由吸收器出来的浓溶液经溶液泵 P 提高压力，并输送到发生器 G 中。在发生器中，利用外热源对浓溶液加热，其中低沸点的制冷剂蒸气被蒸发出来（可能有少量吸收剂蒸气同时被蒸发出来），而浓溶液成为稀溶液。溶液经吸收器→发生器→吸收器的循环，实现了将低压制冷剂蒸气转变为高压制冷剂蒸气。

不难看到，吸收式制冷机中制冷剂循环的冷凝、蒸发、节流三个过程与蒸气压缩式制冷机是相同的，所不同的是低压蒸气转变为高压蒸气的方法，蒸气压缩式制冷是利用压缩机来实现的，消耗机械能；吸收式制冷机是利用吸收器、发生器等组成的溶液循环来实现的，消耗热能。很显然，发生器-吸收器组起着压缩机的作用，故称为“热化学压缩器”。

吸收式制冷机中所用的二元混合物主要有两种——氨水溶液和溴化锂水溶液。氨水溶液中氨为制冷剂，水为吸收剂。溴化锂水溶液中水为制冷剂，溴化锂为吸收剂。在空调工程中，目前普遍采用的是溴化锂水溶液，这种制冷机称为溴化锂吸收式制冷机。

4.1.2　吸收式制冷机的工质对

1. 吸收式制冷循环工质的选择要求

吸收式制冷以两种沸点相差很大的物质组成的二元溶液作为工质。其中沸点低的物质在温度较低时容易被沸点高的物质吸收；而在温度较高时，沸点低的物质又容易汽化（或称挥发），从溶液里分离出来。在吸收式制冷循环中的二元溶液工质，沸点低的物质作为制冷剂，沸点高的物质作为吸收剂。因此，将这种工质称为制冷剂-吸收剂工质对，简称为工质对。

（1）吸收式制冷循环对制冷剂的选择　对制冷剂的要求与蒸气压缩式制冷基本相同，应具有较大的单位容积制冷量，工作压力不应太高或太低，价廉，无毒，且具有不爆炸和不腐蚀等性质。

（2）对吸收剂的要求

1）吸收剂应具有强烈吸收制冷剂的能力，这种能力越强，在制冷机中所需要的吸收剂循环量越少；发生器工作热源的加热量、在吸收器中冷却介质带走的热量以及泵的耗功率也随之减少。

2）作为吸收剂和制冷剂的两种物质，它们的沸点相差越大越好。吸收剂的沸点越高，越难挥发，在发生器中蒸发出来的制冷剂纯度就越高。如果吸收剂不是一种极难挥发的物质，则发生器中蒸发出来的将不全是制冷剂，这就必须通过精馏的方法将这部分吸收剂除去，否则将影响制冷效果。使用精馏方法将吸收剂与制冷剂分开，不仅需要专用的精馏设备，而且精馏效率也会影响制冷循环的工作效率。

3）吸收剂应具有较大的热导率，较小的密度和黏度，而且应具有较小的比热容，以提高制冷循环的工作效率。

4）吸收剂应具有较好稳定性，要求无毒、不燃烧、不爆炸，对制冷机的金属材料无腐蚀。

5）吸收式制冷循环工质对所组成的二元溶液，必须是非共沸溶液。因共沸溶液具有共同的沸点，故共沸溶液不能作为吸收式制冷循环的工质对。

2. 吸收式制冷循环工质对

吸收式制冷循环的工质对随制冷剂的不同大致分为四类。

（1）以水作为制冷剂的工质对　除了目前广泛应用的溴化锂水溶液外，对水-氯化锂（H_2O-LiCl）和水-碘化锂（H_2O-LiI）也进行了研究，因为它们对设备的腐蚀性较小，而且水-碘化锂便于利用更低品位的热源。但它们的溶解度小，使制冷机的工作范围过窄，故又提出了三元工质系，如水-氯化锂-溴化锂，它具有水-氯化锂性能之优点而又克服了溴化锂工作范围过窄的缺点。而另一种水-溴化锂-硫氰酸锂（H_2O-LiBr-LiSCN）三元溶液已试用于太阳能吸收式制冷循环中。

（2）以氨作为制冷剂的工质对　主要有氨水（NH_3-H_2O）、乙胺-水（$C_2H_5NH_2$-H_2O）、甲胺-水（CH_3NH_3-H_2O）以及硫氰酸钠-氨（NaSCN-NH_3）等。用甲胺、乙胺能减轻氨固有的毒性和爆炸性，而乙胺还因其蒸气压比较低，用于热泵很有好处。硫氰酸钠用于太阳能吸收式制冷循环中性能好，造价低。

（3）以甲醇和乙醇作为制冷剂的工质对　主要有甲醇-溴化锂（CH_3OH-LiBr）、甲醇-溴化锌（CH_3OH-$ZnBr_2$）、甲醇-溴化锂-溴化锌（CH_3OH-LiBr-$ZnBr_2$）、乙醇-溴化锂-溴化锌（C_2H_5OH-LiBr-$ZnBr_2$）等。甲醇有较大的汽化热，可制取0℃以下的低温，而对金属材料不起腐蚀作用，是一种比较理想的制冷剂。用乙醇作为制冷剂，其性能比甲醇差一些，但其最大的优点是发生器加热温度较低，因而用于太阳能吸收式制冷机中比较合适。

（4）以氟利昂为制冷剂的工质对　以氟利昂作为制冷剂的工质对主要有氯二氟甲烷-二甲替甲酰胺（R22-DMF）、氯二氟甲烷-四甘醇二甲醚（R22-E181）、氯二氟甲烷-酞酸二丁酯（R22-DBP）等。在高发生温度和低冷凝温度下采用R22-DMF较有利；对于较低发生温度和较高冷凝温度，如太阳能制冷系统以采用R22-E181为好。

到目前为止，提出的吸收式制冷循环工质的种类很多，但是实际上使用的只有氨-水溶液与溴化锂-水溶液两种。

3. 常用吸收式制冷循环工质对性质

（1）溴化锂-水溶液　溴化锂水溶液是由固体的溴化锂溶质溶解在水溶剂中而成。溴化锂由碱族中的元素锂（Li）和卤族中的元素溴（Br）两种元素组成。溴和锂与氯和钠在元素周期表中分别属于卤族和碱族元素，溴化锂的化学性质与氯化钠相似。它在大气中不会变质、分解和挥发，性质稳定。无水溴化锂是白色块状，无毒、无臭，有咸苦味，其主要性质如下：分子式为LiBr；相对分子质量为86.856；成分（质量分数）Li为7.99%，Br为92.01%；熔点为549℃；沸点为1265℃。

用溴化锂水溶液作为吸收式制冷循环的工质是比较理想的，因为在常压下，水的沸点是100℃，而溴化锂的沸点为1265℃，两者相差甚大，因此，溶液沸腾时产生的蒸气几乎都是水的成分，很少带有溴化锂的成分，这样就不需要进行精馏就可得到几乎纯制冷剂蒸气。

水作为制冷剂，有许多优点：价格低廉，取之方便，汽化热大，无毒、无味，不燃烧、不爆炸等。缺点是常压蒸发温度高，而当蒸发温度降低时，蒸发压力也很低，蒸气的比体积又很大。另外，水在0℃就会结冰，因此，用它作为制冷剂所能达到的低温仅限于0℃以上。

供吸收式制冷机应用的溴化锂，一般以水溶液的形式供应，但应符合下列要求：

1）性状。无色透明液体、无毒、有咸苦味，溅在皮肤上微痒。溶液中加入铬酸锂后溶液呈淡黄色，其浓度为50%±1%；酸碱度（pH值）为9.0~10.5。

2）杂质最高含量（质量分数）。氯化物（Cl^-）为0.5%；硫酸盐（SO_4^{2-}）为0.05%；溴酸盐（BrO_3^-），无反应；氨（NH_3）为0.001%；钡（Ba）为0.001%；钙（Ca）为0.005%；镁（Mg）为0.001%；另外，溶液中不应含有二氧化碳（CO_2）、臭氧（O_3）等不凝性气体。

（2）氨-水溶液　氨由于有较好的热力性质，价廉易得，是一种应用很广的制冷剂（详见第2章）。

氨极易溶解于水，在常温下，一个体积的水可溶解约700倍体积的氨蒸气，因此，氨水很早就被人们利用作为吸收式制冷机的工质对。

氨溶解在水中大部分是呈氨分子状态存在的，只有少数氨分子与水结合而生成NH_4OH、电离为NH_4^+与OH^-，因此，溶液呈弱碱性。在很多性质上氨水溶液仍然具有氨的性质，如氨水同样是无色的，带有特殊刺激性臭味。纯粹的氨水对钢无腐蚀作用，但能腐蚀锌、铜、青铜及其他铜的合金（高锡磷青铜除外）。温度过低时，氨水溶液将析出结晶，已经发现的一种为NH_3H_2O，它的结晶温度为-79℃；另一种为$2NH_3H_2O$，它的结晶温度为-78.8℃，

这就限制了氨水溶液在吸收式制冷循环中所能达到的最低温度。

氨与水的沸点不如溴化锂与水沸点相差大，仅相差 133℃。因此，水相对于氨也具有一定的挥发能力。当氨水溶液被加热沸腾时，氨蒸发出来的同时也有部分水被蒸发出来。所以在氨水吸收式制冷循环中需用精馏方法来提高进入冷凝器的氨蒸气浓度。

4.1.3　吸收式制冷循环

溴化锂吸收式制冷机以水作为制冷剂，溴化锂水溶液作为吸收剂，可制取 0℃以上的冷水，多用于空调系统。溶液的质量分数（%）是以溴化锂的质量与溶液总质量之比来表示的。

1. 溴化锂吸收式制冷机的分类

（1）按用途分类

1）冷水机组。供应空调用冷水或工艺用冷水。冷水出口温度分为 7℃、10℃、13℃、15℃四种。

2）冷热水机组。供应空调和生活用冷热水。冷水进、出口温度为 12℃/7℃；用于采暖的热水进、出口温度为 55℃/60℃。

3）热泵机组。依靠驱动热源的能量，将低势位热量提高到高势位，供采暖或工艺过程使用。输出热的温度低于驱动热源温度，以供热为目的的热泵机组称为第一类吸收式热泵；输出热的温度高于驱动热源温度，以升温为目的的热泵机组称为第二类吸收式热泵。

（2）按驱动热源分类

1）蒸气型。以蒸气为驱动热源。单效机组工作蒸气表压力一般为 0.1MPa；双效机组工作蒸气表压力为 0.25~0.8MPa。

2）直燃型。以燃料的燃烧热为驱动热源。根据所用燃料种类，又分为燃油型（轻油或重油）和燃气型（液化气、天然气、城市煤气）两大类。

3）热水型。以热水的显热为驱动热源。单效机组热水温度范围为 85~150℃；双效机组热水温度大于 150℃ 。

（3）按驱动热源的利用方式分类

1）单效。驱动热源在机组内被直接利用一次。

2）双效。驱动热源在机组的高压发生器内被直接利用，产生的高温冷剂水蒸气在低压发生器内被二次间接利用。

3）多效。驱动热源在机组内被直接和间接地多次利用。

（4）按溶液循环流程分类

1）串联流程。它又分为两种，一种是溶液先进入高压发生器，后进入低压发生器，最后流回吸收器；另一种是溶液先进入低压发生器，后进入高压发生器，最后流回吸收器。

2）并联流程。溶液分别同时进入高、低压发生器，然后分别流回吸收器。

3）串并联流程。溶液分别同时进入高、低发生器，高压发生器流出的溶液先进入低压发生器，然后和低压发生器的溶液一起流回吸收器。

（5）按机组结构分类

1）单筒型。机组的主要换热器（发生器、冷凝器、蒸发器、吸收器）布置在一个筒体内。

2）双筒型。机组的主要换热器布置在两个筒体内。

3）三筒或多筒型。机组的主要换热器布置在三个或多个筒体内。

2. 溴化锂吸收式制冷机工作过程

（1）单效溴化锂吸收式制冷机工作过程

1）溴化锂吸收式制冷机的工作原理。溴化锂吸收式制冷机是靠水在低压下不断汽化而产生制冷效应。图 4-2a 所示为简单的利用溴化锂浓溶液的吸收作用实现制冷的装置。该装置把两容器内的空气抽尽并维持一定真空度。由于吸收器 A 中溴化锂浓溶液强烈的吸收水蒸汽的作用，不断吸收蒸发器 E 中的水蒸汽，从而促使水不断蒸发，即产生吸热的制冷效应。但是，这个装置随着溴化锂溶液吸收水蒸汽而逐渐变稀，吸收能力逐渐下降，制冷能力也逐渐减小，以至不能制冷。同时，蒸发器中水不断蒸发而逐渐减少，也无法维持连续不断的制冷。

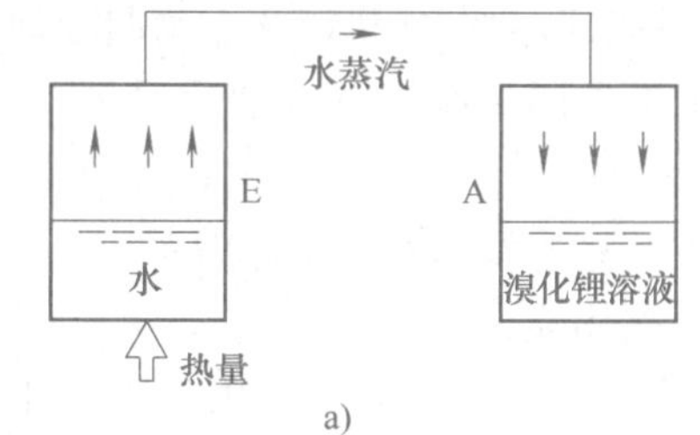

a)

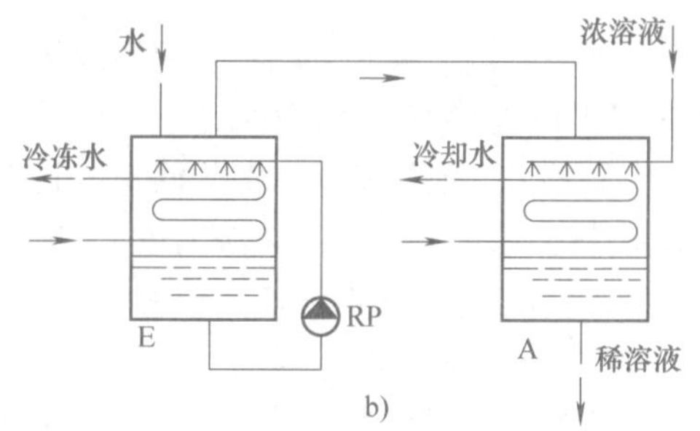

b)

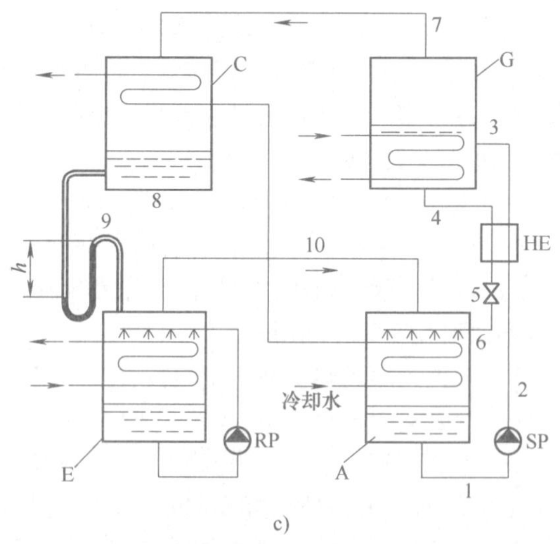

c)

图 4-2　溴化锂吸收式制冷机的工作原理

a）简单装置　b）改进装置　c）溶液、制冷剂水循环装置

A—吸收器　E—蒸发器　C—冷凝器　G—发生器

RP—冷剂水泵　SP—溶液泵　HE—溶液热交换器

图 4-2b 所示为改进后的装置，在蒸发器中不断补水，以补充蒸发掉的水。为了提高蒸发器的换热能力及减少液柱对蒸发温度的影响，在蒸发器中设置盘管和制冷剂水泵，将水喷淋在盘管上。盘管内通以需要冷却的空调用冷冻水。同时，在吸收器中不断补充溴化锂浓溶液，排走吸收水蒸气后变稀了的溶液，从而维持了这个装置连续运行。为了增强吸收作用，将溶液喷淋在管簇上。管簇内通以冷却水，带走吸收过程放出的热量。虽然这种装置可连续运行，但不断消耗溴化锂水溶液和水，显然是不经济的，为此需将溶液再生利用。

图 4-2c 所示为溶液进行循环、制冷剂水（简称冷剂水）也进行循环的溴化锂吸收式制冷机的流程图。在这个系统中增设了发生器 G 和冷凝器 C。在发生器中设有加热盘管，在管内通以表压为 0.1MPa 左右的工作蒸气或 120℃左右的高温水，加热稀溶液，使之沸腾，产生水蒸气，使溶液变为浓溶液。浓溶液经节流后再返回吸收器，吸收器中的稀溶液经液泵 SP 压送到发生器中。为了减少吸收器的排出热量和发生器的耗热量，以提高吸收式制冷机的热效率，系统中设有溶液热交换器 HE，使稀溶液和浓溶液进行热交换，稀溶液被预热，浓溶液被冷却。发

生器中产生的冷剂水蒸气在冷凝器中冷凝成冷剂水，再经 U 形管进入蒸发器中。U 形管起冷剂水的节流作用。冷凝器与蒸发器间的压差很小，一般只有 6.5~8kPa，即 U 形管中水柱高差 h 有 0.7~0.85m 即可。

图 4-2c 所示的溴化锂吸收式制冷机的流程中只有一个发生器，称为单效溴化锂吸收式制冷机。为提高所使用的工作蒸气的压力或高温水的温度，在系统中增设一高压发生器，即有两个发生器，这种溴化锂吸收式制冷机称为双效溴化锂吸收式制冷机。

2）溴化锂吸收式制冷循环过程。溴化锂吸收式制冷循环中的冷剂水经历了以下三个过程。

①冷凝过程。发生器蒸发出来的蒸气应该是发生过程所产生蒸气的混合物，产生的是纯水蒸气，该蒸气进入冷凝器后，在冷凝压力下冷凝成饱和水 ，同时放出冷凝热量。

②节流过程。压力为冷凝压力的饱和水经 U 形管节流后，压力降到蒸发压力，焓值不变。

③蒸发过程。节流后的冷剂水进入蒸发器中，吸收冷冻水的热量而汽化。

（2）双效溴化锂吸收式制冷机工作过程　单效溴化锂吸收式制冷机一般采用 0.1~0.25MPa 的蒸气或热水（75℃以上）作为加热热源，循环的热力系数较低（一般 ξ=0.65~0.75）。如果有压力较高的蒸气可以利用（例如 0.4MPa 以上），则可采用双效溴化锂吸收式制冷循环，热力系数可提高到 1 以上。

所谓双效溴化锂吸收式制冷机，是指在机组中装有高压发生器和低压发生器的制冷机。在高压发生器中，采用压力较高的蒸气（一般为 0.6~0.8MPa）或燃气、燃油等高温热源来加热。在高压发生器中产生的高温冷剂水蒸气，用来加热低压发生器，使低压发生器中的溴化锂溶液进一步产生冷剂水蒸气，（故双效溴化锂制冷机又称两级发生式溴化锂制冷机）。这样，不仅有效地利用了冷剂水蒸气的汽化热，同时又减少了冷凝器的热负荷，使机组的经济性得到提高。

1）蒸气型。图 4-3 所示为其中一种较为常见的双效蒸气型溴化锂吸收式制冷机并联系统流程。它由高压发生器、低压发生器、冷凝器、蒸发器、高温溶液换热器、低温溶液换热器、凝水换热器、泵、引射器等组成。高压发生器由一个单独的高压筒组成，低压发生器、冷凝器和蒸发器、吸收器分别置于另外两只筒体内，也可置于一只筒体内。

这种流程的工作过程是由吸收器 3 出来的稀溶液，分为两路：一路经高压发生器泵 1 升压后，流入高温换热器 2，温度升高后，进入高压发生器 5，被管内的工作蒸气加热，产生高温冷剂水蒸气，溴化锂的质量分数变高，由高压发生器 5 排出，经高温换热器 2 降温后，被引射器 12 抽入。另一路经溶液泵 13 升压后，又分成两路：一路经低温换热器 11 及凝水换热器 10，温度升高后进入低压发生器 7，在其中被高压发生器产生的高温冷剂水蒸气加热，产生冷剂水蒸气，而高温冷剂水蒸气放出潜热后，凝结成冷剂水，节流后与低压发生器产生的冷剂水蒸气一起进入冷凝器 6，被管内冷却水冷却和冷凝，形成冷剂水。该冷剂水节流后流入蒸发器 4，由于压力的降低，部分水汽化，剩余的冷剂水积存于水盘中，被冷剂水泵 9 吸入，均匀地喷淋在蒸发器管簇的外表面，吸取管内冷水的热量而蒸发，使冷水得到冷却（制冷）。另一路作为引射器 12 的高压流体，除引射由高压发生器出来的浓溶液外，其混合液又作为引射器 8 的工作流体，引射由低压发生器流出，经低温换热器降温后的浓溶液，形成中间溶液后，均匀洒淋在吸收器管簇外表面，吸收由蒸发器产生的冷剂水蒸气，从而保持蒸发器内所需低压，使冷剂水能在低压、低温下不断蒸发而制取冷量。中间溶液吸收了冷剂水蒸气后，重新变成稀溶液，再分别由高压发生器泵及溶液泵送出。吸收过程中产生的热量，由吸收器管簇内的冷却水带走，从而保证吸收过程的连续进行。

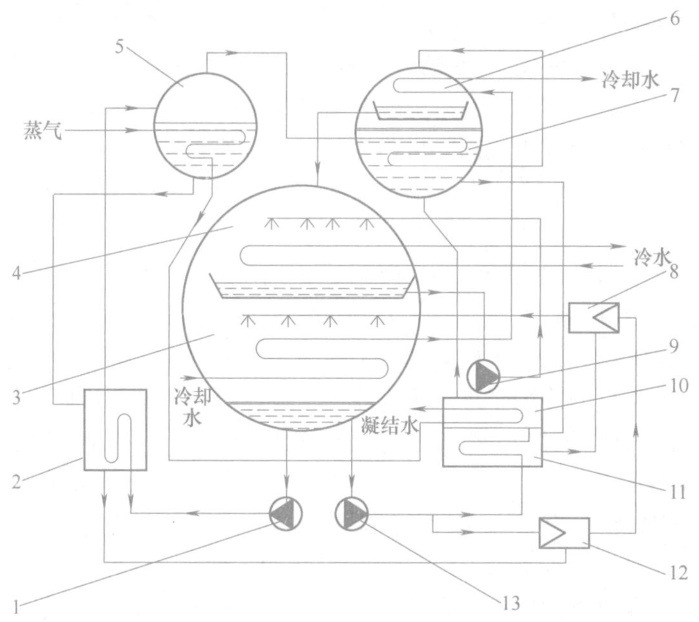

图 4-3　双效蒸气型溴化锂吸收式制冷机并联系统流程

1—高压发生器泵　2—高温换热器　3—吸收器　4—蒸发器　5—高压发生器　6—冷凝器　7—低压发生器　8、12—引射器　9—冷剂水泵　10—凝水换热器　11—低温换热器　13—溶液泵

显然，设置凝水换热器可充分利用加热蒸气的凝水的显热，降低双效机组的汽耗量。

2）直燃型。直燃型双效溴化锂冷热水机组以燃料的燃烧，产生高温烟气为驱动热源，直接加热溴化锂溶液。该机组具有燃烧效率高、对大气环境污染小、只存在一次传热温差、体积小、占地小等优点。既可以用于夏季供冷，又可用于冬季供热，必要时还可提供生活用热水，因而得到了广泛的应用。图 4-4 所示为直燃双效溴化锂冷热水机组。

图 4-4　直燃双效溴化锂冷热水机组

3. 溴化锂吸收式制冷机的特点

溴化锂吸收式制冷机也是以热能作为补偿来实现制冷的装置，故很多特点与氨水吸收式制冷机相似，主要特点如下：

1）以水作为制冷剂，溴化锂溶液作为吸收剂，它无臭、无味、无毒，对人体无危害，对大气臭氧层无破坏作用。

2）对热源要求不高，一般的低压蒸气（120kPa 以上）或 75℃以上的热水均能满足要求，特别适用于有废气、废热水可利用的化工、冶金和轻工业企业，有利于热源的综合利

用。随着地热和太阳能的开发利用，它将具有更为广泛的前途。

3）整个装置基本上是换热器的组合体，除泵外，没有其他运动部件，所以振动、噪声都很小，运转平稳，对基建要求不高，可在露天甚至楼顶安装，尤其适用于船舰、医院、宾馆等场合。

4）结构简单，制造方便。

5）整个装置处于真空状态下运行，无爆炸危险。

6）操作简单，维护保养方便，易于实现自动化运行。

7）能在 10%~100%范围内进行制冷量的自动、无级调节，而且在部分负荷时，机组的热力系数并不明显下降。

8）溴化锂溶液对金属，尤其是黑色金属有强烈的腐蚀性，特别在有空气存在的情况下更为严重，因此，对金属的密封性要求非常严格。

9）由于系统以热能作为补偿，加上溴化锂溶液的吸收过程是放热过程，故对外界的排热量大，通常比蒸气压缩式制冷机大一倍，因此，冷却水消耗量大。但溴化锂吸收式制冷机组允许有较高的冷却水温升，冷却水可以采用串联流动方式，以减少冷却水的消耗量。

10）因用水作为制冷剂，故一般只能制取 5℃以上的冷水，多用于空气调节及一些生产工艺用冷冻水。

11）溴化锂价格较贵，机组充灌量大，初期投资较高。

直燃型溴化锂吸收式冷热水机组除具有上述特点外，还具有下列优势：

1）燃烧效率高，对大气环境污染小。

2）一机多能。可供夏季空调、冬季采暖，必要时也可兼顾提供生活用热水。

3）体积小，用地少。

4）只存在一次传热温差，传热损失小。

5）可实现能源消耗的季节平衡。

4.2　其他制冷技术

知识目标

1. 了解蒸气喷射式制冷、吸附式制冷、热电制冷、空气膨胀制冷、涡流管制冷以及气波制冷的原理。

2. 了解蒸气喷射式制冷、吸附式制冷、热电制冷、空气膨胀制冷、涡流管制冷以及气波制冷方法的实际应用。

能力目标

能够区分蒸气喷射式制冷、吸附式制冷、热电制冷、空气膨胀制冷、涡流管制冷以及气波制冷的应用范围。

4.2.1　蒸气喷射式制冷

蒸气喷射式制冷机也是一种以热能为动力、以液体制冷剂在低压下蒸发吸热来制取冷量的制冷机，是依靠液体的汽化来制冷的。这一点和蒸气压缩式制冷及吸收式制冷完全相同，不同的是怎样从蒸发器中抽取并压缩蒸气。蒸气喷射式制冷采用单一物质作为循环工质，目前通常都是水，所以也称为水喷射式制冷。它同样具有系统真空度高、热力系数低、只能制取0℃以上的低温等缺陷。

1. 蒸气喷射式制冷循环的特点

1）蒸气喷射式制冷的设备结构简单，金属耗量少，造价低廉，运行可靠性高，使用寿命长，一般都不需备用设备。

2）制冷系统操作简便，维修量少。

3）蒸气喷射式制冷循环耗电量少，如果用于有较多工业余气的场合，能节约能源。

4）蒸气喷射式制冷以水作为制冷剂，并且根据需要可使制冷剂、载冷剂合为一体，或者采用开式循环形式。由于水具有汽化热大、无毒等优越性，所以系统安全可靠。

5）用水作为制冷剂制取低温时受到水的凝固点的限制，为了获得更低的蒸发温度，正在研制采用氨、氟利昂为制冷剂的蒸气喷射式制冷机。另外，将蒸气喷射器与活塞式制冷压缩机、吸收式制冷机等串联，用以作为低压级，也能获得较低的蒸发温度。

6）蒸气喷射器的加工精度要求较高，蒸气喷射式制冷循环的工作蒸气消耗量较大，制冷循环效率较低。这一切都限制了蒸气喷射式制冷的实际应用。

2. 蒸气喷射式制冷循环基本组成和工作过程

蒸气喷射式制冷是以高压水蒸气为工作动力的循环。蒸气喷射式制冷循环由正向循环和逆向循环共同组成。在循环中锅炉、凝水器（冷凝器）、喷射器、凝水泵组成热动力循环（正向循环）；喷射器、冷凝器、节流器、蒸发器组成制冷循环（逆向循环）。正向循环与逆向循环通过喷射器、冷凝器互相联系。

（1）蒸气喷射式制冷循环主要热力设备

1）锅炉。锅炉是蒸气喷射式制冷循环的动力设备，在正向循环中锅炉消耗热能产生压力为0.198~0.98MPa的工作蒸气，以保证完成循环。在工业制冷中也可利用能保证工作压力的工业余气，以节约能源。在循环中，锅炉产生的高压水蒸气通过阀件和分气缸输送到蒸气喷射式制冷循环的主喷射器和各个辅助喷射器。

2）蒸气喷射器。循环中的蒸气喷射器分主喷射器和辅助喷射器。主蒸气喷射器在循环中起到压缩机的作用，即压缩和输送制冷剂的作用。辅助蒸气喷射器、水喷射器则用以维持制冷装置内各设备真空度，保证制冷系统正常、高效工作。

喷射器由喷嘴、吸入室及扩压管三部分组成。主喷射器起到压缩机的作用，它将被引射的蒸气由 p_0 压缩至 p_k 的过程，是依靠气流速度与压力的相互转化来实现的。由热力学分析可以知道，蒸气在喷射器内的热力过程包括三个阶段：①工作蒸气的绝热膨胀过程。②工作蒸气与被引射蒸气的混合过程。③混合蒸气的压缩过程。

3）冷凝器。在蒸气喷射式制冷循环中有主冷凝器和辅助冷凝器。主冷凝器既作为动力循环中向正向循环的低温热源放热的设备，也作为制冷循环中向逆向循环的高温热源放热的设备。正向循环的低温热源和逆向循环的高温热源都是环境介质。所以主冷凝器的冷凝负荷和冷凝面积是正向、逆向循环的总冷凝负荷和总冷凝面积。蒸气喷射式制冷循环的主冷凝器常采用混合式或蒸发式冷凝器。辅助冷凝器是设置在辅助喷射器后，冷凝由辅助喷射器引出的混合气体，分离不凝性气体与制冷剂水蒸气，以提高循环效率。

4）凝结水泵。凝结水泵是在正向循环中，将凝结水输送回锅炉的设备。

5）蒸发器与节流器。在制冷剂和载冷剂合为一体的蒸气喷射式制冷循环中的蒸发器，一般不采用表面式换热器，而常采用淋洒式（混合式）热交换器，在淋洒式热交换器中蒸发器与节流器组成一体。进入蒸发器的凝结水经喷洒、降压而雾化成细小水滴、经单效或多效淋洒、汽化吸热，将蒸发器内载冷剂水温度降至所需要求，并输送到用冷设备中向低温热源吸热。

（2）蒸气喷射式制冷循环工作过程　蒸气喷射式制冷机主要由喷射器、冷凝器、蒸发器、节流阀、泵、辅助喷射器等组成。喷射器又由喷嘴、吸入室、扩压器三个部分组成，如图 4-5 所示。

喷射器的吸入室 c 与蒸发器 3 相连，扩压器 b 与冷凝器 2 相连。它的工作过程如下：

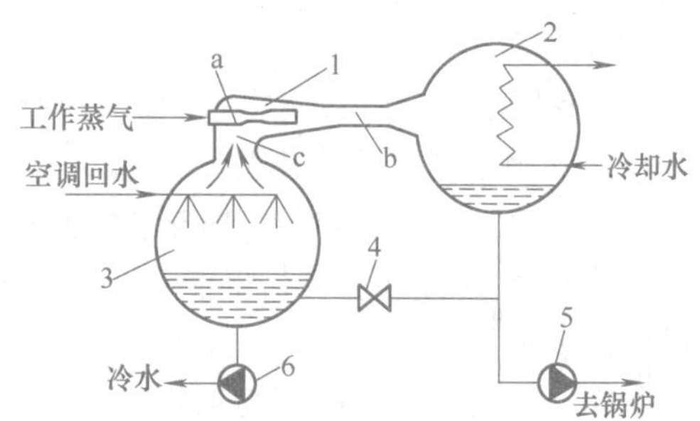

图 4-5　蒸气喷射式制冷系统

1—喷射器（a—喷嘴 b—扩压器 c—吸入室）
2—冷凝器　3—蒸发器　4—节流阀　5、6—泵

从锅炉来的高温高压工作蒸气进入喷射器，在喷嘴 a 中膨胀，获得很大气流速度（可达 1000m/s 以上），从而在喷嘴的出口处造成压力很低的真空（例如，蒸发温度为 5℃时，相应的压力为 0.87kPa），这就为蒸发器内水在低温下汽化创造了条件。由于水汽化时需从未汽化的水中吸收汽化热，因而使未汽化的水的温度降低（制冷），这部分低温水便可用于空气调节或其他生产工艺过程。蒸发器 3 中产生的冷剂蒸气和工作蒸气在喷嘴出口处混合，一起进入扩压器 b，在扩压器中由于速度的降低而使压力升高（例如，当冷凝温度为 35℃时，其相应的压力为 5.63kPa），然后进入冷凝器 2，与外部的冷却水交换热量，冷凝成液体。出冷凝器时，凝结水分为两路：一路通过节流阀 4 降压后进入蒸发器，以补充蒸发掉的水量；另一路通过水泵 5 返回锅炉，重新加热，产生工作蒸气。

图 4-5 表示的是一个封闭循环系统。在实际使用过程中，冷凝后的水往往不再进入锅炉和蒸发器，而是排入冷却水池，作为循环冷却水的补充水使用。蒸发器和锅炉的补充水另设水源供给。

近年来，为了达到特殊的目的（如制取 0℃以下的低温），蒸气喷射式制冷机系统可以采用其他的工质作为制冷剂，如氟利昂等。也可以将喷射式系统用于蒸气压缩式制冷机的低压级，作为增压器使用，以便用单级活塞式制冷压缩机制取更低的温度。

蒸气喷射式制冷机以热能代替机械能或电能，同时具有结构简单、加工方便、没有运动部件（除泵外）、运行安全可靠、使用寿命长等一系列优点，故具有一定的使用价值，可用来制取空调用冷水。但是，由于溴化锂吸收式制冷机的热效率高，对加热蒸气的品位要求低，因此在空调系统中，蒸气喷射式制冷机已逐渐被溴化锂吸收式制冷机所取代。

4.2.2 吸附式制冷

人们早已发现，有些固体物质在一定的温度及压力下能吸附某种气体或水蒸气，在另一种温度及压力下又能把它释放出来。这种吸附与解吸的过程将导致压力的变化，从而起到了压缩机的作用。固体吸附制冷就是利用这一原理来制冷的。

如果热源温度较低、冷凝温度较高时，氨水吸收式与溴化锂吸收式制冷机的热力系数都很低，若此时采用吸附式制冷方式，则可获得较满意的结果。

所谓吸附，就是物质在相的界面上，质量分数自动发生变化的现象。当气体分子运动到固体表面时，由于分子间的相互作用，气体分子便会停留在固体表面，形成气体分子在固体表面上的质量分数增大，即气体分子被固体表面所吸附。已被吸附的原子或分子，返回到气相中的现象称为解吸或脱附。

具有吸附作用的物质称为吸附剂；被吸附的物质称为吸附质。显然，在一定条件下，吸附剂的表面积越大，它的吸附能力就越强。为了提高吸附剂的吸附能力，必须尽可能地增大吸附剂的表面积，所以那些具有多孔的或细粉状的物质，如活性炭、硅胶、分子筛等，都是很好的吸附剂。

图4-6所示为吸附式制冷系统的原理图。它采用固体微孔物质作为吸附剂，液体作为吸附质（也就是制冷剂），整个系统是完全封闭的。容器1内充装吸附剂，当它被加热时，已被吸附剂吸附的吸附质获得能量，克服吸附剂的吸引力，从吸附剂表面脱出（脱附），系统内压力逐渐升高，使单向阀5关闭。只要容器1内压力低于冷凝器3内压力，单向阀2就保持关闭状态。当压力达到与环境温度所对应的饱和蒸气压力时，单向阀2打开，吸附质开始液化，并进入贮液器（蒸发器）4，液化时放出的热量通过冷凝器3由冷却介质（水或空气）带走。当停止对吸附剂加热时，单向阀2关闭，通过环境空气的对流作用，吸附剂开始冷却，因而它的吸附能力又逐步提高，单向阀5打开，开始吸附贮液器（蒸发器）中产生的制冷剂（吸附质）蒸气，并造成系统中的低压状态，使液体制冷剂在低压下不断汽化。制冷剂在低压（低温）下汽化时，吸收被冷却空间的热量，达到制冷的目的。吸附了大量制冷剂的吸附剂，为下一次加热脱附创造了条件。脱附-吸附循环便是如此周而复始地进行，并间歇地进行着制冷过程。

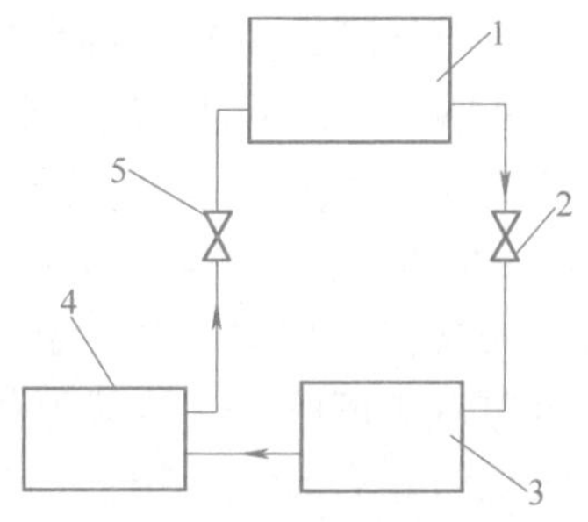

图4-6 吸附式制冷系统原理

1—吸附剂容器 2、5—单向阀 3—冷凝器 4—贮液器

吸附式制冷系统中，吸附对（吸附剂-吸附质）的性能直接影响到制冷循环的效率、装置的大小。如果选择不当，会使吸附剂的晶格遭到破坏，从而降低甚至丧失吸附能力，致使循环无法正常工作。

目前，可作为吸附对的物质很多，在制冷与空调方面已进行过实验研究的有沸石（分子筛）-水、硅胶-水、氯化钙-水、氯化钙-氨、氯化钙-甲醇、活性碳-甲醇等。甲醇凝固点低（−98℃），适合于具有冷冻室的吸附式家用冰箱中使用，但甲醇的汽化热仅为水的50%。

沸石（分子筛）是一种铝硅酸盐矿物，具有强烈的吸水性，沸石的吸附水量对温度特别敏感，微小的温度变化将导致吸附量较大的改变，从而导致封闭系统中压力的较大变化，

利用沸石温度的变化，便可使其起到压缩机的作用。用作吸附剂的沸石（分子筛）种类很多，有天然沸石，也有人工合成沸石，如 3A、4A、SA、10X、13X 等，其中对水的吸附性能以 13X 为最好。图 4-7 所示为利用太阳能的沸石-水吸附式制冷系统原理图。

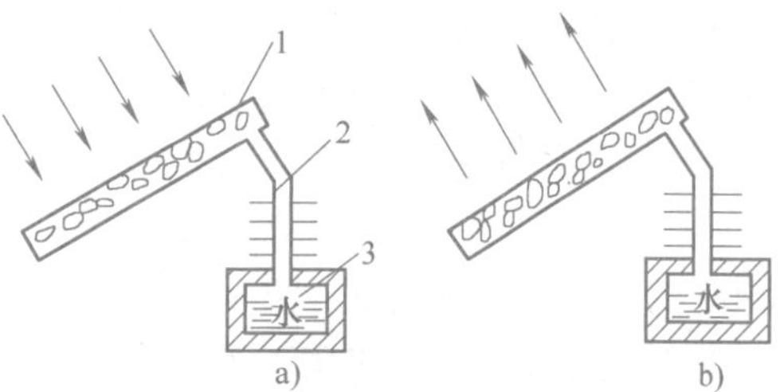

图 4-7　利用太阳能的沸石-水吸附式制冷系统原理图

a）白天脱附　b）夜间吸附

1—沸石密封盒　2—冷凝器　3—贮水箱（蒸发器）

该制冷系统由沸石密封盒、冷凝器、贮水箱（蒸发器）组成。沸石密封在一个密闭的密封盒 1 中，白天受到太阳的照射，沸石被加热，在大约 40℃时水蒸气开始从沸石上脱附，系统内压力开始上升。当压力达到 7373Pa（与 40℃对应的饱和压力）时，蒸气便开始液化，热量由冷凝器 2 排向环境，凝结下来的水流入贮水箱 3。夜间沸石被冷却到接近环境温度，具有了吸收水蒸汽的能力，甚至在低压下也能迅速吸收水蒸汽，因而使贮水箱（蒸发器）中的水不断汽化，吸收被冷却介质的热量。如果水蒸气分压能维持在 611Pa 以下，蒸发器中的水将在 0℃下蒸发，并使它本身结冰。吸足了水蒸汽的沸石，为白天的脱附循环创造了条件，而蒸发器中的冰在第二天慢慢地融化，提供了连续地制冷和恒定的室温。

与其他制冷系统一样，沸石吸附系统内不允许存在任何像空气等不凝性气体，因此，沸石装入密封容器后，用管道将沸石盒、冷凝器、蒸发器连在一起，充入一定量的制冷剂（即水），然后整个系统须排气、抽空，最后加以密封。

用表面多孔的物质作为吸附剂时，使用前必须进行活化处理，去除吸附剂内预吸附水分和其他气体及杂质，提高其吸附能力。吸附剂的活化处理，可用加热脱附或降压脱附来实现。

吸附式制冷系统的特点是不耗电、无任何运动部件、系统简单、没有噪声、无污染、不需维修、寿命长、安全可靠、投资回收期短、对大气臭氧层无破坏作用等。另外，还可利用吸附剂吸附吸附质时所放出的吸附热，提供家庭用热水和冬季采暖用热源。该系统的缺点是循环属于间歇性的，热力状态不断地发生变化，难以实现自动化运行；对能量的贮存也较困难，特别是太阳能吸附式制冷系统，太阳能的波动会进一步影响到系统的循环特性。

4.2.3　热电制冷

热电制冷也称温差电制冷，是一种利用温差电效应（即珀尔贴效应）来实现制冷的方式。这种方法的制冷效果主要取决于两种材料的热电势。纯金属材料的导电性好，导热性也好，但其珀尔贴效应很弱，制冷效率很低（不到 1%），而半导体材料具有明显的热电效应，目前大多利用半导体材料作热电制冷元件，所以也称为半导体制冷。

热电制冷有其显著特点：

1）热电制冷不使用制冷剂，无运动部件、无污染、无噪声，并且尺寸小、重量轻，在深潜、仪器、高压试验仓等特殊要求场合使用十分适宜。

2）热电制冷器参数不受空间方向的影响，即不受重力场影响，因而在航天航空领域中应用具有明显的优点。

3）作用速度快，工作可靠，使用寿命长，易控制，调节方便；可通过调节工作电流大小来调节其制冷能力，也可通过切换电流方向来改变其制冷或供暖的工作状态。

4）目前热电制冷的制冷量低，效率较低，单位制冷量的能耗大，成本高。

由于热电制冷的上述特点，在不能使用普通制冷剂和制冷系统的特殊场合以及小容量、小尺寸的制冷工况条件下，显示出它的优越性，已成为现代制冷技术的一个重要组成部分。目前热电制冷技术主要应用于车辆、核潜艇、驱逐舰、深潜器、减压舱、地下建筑等特殊环境下使用的热电空调、冷藏和降湿装置；各种仪器和设备中使用的小型热电恒温制冷器件；工业气体含水量的测定与控制；保存血浆、疫苗、血清、药品等药用热电冷藏箱与半导体冷冻刀等。

1. 热电效应

热电制冷即热电效应主要是珀尔帖效应在制冷技术方面的应用。由两种不同导体组成一个闭合环路，当其中一个结点被加热，另一个结点被冷却时，环路中就产生电动势。温差电动势的大小与结点的温度和导体材料的性质有关。当冷端温度一定，根据电动势的大小，就可确定热端的温度，这就是用热电偶测温的原理。相反，如果在此环路中接入直流电源，则会出现一个结点吸热而另一个结点放热的现象。如果改变电流的方向，则吸热、放热的结点位置也做相应改变。这种现象称为珀尔帖效应，也是热电制冷的机理。

热电偶由半导体材料制成，一种为电子型（N 型）半导体材料，另一种为空穴型（P 型）半导体材料，电偶之间用金属片（又称汇流条）相连，如图 4-8 所示。接通电流后，金属片 1 从外界吸热，金属片 2 向外界放热。

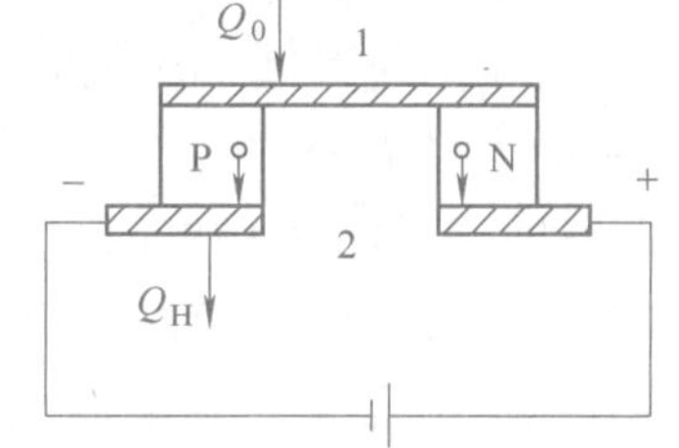

图 4-8　制冷热电偶

1、2—金属片　P、N—P、N 型半导体

2. 热电制冷工作原理

N 型半导体靠电子移动导电，P 型半导体靠空穴移动导电，在外电场作用下，N 型半导体中的电子由负极流向正极，P 型半导体中的空穴由正极流向负极。电子和空穴均称为载流子，它们在半导体中的势能，大于在金属中的势能，因此，当载流子流过结点（金属和半导体的联结点）时，必然会引起能量的传递。当载流子由较高势能变为较低势能时，向外界放出热量；当载流子由较低势能变为较高势能时，必须吸收外界热量。根据这一原理，当接通电源后，空穴从金属片 1 流入 P 型半导体时，势能提高，从金属片 1 中吸取热量，降低了结点处金属片 1 的温度；当空穴从 P 型半导体进入金属片 2 时，因势能下降而放出热量，使金属片 2 和 P 型半导体结合处温度升高。同理，当电子从金属片 1 流入 N 型半导体时，因势能提高，需从金属片 1 中吸取热量；当电子从 N 型半导体流入金属片 2 时，因势能降低，放出热量。由于电子和空穴移动时，均使金属片 1 降温，因而形成冷端，金属片 2 升温，因而形成热端。冷端向被冷却空间（或物体）吸热，达到制冷的目的；热端向环境介质（空气或水）排热。当改变电源的正负极方向时，电子和空穴的流动方向也发生改变，冷端和热端的位置也相应发生变化。

热电制冷是借助于电子或空穴在运动中由势能变化而引起能量的传递。热电制冷器的热电偶是由半导体材料组成，所以又称半导体制冷或“电子冷冻”。

每对热电偶只需零点几伏电源电压，产生的冷量也很小，实用上是将数十个乃至数百个

热电偶串联，将热端排在一起，冷端排在一起，组成热电堆，称单级热电堆，如图4-9所示。借助热交换器等各种传热手段，使热电堆的热端不断散热并且保持一定的温度，把热电堆的冷端放到被冷却系统中去吸热降温，这就是单级热电堆式半导体制冷器的工作原理。

图4-9　单级热电堆

为了获得更低的温度或更大的温差可采用多级热电堆式半导体制冷。它是由单级热电堆联结而成。联结的方式有串联、并联及串并联，其中二级、三级热电堆式半导体制冷最为常见。图4-10所示为多级热电模块。为发展红外探测技术的需要，也采用四级至八级的热电堆式半导体制冷器。

图4-10　多级热电模块

4.2.4　气体膨胀制冷

气体膨胀制冷是利用高压气体的绝热膨胀以达到低温，并利用膨胀后的气体在低压下的复热过程来制冷。

气体制冷机的工作过程包括等熵压缩、等压冷却、等熵膨胀及等压吸热四个基本过程。

它与蒸气压缩式制冷过程基本上是相同的，但它所采用的工质主要是空气。根据不同的使用目的，循环工质也可采用氮气、氦气、二氧化碳、氧气等其他相似气体。

气体绝热膨胀的性质随所使用的设备而变，一般有两种方式。一种方式是令高压气体经膨胀机（活塞式或透平式）膨胀，此时有外功输出，因而气体的温降大，复热时制冷量也大，但膨胀机结构比较复杂，在一般的气体制冷机中均采用这一膨胀方式；另一种方式是令气体经节流阀膨胀（通常称为节流），此时无外功输出，气体的温降小，制冷量也小，但节流阀的结构比较简单，且便于进行气体流量的调节，这种膨胀方式在气体制冷机中使用较少。

气体制冷机是利用气体吸收显热来实现制冷的。因气体比热容较小，当冷量要求较大时，需要很大的气体流量，往复式压缩机和膨胀机很难胜任，应该采用透平式压缩机和膨胀机。由于透平机械结构上的原因，它的压力比不宜太大，因此，就出现了带有回热器的定压回热气体制冷循环，它的系统流程图及循环的温-熵图如图4-11所示。

气体首先在透平压缩机A中被等熵压缩，然后进入冷却器B冷却，将热量传递给环境介质；冷却后的气体进入回热器E，与冷箱D中返回的气体进行热交换，温度进一步降低；然后进入透平膨胀机C，等熵膨胀后，压力和温度同时降低，进入冷箱D中制取冷量；从冷箱D中出来的气体进入回热器E，冷却进入膨胀机前的空气，自身温度有所提高，最后进入透平压缩机A，又被压缩成高压高温气体，完成了一个制冷循环。

在制冷量相同及工作温度相同的情况下，回热循环的制冷系数与无回热循环的制冷系数是相等的，但压比由原来的p_2/p_1降为p_2'/p_1，这为采用透平压缩机创造了条件，为气体制冷

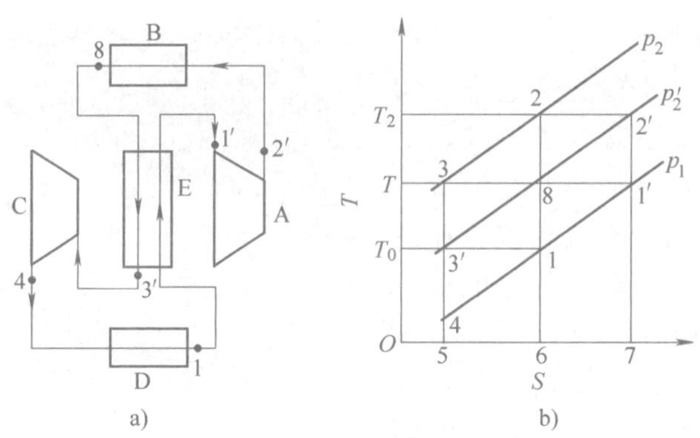

图 4-11　定压回热气体制冷机的流程图及温-熵图

a）系统流程图　b）循环温-熵图

A—透平压缩机　B—冷却器　C—透平膨胀机　D—冷箱　E—回热器

机的应用开辟了前景。

气体制冷机采用的工质为空气、氦气等，对大气臭氧层没有破坏作用，对环境无污染。主要缺点是制冷系数比蒸气压缩式制冷循环低很多。在需要的冷量较大、温度较低（≤-70℃）的场合，采用气体制冷机是适宜的。具有压缩空气源的单位，不需要专设压缩机，或在高空模拟试验装置中，因试验箱内为真空，可直接从大气进气，经膨胀机降温，在这种情况下，装置的经济性就可能提高。

4.2.5　涡流管制冷

涡流管制冷是一种简单的制冷方法。涡流冷却效应的实质是利用人工方法产生漩涡，使气流分为冷热两部分，利用分离出来的冷气流即可制冷。

涡流管是使气体产生涡流的装置，它的结构及外观图如图 4-12 所示。它由喷嘴、涡流室、孔板、管子和控制阀组成。涡流室将管子分成冷、热端两部分，孔板置于涡流室与冷端管子之间，热端管子出口处装控制阀，喷嘴沿涡流室切向布置。

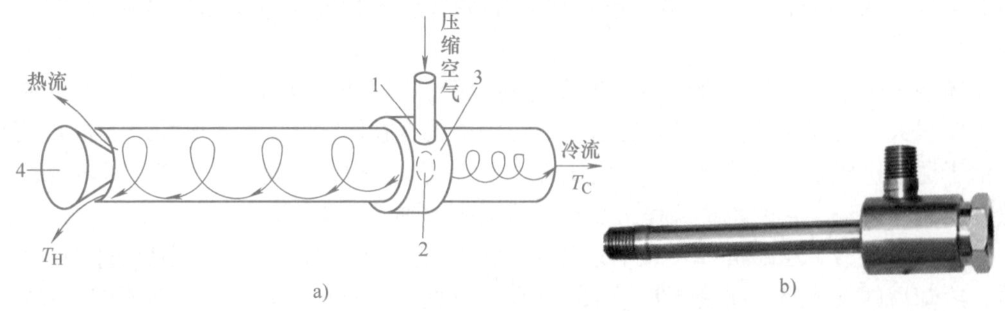

图 4-12　涡流管制冷装置

a）结构图　b）外观图

1—喷嘴　2—孔板　3—涡流室　4—控制阀

它的工作过程是：经过压缩（压力为 p）并冷却到室温的气体（通常为空气）进入喷

嘴，在喷嘴中膨胀并加速到声速，从切线方向射入涡流室，在涡流室的周边形成自由涡流。自由涡流的旋转角速度越到中心处越大。由于角速度不同，在环形流层之间会产生摩擦，中心部分的气体角速度逐渐下降，外层气流的角速度逐渐升高，因此，存在着由中心向外层的动量流。内层气体失去能量，从孔板流出时具有较低的温度 T_C，外层气体吸收能量，动能增加，又因与管壁摩擦，将部分动能变成热能，使得从控制阀流出的气流具有较高的温度 T_H，由此看出，涡流管可以同时得到冷、热两种效应。

用控制阀控制热端管子中气体的压力，从而控制冷、热两股气流的流量及温度。如果阀全关，气体全部从孔板口经冷端管子流出，此过程是简单的不可逆节流，节流前后焓值不变，不存在冷、热分流的问题；如果阀全开，将有少量气体从外界经孔板吸入，涡流管相当于一只气体喷射器；只有在控制阀部分开启时，才出现冷热分流的现象。

实验表明，当涡流管高压气体为常温时，冷气流的温度可到-50~-10℃，热端温度可达 100~130℃。

涡流管制冷的优点是结构简单、易操作维修、起动快、造价低廉、无运动部件、工作稳定、工质对大气环境无污染，且能达到比较低的冷气流温度。缺点是热效率低、能耗大，目前只有在小型低温装置中才被采用。

为了提高涡流管制冷效率，可在系统中增加回热器、干燥器、喷射器等设备。带回热器的涡流管冰箱系统如图 4-13 所示。

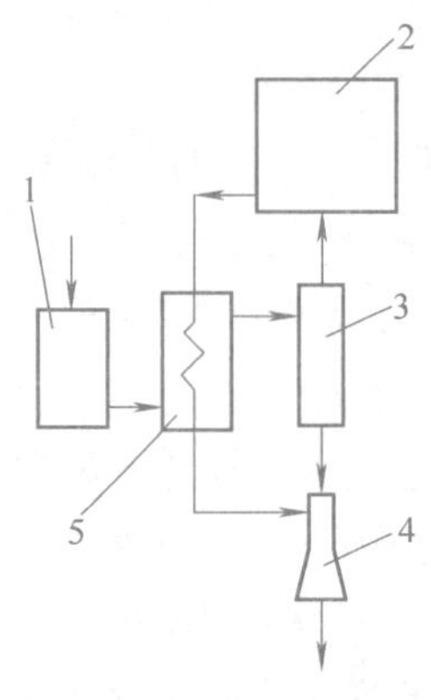

图 4-13　带回热器的涡流管冰箱系统

1—干燥器　2—冷（冰）箱

3—涡流管　4—喷射器　5—回热器

增加这些设备后不仅可降低进涡流管气体的温度，也可降低冷气流的压力，从而降低冷气流的温度，提高涡流管制冷的经济性。该系统的工作过程是：压缩空气经干燥器干燥后进入回热器，被由冷箱中排出的冷气流冷却后进入涡流管，获得更低温度的冷气流进入冷箱中；由涡流管内排出的热气流，经喷射器内喷嘴膨胀，造成真空，吸出由冷箱出来的气体；经回热器升温后的气流，再经喷射器内的扩压器，压力升高后排入大气。该冷箱可获得-70℃的低温。

目前，涡流管制冷器制冷在便携式空调、气体混合物分离、气体干燥、电子元件、仪表以及机械加工中的冷却等领域获得了应用。

拓展知识

气 波 制 冷

20 世纪 90 年代末期，气波制冷作为一种新型的制冷工艺，由于其操作简单、投资小等特点，在天然气冷冻脱烃中得到迅速应用，研究气波制冷工艺的原理和适用条件，对降低天然气处理的工程投资，提高轻烃收率，具有重要的意义。

1. 气波制冷原理

气波制冷技术是利用天然气本身的压力能，通过膨胀产生激波和膨胀波，使天然气制冷的技术。气波制冷机主要由旋转喷嘴、接受管和消波器三部分组成，并辅以轴承润滑系统和接受管内液体汇集腔等元件。

气波制冷机工作时，带有压力的天然气通过旋转喷嘴膨胀后，高速喷出，依次射入沿喷嘴圆周均匀排布的各个接受管中。当喷嘴旋转到某一位置，天然气射入某一个接受管，即该接受管开口端转向气体入口时，射入气体与原在接受管内的气体之间形成一个接触面，在其前方产生同方向运动的激波。激波经过之处，在接受管内接触面后的天然气受到压缩，温度和压力升高，从而出现热腔，并通过管壁将热量散向外界；接触面前面的气体膨胀降压，温度下降，形成冷腔。

喷嘴继续旋转，接受管开口端转向气体出口，管口压力骤然下降，从管口产生一束反向激波，使管内冷气流出接受管，进入排气汇管排除。天然气通过进出接受管，完成了降压降温达到制冷的全过程。

2. 气波制冷工艺的适用条件

气波制冷工艺用于天然气制冷的适用条件为：

进气压力范围为0.6~30.0MPa，流量范围为（1.0~40.0）$\times 10^4 m^3/d$，膨胀比范围为2~7，具体适用条件如下：

1）当进气压力较低，膨胀比为3，膨胀后的天然气压力满足不了外输或用户要求时，由于采用膨胀压缩或气波制冷工艺进行制冷必须将天然气先增压，而增压压缩机的设备费和操作费较高，应优选丙烷制冷，而不选择膨胀压缩机和气波制冷机。

2）当天然气的气质较富（重烃含量较高），进气压力又不是足够高时，由于天然气重烃含量高，在相同的膨胀比条件下温度降小，采用膨胀压缩制冷比采用气波制冷可回收更多的轻烃，一般宜首选膨胀压缩制冷，但应根据天然气组成、压力、规模以及现有设备情况、通过技术经济分析进行综合比选确定。

3）天然气的气质虽然较富（重烃含量较高），但进气压力足够高时，可采用两套气波制冷串联或先气波制冷后膨胀压缩制冷的方式，可最大限度地回收轻烃。

4）当天然气的气质较贫（重烃含量较低），且膨胀比为3的膨胀后天然气压力可满足外输或用户要求时，采用气波制冷，可达到投资少、操作简单、运行费用低、回收轻烃数量多的效果。如对于压力较高、对轻烃回收率要求不高的偏远气井的脱烃，以及压力较高、气质较贫的天然气的进一步脱烃，采用气波制冷综合经济效益明显。

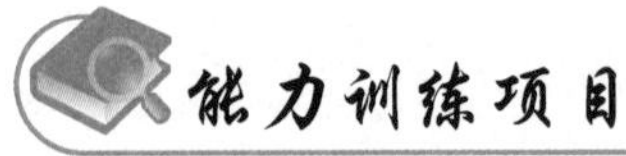

机 组 解 析

图4-14所示为直燃双效三筒型溴化锂吸收式冷热水机组。该机组溶液循环为串联流程，溶液由溶液泵从吸收器打出，先进入高压发生器，再进入低压发生器，最后返回吸收器。试对该流程的工作过程加以分析。

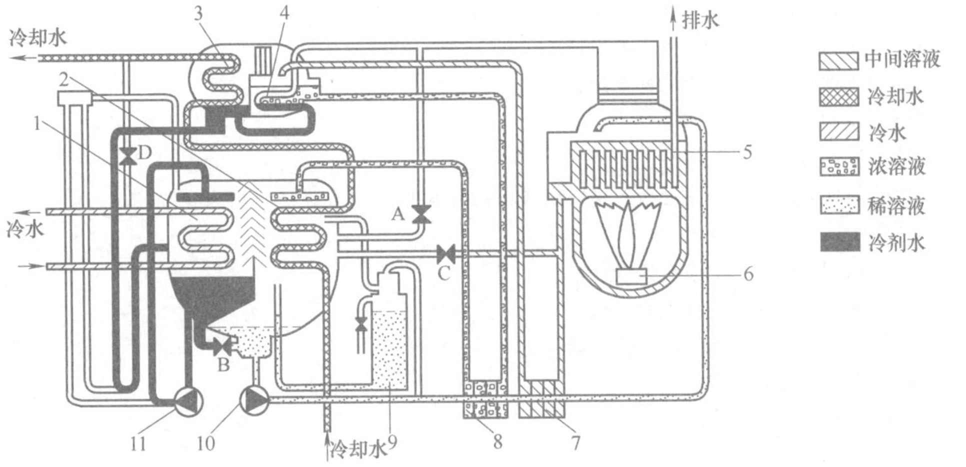

a)

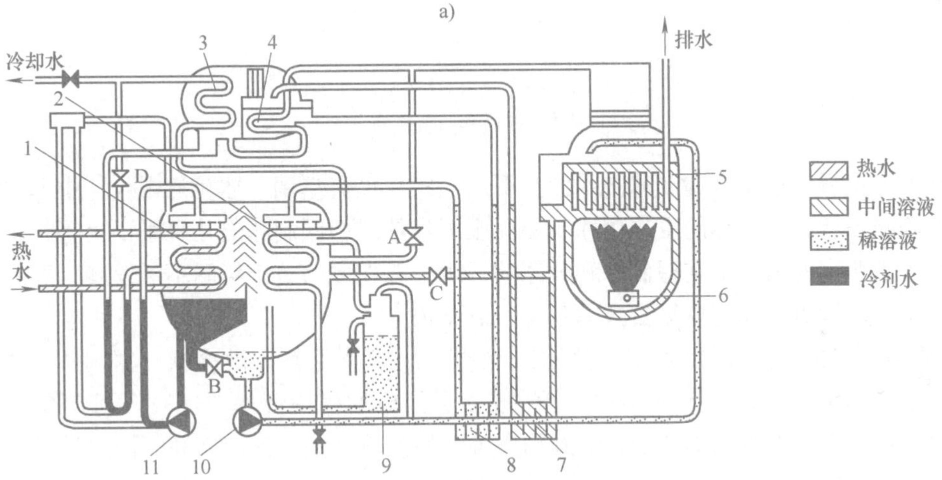

b)

图 4-14　直燃双效三筒型溴化锂吸收式冷热水机组

a）制冷循环　b）采暖循环

1—蒸发器　2—吸收器　3—冷凝器　4—低压发生器　5—高压发生器　6—燃烧器　7—高温溶液换热器　8—低温溶液换热器　9—自动抽气装置　10—溶液泵　11—冷剂泵

复习思考题

1. 吸收式制冷的能量补偿是什么？
2. 吸收式制冷的基本组成有哪些设备？
3. 吸收式制冷循环对工质选择的要求有哪些？
4. 常用工质对有哪些？它们谁作为制冷剂？常用工质对的性质、特点有哪些？
5. 单效溴化锂吸收式制冷循环的组成是什么？原理图怎样？发生的过程有哪些？
6. 双效溴化锂吸收式制冷循环的组成是什么？原理图怎样？
7. 其他形式溴化锂吸收式制冷循环有哪些种类？
8. 溴化锂吸收式制冷循环的特点是什么？

9. 溴化锂吸收式制冷机中溶液热交换器起什么作用？不设行不行？
10. 直燃式溴化锂吸收式冷热水机组与双效制冷机有何异同？
11. 试述溴化锂吸收式制冷机的主要特点。
12. 试述溴化锂吸收式制冷机的应用场合。
13. 能够实现制冷的方法有哪些？
14. 液体汽化制冷的类型有哪些？
15. 蒸气喷射式制冷的动力是什么？主要组成设备有哪些？
16. 试述吸附式制冷的原理。
17. 气体膨胀制冷所用的工质有哪些？
18. 试述涡流管制冷的机理和主要组成。
19. 试述热电制冷的机理和目前的使用场合。
20. 热电制冷的特点有哪些？
21. 气波制冷的工作原理是什么？

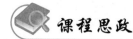

课程思政

中国古代的制冷方法

中国是世界上最早掌握制冰技术的文明之一，在没有空调、冰箱的古代，中国古人靠着自己的聪明才智，在酷热的夏季用冰制品征服了炎热。中国制冰史几乎跟正史等长，古人能在环境较为恶劣的情况下掌握制冰和藏冰的技术，并在之后数千年间不断发展，到宋朝以后甚至家家户户皆可用冰，可见古人的智慧一点不输今人。

早在先秦时代，人们便利用天然冰来制冷，给食物保鲜、做冷饮。据《周礼》记载，当时周王室为保证夏天有冰块使用，专门成立了相应的机构管理“冰政”每年冬季，就组织人力到水质好的地方采集冰块，藏到预先准备好的冰窖里。河南新郑、河北易县、陕西咸阳等地，都曾发现战国时期的冰井。

《周礼》中还提到过一种用来储存食物的“冰鉴”。“冰鉴”就是一个类似盒子的东西，里面是空心的。只要把冰放在里面，然后把食物再放在冰的中间，就可以对食物起到防腐保鲜和冰镇的作用了。1978 年，湖北省随州市曾侯乙楚墓出土了曾侯乙铜鉴缶（图 4-15），曾侯乙铜鉴缶被誉为中国古代的“冰箱”，目前被保存在国家博物馆中，它造型精致，展现了我国古代精湛的制造工艺，令看到的人惊叹不已。

当然，冰鉴只是一款合理使用冰来保鲜冰镇食物和饮品的器具，没有制冷的功能，而古代劳动人民也没有放弃对人工制冷方法的探索。

唐朝末期，人们在无意中发现硝石溶解于水时会吸收大量热量，使水温降低，甚至结冰。于是很快有人利用硝石的这种特性，在夏季将水放入罐内；再取一个大盘，在盘内盛上水，将罐置于盘内，不断地在盘中加入硝石，就使罐内的水结成了冰。到了宋代，人们通过不断改良硝石制冰技术，终于使“冰”这种之前只有贵族阶层才能享用的奢侈品，走入了寻常百姓的生活中。

无论是哪种制冷方法，都反映出古人的智慧，也反映出中华民族对世界文明发展做出的贡献。

图 4-15　曾侯乙铜鉴缶

第2篇

制冷压缩机

在蒸气压缩式制冷系统中，各种类型的制冷压缩机是决定系统能力大小的关键设备，对系统的运行性能、噪声、振动、维护和使用寿命等有着直接的影响。

制冷压缩机在系统中的作用在于：抽吸来自蒸发器的制冷剂蒸气，提高其温度和压力后，将它排至冷凝器。在冷凝器中，高压过热制冷剂蒸气在冷凝温度下放热冷凝，而后通过节流元件。降压后的气液混合物流向蒸发器，在那里制冷剂液体在蒸发温度下吸热沸腾，变为蒸气后进入压缩机，从而实现了制冷系统中制冷剂的不断循环流动。由此可见，制冷压缩机相当于制冷系统的“心脏”。

本篇的主要内容包括：

1）活塞式制冷压缩机的工作原理、结构、热力性能及运行。

2）螺杆式制冷压缩机的工作原理、结构和热力性能。

3）其他类型制冷压缩机的基本结构与工作原理。

第 5 章　活塞式制冷压缩机

5.1　活塞式制冷压缩机的基本结构、工作原理与基本参数

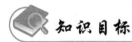

知识目标

1. 了解制冷压缩机的分类及应用范围。
2. 掌握活塞式制冷压缩机的基本结构与工作原理。
3. 了解活塞式制冷压缩机的优缺点及分类。
4. 了解我国活塞式制冷压缩机的形式及基本参数。

能力目标

1. 能够根据制冷压缩机的结构判别制冷压缩机的基本类型。
2. 能够绘制出活塞式制冷压缩机工作过程的示意图。
3. 能够说明活塞式制冷压缩机型号中各参数和符号的含义。

相关知识

5.1.1　制冷压缩机的分类

制冷压缩机的种类和形式很多，可根据工作原理、结构和工作的蒸发温度进行分类。

1. 按工作原理分类

制冷压缩机根据工作原理可分为容积型和速度型两类。

（1）容积型压缩机　在容积型压缩机中，一定容积的气体先被吸入到气缸里，继而在气缸中被强制缩小，压力升高，当达到一定压力时气体便被强制地从气缸排出。可见，容积型压缩机的吸排气过程是间歇进行的，其流动并非连续稳定的。

容积型压缩机按其压缩部件的运动特点可分为两种形式：往复活塞式（简称活塞式）和回转式。而后者又可根据压缩机的结构特点分为滚动活塞式（又称滚动转子式）、滑片式、螺杆式（包括双螺杆式、单螺杆式）和涡旋式等。

（2）速度型压缩机　在速度型压缩机中，气体压力的增长是由气体的速度转化而来的，即先使气体获得一定高速，然后再将气体的动能转化为压力能。可见，速度型压缩机中的压缩流程可以连续地进行，其流动是稳定的。制冷装置中应用的速度型压缩机主要是离心式制冷压缩机。

图 5-1 所示为制冷压缩机分类及其结构示意简图。图 5-2 表示了目前各类制冷压缩机的大致应用范围及其制冷量大小。

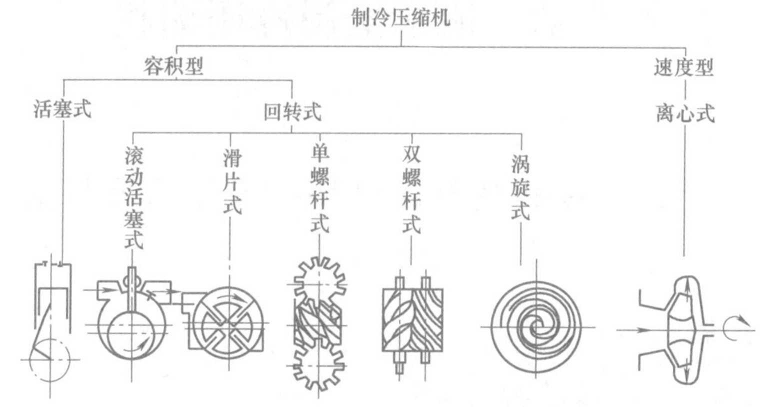

图 5-1　制冷压缩机分类和结构示意图

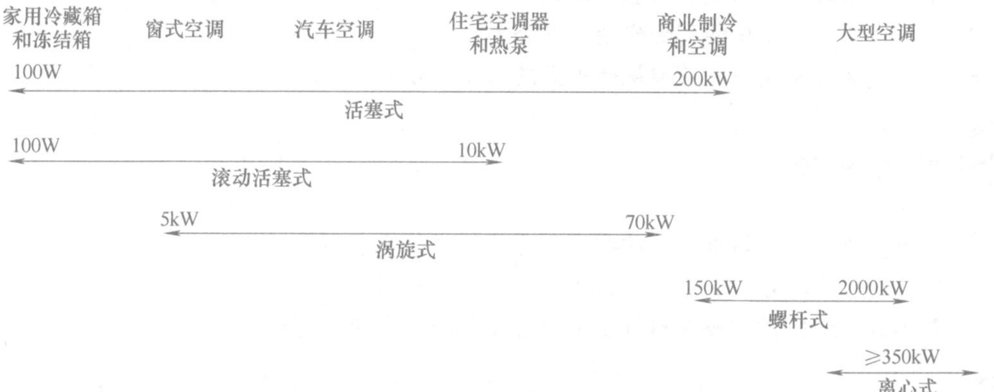

图 5-2　各类制冷压缩机的应用范围及其制冷量大小

2. 按工作的蒸发温度范围分类

对于单级制冷压缩机，一般可按其工作蒸发温度的范围分为高温、中温和低温三种，但在具体蒸发温度区域的划分上并不统一。一般的温度范围为：高温制冷压缩机-10～10℃；中温制冷压缩机-20～-10℃；低温制冷压缩机-45～-20℃。

3. 按密封结构形式分类

为了防止制冷工质向外泄漏或外界空气渗入制冷系统内，制冷压缩机有着相应的密封结构。从采用的密封结构方式来看，制冷压缩机可分为开启式和封闭式两大类。而封闭式又可分为半封闭式和全封闭式。

（1）开启式压缩机　开启式压缩机与原动机分为两机，两机主轴靠传动装置连接传动，压缩机主轴外伸端设置轴封装置，以防泄漏。若原动机是电动机，因它与制冷剂和润滑油不接触而无需具备耐制冷剂和耐油的要求。因此，开启式压缩机可用于以氨为工质的制冷系统中。

（2）封闭式压缩机　封闭式压缩机采用封闭式结构，把电动机和压缩机连成一整体，装在同一机壳内共用一根主轴，因而可以取消开启式压缩机中的轴封装置，避免了由此产生的泄漏。半封闭式与全封闭式的区别是前者的机壳是可拆式法兰连接，以便维修时拆卸；后

者的机壳分为两部分，压缩机与电动机装入后，壳体两部分用焊接连接。全封闭式压缩机露在机壳外表的只有一些吸气管、排气管、工艺管以及其他（如喷液管）必要的管道、输入电源接线柱和压缩机支架等。

无论是半封闭式还是全封闭式的制冷压缩机，由于氨含有水分时会腐蚀铜，因而不能用于以氨为工质的制冷系统中。但是，出于替代 CFC 和 HCFC 和扩大天然制冷剂氨的使用的需要，采用能与氨制冷剂隔离的屏蔽式电动机的半封闭式压缩机已研制成功并获得运用。

活塞式压缩机结构

5.1.2 活塞式制冷压缩机的基本结构与工作原理

活塞式制冷压缩机的生产和使用历史较长，是目前应用最广的一种制冷压缩机，它是靠由气缸、气阀和在气缸中做往复运动的活塞所构成的可变工作容积，来完成制冷剂气体的吸入、压缩和排出过程的。活塞式制冷压缩机虽然种类繁多，结构复杂，但其基本结构和组成的主要零部件都大体相同，包括机体、曲轴、连杆组件、活塞组件、气缸及吸排气阀等。

活塞式制冷压缩机的基本结构如图 5-3 所示。圆筒形气缸的顶部设有吸、排气阀，与活塞共同构成可变工作容积。连杆的大头与曲轴的曲柄销连接，小头通过活塞销与活塞连接，当曲轴在原动机驱动下旋转时，通过曲柄销、连杆、活塞销的传动，活塞即在气缸中做往复直线运动。吸、排气阀的阀片被气阀弹簧压在阀座上，靠阀片两侧气体的压力差自动开启，控制制冷剂气体进、出气缸的通道。

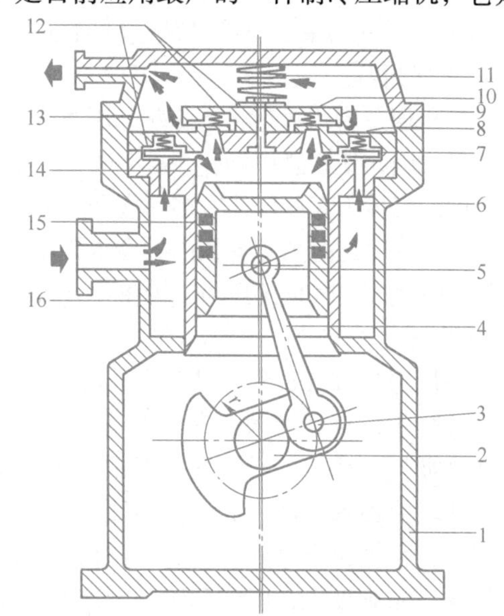

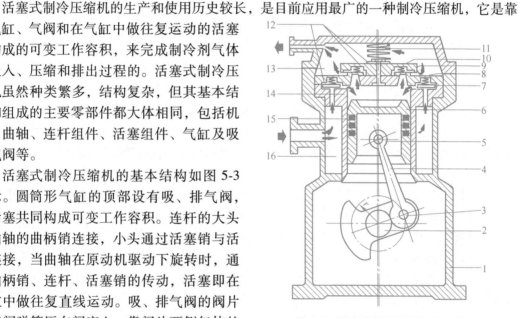

图 5-3　活塞式制冷压缩机示意图

1—机体　2—曲轴　3—曲柄销　4—连杆　5—活塞销
6—活塞　7—吸气阀片　8—吸气阀弹簧　9—排气阀片
10—排气阀弹簧　11—安全弹簧　12—气阀
13—排气腔　14—气缸　15—活塞环　16—吸气腔

活塞式制冷压缩机的工作循环分为四个过程（图 5-4）：

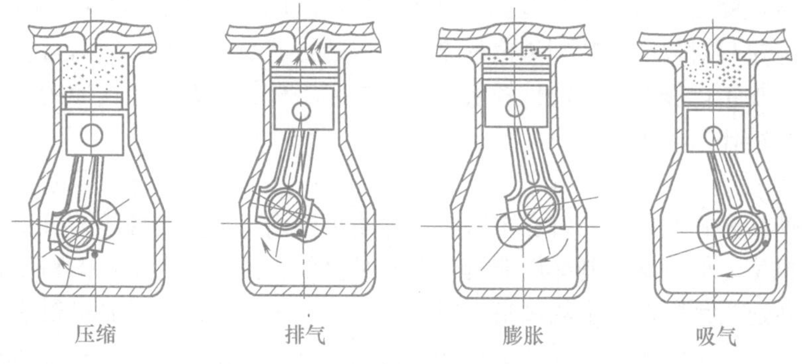

图 5-4　活塞式制冷压缩机的工作循环

1. 压缩过程

压缩机通过压缩过程将制冷剂的压力提高。当活塞处于最下端位置（称为内止点或下止点）时，气缸内充满了从蒸发器吸入的低压蒸气，吸气过程结束；活塞在曲轴-连杆机构的带动下开始向上移动，此时吸气阀关闭，气缸工作容积逐渐减小，处于缸内的制冷剂受压缩，温度和压力逐渐升高。当气缸内的气体压力升高到略高于排气腔中的制冷剂压力时，排气阀开启，开始排气。制冷剂在气缸内从吸气时的低压升高到排气压力的过程称为压缩过程。

2. 排气过程

压缩机通过排气过程，使制冷剂进入冷凝器。活塞继续向上运动，气缸内制冷剂的压力不再升高，制冷剂不断地通过排气管流出，直到活塞运动到最高位置（称为外止点或上止点）时排气过程结束。制冷剂从气缸向排气管输出的过程称为排气过程。

3. 膨胀过程

压缩机通过膨胀过程将制冷剂的压力降低。活塞运动到上止点时，由于压缩机的结构及制造工艺等原因，使气缸中仍有一些空间，该空间的容积称为余隙容积。排气过程结束时，在余隙容积中的气体为高压气体。当活塞开始向下移动时，排气阀关闭，吸气腔内的低压气体不能立即进入气缸，此时余隙容积内的高压气体因容积增加而压力下降，直至气缸内气体的压力降至稍低于吸气腔内气体的压力，即将要开始吸气过程时为止，此过程称为膨胀过程。

4. 吸气过程

压缩机通过吸气过程，从蒸发器吸入制冷剂。膨胀过程结束时，吸气阀开启，低压气体被吸入气缸中，直到活塞到达下止点的位置。此过程称为吸气过程。

完成吸气过程后，活塞又从下止点向上止点运动，重新开始压缩过程。如此周而复始，循环不已。曲轴每旋转一周，活塞往复运行一次，可变工作容积中将完成一个包括吸气、压缩、排气、膨胀四个过程在内的工作循环，将蒸发器内的低压蒸气吸入，使其压力升高后排入冷凝器，完成吸入、压缩和输送制冷剂的作用。

活塞在气缸内由上止点运动至下止点（或由下止点运动至上止点）所移动的距离，称为活塞行程，用 S 表示，显然它等于曲轴回转半径 r 的两倍，即 $S=2r$。

5.1.3　活塞式制冷压缩机的优缺点

1. 优点

活塞式制冷压缩机的主要优点有：①能适应较广阔的压力范围和制冷量要求。②热效率较高，单位耗电量相对较少，特别是偏离设计工况运行时更为明显。③对材料要求低，多用普通金属材料，加工比较容易，造价较低廉。④技术上较为成熟，生产使用上积累了丰富的经验。⑤装置系统比较简单。

2. 缺点

上述优点使活塞式制冷压缩机在中、小制冷量范围内，成为制冷压缩机中应用最广、生产批量最大的机型。但活塞式制冷压缩机也有不足之处，主要缺点是：①因受到活塞往复惯性力的影响，转速受到限制，不能过高，因此单机输气量大时，机器显得很笨重。②结构复杂，易损件多，维修工作量大。③由于受到各种力、力矩的作用，运转时振动较大。④输气不连续，气体压力有波动。

5.1.4　活塞式制冷压缩机的分类

活塞式制冷压缩机的类型和种类较多，而且有多种不同的分类方法，除了按工作的蒸发温度范围以及密封结构形式进行分类外，目前常见的分类方法还有以下几种：

1. 按制冷量的大小分类

迄今为止，制冷量的划分界限尚无统一标准。一般认为，单机标准工况制冷量在 58kW 以下的为小型制冷压缩机；58～580kW 的为中型制冷压缩机；580kW 以上的为大型制冷压缩机。我国的高速多缸系列产品均属中小型制冷压缩机的范围。

大型制冷压缩机多用于石油化工、大型空调；中型制冷压缩机则广泛应用于冷库、冷藏运输、一般工业和民用的制冷和空调装置；而小型制冷压缩机则多用于商业零售、公共饮食、科研、卫生和一般工业企业的小型制冷装置和空调。

2. 按压缩级数分类

按压缩级数不同可分为单级和单机双级压缩机。单级压缩机是指制冷剂气体由低压至高压状态只经过一次压缩；单机双级压缩机是指制冷剂气体在一台压缩机的不同气缸内由低压至高压状态经过两次压缩。

3. 按压缩机转速分类

按压缩机转速不同可分为高、中、低速三种。转速高于 1000r/min 为高速，低于 300r/min 为低速，在两者之间为中速。现代中小型多缸压缩机多属高速范围，它能以较小的外型尺寸获得较大的制冷量，而且便于和电动机直联。但是，随着转速的提高，对压缩机在减振、结构、材料及制造精度等各方面都提出了更高的要求。

4. 按气缸布置方式分类

活塞式制冷压缩机按气缸布置方式通常分为卧式、直立式和角度式三种类型，图 5-5 所示为压缩机气缸布置形式。

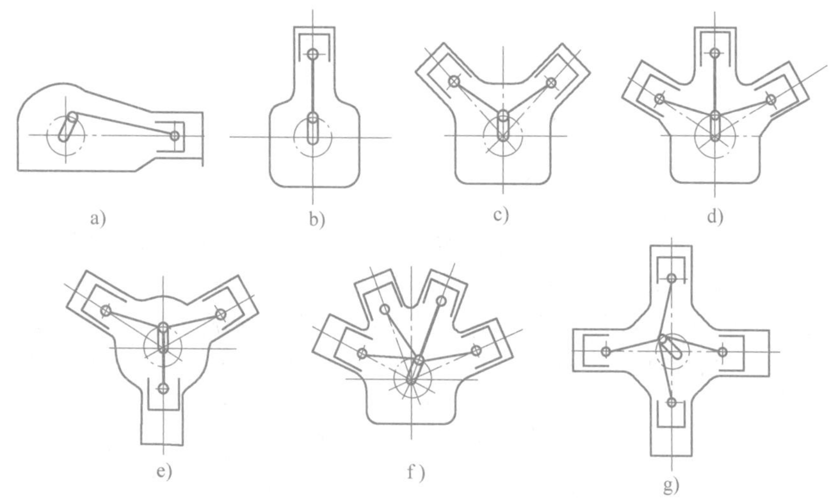

图 5-5　压缩机气缸布置形式

a）卧式　b）直立式　c）V 形　d）W 形　e）Y 形　f）S 形　g）X 形

卧式压缩机的气缸轴线呈水平布置，其管道部分和内部结构的拆装维修比较方便，多属大型低速压缩机。直立式压缩机的气缸轴线与水平面垂直，用符号 Z 表示。这类压缩机占地面积小，活塞重力不作用在气缸壁面上，因而气缸和活塞的磨损较小。机体主要承受垂直的拉压载荷，受力情况较好，因而形状可以简单些，基础尺寸也可以小些。但考虑大型直立式压缩机的高度，必须设置操作平台，否则安装、拆卸和维护管理均不方便，因而极少采用此种布置方式，即使是中小型压缩机，除单、双缸外，也很少采用直立式的。角度式压缩机的气缸轴线，在垂直于曲轴轴线的平面内具有一定的夹角，其排列形式有 V 形、W 形、Y 形、S 形（扇形）、X 形等。角度式压缩机具有结构紧凑、质量轻、动力平衡性好、便于拆装和维修等优点，因而在现代中、小型高速多缸压缩机中得到广泛应用。

5. 按气阀布置方式分类

压缩机气阀的不同布置方式会造成制冷剂气体进出气缸的不同流动方向。因此，压缩机可分为如图 5-6a 所示的顺流式和图 5-6b、c 所示的逆流式两种。顺流式压缩机的排气阀一般布置在气缸顶部的阀板上，吸气阀布置在活塞顶部，因气体吸入和排出气缸的流向不变、总是向上，故称为顺流式。由于顺流式压缩机活塞长而复杂，且质量大，又不能采用顶开吸气阀片的方式调节输气量，故现代高速制冷压缩机中很少采用这种气阀布置形式。逆流式压缩机的吸、排气阀如图 5-6b 所示，都布置在气缸顶部阀板上或如图 5-6c 所示，把吸气阀布置在缸套上部的法兰周围，这样气体进出气缸的流向相反，故称为逆流式，其主要优点是活塞短而简单，可用铝合金制造，质量小，有利于提高转速，所以现代高速制冷压缩机中普遍应用逆流式气阀布置方式。

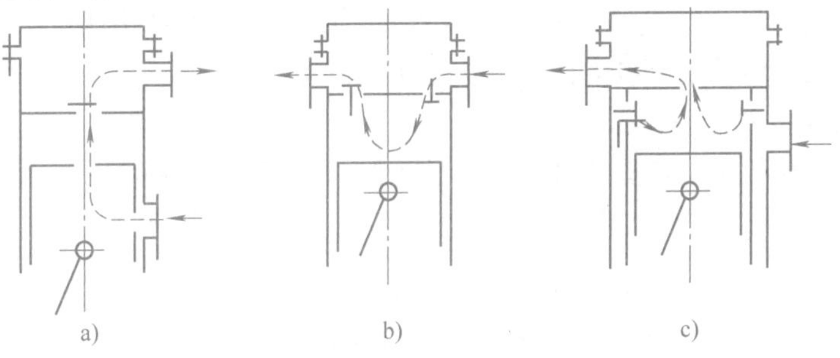

图 5-6　压缩机气阀的不同布置方式

a）顺流式　b）、c）逆流式

此外，按使用的制冷剂不同可分为氨压缩机、氟利昂压缩机和使用其他制冷剂（如二氧化碳、乙烯等）的压缩机；按气缸作用方式分为单作用式、双作用式；按气缸数分为单缸、双缸和多缸压缩机；按运动机构形式分为曲柄连杆式、曲柄滑块式和斜盘式；按气缸的冷却方式分为空气冷却式、水冷却式和进气冷却式；按传动方式分为间接传动式和直接传动式等。

5.1.5　我国活塞式制冷压缩机的类型及基本参数

活塞式制冷压缩机在我国已形成活塞式单级制冷压缩机和活塞式单机双级制冷压缩机两类系列产品。

1. 活塞式单级制冷压缩机

我国国家标准《活塞式单级制冷剂压缩机（组）》（GB/T 10079—2018）规定的活塞式单级制冷压缩机（组）的设计和使用条件见表 5-1。

表 5-1　活塞式单级制冷压缩机（组）的设计和使用条件　　（单位:℃）

类型	吸气饱和（蒸发）温度	排气饱和（冷凝）温度	
		高冷凝压力	低冷凝压力
高温型	-1~13	25~60	25~56
中温型	-18~-1	25~55	25~50
低温型	-40~-18	25~50	25~45

注：对于使用 R717 制冷剂的压缩机，吸气饱和（蒸发）温度范围为-30~5℃，排气饱和（冷凝）温度范围为 25~45℃。

另外，我国活塞式单级制冷压缩机常用的气缸布置形式见表 5-2。活塞式单级制冷压缩机常用的基本参数见表 5-3。

表 5-2　活塞式单级制冷压缩机常用的气缸布置形式

<table>
<tr><th colspan="2" rowspan="2">压缩机类型</th><th colspan="5">缸　数</th></tr>
<tr><th>2</th><th>3</th><th>4</th><th>6</th><th>8</th></tr>
<tr><td colspan="2">全封闭</td><td>V 形角度式或 B 形并列式</td><td>Y 形角度式</td><td>X 或 V 形角度式</td><td></td><td></td></tr>
<tr><td colspan="2">气缸直径小于 70mm 的单级半封闭式压缩机</td><td>Z 形直立式</td><td>Z 形直立式或 W 形角度式</td><td>V 形角度式</td><td></td><td></td></tr>
<tr><td colspan="2">70mm 气缸直径的单级半封闭式压缩机</td><td>V 形角度式或直立式</td><td>W 形角度式</td><td>S 形或 V 形角度式</td><td>W 形角度式</td><td>S 形角度式</td></tr>
<tr><td rowspan="4">开启式</td><td>100mm 气缸直径</td><td rowspan="3">V 形角度式或直立式</td><td rowspan="4"></td><td>S 形或 V 形角度式</td><td rowspan="3">W 形角度式</td><td rowspan="4">S 形角度式</td></tr>
<tr><td>125mm 气缸直径</td><td rowspan="2">V 形角度式</td></tr>
<tr><td>170mm 气缸直径</td></tr>
<tr><td>250mm 气缸直径</td><td></td><td></td><td></td></tr>
</table>

表 5-3　活塞式单级制冷压缩机常用的基本参数

类别	缸径/mm	行程/mm	转速范围/(r/min)	缸数/个	容积排量(8 缸)			
					最高转速/(r/min)	排量/(m^3/h)	最低转速/(r/min)	排量/(m^3/h)
半封闭式	48、55、62		1440	2				
	30、40、50、60			2、3、4				
	70	70	1000~1800	2、3、4、6、8	1800	232.6	1000	129.2
		55				182.6		101.5
开启式	100	100	750~1500	2、4、6、8	1500	565.2	750	282.6
		70				395.6		197.8
	125	110	600~1200	4、6、8	1200	777.2	600	388.6
		100				706.5		353.3
	170	140	500~1000		1000	1524.5	500	762.3
	250	200	500~600	8	600	2826	500	2355

目前，国内通常采用的活塞式单级制冷压缩机型号表示方法如下。

（1）压缩机型号表示方法

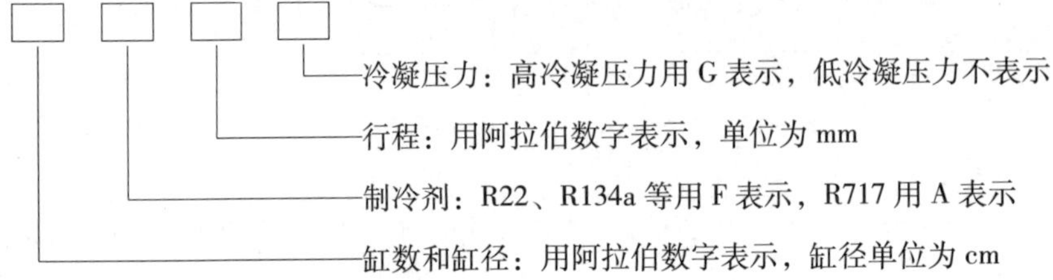

（2）压缩机组型号表示方法

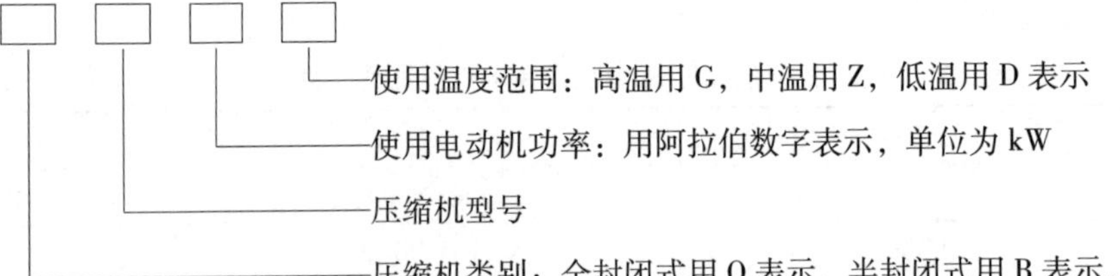

型号标记示例：

1）812.5A110G表示8缸扇形角度式布置，气缸直径为125mm，制冷剂为R717，行程为110mm的高冷凝压力压缩机。

2）Q24.8F50-2.2D表示2缸V形角度式布置，气缸直径为48mm，制冷剂为氟利昂，行程为50mm，配用电动机功率为2.2kW，低温用全封闭式压缩机。

3）B47F55-13Z表示4缸扇形（或V形）角度式布置，气缸直径为70mm，制冷剂为氟利昂，行程为55mm，配用电动机功率为13kW，中温用低冷凝压力半封闭式压缩机。

4）610F80G-75G表示6缸W形角度式布置，气缸直径为100mm，制冷剂为氟利昂，行程为80mm，配用电动机功率为75kW，高温用高冷凝压力开启式压缩机。

国内也曾采用过如下压缩机型号表示方法，即：

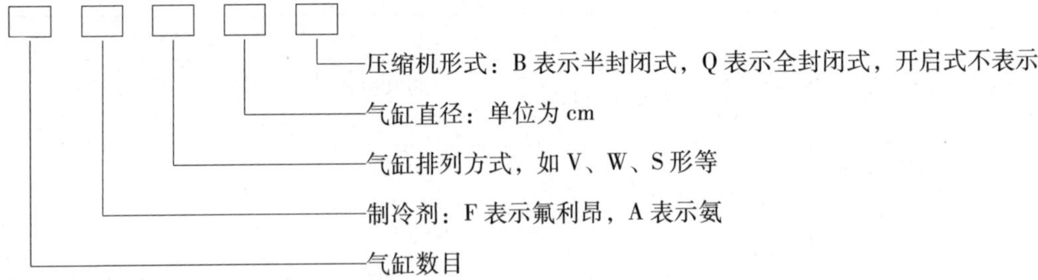

型号标记示例：

1）8FS10表示8缸，制冷剂为氟利昂，气缸排列成扇形，气缸直径为100mm，开启式压缩机。

2）3FW5B表示3缸，制冷剂为氟利昂，气缸排列成W形，气缸直径为50mm，半封闭式压缩机。

2. 活塞式单机双级制冷压缩机

我国机械行业标准《活塞式单机双级制冷剂压缩机》（JB/T 5446—2018）规定的活塞式单机双级制冷压缩机（组）的设计和使用条件见表5-4。

表 5-4　活塞式单机双级制冷压缩机（组）的设计和使用条件　　（单位:℃）

制冷剂类型	吸气饱和（蒸发）温度	排气饱和（冷凝）温度	
		低压级	高压级
有机制冷剂	-25~-55	≤16	≤49
R717	-20~-50	≤18	≤46

另外，我国活塞式单机双级制冷压缩机常用的气缸布置形式和高低压缸数配比见表 5-5。活塞式单机双级制冷压缩机常用的基本参数见表 5-6。

表 5-5　活塞式单机双级制冷压缩机常用的气缸布置形式和高低压缸数配比

缸数	4		6		8	
缸数配比	高压级	低压级	高压级	低压级	高压级	低压级
	1	3	2	4	2	6
形式	S、V 形角度式		W 形角度式		S 形角度式	

表 5-6　活塞式单机双级制冷压缩机常用的基本参数

缸径/mm	行程/mm	转速范围/(r/min)	缸数比	容积排量					
				最高转速/(r/min)	排量/(m^3/h)		最低转速/(r/min)	排量/(m^3/h)	
					高压级	低压级		高压级	低压级
70	70	1000~1800	2/6	1800	58.2	174.6	1000	32.3	96.9
	55				45.7	137		25.4	76.2
100	100	750~1500		1500	141	424	750	70.7	212
	80				113	339		56.5	170
	70				98.7	296.8		49.5	148.4
125	110	600~1200		1200	194	583	600	97.1	296.4
	100				177	530		88.3	265
170	140	500~1000		1000	381	1143	500	191	572

注：1/3、2/4 单机双级压缩机的容积排量可按此表推算。

目前，国内通常采用的活塞式单机双级制冷压缩机型号表示方法如下。

（1）压缩机型号有下述两种表示方法

第一种

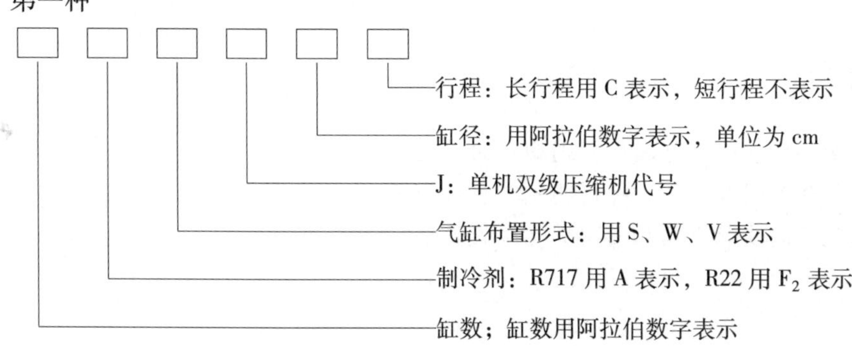

第二种

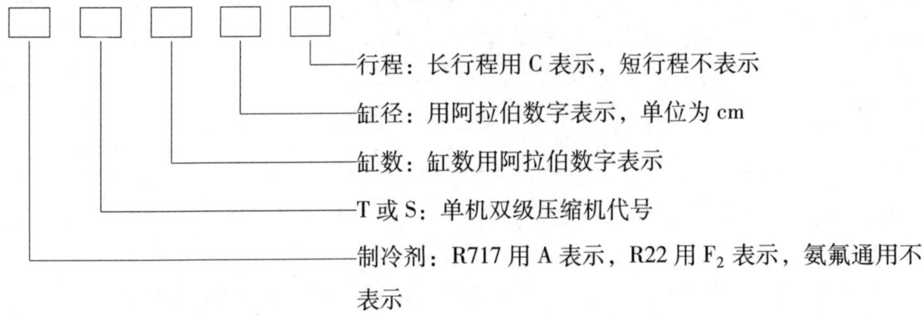

（2）压缩机组型号表示方法

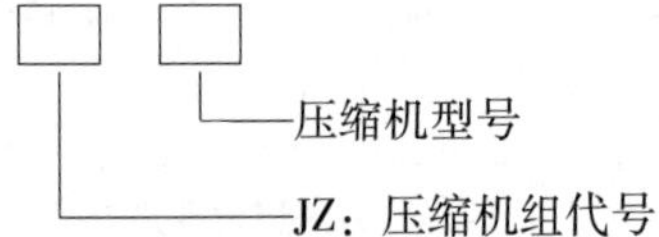

型号标记示例：

1）8ASJ12.5C 制冷剂为氨，表示 8 缸 S 形布置，气缸直径为 125mm，行程为 110mm 的单机双级压缩机。

2）T810C 表示 8 缸布置，气缸直径为 100mm，行程为 100mm，氨氟通用的单机双级压缩机。

3）JZS812.5 表示 8 缸布置，气缸直径为 125mm，短行程的单机双级压缩机。

5.2　活塞式制冷压缩机的主要零部件

知识目标

1. 掌握活塞式制冷压缩机主要零部件的作用及结构特点。
2. 掌握活塞式制冷压缩机能量调节方法和全顶开吸气阀片调节机构的组成与工作原理。
3. 了解活塞式制冷压缩机的润滑方式、润滑系统的主要设备及冷冻机油的性能。

能力目标

1. 能够根据曲轴的实物或结构图判别曲轴的类型。
2. 能够画出气环密封原理图，并说明气环密封原理。
3. 能够根据气阀的实物或结构图判别气阀的类型。

相关知识

5.2.1　驱动机构

1. 曲柄连杆机构

曲轴、连杆和活塞组构成了曲柄-连杆机构，其作用是通过连杆将曲轴的旋转运动转变成活塞的往复运动，实现压缩机的工作循环。曲柄连杆机构如图 5-7 所示。

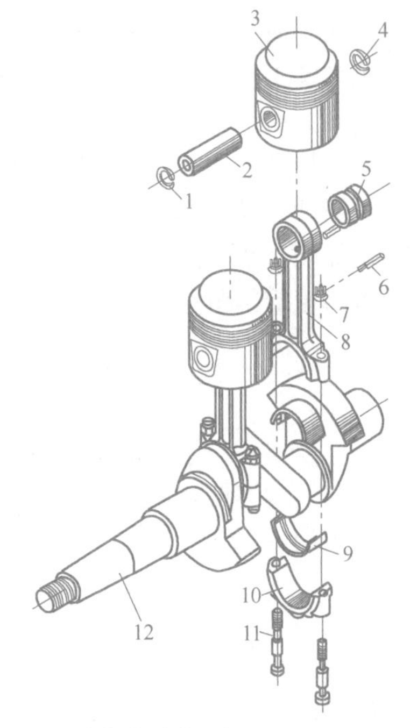

图 5-7　活塞式制冷压缩机的曲柄连杆机构

1、4—弹簧挡圈　2—活塞销　3—活塞　5—连杆小头衬套　6—开口销　7—连杆螺母　8—连杆　9—连杆大头轴瓦　10—连杆大头盖　11—连杆螺栓　12—曲轴

（1）曲轴与主轴承

1）曲轴。曲轴是制冷压缩机的重要运动部件之一，压缩机的全部功率都通过曲轴输入。曲轴受力情况复杂，要求有足够的强度、刚度和耐磨性。活塞式制冷压缩机曲轴的基本结构形式有如下三种：

①曲柄轴（图 5-8a）。它由主轴颈、曲柄和曲柄销三部分组成。因为只有一个主轴承，因而曲轴的长度比较短，系悬臂支承结构，只能承受很小的载荷，用于功率很小的制冷压缩机，如滑管式全封闭压缩机中。

②偏心轴（图 5-8b、c）。在小型的、曲柄半径小的压缩机中，为了简化结构，便于安装大头整体式的连杆，其主轴采用偏心轴的结构，即曲柄销两侧无曲柄，它是利用增大曲柄销直径的办法来增加它与主轴颈的重叠度，以满足主轴的强度和刚度的需要。图 5-8b 所示轴仅有一个偏心轴颈，只能驱动单缸压缩机，此时压缩机的往复惯性力无法平衡，振动较大。图 5-8c 所示轴有两个方位相差 180° 的偏心轴颈，用于有两个气缸的压缩机上。偏心轴在小型全封闭压缩机中得到广泛的应用，与之相配的连杆大多数是铝合金连杆。

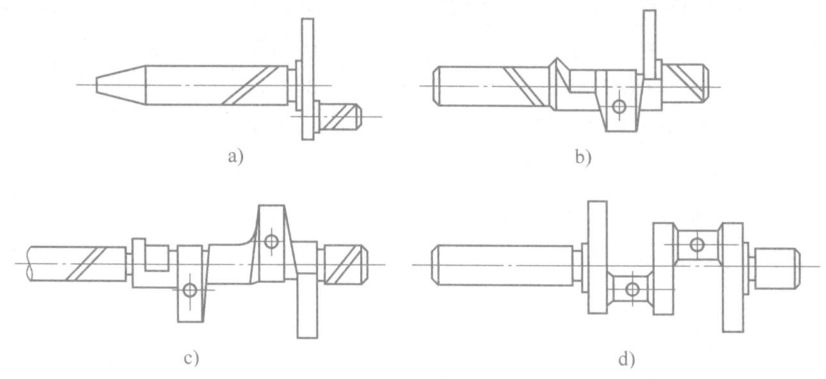

图 5-8　曲轴的几种结构形式

a）曲柄轴　b）单偏心轴颈偏心轴　c）双偏心轴颈偏心轴　d）曲拐轴

③曲拐轴（图 5-8d）。简称曲轴，由一个或几个以一定错角排列的曲拐所组成，每个曲

拐由主轴颈、曲柄和曲柄销三部分组成。用此曲轴的连杆大头必须是剖分式的，每个曲柄销上可并列安装1~4个连杆。活塞行程较大时常用这类轴。曲轴的一端（轴颈较长端）称为功率输入端，通过联轴器或带轮与电动机连接；另一端称为自由端，用来带动油泵。曲轴除传递动力作用外，通常还起输送润滑油的作用。如图5-9所示，曲轴内部钻有油道，从油泵出来的润滑油，经油道5输送到主轴颈和连杆轴颈等部位，供润滑轴承用。为了消除或减轻压缩机的振动，在曲柄上装（铸）有平衡块，起到全部或部分平衡旋转质量、往复质量惯性力及其力矩的作用。

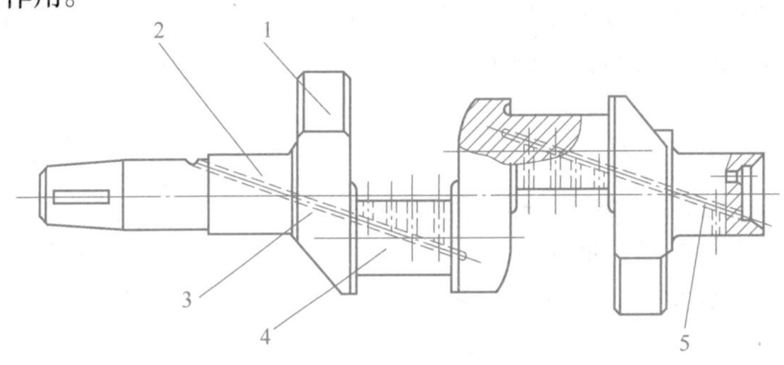

图5-9　曲轴的输油道

1—平衡块　2—主轴颈　3—曲柄　4—曲柄销　5—油道

一般曲轴有锻造和铸造两种。锻造曲轴常用材料是40、45优质碳素结构钢。铸造曲轴常用稀土-镁球墨铸铁材料QT500-7。由于铸造曲轴具有良好的铸造性能和加工性能，可铸造出较复杂、合理的结构形状，且其吸振性好，耐磨性高，制造成本低，对应力集中敏感性小，因而得到广泛的应用。

2）主轴承。主轴承用于支承曲轴主轴颈，并被安装在机体的前后盖内。主轴承是压缩机中主要磨损件之一，它直接与主轴颈接触，承受活塞力和旋转质量惯性力的共同作用，主要是冲击和压缩载荷，很容易发热和磨损，为了减小磨损和导出热量，必须从轴承的材料、结构工艺和润滑等方面予以改善。

我国活塞式制冷压缩机系列均采用滑动轴承。滑动轴承根据轴承孔座是整体式还是剖分式的不同分为具有轴套和轴瓦两种结构的形式。图5-10所示为810F70型压缩机的主轴承轴套，它的一端具有翻边的止推凸缘，用以承受曲轴的轴向力。在它5mm厚的圆筒形的钢筒内圆表面和凸缘表面上浇注有一层厚约1mm的轴承合金，并开有输送和储存润滑油的周向、纵向和端面分布油槽。凸缘上还有定位孔，安装时作周向定位之用。

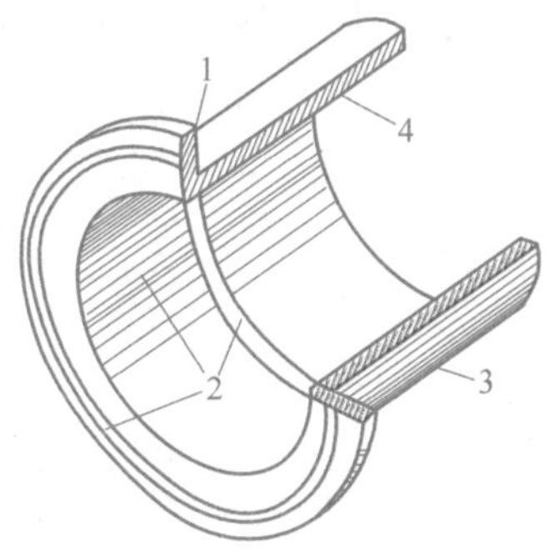

图5-10　810F70型压缩机的主轴承轴套

1—定位孔　2—油槽　3—轴套钢背　4—轴承合金层

对于轴承合金层材料的要求主要是足够的机械强度，良好的表面减摩性能，耐蚀和与轴套钢背结合牢固等。目前常用材料为锡基巴氏合金或铅锑铜合金。轴套钢套材料，从与轴承合金层的结合牢固度和机械强度考虑，以选用优质低碳结构钢为宜，常用的有08钢、10钢、15钢。

（2）连杆组件　连杆组件包括连杆小头衬套、连杆体、连杆大头轴瓦及连杆螺栓等。连杆的作用是将活塞和曲轴连接起来，传递活塞和曲轴之间的作用力，将曲轴的旋转运动转变为活塞的往复运动。图 5-11 所示为典型的连杆组件结构图。

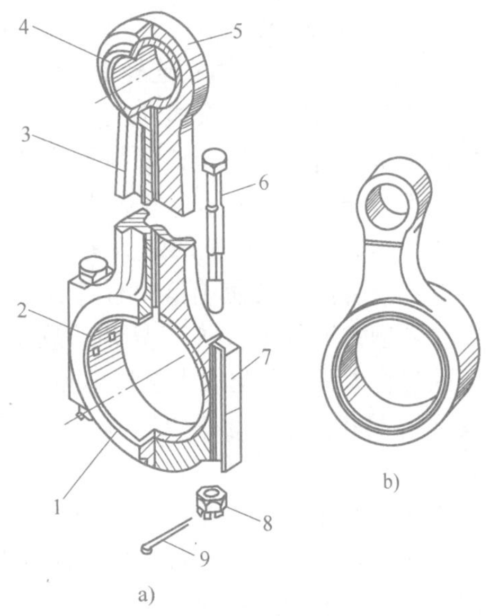

图 5-11　典型的连杆组件结构图

a）剖分式连杆　b）整体式连杆

1—连杆大头盖　2—连杆大头轴瓦　3—连杆体　4—连杆小头衬套　5—连杆小头　6—连杆螺栓　7—连杆大头　8—螺母　9—开口销

连杆可分为连杆小头、连杆大头和连杆体三部分。连杆小头及衬套通过活塞销与活塞连接，工作时做往复运动。连杆大头及大头轴瓦与曲柄销连接，工作时做旋转运动。而连杆大、小头之间的杆身（连杆体），工作时做垂直于活塞销平面的往复与摆动的复合运动。连杆体承受着拉伸、压缩的交变载荷及连杆体摆动所引起的弯曲载荷的作用。因此，对连杆的要求是具有足够的强度和刚度，连杆大小头轴瓦工作可靠、耐磨性好，连杆螺栓疲劳强度高、联接可靠，连杆易于制造、成本低等。

1）连杆小头。连杆小头一般做成整体式。现代高速压缩机中，连杆小头广泛采用简单的薄壁圆筒形结构，如图 5-12a 所示。小头与活塞销相配合的支承表面，除了小型压缩机的铝合金连杆（图 5-12b）外，通常都压有衬套。衬套材料一般采用锡磷青铜合金、铁基或铜基粉末冶金等。

连杆小头的润滑方式有两种，一种是靠从连杆体钻孔输送过来的润滑油进行压力润滑（图 5-12a）；另一种是在小头上方开有集油孔槽（图 5-12b）承接曲轴箱中飞溅的油雾进行润滑，润滑油可通过衬套上开的油槽和油孔来分配。

连杆小头轴承也可以采用滚针轴承（图 5-12c），如 S812. 5 型单机双级压缩机中的高压缸连杆。由于高压级活塞上气体压力的增高（曲轴箱压力为吸气压力），使连杆小头中用一般衬套轴承不能正常工作。

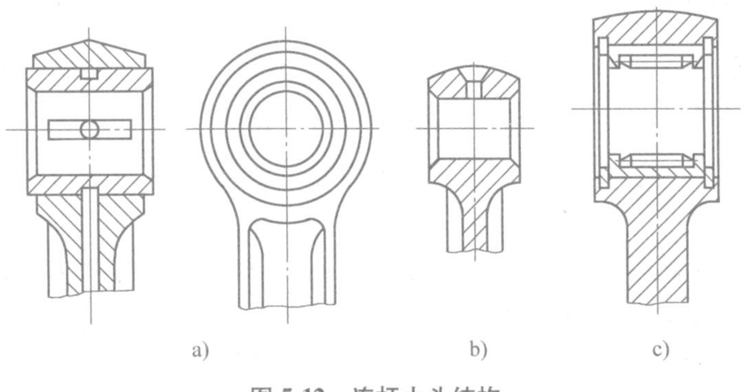

图 5-12　连杆小头结构

2）连杆大头。连杆大头有剖分式和整体式两种，前者用于曲拐结构的曲轴上；后者用于单曲柄曲轴或偏心轴结构上。剖分式连杆大头又分为直剖式和斜剖式两种。直剖式如图 5-11a 所示，其剖分面垂直于连杆中心线，连杆大头刚性好，易于加工，且连杆螺栓不受剪切力的作用，但是它的大头横向尺寸大，为了能使活塞连杆通过气缸装拆，这种结构形式限制了曲柄销直径的增大；斜剖式如图 5-13 所示，在拆除大头盖后，连杆大头横向尺寸将大大减小，因而可增大曲轴的曲柄销直径，以提高曲轴的刚度，而且既方便装拆，又便于活塞连杆组件直接从气缸中取出。但由于斜剖式连杆大头加工复杂，故不如直剖式应用广泛。剖分式连杆大头内孔与大头盖是单独加工的，不具备互换性，靠固定搭配并由定位装置方向记号来确保大头内圆的正确形状。

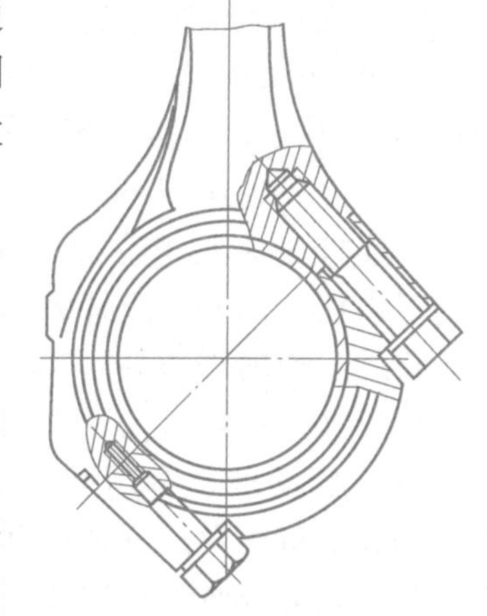

图 5-13　斜剖式连杆大头

整体式连杆大头的结构简单，如图 5-11b 所示。它无连杆螺栓，便于制造，工作可靠，容易保证其加工精度。由于整体式连杆大头用于偏心轴时其尺寸显得过大，因此，这类连杆只应用在缸径 70mm 以下的小型制冷压缩机中。

为改善连杆大头与曲柄销之间的摩擦性能，大头孔内装有耐磨轴套或轴瓦。整体式连杆大头孔中要压入轴套。只有连杆材料为铝合金时，轴套材料才可用铝合金。现代高速活塞式制冷压缩机的剖分式连杆大头中一般镶有薄壁轴瓦。目前，国内薄壁轴瓦由专业工厂大批量生产，具有标准尺寸，其制造精度高，互换性好，导热性良好，易于装修，价格低廉。

3）连杆体。连杆体断面形状如图 5-14 所示，有工字形、圆形、矩形等。在大批量生产的高速压缩机中，可采用模锻或铸造成受力合理、质量轻的工字形断面。圆形和矩形断面的连杆体加工简单，但材料利用不够合理，只用于单件或小批量生产的压缩机中。各断面中心所钻油孔能使润滑油由大头经油孔送到小头，润滑轴套。

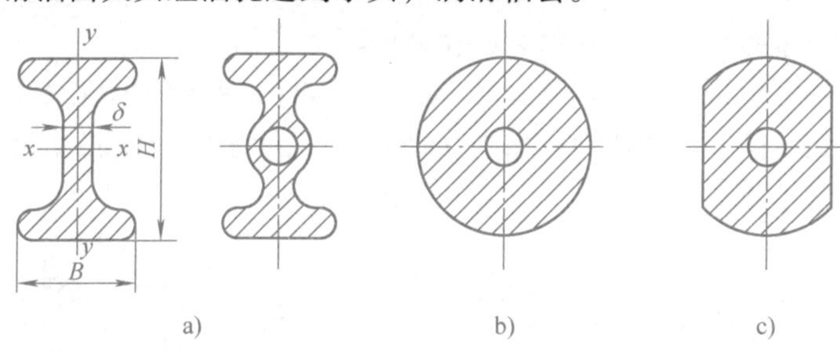

图 5-14　连杆体的断面形状

a）工字形　b）圆形　c）矩形

连杆的材料一般采用 35、40、45 优质碳素结构钢或可锻铸铁 KTH350-10、KTH370-12（过渡牌号）、球墨铸铁 QT450-10 等。为了减小连杆惯性力，重量轻的铝合金连杆在小型制冷压缩机中也得到了广泛的应用。模锻和铸造连杆能获得合理的结构形式，材料利用率高，加工简便，是制造连杆的常用方法。

4）连杆螺栓。剖分式连杆大头的大头盖与连杆体用连杆螺栓联接，典型的连杆螺栓如图 5-15 所示。它对大头盖与连杆体之间既起紧固作用，又起定位作用。图 5-15 中的表面 *B*

即为连杆螺栓的定位面，其直径大于螺纹部分的外径。螺栓头部 A 处为一平面，它与连杆体支承座上的平面配合，起拧紧螺母时防止螺栓转动的作用。

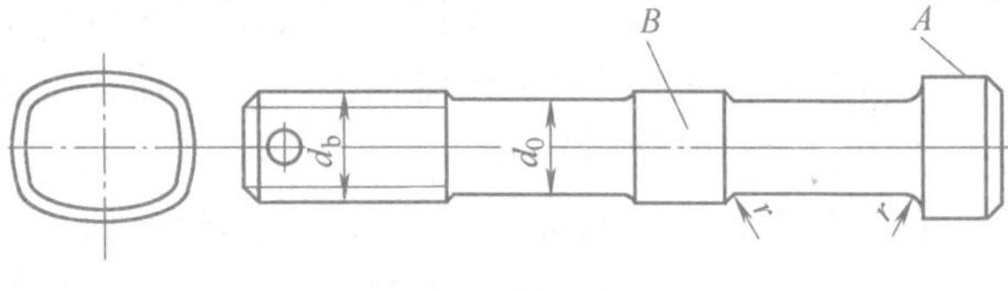

图 5-15　连杆螺栓

连杆螺栓虽小，但它承受的是冲击性脉动拉伸载荷，有时还承受一定程度的剪切载荷。由于连杆螺栓的破坏将会造成压缩机的严重损坏，甚至危及人身安全，所以对连杆螺栓的设计、制造要给予高度重视。

实践证明，连杆螺栓往往是由于应力集中而造成疲劳断裂，所以螺栓结构和选材应着眼于提高其耐疲劳能力。螺栓体较细部分的结构可降低螺栓刚度，增加弹性，有利于吸收变形能，可相对提高抗疲劳能力。螺栓上直径不同段过渡处应取较大圆角，以降低应力集中敏感性。

连杆螺栓的材料应用优质合金结构钢，如 40Cr、35CrMoA、25CrMoVA 等。加工时应保证螺栓头的承压面与螺栓中心线的垂直度，加工后应进行磁粉检测及超声波检测，以确保其表面和内部均没有缺陷。

（3）活塞组　活塞组由活塞体、活塞环及活塞销组成，典型的活塞组如图 5-16 所示。活塞组在连杆的带动下，在气缸内做往复运动，形成不断变化的气缸容积，在气阀等部件的配合下，实现气缸中工质的吸入、压缩、排出与膨胀过程。

1）活塞体。活塞体简称活塞，我国系列压缩机的活塞一般采用筒形活塞。筒形活塞通常由顶部、环部和裙部三部分组成。活塞上面封闭的圆筒部分称为顶部，顶部与气缸及气阀构成可变的工作容积。供安装活塞环的圆柱部分称为环部。环部下面为裙部，裙部上有销座孔供安装活塞销用。

活塞顶部承受气体压力，为了保证顶部的承压能力而又减轻活塞重量，顶部常采用薄壁设加强肋的结构。活塞顶部与高温制冷剂接触，其温度很高，因而对于直径较大的铝合金活塞，顶部与气缸之间的间隙要大于裙部与气缸间的间隙。为减少余隙容积，活塞顶部的形状应与气阀结构的形状相配合。有时为了填塞阀板上排气通道的容积，在活塞顶上设置凸环；也有在活塞顶部铣削出各种形状的浅槽或凹坑的结构，以配合吸气阀片或凸出物。

活塞环部是安放气环和油环的部位，装油环的环槽中钻有回油孔，使油环刮下的油，通过回油孔回到曲轴箱。小型活塞没有气环和油环，它们通常在活塞的外圆车削出一道或几道环槽，以便达到径向密封作用。

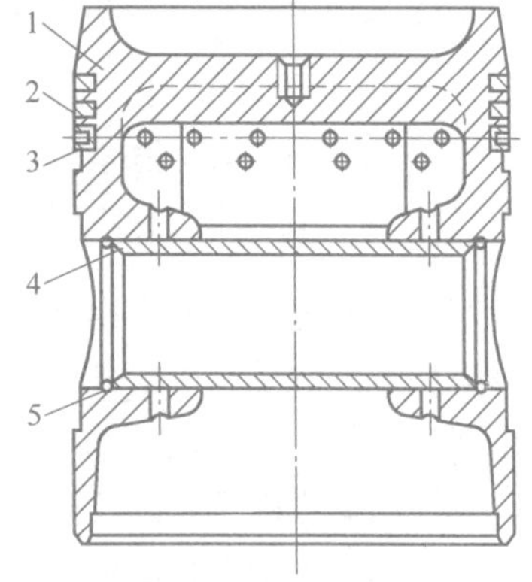

图 5-16　筒形活塞组

1—活塞　2—气环　3—油环　4—活塞销　5—弹簧挡圈

活塞裙部与气缸壁紧贴，是导向和承受侧压力的部位，其上设有活塞销座。为避免受热后沿活塞销孔轴线方向的膨胀而影响活塞的正常工作甚至咬缸，往往在铝合金活塞的活塞销座的外圆上制成凹陷（图 5-16）或偏心车削成椭圆形。小型全封闭压缩机的铸铁活塞因其尺寸小、刚度大、热膨胀小，无需采用类似措施。

活塞的材料一般采用灰铸铁和铝合金，灰铸铁活塞强度高、价廉、耐磨，而且热膨胀系数小，大多用于不采用活塞环的全封闭压缩机中，常用 HT200 和 HT250。但是灰铸铁活塞重量大，运行时惯性力大，在现代高速多缸制冷压缩机中不适合使用。铝合金的密度小，导热性好，耐磨性好，便于硬模铸造。目前高速多缸制冷压缩机均采用铝合金活塞，材料一般采用 ZL108、ZL109 或 ZL111。

2）活塞环。活塞环是一个带切口的弹性圆环，如图 5-17 所示。在自由状态下，其外径大于气缸的直径，装入气缸后直径变小，在切口处留下一定的热膨胀间隙，靠环的弹力使其外圆面与气缸内壁贴合并产生预紧压力 p_k。活塞环可分为气环和油环两种，气环的作用是保持气缸与活塞之间的密封性；油环的作用是刮去气缸壁上多余的润滑油，避免过量的润滑油进入气缸。

①气环。气环依靠节流与阻塞来密封，其密封原理如图 5-18 所示。气环装入气缸后，预紧压力 p_k 使气环紧贴在气缸内壁上。气体通过气环工作间隙产生节流，压力由 p_1 降至 p_2，于是在气环前后产生一个压差 p_1-p_2，因压差力作用，气环被推向低压 p_2 方，阻止气体由环槽端面间隙泄漏。此时，环内表面上作用的气体压力（简称背压）可近似地等于 p_1，而环外表面上作用的气体压力是变化的，近似地认为是线性变化关系，其平均值等于（p_1+p_2)/2。若近似地认为气环内、外表面积相同，均为 A 值，于是在环内、外表面便形成了压差作用力 $\Delta P\approx[p_1-(p_1+p_2)/2]A=(p_1-p_2)A/2$。在此压差力的作用下，使环压向气缸工作表面，阻塞了气体沿气缸壁泄漏。气缸内压力越大，密封压紧力也越大，这就表明气环具有自紧密封的特点，但气环开口且具有弹力是形成自紧密封的前提。

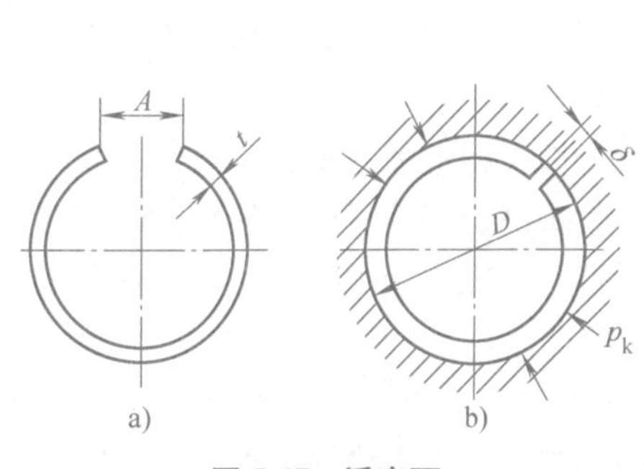

图 5-17　活塞环

a）自由状态　b）装入气缸后

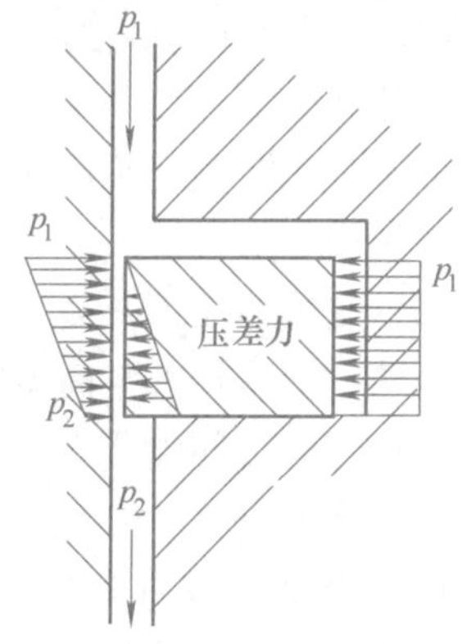

图 5-18　气环密封原理图

对采用多道气环的密封效果进行实验发现，气体经过第一道环的节流密封后，其气体压力降至原压力的 26%，经第二、三道环密封后，压力分别降至原压力的 10% 和 7.5%，可见采用多环密封，第一道环的密封作用最大，但它的寿命也因磨损量大而缩短。

制冷压缩机由于气缸工作压力不太高，活塞两侧压差不大，一般用二或三道气环。转速高、缸径小和采用铝合金活塞的压缩机可以只用一道气环。

气环的截面形状多为矩形，其切口形式一般有直切口、斜切口和搭切口三种，如图 5-19 所示。其中以搭切口漏气量最少，但制造困难，安装时易折断。斜切口比直切口的密封能力强些，但直切口制造最方便。对于高速压缩机而言，不同切口形状的漏气量相差不多，大多采用直切口。同一活塞上的几个活塞环在安装时，应使切口相互错开，以减少漏气量。

②油环。压缩机运转时，气环不断地泵油，使润滑油进入气缸，气环的泵油作用原理如

图 5-20 所示。活塞向下运动时，润滑油进入气环下端面和环背面的间隙中（图 5-20a）；活塞向上运动时，气环的下端面与环槽平面贴合，油被挤入上侧间隙（图 5-20b）；活塞再度向下运动时，油进入更高处位置的间隙（图 5-20c）。如此反复，润滑油被泵入气缸中。

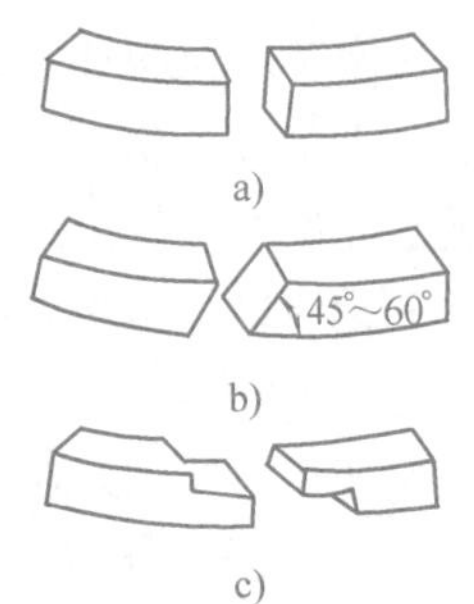

图 5-19　气环的切口形式
a）直切口　b）斜切口
c）搭切口

为了避免润滑油过多进入气缸，一般在气环的下部设置油环。图 5-21 所示为油环的两种结构形式。图 5-21a 是一种比较简单的斜面式油环，它的工作表面有 3/4 高度是做成带有斜度为 10°～15°的圆锥面。安装时，务必将圆锥面置向活塞顶的一面；图 5-21b 是目前压缩机中常用的槽式油环结构，在它的工作表面上有一条槽，以形成上下两个狭窄的工作面，在槽底铣有 10～12 个均布的排油槽。在安置油环的相应活塞槽底部应钻有一定数量的泄油孔，以配合油环一起工作。

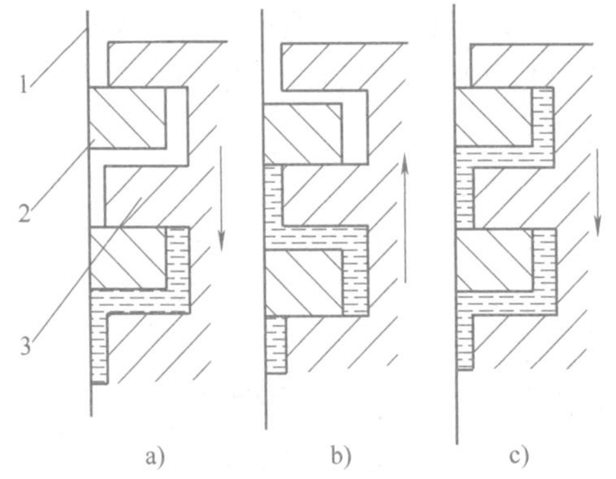

图 5-20　气环的泵油原理
1—气缸　2—气环　3—活塞

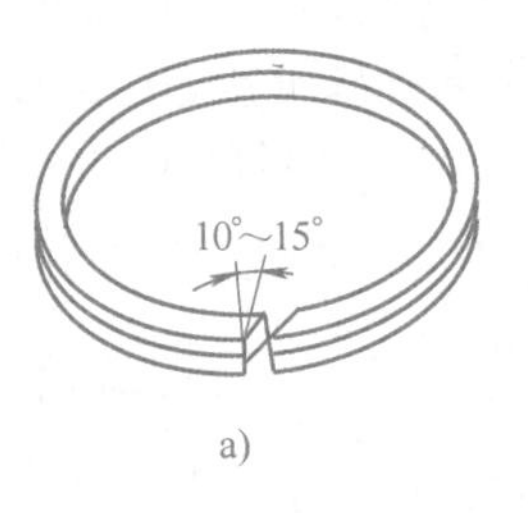

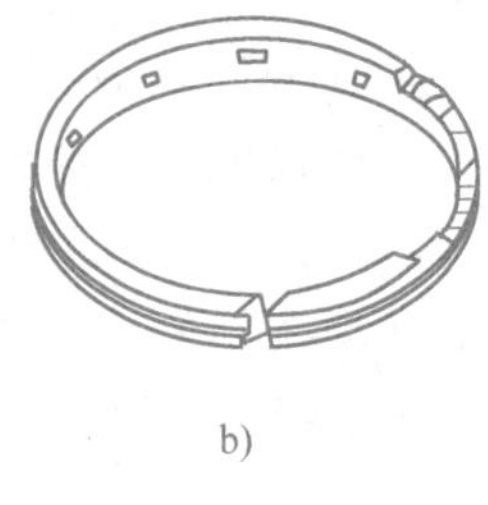

图 5-21　油环的结构形式
a）斜面式　b）槽式

油环的刮油及布油作用如图 5-22 所示。斜面式油环在活塞上行时起布油作用（图 5-22a），形成油楔利于润滑和冷却，下行时将油刮下经活塞的环槽回油孔流入曲轴箱（图 5-22b、c）。槽式油环由于具有两个刮油工作面（图 5-22d），与气缸壁的接触压力高，排油通畅，刮油效果好，因此被广泛应用于中小型压缩机中。

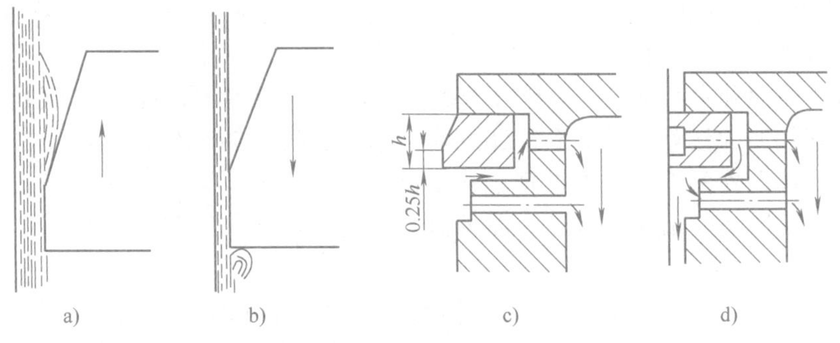

图 5-22　油环的刮油及布油作用
a）布油　b）刮油　c）斜面式油环　d）槽式油环

活塞环的材料要有足够的强度、耐磨性、耐热性和良好的初期磨合性等。目前常用的材料是含少量 Cr、Mo、Cu、Mn 等元素的合金铸铁。在小型制冷压缩机中，近年来出现使用聚四氟乙烯加玻璃纤维或石墨等填充剂制成的活塞环，其特点是密封性好，寿命长，对气缸镜面几乎无磨损，虽然热膨胀系数大，易泡胀，但仍然是一种很有前途的材料。

为了改善第一道气环的耐磨性，可对其采用多孔性镀铬的表面镀层处理方法，此法不仅可以提高环的使用寿命 1~2 倍，还可以使气缸的磨损减少 20%~30%。

3）活塞销。活塞销是连接连杆和活塞的零件，一般均制成中空圆柱结构，以减少惯性力。现代制冷压缩机中，普遍采用浮式活塞销的连接方法，即活塞销相对销座和连杆小头衬套都能自由转动，这样可以减小摩擦面间的相对滑动速度，使磨损减小且均匀。为防止活塞销产生轴向窜动而伸出活塞擦伤气缸，通常在销座两端的环槽内，装上弹簧挡圈。

活塞销与活塞销座间的润滑是利用飞溅的润滑油或由油环刮下并通过适当油孔导入的润滑油。

活塞销主要承受交变的弯、剪冲击载荷，而且润滑条件较差，因而须采用耐磨、抗疲劳和抗冲击的材料。一般用 20 碳素结构钢或 20Cr、15CrMn 合金结构钢进行表面渗碳淬火，渗碳层厚度为 0.5~1.5mm，淬火回火后的硬度可达 55~62HRC。活塞销也有采用 45 钢进行高频感应淬火并回火，其表面硬度可达 50~58HRC。

2. 曲柄滑块机构（滑管式和滑槽式）

（1）滑管式驱动机构　在小型的（功率一般小于 400W，最大不超过 600W）单缸全封闭制冷压缩机中，有时为了简化压缩机的结构，采用滑管式驱动机构来代替曲柄连杆机构，如图 5-23 所示。驱动机构中无连杆，曲轴为曲柄轴，中空的活塞与滑管焊接成相互垂直的丁字形整体，滑块为一圆柱体，可在滑管内滑行，滑块的中部开有一圆孔，曲轴上的曲柄销穿过滑管管壁上下的导槽，垂直插入这个圆孔，形成一旋转副。当曲轴旋转时，滑块既绕曲柄轴中心旋转又沿滑管内壁往复滑行，并带动滑管活塞在气缸内做往复运动，完成压缩气体的任务。活塞不设活塞环，因而必须严格控制活塞与气缸之间的间隙，以保证缸内气体向外的泄漏以及润滑油向缸内的渗漏均较小。所用材料应强度高、耐磨性好、热膨胀系数小。由于无连杆，曲柄滑管驱动机构结构简单、紧凑，有利于加工和装配。

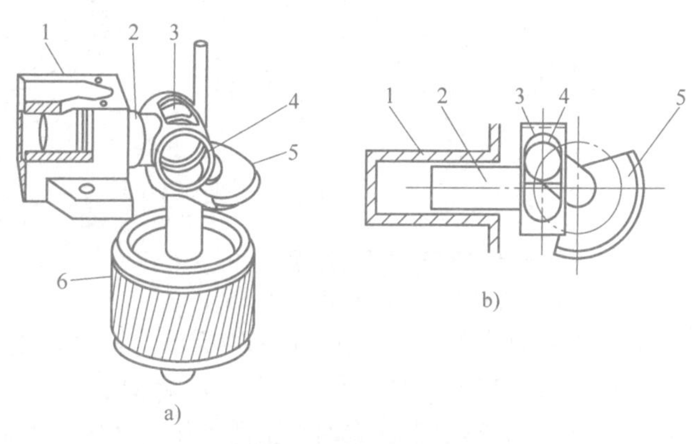

图 5-23　滑管式驱动机构

a）结构图　b）结构简图

1—气缸　2—活塞　3—滑管　4—滑块　5—曲柄轴　6—电动机

（2）滑槽式驱动机构　滑槽式驱动机构也是一种无连杆的往复活塞式驱动机构，其工作原理如图 5-24 所示。图中的止转框架 4 相当于滑管式驱动机构中的滑管，但止转框架上的滑槽表面为平面，因而在滑槽中滑动的滑块表面也是平面，而非滑管式中的圆柱表面。图中所示的滑槽式驱动机构带动的活塞有四个。每个止转框架的两侧装两个，构成对置式。两

个框架相互垂直。当曲轴旋转时，曲柄销带动滑块运动，因为止转框架与活塞刚性地连接在一起，只能在活塞中心线的方向运动，从而限制滑块只能做垂直方向和水平方向的运动而不能转动，这一点与滑管式驱动机构中滑块的运动是相同的。曲轴旋转使活塞往复运动，完成压缩机的工作循环。

3. 斜盘式驱动机构

斜盘式制冷压缩机活塞的往复运动是靠一个固定在主轴上的斜盘来驱动。按斜盘与活塞的结合方式，分为旋转斜盘式和摆动斜盘式两种。

旋转斜盘式简称斜盘式，如图 5-25a 所示。旋转斜盘 2 固定在主轴 1 上，双向作用的活塞 3 通过滚珠 4 和滑履 5 嵌在斜盘的四周。当主轴带动斜盘旋转时，滑履沿固定的轨迹在斜盘上滑动，随着滑履在斜盘上位置的改变，通过滚珠推动活塞在气缸内做往复运动。

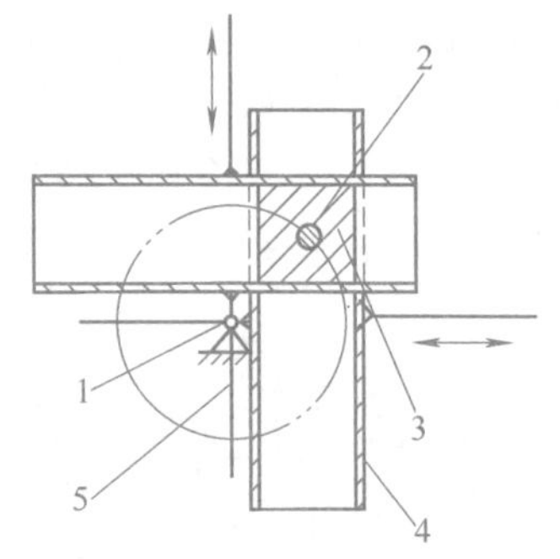

图 5-24　滑槽式驱动机构示意图

1—曲轴　2—曲柄销　3—滑块　4—止转框架　5—活塞杆

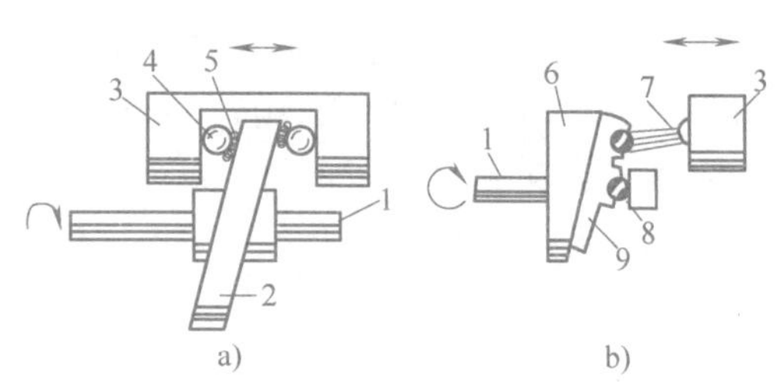

图 5-25　斜盘式驱动机构示意图

a）旋转斜盘　b）摆动斜盘

1—主轴　2—斜盘　3—活塞　4—滚珠　5—滑履　6—斜转体　7—双球头连杆　8—定位钢球　9—摆盘

摆动斜盘式简称摆盘式，如图 5-25b 所示。带有斜面的斜转体 6 固定在主轴 1 上，摆盘 9 靠在斜转体的斜面上，形成一定的倾角，且通过双球头连杆 7 与活塞 3 铰接，气缸均布在摆盘的同一侧，原动机驱动主轴及斜转体推动摆盘摆动，通过连杆带动活塞在气缸内做往复运动。

5.2.2　机体部件

1. 机体及气缸套

（1）机体　机体是支承压缩机全部重量并保持各部件之间有准确的相对位置的部件。机体包括气缸体和曲轴箱两个部分，机体中气缸所在的部位是气缸体，安装曲轴的部位为曲轴箱。装在机体上的还有气缸盖、轴承座等零部件。机体是整个压缩机的支架，因而要求其有足够的强度和刚度。

机体的外形主要取决于压缩机的气缸数和气缸的布置形式。根据气缸体上是否装有气缸套，可分为无气缸套和有气缸套两种。

无气缸套机体，是指气缸工作镜面直接在机体上加工而成，这在小型立式制冷压缩机中，包括在大多数的全封闭压缩机中被广泛应用。无气缸套机体的特点是结构简单，如图 5-26 所示。在多缸直立式压缩机中不用气缸套，可使气缸中心距达到最小值，有利于缩短压缩机长度和提高机体的刚度。这种气缸体外表面铸有散热片，靠空气来冷却气缸体。

在气缸尺寸较大（$D \geqslant 70\text{mm}$）的高速多缸压缩机系列中，常采用气缸体和气缸套分开的结构形式，这样做的好处有以下几点：①可以简化机体的结构，便于铸造；②如果气缸镜面磨损超过允许范围，只需更换气缸套，既简单方便，又可降低成本；③气缸套可以采用优质材料或将气缸镜面镀铬，提高气缸镜面的耐磨性。

图5-27所示为采用气缸套的810F70型压缩机的机体图。机体上部为气缸体，下部为曲轴箱。气缸体上有8个安装气缸套的座孔，分成两列，呈扇形配置。吸气腔设在气缸套座孔的外侧，流过的制冷剂可对气缸壁进行冷却。吸气腔与曲轴箱之间由隔板隔开，以防润滑油溅入吸气腔。隔板最低处钻有均压回油孔，以便由制冷剂从系统中带来的润滑油流回曲轴箱，并使曲轴箱内的气体压力与吸气腔压力保持一致。排气腔在气缸体上部，吸、排气腔之间由隔板隔开。曲轴箱主要用于安装曲轴、储存润滑油、安放油冷却器、油过滤器和润滑油三通阀。曲轴箱的前、后端有安装主轴承的座孔，两侧有检修用的窗孔。曲轴箱内壁设有多个加强肋，用以提高强度和刚度。这种机体外形平整，结构紧凑。气缸冷却主要靠水冷却，冷却效果较好。国内外高速多缸的活塞式制冷压缩机的机体多采用这种形式。

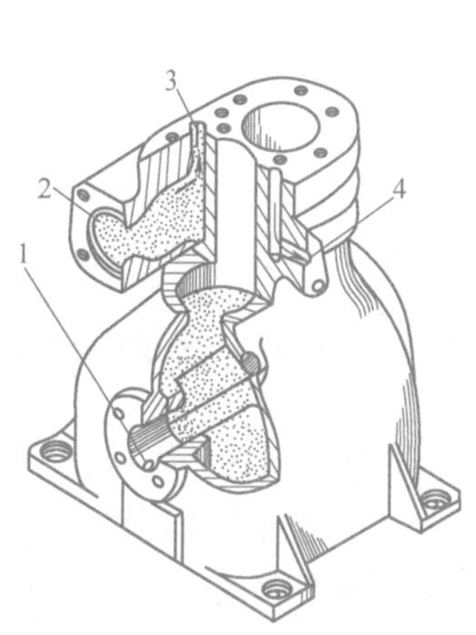

图5-26　无气缸套的机体结构
1—油孔　2—吸气腔　3—吸气通道　4—排气通道

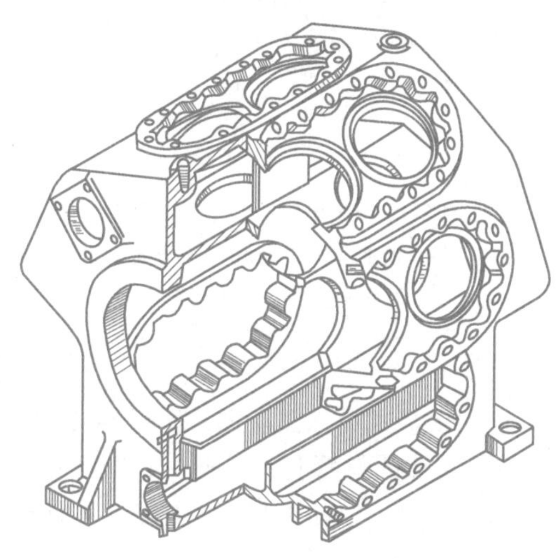

图5-27　810F70型压缩机机体

由于机体结构复杂，加工面多，所以机体的材料应具有良好的铸造性和切削性。铸铁不仅具有良好的铸造性和切削性，还具有良好的吸振性，应力集中的敏感性小，是一种价廉物美的机体用材，一般常用HT200和HT250。在运输用制冷压缩机中，有时为了减轻质量，提高散热效果，采用低压铸造的铝合金机体。对于单件生产或小批量生产的制冷压缩机，有时为了省去铸造模样费用而采用钢板焊接机体，但由于焊接技术复杂，焊接结构容易变形，因而应用很少。

（2）气缸套　气缸套的作用是与活塞及气阀一起在压缩机工作时组成可变的工作容积。另外，它还对活塞的往复运动起导向作用。气缸套呈圆筒形，如图5-28所示。图5-28a所示的气缸套仅起解决磨损问题的作用，气缸套嵌入机体时，其径向定位由气缸套的上、下两个圆形定位面保证，上面一个圆形定位面的直径略大于下面一个圆形定位面的直径，以利于气

缸套的压入或拉出；其轴向定位依靠气缸套顶部法兰的下端面，气缸套法兰被阀板或安全盖压紧在气缸镗孔周围的支承台阶上，其间放置密封垫圈，改变垫圈厚度可调整气缸的余隙容积。气缸套下端的轴向是自由的，以便受热后自由膨胀。图 5-28b 所示的气缸套增加了两个功能：①气缸套顶部的法兰提供了吸气通道 4 和吸气阀阀座，成为压缩机气阀的一部分；②气缸套中部外圆上的凸缘 3 及挡环槽 2 是用以安装顶开吸气阀片的卸载机构，成为压缩机输气量调节机构的一部分。图 5-28b 所示的气缸套在我国高速多缸制冷压缩机系列中被广泛采用。

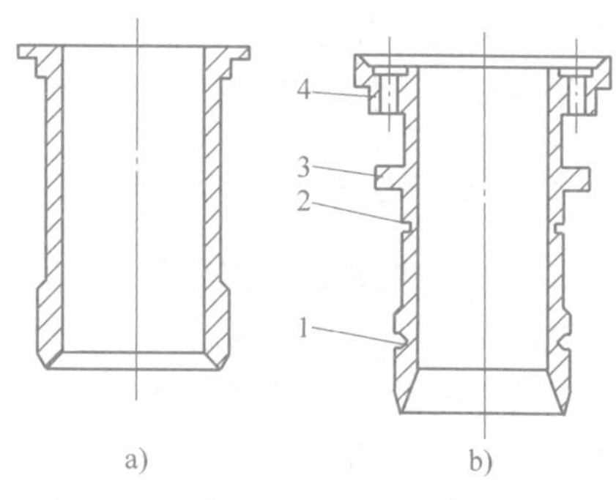

图 5-28　气缸套

a）普通气缸套　b）带气阀结构气缸套

1—密封圈环槽　2—挡环槽

3—凸缘　4—吸气通道

在单机双级的压缩机中，在机体的横隔板两侧具有不同的压力，其间必须隔离密封，故需在气缸套下部的定位面上开有安装 O 形密封圈的环槽 1（见图 5-28b）。

气缸套采用优质耐磨铸铁铸造，也可对工作表面进行多孔性镀铬和渗氮处理，以提高使用寿命。

2. 轴封

对于开启式制冷压缩机，曲轴均需伸出机体（曲轴箱）与原动机连接。由于曲轴箱内充满了制冷剂气体，因此，在曲轴伸出机体的部位应安装轴封装置。它的作用是防止曲轴箱内的制冷剂气体经曲轴外伸端间隙漏出，或者因曲轴箱内气体压力过低而使外界空气漏入。对轴封装置要求结构简单，密封可靠，使用寿命长，维修方便。轴封装置主要有波纹管式和摩擦环式两种。波纹管式轴封因密封性较差，容易损坏，目前多被摩擦环式所替代。

摩擦环式轴封又称端面摩擦式轴封，图 5-29 所示为一种较为常用的摩擦环式轴封，其结构简单，维修方便，使用寿命长。它有三个密封面：①A 为径向动摩擦密封端面，由转动摩擦环 2 和静止环 3 相互压紧磨合面组成，压紧力由弹簧 7 和曲轴箱内气体压力所产生。②B 为径向静密封端面，由转动摩擦环与密封橡胶圈 5 之间的径向接触面所组成，靠弹簧压紧，并与轴一起转动。③C 为轴向密封端面，由密封橡胶圈的内表面与曲轴的外表面组成，因密封橡胶圈的自身弹性力使其与曲轴间有着一适当的径向密封弹力。当曲轴有轴向窜动时，密封橡胶圈与轴间可以有相对滑动。

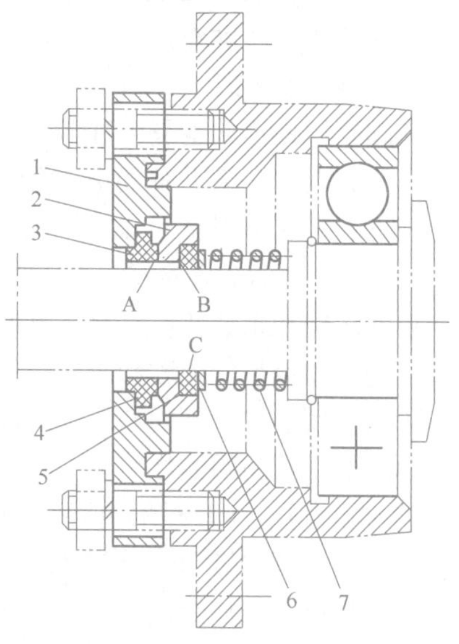

图 5-29　摩擦环式轴封结构

1—端盖　2—转动摩擦环　3—静止环

4—垫片　5—密封橡胶圈

6—弹簧座圈　7—弹簧

径向动摩擦密封端面 A 是轴封装置的主端面，主轴旋转时，该端面会产生大量摩擦热和严重磨损，为此必须考虑密封端面 A 的润滑和冷却，使其在摩擦面上形成油膜，减少摩擦和磨损，增强密封效果。因而安装轴封的空间要能使润滑油循环并设置进、出油道，以保证端面润滑和冷却。通常，为延长这种端面摩擦式轴封的使用寿命，允许端面 A 有少量的油滴泄漏，但需要设置回收油滴的装置。

5.2.3　气阀组件

1. 气阀的组成及工作原理

气阀是活塞式制冷压缩机中的重要部件之一，它的作用是控制气体及时地吸入与排出气缸。气阀性能的好坏，直接影响到压缩机的制冷量和功率消耗。阀片的寿命更是关系到压缩机连续运转期限的重要因素。

活塞式制冷压缩机所使用的气阀都是受阀片两侧气体压差控制而自行启闭的自动阀。它主要由阀座、阀片、气阀弹簧和升程限制器四部分组成。如图 5-30 所示，阀座 1 上开有供气体通过的通道 6。阀座上设有凸出的环状密封边缘 5（称为阀线），阀片 2 是气阀的主运动部件，当阀片与阀线紧贴时则形成密封，气阀关闭。气阀弹簧 3 的作用是迫使阀片紧贴阀座，并在气阀开启时起缓冲作用。升程限制器 4 用来限制阀片开启高度。

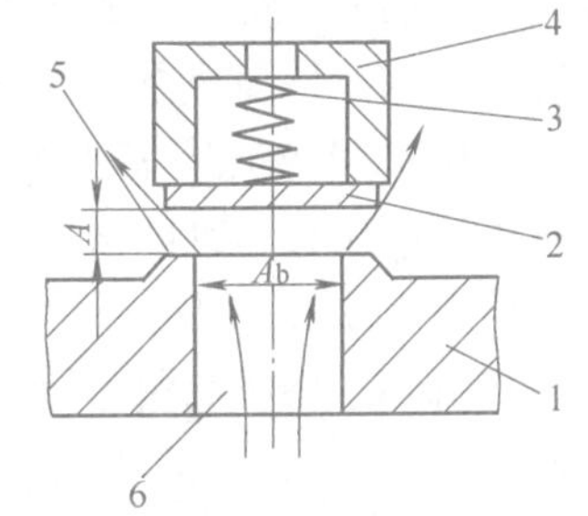

图 5-30　气阀组成示意图

1—阀座　2—阀片　3—气阀弹簧　4—升程限制器　5—阀线　6—阀座通道

气阀的工作原理是：当阀片下面的气体压力大于阀片上面的气体压力、弹簧力以及阀片重力之和时，阀片离开阀座，上升到与升程限制器接触为止，即气阀全开，气体便通过气阀通道流过。当阀片下面的气体压力小于阀片上面的气体压力、弹簧力及阀片重力之和时，阀片离开升程限制器向下运动，直到阀片紧贴在阀座的阀线上，即关闭了气阀通道，使气体不能通过，这样就完成了一次启闭过程。应该指出：吸气阀是靠压缩机吸气腔与气缸内的压差而动作，排气阀是靠压缩机排气腔与气缸内的压差而动作。

2. 气阀的结构

气阀的结构形式也是多种多样的，最常见的有环片阀和簧片阀两种。

活塞式压缩机气阀结构

（1）环片阀　环片阀可分为刚性环片阀和柔性环片阀两种。

1）刚性环片阀是目前应用最广泛的一种气阀结构形式，我国缸径在 70mm 以上的中小型活塞式制冷压缩机系列均采用这种气阀。刚性环片阀采用顶开吸气阀阀片来调节输气量，并利用排气阀盖兼作安全盖。图 5-31 所示为刚性环片阀的典型结构，图示是气缸套和吸、排气阀组合件。吸气阀座与气缸套 25 顶部的法兰是一个整体，法兰端面上加工出两圈凸起的阀座密封线。环状吸气阀片 17 在吸气阀关闭时贴合在这两圈阀线上。两圈阀线之间有一环状凹槽，槽中开设若干均匀分布的与吸气腔相通的吸气孔 1。吸气阀的阀盖（升程限制器）与排气阀的外阀座 13 做成一体，底部开若干个沉孔，设置若干个吸气阀弹簧 16。吸气阀布置在气缸套外围，不仅有较大的气体流通面积，而且便于设置顶开吸气阀片的输气量调节装置。排气阀的阀座由内阀座 14 和外阀座 13 两部分组成。环状排气阀片 4 与内、外阀座上两圈密封线相贴合，形成密封。阀盖 5 底部开若干个沉孔，设置若干个排气阀弹簧 12。内、外阀座之间的通道形状与活塞顶部形状吻合，当活塞运动到上止点位置时，内阀座刚好嵌入活塞顶部凹坑内，因而使压缩机的余隙容积减小。外阀座 13 安装在气缸套的法兰面上，内阀座 14 与阀盖（升程限制器）5 用中心螺栓 11 联接，

阀盖5又通过四根螺栓3与外阀座连成一体，这个阀组也被称为安全盖（又称假盖）。有些100、170系列压缩机的外阀座则固定在气缸套法兰上，仅由内阀座及阀盖作为安全盖。

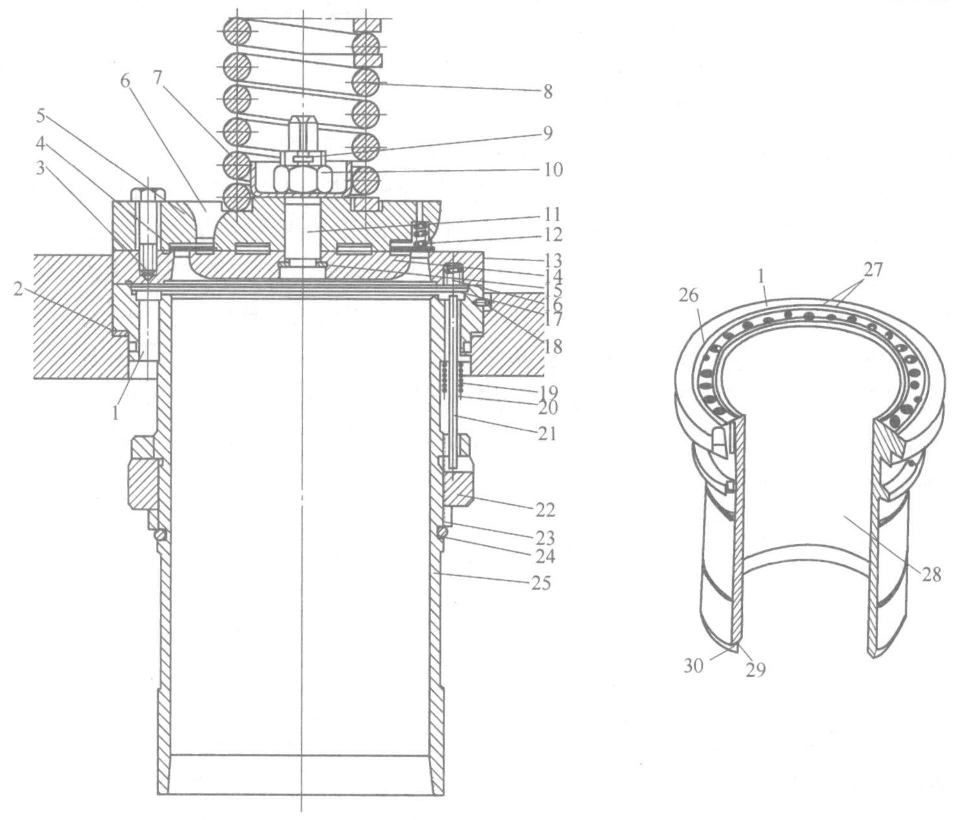

图5-31 气缸套和吸、排气阀组合件

1—吸气孔 2—调整垫片 3—螺栓 4—排气阀片 5—阀盖 6—排气孔 7—钢碗 8—安全弹簧 9—开口销 10—螺母 11—中心螺栓 12—排气阀弹簧 13—外阀座 14—内阀座 15—垫片 16—吸气阀弹簧 17—吸气阀片 18—圆柱销 19—顶杆弹簧 20—开口销 21—顶杆 22—转动环 23—垫圈 24—弹性圈 25—气缸套 26—能量调节杆孔 27—吸气阀阀线 28—气缸镜面 29—装活塞用导向倒角 30—装缸套用导向倒角

安全盖的阀盖5上装有安全弹簧8（又称假盖弹簧），弹簧上部再用气缸盖压紧。安全弹簧装上后产生预紧力。当气缸内进入过量液体，在气缸内受到压缩而产生高压时，安全盖在缸内高压的作用下，克服安全弹簧力而升起，使液体从阀座打开的周围通道迅速泄入排气腔，使气缸内的压力迅速下降，从而保护了压缩机。当活塞到达止点位置后往回运动时，安全盖在安全弹簧力作用下，回复原位而正常工作。

刚性环片阀的阀片结构简单，易于制造，工作可靠，但由于阀片较厚，运动质量较大，冲击力较大，且阀片与导向面有摩擦，阀片启闭难以做到迅速、及时，而使气体在气阀中容易产生涡流，增大损失。因此，刚性环片阀适用于转速低于1500r/min的压缩机中。

2）柔性环片阀是全封闭制冷压缩机中采用的气阀形式之一。这种环片阀开启时阀片变形，产生弹力，因而取消了气阀弹簧，如图5-32所示。吸气阀片1为柔性环形阀片，它支承在左右两侧翼上，阀片外圆上的凸舌被插置在气缸上具有一定深度的相应凹槽中，用以限制阀片的挠曲程度。排气阀片3是一种带臂的柔性环形阀片，其挠曲程度，由升程限制器控制。工作中受气体推力，吸排气阀片分别向下或向上挠曲，以打开相应的阀座通道。这类气阀的结构和工艺都比较复杂，成本较高，多用于功率在0.75~7.5kW范围内的压缩机中。

（2）簧片阀　簧片阀也称舌簧阀或翼状阀。阀片用弹性薄钢片制成，阀片的一端固定在阀座上，另一端可以在气体压差的作用下上下运动，以达到启闭的目的。由于气阀启闭时阀片像乐器中的簧片那样运动，故称为簧片阀。

通常，簧片阀由阀板、阀片和升程限制器组成。有时为了减轻阀片在开启过程中对升程限制器的冲击，可在两者之间设置弹性缓冲片。一般在制冷压缩机中，吸气阀不使用升程限制器，有时为了限制阀片升程可在气缸上加工一个限制槽。图5-33所示为吸、排气簧片阀中的一种，吸气阀片7为舌形，装在阀板6的下侧，其一侧靠两个销钉8定位而紧夹在阀板和气缸体之间，另一侧即舌尖部分为自由端，它置于气缸体一相应的凹槽中，凹槽的高度限制了簧舌的升程。阀板上四个呈菱形布置的小孔是吸气通道。吸气阀片上的长形孔作排气通道及减小阀片刚度之用。排气阀片5装在阀板的上侧，其形状为弓形，两端用螺钉1将缓冲弹簧片4、升程限制器2和阀片一起固定在阀板上。升程限制器是向上翘曲的，其弯曲度和阀片全开时的弯曲形状相一致。

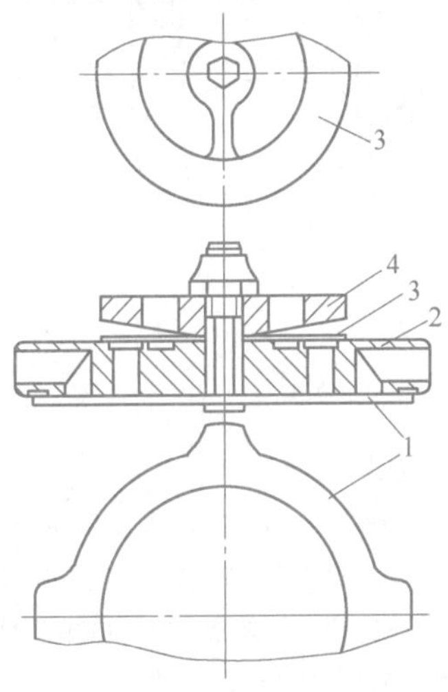

图5-32　柔性环片阀

1—吸气阀片　2—阀座　3—排气阀片
4—排气阀升程限制器

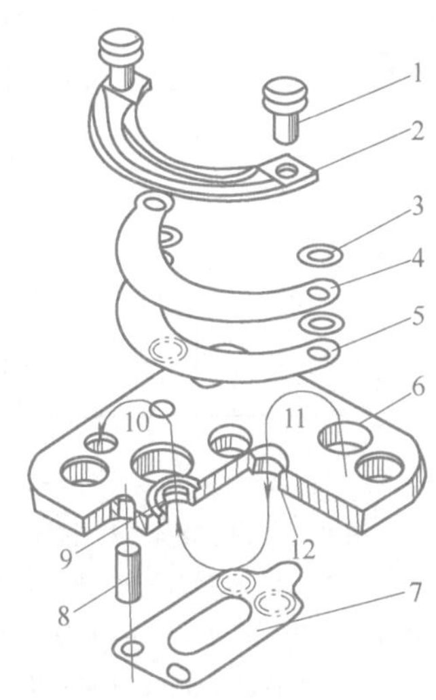

图5-33　吸、排气簧片阀组

1—螺钉　2—升程限制器　3—垫圈
4—缓冲弹簧片　5—排气阀片　6—阀板
7—吸气阀片　8—销钉　9、12—阀线
10—排气流向　11—吸气流向

簧片阀工作时，阀片在气体力的作用下，离开阀板，气体从气阀中通过，而当阀片两侧的压差消失时，阀片在本身弹力的作用下，回到关闭位置。

簧片阀阀片的形状取决于阀座上气流通道和阀片固定的位置，常见的形状如图5-34所示，图中1~9为吸气阀片，10~13为排气阀片。

簧片阀的结构简单、紧凑、余隙容积小，阀片由厚度为0.1~0.3mm的优质弹性薄钢片制造，其重量轻，冲击小，启闭迅速，适用于小型高速制冷压缩机。我国全封闭式及50系列压缩机多采用这种气阀。但簧片阀阀片材料和工艺要求高，因其工作条件比较恶劣，它不仅受到气体的冲击，还受到挠曲作用。另外，其气阀通道面积较小，不易实现顶开吸气阀调

节输气量。

除此之外，活塞式制冷压缩机中还使用网片阀、盘状阀、条状阀和塞状阀等。

3. 气阀材料及技术要求

阀片在工作中承受反复冲击和交变弯曲负荷，故其材料应具有强度高、韧性好、耐磨和耐蚀等性能。我国制冷压缩机中使用的刚性环片阀阀片常用 30CrMnSiA、30Cr13 或 32Cr13Mo 等合金结构钢制造；簧片阀阀片则多用瑞典弹簧带钢、T8A、T10A、60Si2CrA 及 PH15-7Mo 等制造。

环片阀阀片热处理硬度一般为 46～54HRC。阀片在精磨后要进行补充回火，以消除内应力，这是提高阀片寿命的有效方法，并能显著减少同一批阀片中寿命长短不等的现象。

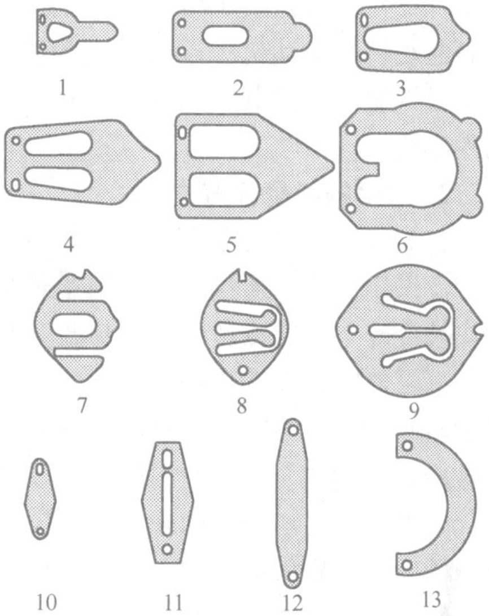

图 5-34　簧片阀的常用阀片形状

簧片阀阀片在冲裁后，其边缘上容易产生应力集中的微伤都要彻底清除。采用滚抛工艺可以除去毛边，形成圆角边缘，并对表面层进行加工硬化，提高抗疲劳能力。

阀片的损坏主要是磨损和击碎，阀片的击碎往往与阀片表面质量有很大关系，因此，其表面不应有切痕、擦伤、压痕等缺陷。阀座密封表面应进行研磨加工。阀片上、下平面的表面粗糙度值应不大于 Ra0. 20μm，其翘曲度偏差应有严格规定。

气阀弹簧一般多用 50CrVA、65Mn 及 60Si2Mn 等合金弹簧钢丝制造，热处理后硬度达 43～47HRC。弹簧热处理后进行喷丸或喷砂处理可提高其疲劳强度。

阀座材料视气阀两侧压差选择，对于低压差（≤0. 6MPa），可用灰铸铁 HT200；中压差（0. 6～1. 6MPa）则用 HT250、稀土球墨铸铁或 35、45 优质碳素结构钢等。阀座的密封表面应具有特别细密的金相组织。在每次检修或更换阀片时，都应重新研磨阀座的密封线，当密封线低于 0. 5mm 时应予以更换。

升程限制器的材料一般与阀座相同。

气阀组装后应进行密封性检验，检验合格后才可使用。

5. 2. 4　能量调节装置

1. 设置能量调节装置的目的

制冷系统中设置能量调节装置的目的有二：

1）制冷系统的制冷量，是根据其工作时可能遇到的最大冷负荷选定的，但制冷机运行时，受使用条件（如冷负荷）的变化以及工况变化（如冷凝压力的变化）的影响，需要的制冷量随之变化，因而压缩机配有能量调节装置，以适应上述变化。

2）采用毛细管作节流元件的制冷机，停机时高压侧和低压侧的压力自动平衡，压缩机再次起动时不必克服排气压力和吸气压力之差，而在采用膨胀阀作为节流元件的制冷机中，停机时高压侧和低压侧的压力并不自动平衡，此时应设卸载装置，使压缩机在起动过程中，能把输气量调到零或尽量小的数值，以便使电动机能在最小的负荷状态下起动。卸载起动有许多优点，如可以给压缩机选配一般笼型异步电动机，而不必选择其他价格昂贵、机构复杂的高起动转矩电动机；可以减小起动电流，缩短起动时间，减轻电网电压的波动和节约电能；可以避免因高低压侧压差太大导致起动困难，甚至起动不起来而烧毁起动装置甚至电动机的事故。

2. 常用的能量调节方式

（1）压缩机间歇运行　压缩机间歇运行是最简单的能量调节方法，在小型制冷装置中被广泛采用。它是通过温度控制器或低压压力控制器双位自动控制压缩机的停车或运行，以适应被冷却空间制冷负荷和冷却温度变化的要求。当被冷却空间温度或与之对应的蒸发压力达到下限值时，压缩机停止运行，直到温度或与之相对应的蒸发压力回升到上限值时，压缩机重新起动投入运行。压缩机间歇运行方式，实质上是将一台压缩机在运行时产生的制冷量与被冷却空间在全部时间内所需制冷量平衡。

间歇运行使压缩机的开、停比较频繁，对于制冷量较大的压缩机，频繁的开、停还会导致电网中电流较大的波动，此时可将一台制冷量较大的压缩机改为若干台制冷量较小的压缩机并联运行，需要的冷量变化时，停止一台或几台压缩机的运转，从而使每台压缩机的开停次数减少，降低对电网的不利影响，这种多机并联间歇运行的方法已得到广泛的应用。

（2）全顶开吸气阀片　它是指采用专门的调节机构将压缩机的吸气阀阀片强制顶离阀座，使吸气阀在压缩机工作全过程中始终处于开启状态。在多缸压缩机运行中，如果通过一些顶开机构，使其中某几个气缸的吸气阀一直处于开启状态，那么，这几个气缸在进行压缩时，由于吸气阀不能关闭，气缸中压力建立不起来，排气阀始终打不开，被吸入的气体没有得到压缩就经过开启着的吸气阀，又重新排回到吸气腔中去。这样，压缩机尽管依然运转着，但是，那些吸气阀被打开了的气缸不再向外排气，真正在有效地进行工作的气缸数目减少了，结果达到改变压缩机制冷量的目的。

这种调节方法是在压缩机不停车的情况下进行能量调节的，通过它可以灵活地实现加载或卸载，使压缩机的制冷量增加或减少。另外，全顶开吸气阀片的调节机构还能使压缩机在卸载状态下起动，这样对压缩机是非常有利的。它在我国四缸以上的、缸径 70mm 以上的系列产品中已被广泛采用。

全顶开吸气阀片调节法，通过控制被顶开吸气阀的缸数，能实现从无负荷到全负荷之间的分段调节。如对八缸压缩机，可实现 0%、25%、50%、75%、100%五种负荷。对六缸压缩机，可实现 0、1/3、2/3 和全负荷四种负荷。

压缩机气缸吸气阀片被顶开后，它所消耗的功仅用于克服机械摩擦和气体流经吸气阀时的阻力，因此，这种调节方法经济性较高。图 5-35 所示为顶开吸气阀片时与气缸正常工作时的示功图，阴影面积是顶开吸气阀片后气缸消耗的指示功，它完全用于克服气体流经吸气阀时的阻力。

（3）旁通调节　一些采用簧片阀或其他气阀结构的压缩机不便用顶开吸气阀片来调节输气量，有时可采用压缩机排气旁通的办法来调节输气量。旁通调节的主要原理是将吸、排气腔连通，压缩机排气直接返回吸气腔，实现输气量调节。图 5-36 所示为在压缩机内部利用电磁阀控制排气腔和吸气腔旁通的方法进行输气量调节的一个实际例子，它是安装在半封闭压缩机（采用组合阀板式气阀结构）气缸盖排气腔上的受控旁通阀。在正常运转时，电磁阀 6 处在图上所示的关闭位置，一方面堵住管道 5 的下端，另一方面顶开单向阀 8，高压

气体通过冷凝器侧通道 1、管道 10 流入控制气缸 3，将控制活塞 7 向右推动，切断通向吸气腔通道 4 与排气腔通道 9 之间的流道，压缩机排气通过排气腔通道 9、单向阀 2、冷凝器侧通道 1 进入冷凝器。旁通调节输气量时，电磁阀 6 开启，单向阀 8 关闭，吸气经管道 5 与控制气缸 3 连通，控制活塞 7 在排气压力作用下推向左侧，排气腔通道 9 与吸气腔通道 4 连通，排气流回吸气腔，达到调节输气量的目的。

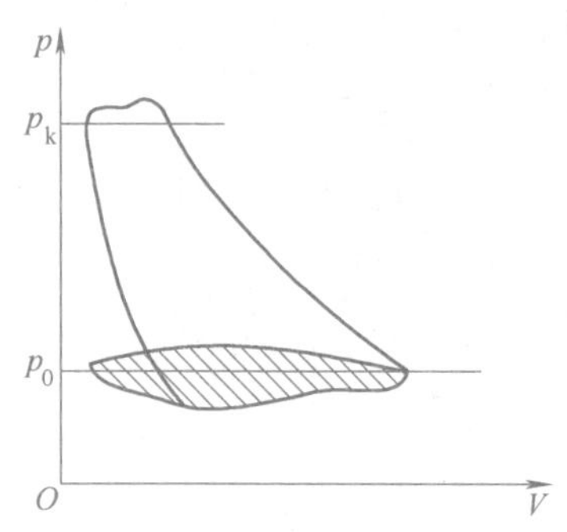

图 5-35　顶开吸气阀片前后的气缸示功图

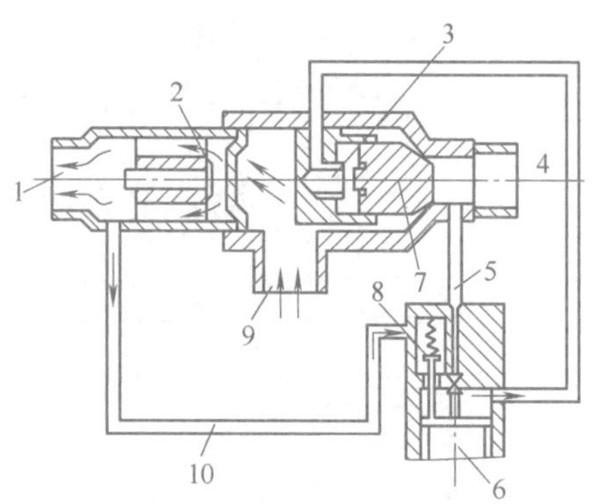

图 5-36　旁通调节装置

1—冷凝器侧通道　2、8—单向阀　3—控制气缸　4—吸气腔通道　5、10—管道　6—电磁阀　7—控制活塞　9—排气腔通道

（4）变速调节　改变原动机的转速从而使压缩机转速变化来调节输气量是一种比较理想的方法，汽车空调用压缩机和双速压缩机就是采用这种方法。双速压缩机的电动机分 2 极或 4 极运转，以达到转速减半的目的，但这种电动机结构复杂、成本高，推广受到了限制。近些年来，以变频器驱动的变速小型全封闭制冷压缩机系列产品已面市，它的电动机转速通过改变输入电动机的电源频率而改变，其特点是可以连续无级调节输气量，且调节范围宽广，节能高效，虽然价格偏高，但考虑运行特性和经济性，目前仍获得较大的推广。

（5）关闭吸气通道的调节　通过关闭吸气通道的方法使吸气腔处于真空状态，气缸不能吸入气体，当然也没有气体排出，从而可达到气缸卸载调节的目的。这种方法没有气体的流动损失，因此，比顶开吸气阀的方法效率高，但必须保证吸气通道关闭严密，一旦有泄漏存在，将会造成气缸在高压比下运行，会使压缩机过热，这是十分危险的。图 5-37 所示为关闭吸气通道的气缸卸载方法。当线圈 1 通电时，铁心 2 被吸起，打开了高压通道 3，使控制活塞 7 紧紧地堵住了吸气通道口，阻止了制冷剂的吸入，气缸处于卸载状态（图 5-37a）。当线圈电源被切断时，高压通道被关闭，控制活塞在弹簧力的作用下向上升起，打开了吸气通道，压缩机处于工作状态（图 5-37b）。

3. 能量调节机构

主要介绍大、中型多缸活塞式制冷压缩机中普遍采用的全顶开吸气阀片调节机构。

（1）液压缸-拉杆顶开机构　用压力油控制拉杆的移动来实现能量调节，如图 5-38 所示。液压缸拉杆机构由液压缸 1、油活塞 2、弹簧 3、油管 4、拉杆 5 等组成。该机构动作可以使气缸外的动环旋转，将吸气阀阀片 9 顶起或关闭。其工作原理是：液压泵不向油管 4 供油时，因弹簧的作用，油活塞及拉杆处于右端位置，吸气阀片被顶杆 8 顶起，气缸处于卸载

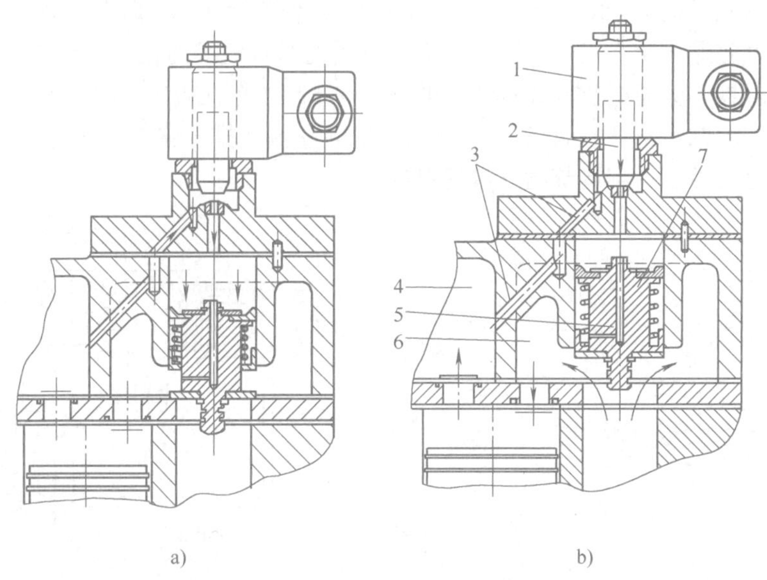

图 5-37　关闭吸气通道的气缸卸载方法

a）气缸卸载　b）气缸工作

1—线圈　2—铁心　3—高压通道　4—排气腔　5—压力平衡通道

6—吸气腔　7—控制活塞

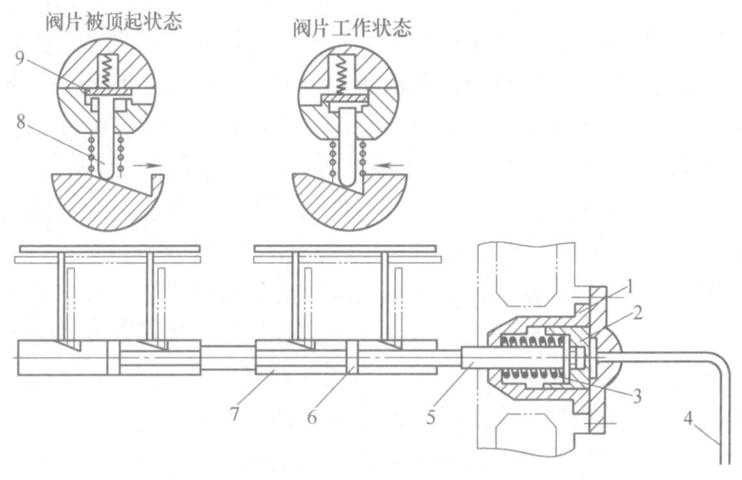

图 5-38　液压缸拉杆顶开机构工作原理图

1—液压缸　2—活塞　3—弹簧　4—油管　5—拉杆

6—凸缘　7—转动环　8—顶杆　9—吸气阀阀片

状态。若液压泵向液压缸 1 供油，在油压力的作用下，活塞 2 和拉杆 5 被推向左方，同时拉杆上凸缘 6 使转动环 7 转动，顶杆相应落至转动环上的斜槽底，吸气阀阀片关闭，气缸处于正常工作状态。由此可见，该机构既能起到调节能量的目的，也具有卸载起动的作用。因为停车时，液压泵不供油，吸气阀阀片被顶开，压缩机就空载起动；压缩机起动后，液压泵正常工作，油压逐渐上升，当油压力超过弹簧 3 的弹簧力时，油活塞动作，使吸气阀阀片下落，压缩机进入正常运行状态。

图 5-39 所示为转动环的转动对吸气阀片的影响。转动环 9 处于图 5-39a 所示位置时，顶杆 6 处于转动环上斜面的最低点，吸气阀片可自由启闭，压缩机正常工作。当转动环在拉杆推动下处于图 5-39b 所示位置时，顶杆位于斜面的顶部，吸气阀片被顶开，压缩机卸载。

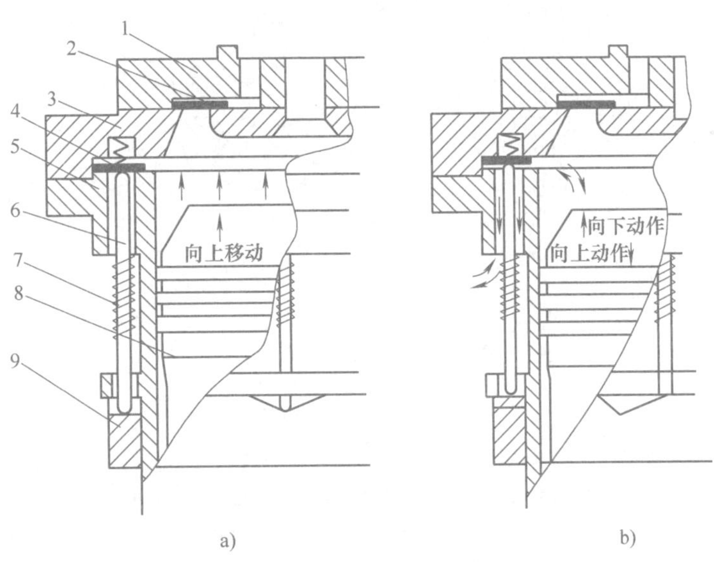

图 5-39　顶杆启阀机构工作原理图

a）正常工作状态　b）吸气阀片顶开状态

1—阀盖　2—排气阀片　3—排气阀座　4—吸气阀片　5—气缸套　6—顶杆　7—弹簧　8—活塞　9—转动环

这种液压缸-拉杆能量调节机构中，压力油的供给和切断一般由油分配阀或电磁阀来控制。

1）油分配阀控制。图 5-40 所示为一个八缸压缩机压力润滑系统中的油分配阀（手动）。阀体上有四个配油管、一个进油管（接轴封）、一个回油管（接曲轴箱）和一个油压表接管。四个配油管分别与四对气缸的四个卸载液压缸相连，回油管与曲轴箱相连。阀芯 7 将阀体内腔分隔为回油腔和进油腔，通过手柄 15 转动阀心，可使配油管与回油腔或进油腔接通。当与回油腔接通时，图 5-38 中的油活塞 2 被弹簧 3 推向右侧，气缸处于卸载状态；当与进油腔接通时，图 5-38 中的油活塞 2 被从液压泵来的压力油推向左侧，气缸处于正常工作状态。油分配阀刻度盘上有 0、1/4、1/2、3/4、1 五个数字，表示输气量的五个档次，将操作手柄分别扳到对应位置，即表示气缸投入工作的对数。

2）电磁阀控制。它是利用不同的低压压力继电器操作电磁阀，以控制卸载液压缸的供油油路的通断，如图 5-41 所示。液压泵供应的压力油经节流调节装置后分别接通卸载液压缸和电磁阀。如电磁阀关闭，压力油进入卸载液压缸，使油活塞左移，带动气缸套上的转动环转动，气阀顶杆下降，吸气阀片投入正常工作：若电磁阀开启，油路与回路相通后阻力很小，压力油必经此通路回至曲轴箱，而卸载液压缸中的油活塞在弹簧力的作用下处于右端位置，则该组气阀处于卸载状态。

（2）油压直接顶开吸气阀片调节机构　这种调节机构由卸载机构和能量控制阀两部分

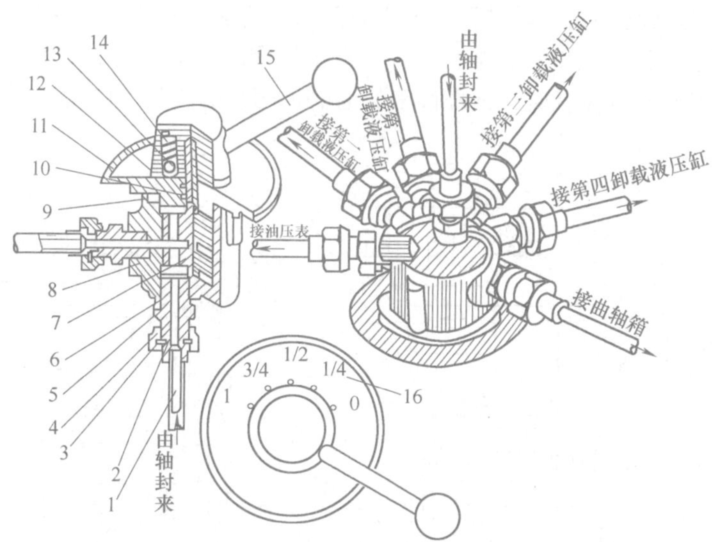

图 5-40　手动油分配阀

1—进油管　2、5—接头　3、6—垫片　4—接头螺母　7—阀芯　8—阀体　9、10—密封圈　11—阀盖　12—定位板　13—钢球　14—弹簧　15—手柄　16—刻度盘

组成，两者之间用油管连接。卸载机构是一套液压传动机构，它接受能量控制阀的操纵，及时地顶开或落下吸气阀片，达到能量调节的目的。

图 5-42 所示为油压直接顶开吸气阀片的调节机构。它是利用移动环 6 的上下滑动，推动顶杆 3，以控制吸气阀片 1 的位置。当润滑系统的高压油进入移动环 6 与上固定环 4 之间

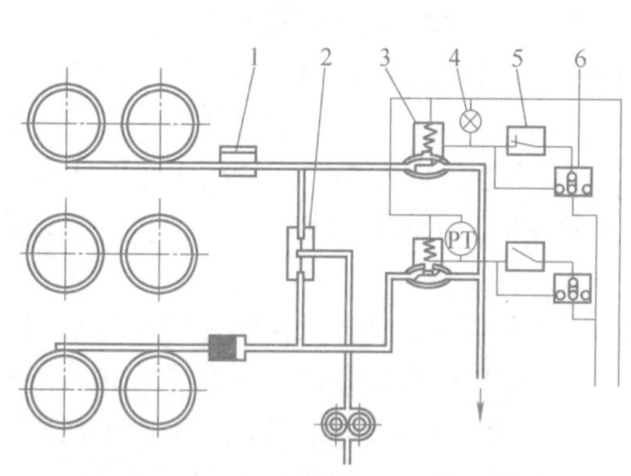

图 5-41　电磁阀控制的能量调节装置

1—卸载液压缸　2—油压节流孔　3—电磁阀　4—指示灯　5—自动开关　6—自动、手动转换开关

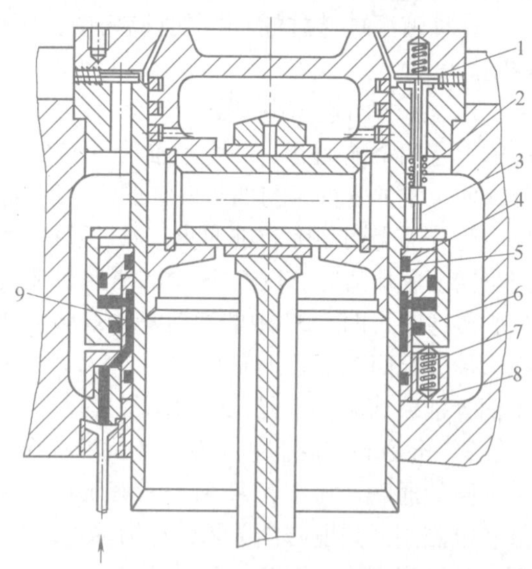

图 5-42　油压直接顶开吸气阀片的调节机构

1—吸气阀片　2—顶杆弹簧　3—顶杆　4—上固定环　5—O 形密封圈　6—移动环　7—卸载弹簧　8—下固定环　9—环形槽

的环形槽 9 时，由于油压力大于卸载弹簧 7 的弹力，使移动环向下移动，顶杆和吸气阀片也随之下落，气阀进入正常工作状态；当高压油路被切断，环形槽内的油压消失时，移动环受卸载弹簧的作用向上移动，通过顶杆将吸气阀片顶离阀座，使气缸处于卸载状态。这种机构同样具有卸载起动的特点，结构比较简单。但由于环形液压缸安装在气缸套外壁上，加工精度要求较高，所有的 O 形密封圈长期与制冷剂和润滑油直接接触，容易老化或变形，以致造成漏油而使调节失灵。

该机构中压力油的供给和切断，可通过自动能量控制阀来实现。

5.2.5　润滑装置

制冷压缩机运转时，各运动摩擦副表面之间存在一定的摩擦和磨损。除了零件本身采用自润滑材料之外，在摩擦副之间加入合适的润滑剂，可以减小摩擦、降低磨损。润滑对压缩机的性能指标、工作可靠性和耐久性有着重大的影响。润滑不良除了会使压缩机过热、零件磨损加剧外，严重时可引起轴瓦烧毁，活塞在气缸里咬死，也可能引起窜油、液击等事故。因此，润滑系统是压缩机正常运转必不可少的部分。压缩机中需要润滑的摩擦面主要有气缸镜面-活塞（包括活塞环），活塞销座-活塞销，连杆小头-活塞销，连杆大头-曲柄销，轴封摩擦环、前后轴瓦-曲轴主轴颈，液压泵传动机构等。

1. 润滑的作用与方式

（1）作用　制冷压缩机的润滑是保证压缩机长期、安全、有效运转的关键。润滑的作用是：

1）使润滑油在做相对运动的零件表面间形成一层油膜，从而降低压缩机的摩擦功和摩擦热，减少摩擦表面的磨损量，提高压缩机的机械效率、运转可靠性和耐久性。

2）对摩擦表面起冷却和清洁作用。润滑油可带走摩擦热量，使摩擦零件表面的温度保持在允许的范围内，还可带走磨屑，便于将磨屑由过滤器清除。

3）起辅助密封作用。润滑油充满活塞与气缸镜面的间隙中和轴封的摩擦面之间，可增强密封效果。

4）利用压力润滑系统中的压力油，可以作为操纵能量调节机构的动力。

（2）方式　由于不同压缩机的运行条件不同，故润滑方式是多样的。压缩机的润滑方式可分为飞溅润滑和压力润滑两大类。

1）飞溅润滑是利用连杆大头或甩油盘随着曲轴旋转把润滑油溅起甩向气缸壁面，引向连杆大小头轴承、曲轴主轴承和轴封装置，保证摩擦表面的润滑。图 5-43 是一个典型的采用飞溅润滑的立式两缸半封闭压缩机。连杆大头装有溅油勺 1，将曲轴箱中的油溅向气缸镜面，润滑活塞与气缸内壁的摩擦表面；另外，曲轴靠近电动机的一端还装有甩油盘 2，将油甩起并收集在端盖的集油器 4 内，通过曲轴中心油道 3 流至主轴承和连杆轴承等处进行润滑。

飞溅润滑的特点是不需设置液压泵，也不装润滑油过滤器，循环油量很小，对摩擦表面的冷却效果较差，油污染较快，零件易磨损。但是由于润滑系统设备简单，在一些小型半封闭和小型开启式压缩机中仍有应用。

2）压力润滑系统是利用液压泵产生的油压，将润滑油通过输油管道输送到需要润滑的

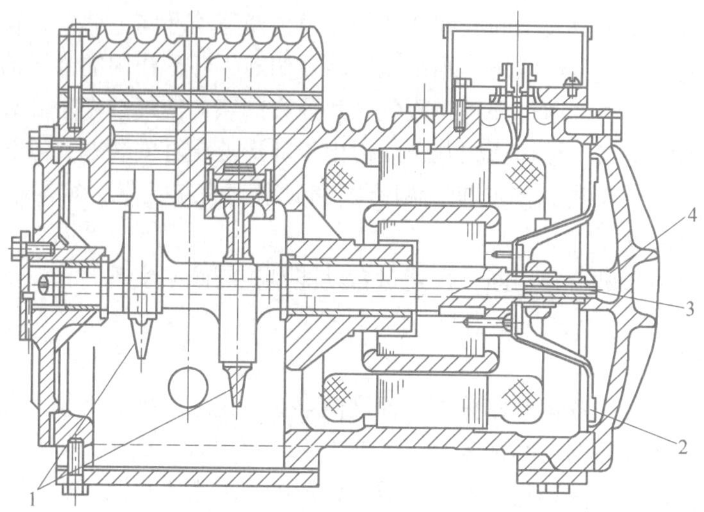

图 5-43　采用飞溅润滑的立式两缸半封闭压缩机

1—溅油勺　2—甩油盘　3—曲轴中心油道　4—集油器

各摩擦表面，润滑油压力和流量可按照给定要求实现，因而油压稳定，油量充足，还能对润滑油进行过滤和冷却处理，故润滑效果良好，大大提高了压缩机的使用寿命、可靠性和安全性。在我国的中、小型制冷压缩机系列中和一些非标准的大型制冷压缩机中均广泛采用压力润滑方式。根据液压泵的作用原理不同，压力润滑又分为齿轮液压泵和离心供油两种系统。

①齿轮液压泵润滑系统。对于大、中型制冷压缩机，因其载荷大，需要充分的润滑油润滑各摩擦副并带走热量，故常用齿轮液压泵式压力润滑系统，如图 5-44 所示。曲轴箱中的润滑油通过粗过滤器被齿轮液压泵吸入，提高压力后经细过滤器滤去杂质后分成三路：第一路进入曲轴自由端轴颈里的油道，润滑主轴承和相邻的连杆轴承，并通过连杆体中的油道输送到连杆小头轴衬和活塞销。第二路进入轴封，润滑和冷却轴封摩擦面，然后从曲轴功率输入端的主轴颈上的油孔流入曲轴内的油道，润滑主轴承和相邻的连杆轴承，并经过连杆体中的油道去润滑连杆小头轴衬和活塞销。第三路进入能量调节机构的油分配阀和卸载液压缸以及油压差控制器，作为能量调节控制的液压动力。

气缸壁面和活塞间的润滑，是利用曲拐和从连杆轴承甩上来的润滑油。活塞上虽然装有刮油环，但仍有少量的润滑油进入气缸，被压缩机的排出气体带往排气管道。排出气体进入油分离器，分离出的润滑油由下部经过自动回油阀或手动回油阀定期放回压缩机的曲轴箱内。为了防止润滑油的油温过高，在曲轴箱还装有油冷却器，依靠冷却水将润滑油的热量带走。

曲轴箱（或全封闭压缩机壳）内的润滑油，在低的环境温度下溶入较多的制冷剂，压缩机起动时将发生液击，为此，有的压缩机在曲轴箱内还装有油加热器，在压缩机起动前先加热一定的时间，以减少溶在润滑油中的制冷剂。

②离心供油润滑系统。在立轴式的小型全封闭制冷压缩机中，广泛采用离心供油机构。图 5-45a 是利用钻在立轴下端的偏心油道 5 作为泵油机构，润滑油从底部经过滤网进入立轴中的两个偏心孔道，在离心力的作用下，分别流向副轴承 6、主轴承 2 和连杆大头 4 处。螺

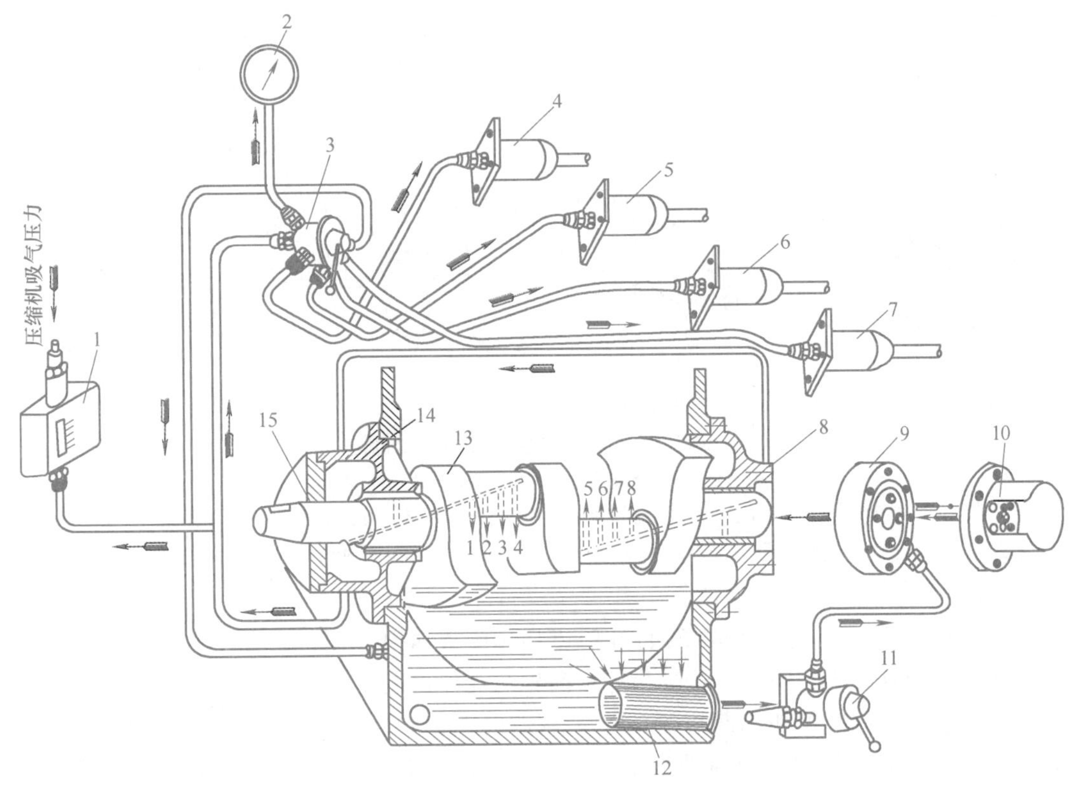

图 5-44　齿轮液压泵压力润滑系统

1—液压差控制器　2—油压力表　3—油分配阀　4—第一卸载液压缸　5—第二卸载液压缸　6—第三卸载液压缸　7—第四卸载液压缸　8—后轴承座　9—液压泵　10—细过滤器　11—三通阀　12—粗过滤器　13—曲轴　14—前轴承座　15—轴封

旋油道 3 可帮助润滑油不断向上提升。由于受到轴颈直径的限制，液压泵的供油压力不可能很高，一般仅为几百到数千帕。当需要较高油压时，可采用两级偏心油道结构（图 5-45b）。当压缩机无下轴承时（内置电动机下置的情况），可在主轴下端装上延伸管 10（图 5-45c），它仅为一中空吸油管。主轴旋转时，吸油管内的润滑油被甩向管壁，管中心的压力变低，油被吸入并继续甩向管壁，油沿管壁上升，并借助主轴上的螺旋油道继续向上输送至全部摩擦副。吸油管上部侧面设有排气孔，排气孔的管内有凸出内壁，以防沿壁面上升的润滑油甩出。从油中逸出的制冷剂蒸气则从此孔排出，以防油路中进入气体降低润滑效果。图 5-45d 所示为一种叶片离心泵，在主轴下端设一风扇状的螺旋叶片，当主轴高速旋转时，借助叶片的推力和离心力向上输送润滑油，排气口设在主轴上端，从此处排出润滑油中逸出的制冷剂蒸气。离心式供油的主要优点是构造简单、加工容易、无磨损、无噪声。

2. 润滑设备

（1）齿轮液压泵　齿轮液压泵的作用是不断地吸取曲轴箱内的润滑油，并把它提高压力后输向各摩擦表面。目前，制冷压缩机中常用齿轮液压泵的类型有外啮合齿轮液压泵、月牙形内啮合齿轮液压泵和内啮合转子式齿轮液压泵三种。液压泵一般安装在压缩机曲轴的自由端，由曲轴通过连接块带动液压泵的主动轮旋转。

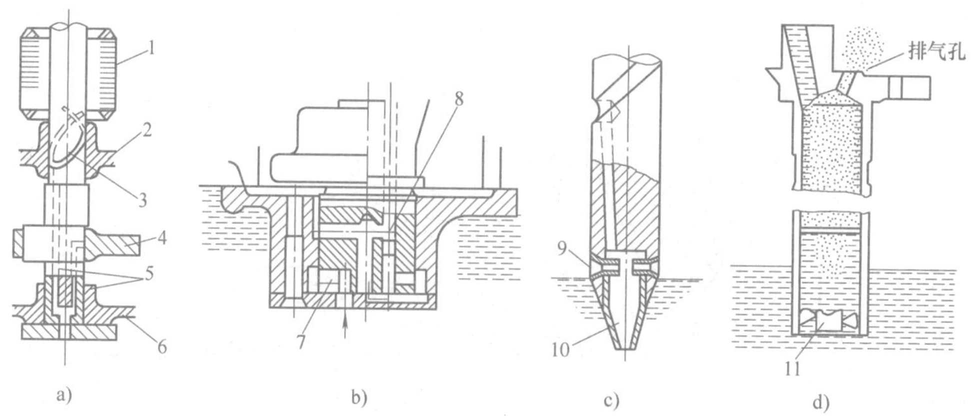

图 5-45　全封闭压缩机的离心供油机构

a）偏心式　b）两级偏心式　c）延伸管式　d）叶片式

1—电动机　2—主轴承　3—螺旋油道　4—连杆大头　5—偏心油道　6—副轴承　7—第一级偏心油道　8—第二级偏心油道　9—排气孔　10—延伸管　11—螺旋叶片

1）外啮合齿轮液压泵工作原理如图 5-46 所示。液压泵的壳体内有两个互相啮合的同直径外齿轮，齿轮与壳体内腔之间具有很小的径向间隙和端面间隙，所以，齿间凹谷与泵体内壁形成许多贮油空间。当曲轴带动主动齿轮 3 旋转时，这些空间随之移动，于是，充满空间的润滑油就从吸油腔 2 一侧被连续送到排油腔 5 一侧。中间相互啮合的齿面实际上就是吸油腔与排油腔之间的密封面。当齿间凹谷与对应齿轮进入完全啮合，形成一密封空间时，为避免其中留存的润滑油受到强烈地压挤，在壳体端面上开有卸压槽 4，以便让留存的润滑油由此泄出。这种泵工作可靠，寿命长，又由于齿数多，具有油压波动小的优点。但它只能单方向运转，不能倒转，否则，就会交换吸、排油腔位置，其输送的润滑油也要反相。因此，在开启式压缩机初次运转时，要注意外啮合齿轮泵的转向。对于使用三相电动机的封闭式压缩机，由于电动机转向无法判别，若不采取专门措施（如相位控制装置等），则不能使用外啮合齿轮液压泵。

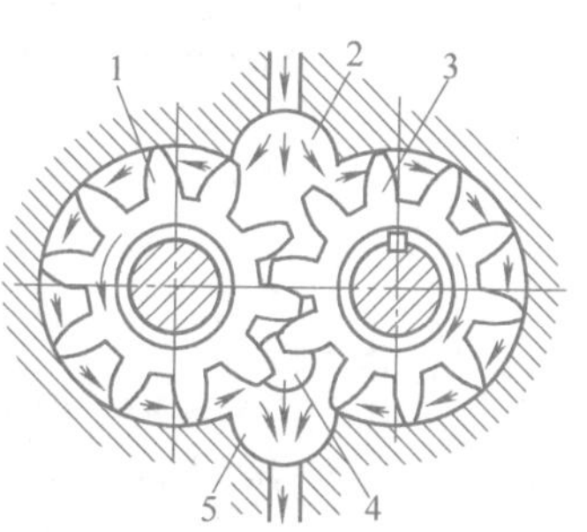

图 5-46　外啮合齿轮液压泵的工作原理

1—从动齿轮　2—吸油腔　3—主动齿轮　4—卸压槽　5—排油腔

2）月牙形内啮合齿轮液压泵。这种液压泵的特点是正转和反转时都能按原定的流向供油，如图 5-47 所示。它由外齿轮 1、内齿轮 3、月牙体 2、泵体 4 及泵盖 5 等组成。曲轴旋转时通过连接块带动内齿轮转动，内齿轮又带动中间的外齿轮旋转，月牙体介于内、外两齿轮之间，与内、外齿轮的齿间构成输油通道。在接近排油口时，内、外齿轮开始啮合，齿间润滑油即向排油口排出。因为在月牙体背面有一个定位机构，允许在泵盖上的半圆槽内作 180°转动，泵盖内设有弹簧、钢珠，使月牙体和外齿轮紧靠内齿轮。当机器反转时，利用油的黏滞摩擦作用，带动月牙体及外齿轮做 180°换位，虽然转向改变了，但供油方向仍不变。月牙形内啮合齿轮液压泵外形尺寸小，结构紧凑，正反转均可正常供油，在半封闭制冷压缩机中采用较多。其缺点是加工较困难，精度要求较高，容易发生偏磨，特别在泵盖弹簧力不

能和曲轴轴封油压平衡时，月牙体还会发生转动不灵活而影响正常工作。

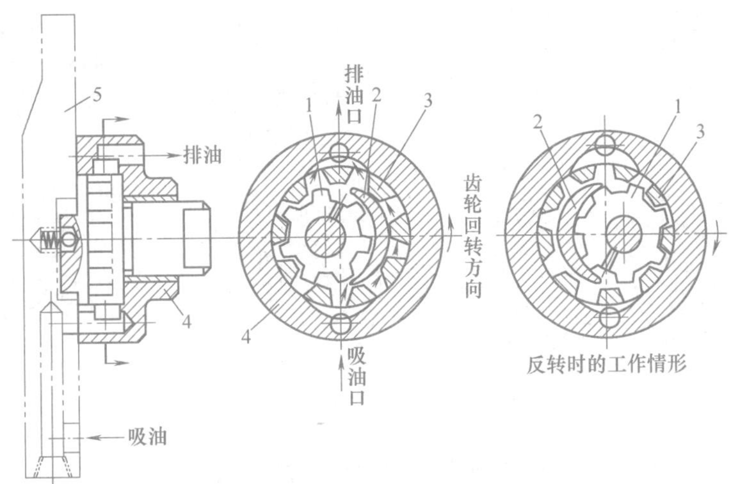

图 5-47　月牙形内啮合齿轮液压泵

1—外齿轮　2—月牙体　3—内齿轮　4—泵体　5—泵盖

3）内啮合转子式齿轮液压泵简称转子泵，如图 5-48 所示。它主要由泵体 14、泵盖 9、内转子 6、外转子 7、换向圆环 8 等组成。内转子是具有四个外齿的外齿轮，外转子是具有五个内齿的内齿轮。

换向圆环加工有偏心孔，外转子安置其中，换向圆环偏心孔的轴线与外转子的轴线重合，而换向圆环的外圆柱面轴线则与内转子的旋转中心重合。内、外转子保持一定的偏心距。其工作原理如图 5-49 所示。转子泵的端盖上开有吸油孔 1 和排油孔 2。内转子通过传动块由曲轴带动旋转，外转子则依靠与内转子的啮合，在与泵轴呈偏心的壳体内旋转。随着内、外转子的旋转以及内、外转子之间齿隙容积的变化和移动，不断将润滑油吸入和排出。

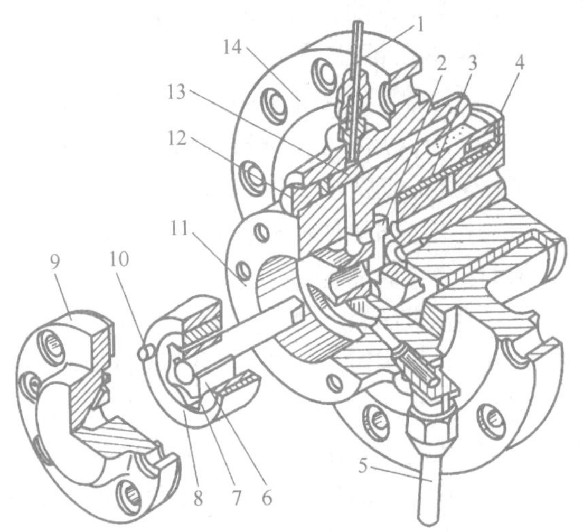

图 5-48　内啮合转子式齿轮液压泵

1—压力表接管　2—传动块　3—后轴承　4—传动轴　5—吸油管　6—内转子　7—外转子　8—换向圆环　9—泵盖　10—定位销　11—后轴承座　12—螺栓　13—油压调节螺栓　14—泵体

转子泵的特点是：结构紧凑，内、外转子可采用粉末冶金模压成形，加工简单，精度高，使用寿命长。当曲轴反向旋转时，外转子的偏心方位随之进行 180° 的移位，使其几何中心移到内转子中心的正上方（见图 5-49b），故该液压泵也能不受转向的限制而照常工作。但由于齿数少，因此油压波动较大，只宜在高转速压缩机中使用。

（2）润滑油过滤器　它又称为滤清器，其作用是滤去润滑油里的杂质，如金属磨屑、铸造粘砂、润滑油分解的氧化物及结焦等，使润滑油清洁纯净，保护输油管路通畅以及保护

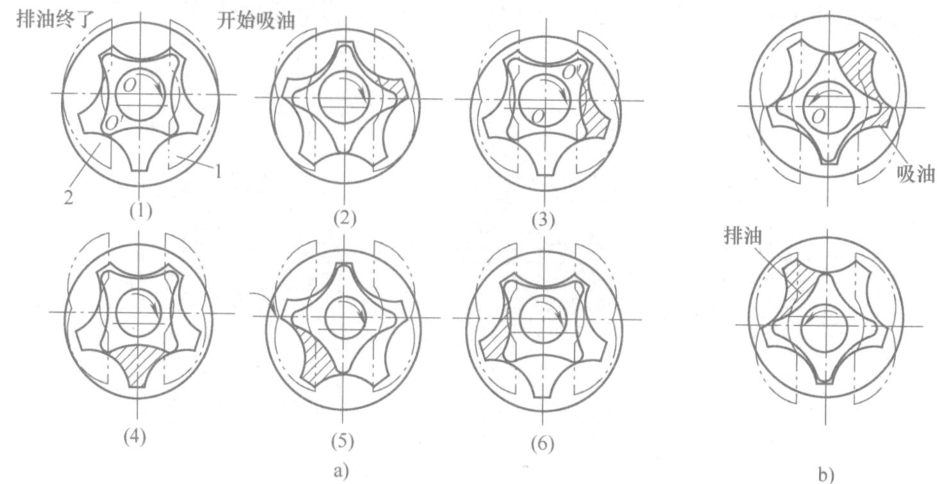

图 5-49　内啮合转子式齿轮液压泵的工作原理

a）正转　b）反转

1—端盖上的吸油孔　2—端盖上的排油孔

摩擦表面不致被擦伤、拉毛，减轻磨损，延长润滑油的使用期限。

制冷压缩机中的润滑油过滤器有粗滤和细滤两种，一般粗滤器装在液压泵前，主要防止较大的铁屑等杂质进入液压泵，细滤器装在液压泵后。粗滤器常采用孔眼尺寸小于0.6mm×0.6mm的金属滤网制作，有的还装有磁性元件以吸引润滑油中的铁屑。它一般装在曲轴箱中，并浸入润滑油内。粗滤器须定期清洗，以保持良好的过滤效果。细滤器多采用金属片式，润滑油从外部通过片间间隙进入滤芯内部后由出油口送至各输油管道。

（3）油压调节阀　在压力润滑系统中，其吸、排油压差应在0.06～0.15MPa范围内。若压缩机设有输气量调节装置，此值应提高到0.15～0.3MPa的范围。油压差的计算可由油压读数减去蒸发压力求得。油压大小的调节可以利用油压调节阀来调节。油压调节阀安装在压缩机曲轴的自由端主轴承座上，主轴承座兼作调节阀阀座。

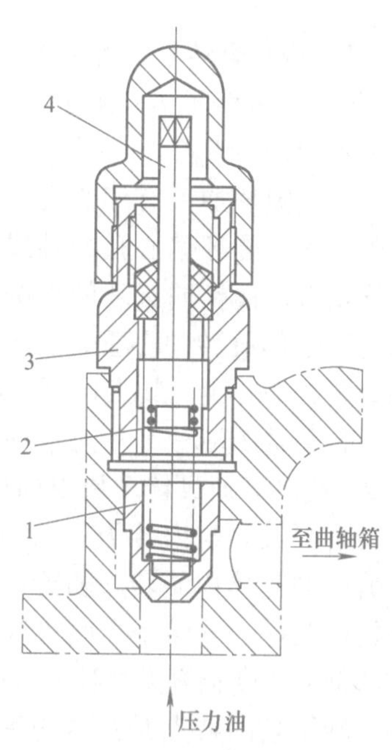

图 5-50　油压调节阀

1—阀芯　2—弹簧　3—阀体　4—调节阀杆

如图5-50所示，油压调节阀由阀芯1、弹簧2、阀体3和调节阀杆4等组成。阀芯的下侧空间与压力油相通，右侧空间与曲轴箱相通。阀芯由弹簧压在阀座上，改变弹簧力大小，能改变工作时阀芯的开启度，从而调节压缩机的油压。若油压偏低，则顺时针方向旋转调节阀杆，以增大弹簧力，减少阀芯的开启度；若油压太高，则应逆时针方向旋转调节阀杆，使弹簧力减小，阀芯开启度增大。调整油压调节阀时应同时观察油压表和吸气压力计，看油压差是否达到要求。目前，有些制冷压缩机上装有油压差计，可以直接读出润滑油压力

与吸气压差。此外，压缩机上往往还装有油压压差控制器，当油压差低于规定数值时，它就控制压缩机进行保护性停车。

（4）油三通阀　油三通阀是为润滑油的注入、排放及更换操作而设置，它安装在液压泵下方的曲轴箱端面上，位于曲轴箱油面以下。油三通阀的转盘上标有“运转”“加油”“放油”三个工作位置，可按需要将手柄转到指定位置进行相应的操作。

3. 冷冻机油

（1）冷冻机油的性能要求　冷冻机油用于润滑制冷压缩机的各摩擦副，它是压缩机能够长期高速有效运行的关键。在工作时，有一部分冷冻机油通过制冷压缩机的气缸随制冷剂一道进入冷凝器、膨胀阀和蒸发器，这就要求冷冻机油不仅应具备一般润滑剂的特性，而且还应适应制冷系统的特殊要求，对制冷系统不应产生不良影响。制冷系统各部件对冷冻机油的性能要求见表 5-7。从表中可以看出，为了确保制冷系统的正常运行，冷冻机油必须具备优良的与制冷剂共存时的化学稳定性、有极好的与制冷剂的互溶性、良好的润滑性、优良的低温流动性、无蜡状物絮状分离、不含水、不含机械杂质和优良的绝缘性能。可见，对冷冻机油的性能要求不仅很全面而且很严格。因此，冷冻机油是制冷系统专用的一种润滑油，决不能用普通润滑油来替代。

表 5-7　制冷系统各部件对冷冻机油的性能要求

制冷系统部件	对冷冻机油的性能要求	制冷系统部件	对冷冻机油的性能要求
压缩机	1. 与制冷剂共存时具有优良的化学稳定性 2. 有良好的润滑性 3. 有极好的与制冷剂的互溶性 4. 对绝缘材料和密封材料具有优良的适应性 5. 不含机械杂质 6. 有良好的抗泡沫性	膨胀阀	1. 无蜡状物絮状分离 2. 不含水 3. 不含机械杂质
冷凝器	有优良的与制冷剂的相溶性	蒸发器	1. 有优良的低温流动性 2. 无蜡状物絮状分离 3. 不含水 4. 有极好的与制冷剂的互溶性

（2）冷冻机油的品种与规格　我国国家标准 GB/T 16630—2012《冷冻机油》规定的冷冻机油为矿物油型、合成烃型和合成型冷冻机油，适用于以 NH_3、HCFCs、HFCs 和 HCs 为制冷剂的压缩机。冷冻机油分类及各品种的应用范围见表 5-8。

表 5-8　冷冻机油分类及各品种的应用

分组字母	主要应用	制冷剂	润滑剂分组	润滑剂类型	代号	典型应用	备　注
D	制冷压缩机	NH_3	不相溶	深度精制的矿物油（环烷基或石蜡基），合成烃（烷基苯，聚 α 烯烃等）	L-DRA	工业用和商业用制冷	开启式或半封闭式压缩机的满液式蒸发器
			相溶	聚（亚烷基）二醇	L-DRB	工业用和商业用制冷	开启式压缩机或工厂厂房装置用的直接膨胀式蒸发器

（续）

分组字母	主要应用	制冷剂	润滑剂分组	润滑剂类型	代号	典型应用	备　注
D	制冷压缩机	HFC	相溶	聚酯油，聚乙烯醚，聚（亚烷基）二醇	L-DRD	车用空调，家用制冷，民用、商用空调，热泵，商业制冷（包括运输制冷）	
		HCFC	相溶	深度精制的矿物油（环烷基或石蜡基），烷基苯，聚酯油，聚乙烯醚	L-DRE	车用空调，家用制冷，民用、商用空调，热泵，商业制冷（包括运输制冷）	
		HC	相溶	深度精制的矿物油（环烷基或石蜡基），聚（亚烷基）二醇，合成烃（烷基苯，聚 α 烯烃等），聚酯油，聚乙烯醚	L-DRG	工业制冷，家用制冷，民用、商用空调，热泵	工厂厂房用的低负载制冷装置

随着新型制冷剂的替代和发展，由于矿物油和无氯卤代烃类制冷剂无法相溶，近年来开发出了许多新型合成冷冻机油，其中聚醚油和脂类油已得到了较多的使用。聚醚油以环氧乙炔-环氧丙烷共聚醚（PAG）的综合性能较好，不仅适用于汽车空调 R134a 系统，也适用于 R22 系统。它有很好的润滑性，低流动点，良好的低温流动性，以及和多数橡胶良好的兼容性。缺点是吸水性强，和矿物油不相溶，以及需要添加抗氧化剂来改善其化学和热力稳定性。多元醇酯类油（POE）是继 PAG 推出的适用于 HFC 制冷剂的一种脂类合成油，它和 HFC 制冷剂能相溶，耐磨性好，吸水性比 PAG 弱，两相分离温度高。POE 油虽有较好的热稳定性，但在热和氧的作用下，氧化变质的温度下降很多，氧化物大部分是小分子的酸性物质。

5.3　活塞式制冷压缩机的总体结构与机组

知识目标

1. 掌握开启活塞式制冷压缩机的典型结构特征。
2. 了解半封闭和全封闭活塞式制冷压缩机的典型结构特征。
3. 掌握活塞式压缩冷凝机组和冷水机组的构成与特点。

能力目标

1. 能根据活塞式制冷压缩机的实物或结构图判别压缩机的类型。

2. 能说明活塞式制冷压缩机实物或结构图中各零部件的名称。
3. 能根据活塞式制冷机组的实物或结构图判别机组的类型。

相关知识

5.3.1　开启活塞式制冷压缩机

开启活塞式制冷压缩机的曲轴一端伸在机体外，它通过联轴器或带轮与原动机相联接。曲轴伸出部位装有轴封装置，防止泄漏。开启活塞式制冷压缩机的原动机独立，不接触制冷压缩机内的制冷剂和润滑油，因而无需采用耐油和耐制冷剂的措施。如果原动机为电动机，只需使用普通的电动机。在无电力供应的场合，开启活塞式制冷压缩机可由内燃机驱动，从而使其在汽车等移动式运载工具的制冷系统中得到广泛应用，如冷藏车、汽车空调等。

开启活塞式制冷压缩机除了制冷剂和润滑油比较容易泄漏这一缺点外，还存在重量大、占地面积及噪声大等缺点。因此，在开启活塞式制冷压缩机中，除了用氨作为工质或不用电力驱动的情况下保持其优势地位外，在小型制冷压缩机中的应用已逐渐减少，而在低温冷藏库、冻结装置、远洋渔船和化学工业中，中型开启活塞式高速多缸压缩机还是得到普遍的采用。

1. 810F70 型开启活塞式制冷压缩机

810F70 压缩机的总体结构如图 5-51 所示。这是一种比较典型的单级开启活塞式制冷压缩机。压缩机的四对气缸为扇形布置，相邻气缸中心线夹角为 45°，气缸直径为 100mm，活塞行程为 70mm，曲轴两曲拐的夹角为 180°。

压缩机机体为整体铸造结构，如图 5-27 所示。吸、排气腔设在机体中。机体的两端安装有吸、排气管。曲轴箱两侧的窗孔用侧盖封闭，侧盖上装有油面指示器，供检查油面位置用。

曲轴为双曲拐的整体铸造件，由两个主轴承（滑动轴承）支承。平衡块与曲柄铸成一体，每个曲柄销上装配四个工字型连杆。各个连杆小头部位通过活塞销带动一个铝合金的筒形活塞，使之在气缸内做往复运动。活塞上装有两道气环和一道油环，其顶部呈凹陷形，与排气阀的形状相适应，以减少余隙容积。环片气阀按图 5-31 所示结构进行布置。低压蒸气从吸气管 1 经过滤网进入吸气腔，再从气缸上部凸缘处的吸气阀进入气缸，经压缩的气体通过排气阀进入排气腔再经排气管 4 排出。吸、排气腔之间设有安全阀，排气压力过高时，高压气体顶开安全阀后回流至吸气腔，保护机器零件不致损坏。

压缩机的气缸套依靠吸入低压蒸气冷却，气缸套的中部周围设有顶开吸气阀阀片的顶杆和转动环，转动环由液压缸拉杆机构控制，用来调节工作气缸数和卸载起动。

轴封采用摩擦环式机械密封装置，设置在前轴承座里，运转时轴封室内充满润滑油，用以润滑摩擦面并起油封和带走热量的作用。

压缩机采用压力润滑，由曲轴自由端带动转子式液压泵供油。润滑油从曲轴箱底部经金属网式粗滤器进入液压泵，然后经过金属片式细滤器清除杂质后，从曲轴两端进入润滑油道，润滑两端主轴承、轴封、各连杆大头轴承和活塞销等。控制能量调节机构的动力油也由液压泵供给。气缸壁以飞溅润滑油润滑。曲轴下部装有充放润滑油用的三通阀。曲轴箱内装

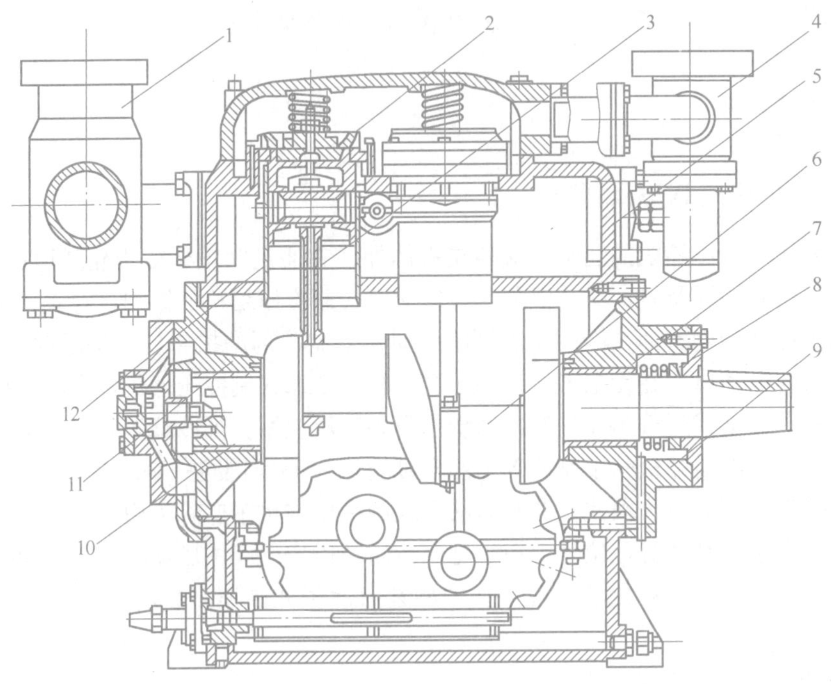

图 5-51 810F70 型压缩机

1—吸气管 2—假盖 3—连杆 4—排气管 5—气缸体 6—曲轴 7—前轴承 8—轴封 9—前轴承盖 10—后轴承 11—后轴承盖 12—活塞

有润滑油冷却器，油冷却器浸入曲轴箱底部润滑油中，当冷却器中通入冷却水时，可使曲轴箱内的润滑油得到冷却。

压缩机采用直接传动方式，由电动机经联轴器直接驱动。

2. 斜盘式制冷压缩机

图 5-52 所示的斜盘式制冷压缩机为三列六缸，它是通过斜盘 16 的转动，把主轴 10 的旋转运动转变为活塞 5 的往复运动，其结构紧凑、重量轻，在汽车空调中有较多的应用。主轴是通过电磁离合器 11 和 V 带轮 8 与原动机相连。当车内温度超过设定值时，离合器线圈 9 通电，离合器在电磁力作用下吸合，空调器工作。车内温度降至低于设定值时，离合器线圈断电，离合器打开，主轴停止转动。

斜盘转一圈，六个气缸各完成一个循环，因而输气量较大，又省去了连杆，使结构很紧凑。气缸盖上有阀板，等宽度的条状排气阀片固定在阀板上。压缩机每一侧有三片吸气阀片，它们做在同一块钢板上，从而使结构简化，且阀片上具有良好的应力分布。对于汽车空调器，这一点是特别重要的，因为汽车空调器的转速范围很大，使作用在阀片上的气体推力大幅度地变化，导致气阀受力状况的恶化。主轴的一端设有油泵 19，它通过吸油管 17 将机壳底部的润滑油抽入泵内，加压后送至各摩擦副，斜盘旋转时产生的离心力也将沾在斜盘表面的润滑油飞溅至需要润滑的地点。受环境的影响，汽车空调器的冷凝温度是很高的，因此需选用冷凝压力不会太高的制冷剂。

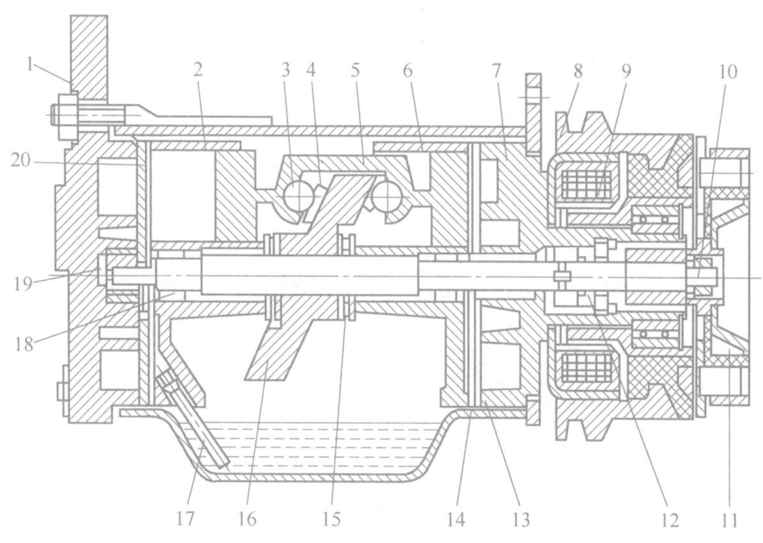

图 5-52　汽车空调用斜盘式制冷压缩机

1、7—气缸盖　2、6—气缸　3—滚珠　4—滑履　5—活塞　8—V 带轮　9—离合器线圈　10—主轴　11—离合器　12—轴封　13—密封圈　14、20—阀板　15—推力轴承　16—斜盘　17—吸油管　18—轴承　19—油泵

3. S812. 5 型制冷压缩机

S812. 5 型压缩机是一种开启活塞式单机双级制冷压缩机，总体结构如图 5-53 所示。该机在与相应的附属设备配套后，可用于化学、石油、食品、国防工业和科学研究事业，以获得需要的低温。

S812. 5 型制冷压缩机的气缸呈扇形排列，缸径为 125mm，活塞行程为 100mm，气缸数 8 个（高压和低压缸数分别为 2 个和 6 个）。高低压级容积比范围为 1∶3、1∶2、1∶1。

压缩机机体的高、低压级吸气腔和高、低压级排气腔分别铸出，与这四个腔室相应的吸、排气截止阀，吸、排气管，吸、排气用温度计及压力计也各为四个。高压级缸套下部与曲轴箱隔板配合处用 O 形橡胶圈密封，以使高压级吸气腔不与曲轴箱串气。

压缩机低压级的气阀弹簧采用弹力较小的软弹簧，以改善低压下吸气阀的工作能力。

压缩机采用内啮合转子式液压泵，用电动机直接驱动，液压泵安装于曲轴箱下部，使泵室沉浸在润滑油中，在机器工作于吸气压力较低的工况下，仍能保证正常工作。

高压级的连杆小头采用滚针轴承，因为高压级负荷形式不同于单级压缩机或低压级气缸，其活塞销总是紧压在连杆小头，没有载荷转向，因此难以形成油膜；若采用衬套则润滑不良，机器不能正常工作。

5. 3. 2　半封闭活塞式制冷压缩机

半封闭活塞式制冷压缩机的电动机和压缩机装在同一机体内并共用同一根主轴，因而不需要轴封装置，避免了轴封处的制冷剂泄漏。半封闭活塞式制冷压缩机的机体在维修时仍可拆卸，其密封面以法兰连接，用垫片或垫圈密封，这些密封面虽属静密封面，但难免会产生泄漏，因而被称为半封闭式压缩机。

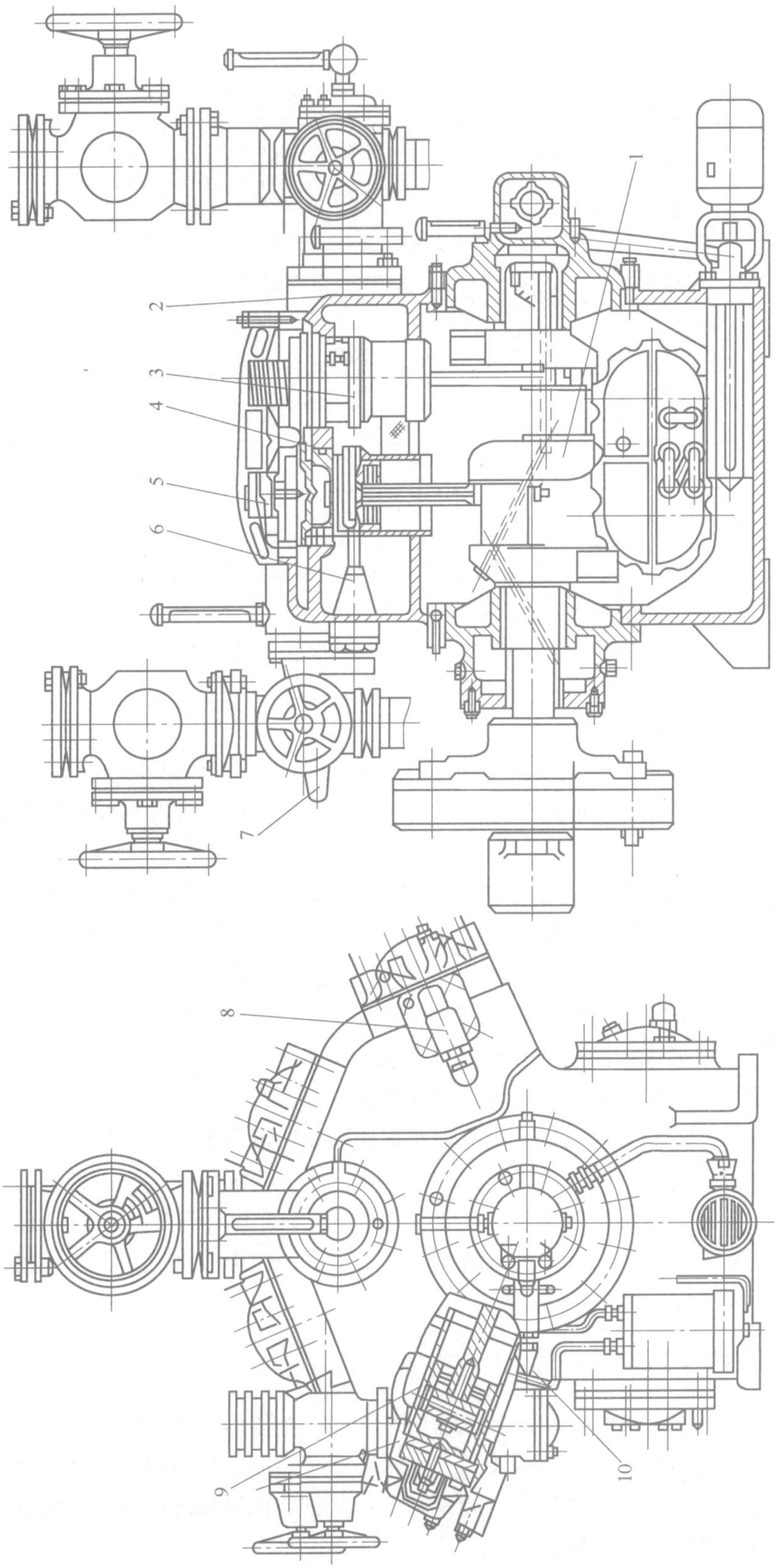

图 5-53　S812.5 型制冷压缩机

1—曲轴　2—机体　3—高压级气阀缸套组件　4—低压级气阀缸套组件　5—安全盖
6—能量调节部件　7—放空阀　8—安全阀　9—高压级连杆活塞　10—油压调压阀

1. 6F 型半封闭式制冷压缩机

图 5-54 所示为一台 6F 型半封闭式制冷压缩机。制冷剂经吸气管吸入后流经电动机时对其冷却，然后进入气缸，在气缸中压缩后从排气腔排出。压缩机使用的制冷剂为 R22 和 R134a，用于空调和蒸发温度为中温的场合。

压缩机的曲轴为曲拐轴，支承在一对滑动轴承上，滑动轴承的轴瓦上覆盖着具有高耐磨性能的合金。电动机转子悬臂支承在曲轴的右端，并同时起飞轮作用。由于采用了表面硬化处理的曲轴、镀铬的活塞环和优质的活塞销，并使用加大尺寸的油泵，使运动件的磨损减少。气阀阀片为舌簧阀片，阀片的形状与活塞顶部的形状相配合，减少了余隙容积。

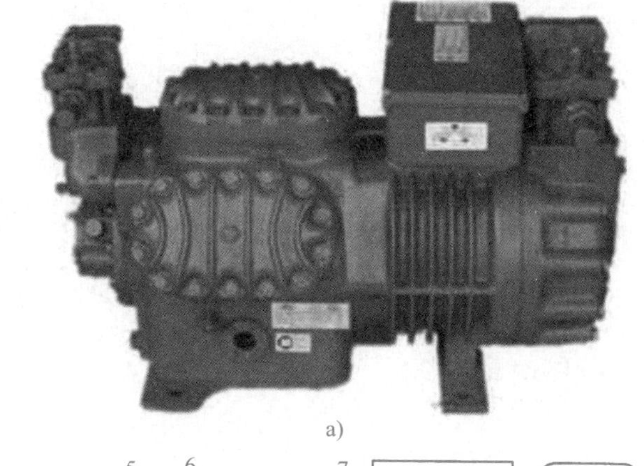

a)

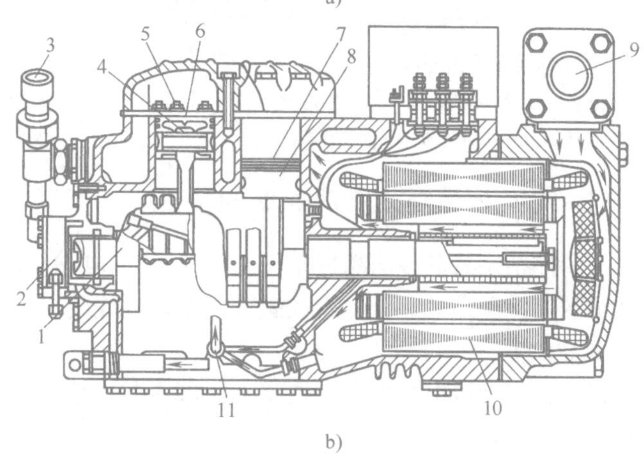

b)

图 5-54　6F 型半封闭式制冷压缩机

a）外形图　b）结构图

1—曲轴　2—油泵　3—排气管　4—连杆小头
5—气阀　6—阀板　7—活塞环　8—活塞
9—吸气管　10—电动机　11—回油系统

2. 带 CIC 系统的半封闭制冷压缩机

它是用于使用 R22 制冷剂的大制冷量低温制冷的四缸和六缸半封闭制冷压缩机。为了降低其排气温度，除了使用风扇外，还使用喷注液态 R22 的方法进行喷液冷却。实现喷液冷却的机构称为 CIC 系统，它由控制模块、温度传感器、喷嘴和脉冲喷射阀组成，如图 5-55 所示。安装于排气腔上的温度传感器 6 用于测量排气温度，若排气温度超过限定值，控制模块 2 指令喷液，液态制冷剂呈雾状喷出。排气温度降至限定值以内时，控制模块发出指令，喷液停止。配有散热片和 CIC 系统的半封闭制冷压缩机，运行范围得以扩充，蒸发温度可达-50℃。

3. 半封闭单机双级制冷压缩机

与开启式压缩机相同，半封闭活塞式制冷压缩机也有单机双级产品。图 5-56 所示的半封闭活塞式单机双级制冷压缩机有四个低压缸和两个高压缸。来自蒸发器的制冷剂经吸气管过滤器进入低压缸，压缩后与具有中间压力的低温制冷剂两相流混合，使低压缸排气温度降低。混合后的制冷剂流经电动机，对它进行冷却后进入高压缸，压缩后排入油分离器中，分离出来的润滑油从回油管返回曲轴箱，高压气体流向冷凝器。这样，保证了内置电动机得到足够的冷却，使其曲轴箱处于中间压力下运行。这种压缩机可在很低的蒸发温度下工作，并在压力比达到一定数值后，其可比容积效率超过单级压缩机的容积效率。

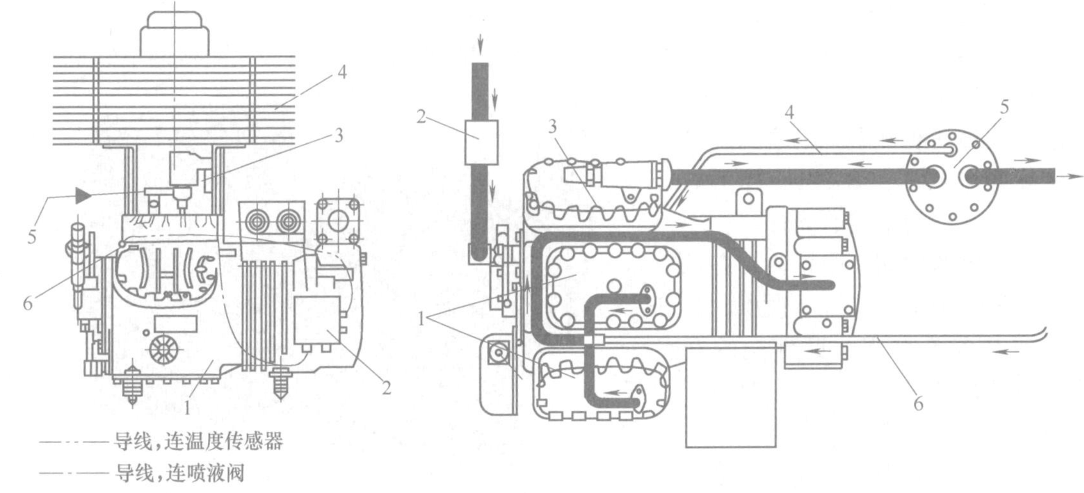

图 5-55　带 CIC 系统的半封闭制冷压缩机

1—压缩机　2—控制模块　3—脉冲喷射阀　4—散热片　5—喷嘴　6—温度传感器

图 5-56　半封闭活塞式单机双级制冷压缩机

1—低压缸　2—吸气管　3—高压缸　4—回油管　5—油分离器　6—制冷剂两相流管道

5.3.3　全封闭活塞式制冷压缩机

全封闭活塞式制冷压缩机是将整个压缩机-电动机组支承在一全封闭的钢制薄壁机壳中而构成的制冷压缩机。全封闭式制冷压缩机外壳上只有吸、排气管、工艺管和电源接线柱，非常简洁。

压缩机电动机组由内部弹簧支承，振动小、噪声低，广泛应用于家用制冷空调设备和小型商用制冷装置中。

全封闭活塞式制冷压缩机密封性好，但维修时需剖开机壳，维修后又要重新焊接，为此，要求至少有 10~15 年使用寿命，在此期限内不必拆修。

绝大多数的全封闭活塞式制冷压缩机采用立轴式布置，这样就可以采用简单的离心式供油。直立式压缩机有置于电动机之上，也有置于电动机之下的。

全封闭活塞式制冷压缩机的驱动功率大多在 7.5kW 之内，目前最大的可达 22kW；缸径一般不超过 60mm；气缸数为 1~2 个居多，少数有 3~4 个气缸的。全封闭活塞式制冷压缩机大多采用二极电动机。

1.　Q25F30 型全封闭制冷压缩机

图 5-57 所示为国产 Q25F30 型全封闭活塞式制冷压缩机剖面图。压缩机的两个气缸呈 V 形布置，气缸直径为 50mm，活塞行程为 30mm。压缩机的机壳由钢板冲压而成，分上下两部分，装配完毕后焊死。与半封闭压缩机相比，它结构更紧凑、体积更小、密封性能更好。电动机布置在上部，压缩机布置在下部。气缸体、主轴承座及电动机定子外壳铸成一体，气缸体卧式布置。偏心主轴垂直布置，上部直轴端安装电动机转子，下部偏心轴端安装两个整体式大头的连杆。活塞为筒形平顶结构，因直径较小，活塞上不装活塞环，仅开两道环形槽，使润滑油充满其中，起到密封和润滑作用。吸、排气阀采用带臂柔性环片阀结构，阀板由三块钢板钎焊而成。主轴下端开设偏心油道，浸入壳底油池内，主轴旋转后产生离心力起

泵油的作用，将润滑油连续不断经主轴油道送至主、副轴承及连杆大头等摩擦副进行润滑，活塞与气缸之间供油是用润滑了连杆大头的润滑油飞沫进行的。电动机布置在上部，不仅可避免电动机绕组浸泡在润滑油中，还可以利用电动机室内空腔容积作为吸气消声器，再在排气通道上设置稳压室，故压缩机消减噪声效果较好。为减少机器的振动，采用三个弹性减振器支承整个机芯，其减振效果较好。

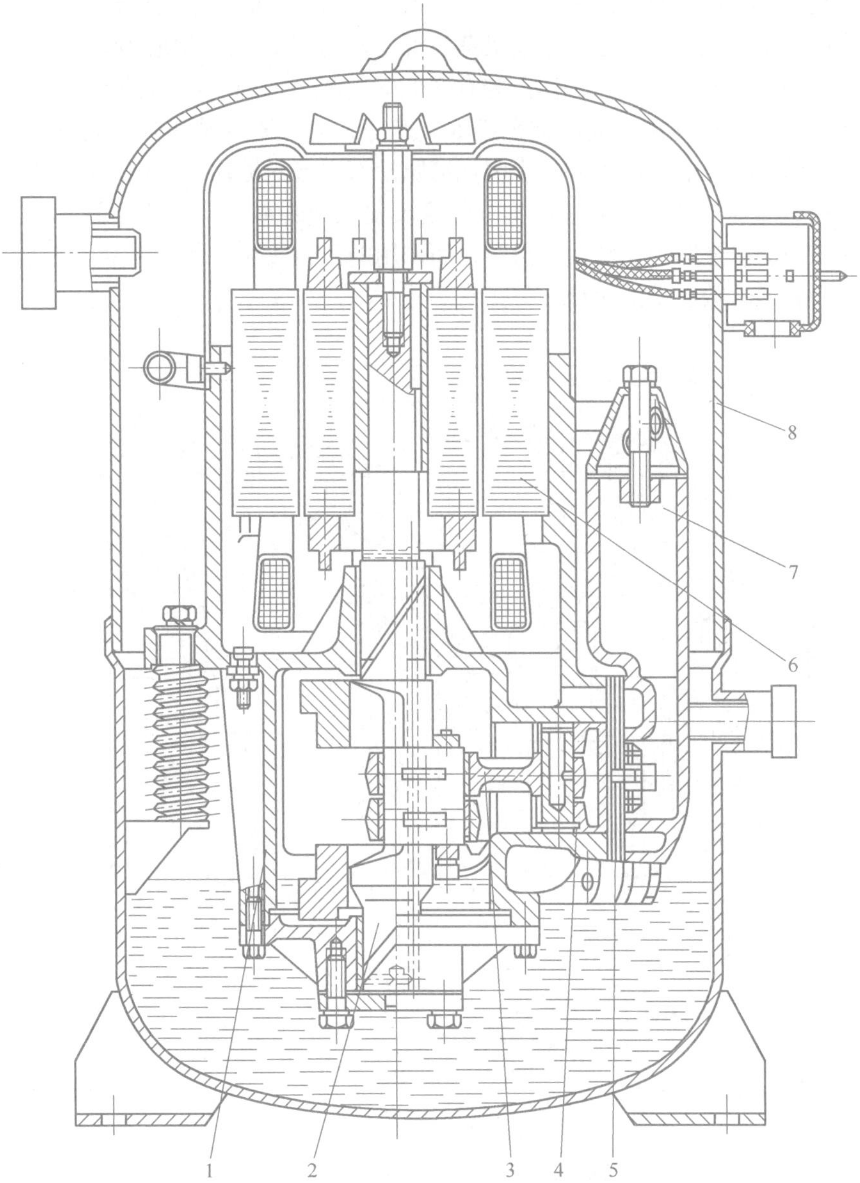

图 5-57　Q25F30 型全封闭制冷压缩机

1—机体　2—曲轴　3—连杆　4—活塞　5—气阀

6—电动机　7—排气消声部件　8—机壳

这种压缩机具有效率高，运转平稳、振动小、噪声低、运行可靠等特点，主要适用于以

R22 为制冷剂的压缩冷凝机组或整体制冷装置（如电冰箱、空调器等）。

2. 滑管式全封闭制冷压缩机

滑管式压缩机对曲轴中心线与活塞中心线的垂直度要求比曲柄连杆机构低，且顶部的间隙可以自由调节，因而加工、装配容易，适合大批量生产，是用在冰箱上的主要压缩机机型。滑管式全封闭制冷压缩机的结构如图 5-58 所示。为了减少活塞和气缸之间的侧向力，其气缸中心线与曲轴中心有一定的偏心距，数值为 0.75~4mm。压缩机的吸、排气阀采用余隙容积极小的舌簧阀，以适应冰箱压缩机蒸发温度低的需要。压缩机的润滑装置为离心供油管和螺旋供油槽的组合。压缩机机体上铸有降低吸气噪声和排气噪声的空腔膨胀式消声器，它由一个或几个有狭小孔道连通的空腔组成。此外，还有管式消声器，它是用管子弯曲而成，既有降低排气噪声的作用也有减少因气流脉动而引起的振动的作用。管式消声器弯曲的形状使它有很好的变形性能，以适应排气温度反复变化导致的热变形，且有利于安装。但是，由于曲柄销承受悬臂力，滑块与滑管之间作用的压力较大，因而决定了这种压缩机不能用于功率较大和气缸数较多的机型。

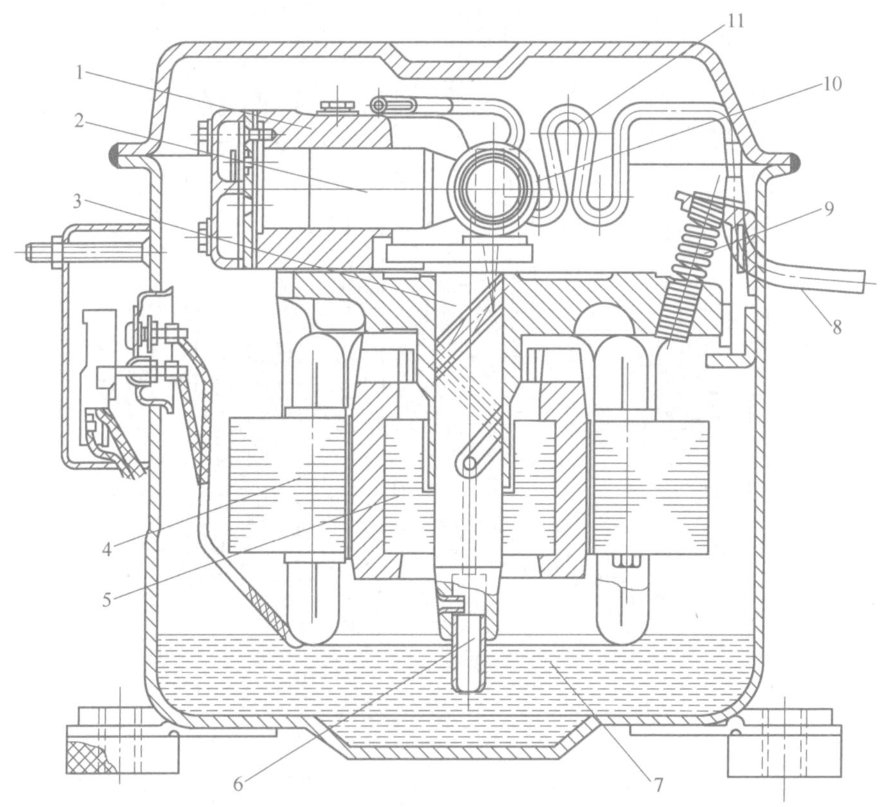

图 5-58　滑管式全封闭制冷压缩机

1—气缸　2—活塞　3—曲轴　4—定子　5—转子　6—吸油管　7—润滑油
8—排气管　9—悬挂弹簧　10—滑管　11—管式消声器

3. 滑槽式全封闭制冷压缩机

采用滑槽式驱动机构的全封闭压缩机（Q-F 制冷压缩机）是性能优良的热泵用机，如图

5-59 所示。压缩机上有两个按角度为 90°布置的滑槽，带动四个活塞。吸气阀装在活塞顶部，排气阀装在气缸盖上，构成压缩机的顺流吸、排气结构。

Q-F 制冷压缩机的优点是：①作用于气缸上的侧向力小，活塞与气缸的摩擦损失也小。②顺流布置的吸、排气阀有利于增加气阀的通流面积。③吸气阀在低蒸发温度下仍有良好的性能。④十字形布置的四个气缸使机器紧凑、尺寸小。这些优点的综合效果是：输气量大，能效比较高，振动小。

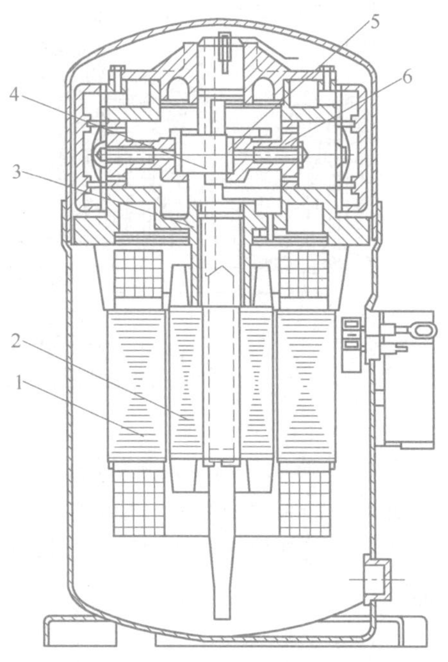

图 5-59　滑槽式全封闭制冷压缩机

1—定子　2—转子　3—主轴承　4—曲轴　5—滑块　6—活塞—滑槽—框架组合件

5.3.4　活塞式制冷机组

近年来，随着空调和制冷技术的不断发展，许多生产厂家已制造出能直接为制冷和空调工程提供冷却介质的制冷机组。蒸气压缩式制冷系统的机组化已成为现代制冷装置的发展方向。制冷机组，是指工厂设计和装配的由一台或多台制冷压缩机、换热设备（蒸发器和冷凝器）、节流装置、辅助设备、附带的连接管和附件组成的整体，配上电气控制系统和能量调节装置，为用户提供所需要的制冷（热）量和冷（热）介质的独立单元。制冷机组具有结构紧凑、占地面积小、安装简便、质量可靠、操作简单和管理方便等优点，已被广泛地应用于医学、冶金、机械、旅游、商业、食品加工、化工、民用建筑等领域。

1. 压缩冷凝机组

把一台或几台活塞式制冷压缩机、冷凝器、风机、油分离器、贮液器、过滤器及必要的辅助设备安装在一个公共底座或机架上，所组成的整体式机组称为活塞式压缩冷凝机组。

目前我国生产的活塞式压缩冷凝机组按使用制冷剂的不同，分为氨压缩冷凝机组和氟利昂压缩冷凝机组。按采用的冷凝器的冷却方式，可分为风冷式压缩冷凝机组和水冷式压缩冷凝机组；按所配的压缩机结构形式，可分为开启式、半封闭式和全封闭式。风冷式压缩冷凝机组装有贮液器。水冷式压缩冷凝机组冷凝器通常兼贮液器的作用，少数制冷量大的机组装有专用贮液器。

活塞式压缩冷凝机组的制冷量一般为 350~580kW，但随着半封闭活塞式制冷压缩机质量的提高，采用多台主机组合成机组，制冷量范围不断扩大。活塞式压缩冷凝机组系统结构比较简单，维修方便，被广泛应用于冷藏库、冷藏箱、低温箱、陈列冷藏柜等制冷装置中。用户根据不同用途和制冷量选定相应型号机组后，只需配置膨胀阀、蒸发器及其他附件，即可组成完整的制冷系统。

对大、中型冷藏库，大、中型集中空调系统以及工业用冷水系统一般选配氨压缩冷凝机组。对中、小型冷藏装置和空调系统大多数选用氟利昂压缩冷凝机组。

图 5-60 所示为风冷式氟利昂压缩冷凝机组，由半封闭活塞式制冷压缩机 1、风冷式冷凝器 2、贮液器 4、管道、阀门等组成。某些产品还配置仪表控制盘。风冷式冷凝器由翅片换

热器和风机组合而成，风机3的转向使空气先流过冷凝器，再经过压缩机组。

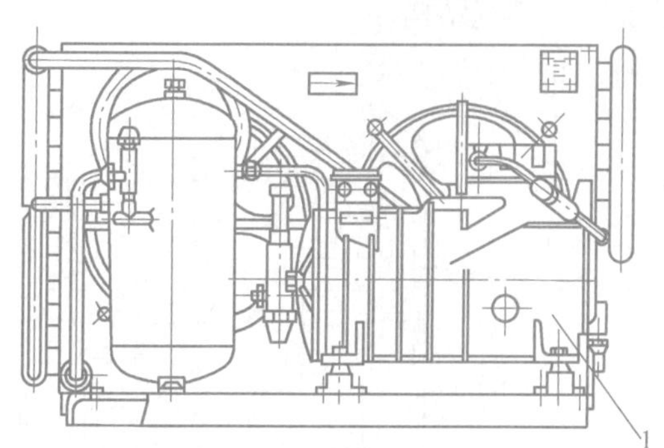

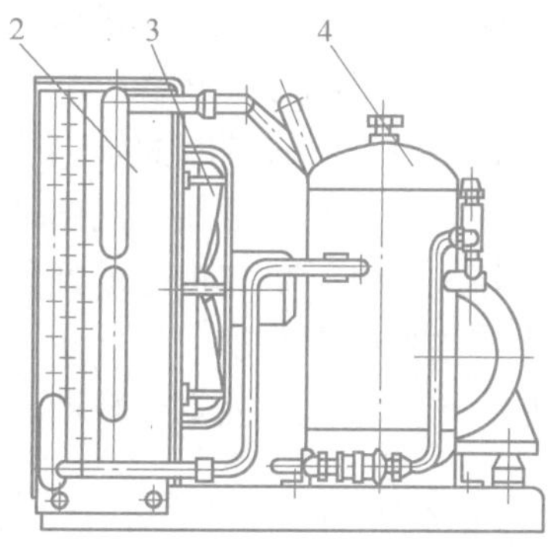

图5-60　风冷式氟利昂压缩冷凝机组

1—半封闭活塞式制冷压缩机　2—风冷式冷凝器　3—风机　4—贮液器

图5-61所示为水冷式氟利昂活塞压缩冷凝机组，由压缩机（半封闭式或开启式）、电动机（开启式压缩机所配）、油分离器、水冷式冷凝器、仪表控制盘、管道、阀门等组成。水冷式冷凝器通常配置卧式壳管式，这种冷凝器一般放置在下部，除冷凝制冷剂外，还兼作贮液器。

2. 冷水机组

将一台或数台制冷压缩机、电动机、控制台、冷凝器、蒸发器、干燥过滤器、节流装置、配电柜、能量调节机构以及各种安全保护设施，全部组装在一起，可提供5~15℃的低温冷水的单元设备称为冷水机组。冷水机组适用于各种大型建筑物，如宾馆、会堂、影剧院、商场、医院等舒适性空调，以及机械、纺织、化工、仪表、电子等行业所需要的工业性空调或工业用冷水。

（1）活塞式冷水机组的构成与特点　活塞式冷水机组由活塞式压缩冷凝机组与蒸发器、电控柜及其他附件（干燥过滤器、贮液器、电磁阀、节流装置等）构成，并安装于同一底座上。大多数厂家将电控柜安装在机组上，部分厂家则将电控柜安装在机组以外。

活塞式冷水机组的特点是：

1）机组设有高低压保护、油压保护、电动机过载保护、冷媒水冻结保护和断水保护，以确保机组运行安全可靠。

2）机组可配置多台压缩机，通过起动一台或几台压缩机来调节制冷量，以适应外界负荷的波动。

3）随着机电一体化程度的提高，机组可实现压力、温度、制冷量、功耗及负荷匹配等参数全部微型计算机智能型控制。

4）用户只需在现场对机组进行电气线路和水管的连接与隔热施工，即可投入运行。

（2）普通型活塞式冷水机组　冷水机组按冷凝器冷却方式不同，可分为水冷冷水机组和风冷冷水机组。普通型水冷活塞式冷水机组在结构上的主要特点是：冷凝器和蒸发器均为壳管换热器，它们或上下叠置或左右并置，而压缩机或直接置于“两器”上面，或通过刚架置于“两器”之上。由于活塞式制冷压缩机运转时的往复运动会产生较大的往复惯性力，从而限制了压缩机的转速不能太高，故其单位制冷量的质量指标和体积指标较大，因此，单

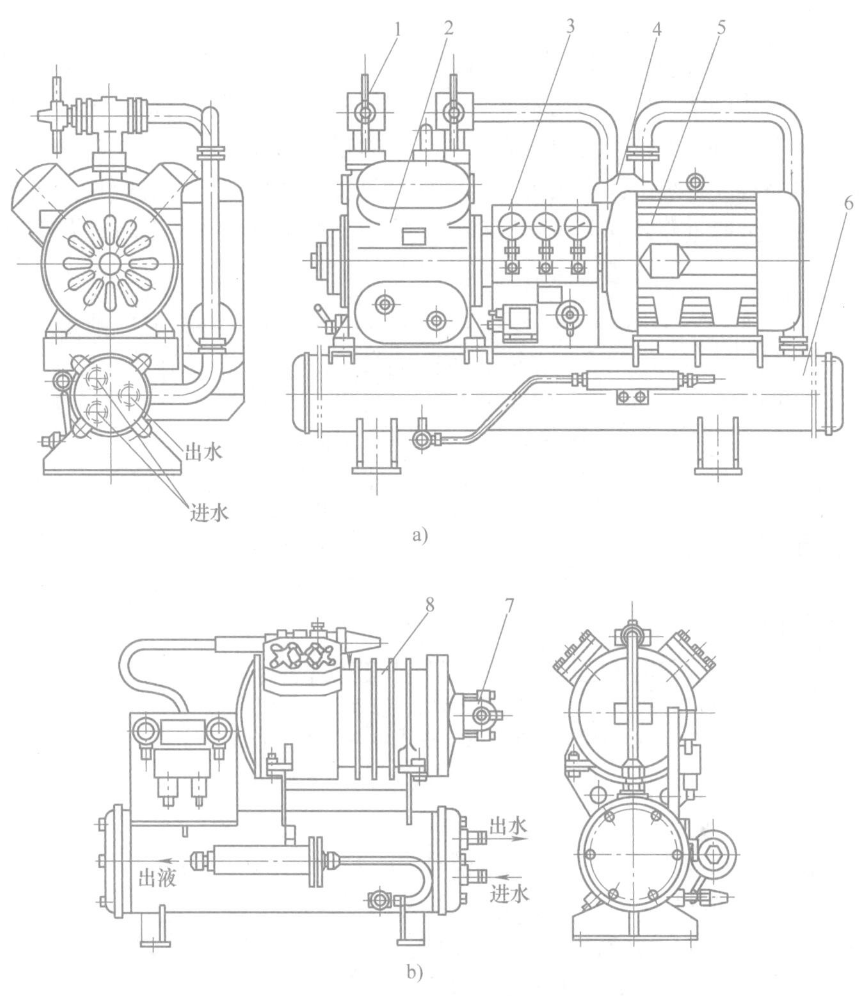

图 5-61　水冷式氟利昂活塞压缩冷凝机组

a）410F70-LN 型　b）B45F40-LN 型

1、7—进气阀　2—开启式压缩机　3—仪表盘　4—油分离器　5—电动机　6—水冷冷凝器　8—半封闭压缩机

机容量不能过大，否则机器显得笨重，振动也大。普通型活塞式冷水机组的单机容量一般在 580~700kW。

采用风冷的活塞式冷水机组，是以冷凝器的冷却风机取代水冷活塞式冷水机组中的冷却水系统的设备（冷却水泵、冷却塔、水处理装置、水过滤器和冷却水系统管路等），使庞大的冷水机组变得简单且紧凑。风冷机组可以安装于室外空地，也可安装在屋顶，无需建造机房。

（3）活塞式多机头冷水机组　多机头冷水机组是由两台以上半封闭或全封闭制冷压缩机为主机组成，目前，多机头冷水机组最多可配八台压缩机。配置多台压缩机的冷水机组具有明显的节能效果，因为这样的机组在部分负荷时仍有较高的效率。而且，机组起动时，可以实现顺序起动各台压缩机，使每台压缩机的功率小，对电网的冲击小，能量损失小。此外，可以任意改变各台压缩机的起动顺序，使各台压缩机的磨损均衡，延长使用寿命。配置多台压缩机的机组的另一个特点是，整个机组分设两个独立的制冷剂回路，这两个独立回路可以同时运行，也可以单独运行，这样可以起到互为备用的作用，提高了机组运行的可靠性。

图 5-62 所示为 LS600 型活塞式多机头冷水机组，配有六台半封闭活塞式制冷压缩机，换热器均采用高效传热管，机组结构紧凑。半封闭压缩机的电动机用吸气冷却，并有一系列的保护措施，在发生压缩机排气压力过高、吸气压力过低以及断油、过载、过热、缺相等故障时，能保护压缩机。机组由计算机控制，实现全过程自动化控制，起动时，压缩机逐台投入运行。机组制冷量通过停开部分压缩机来调节，使制冷量能够较好地与所需要的冷负荷相互匹配。

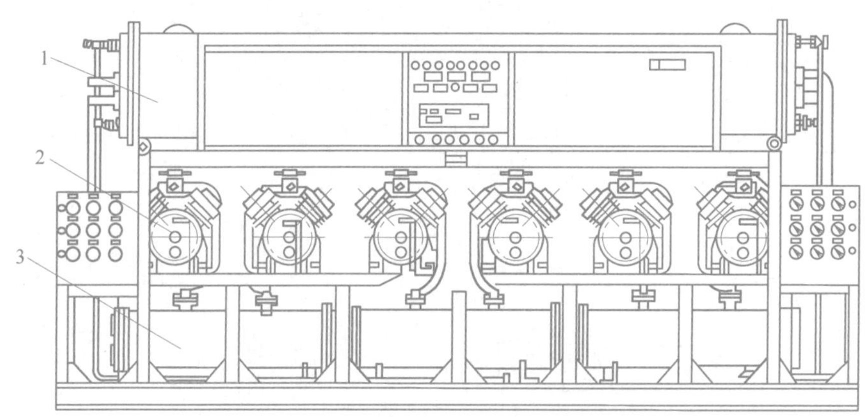

图 5-62　LS600 型活塞式多机头冷水机组

1—蒸发器　2—压缩机　3—冷凝器

（4）活塞式模块化冷水机组　自第一台模块化冷水机组于 1986 年 9 月在澳大利亚墨尔本投入使用以来，目前已遍及世界许多国家。它由多台小型冷水机组单元并联组合而成（图 5-63）。每个冷水机组单元称为一个模块，每个模块包括一个或几个完全独立的制冷系统。该机组可提供 5～8℃ 工业或建筑物空调用的低温水。模块化冷水机组的特点如下：

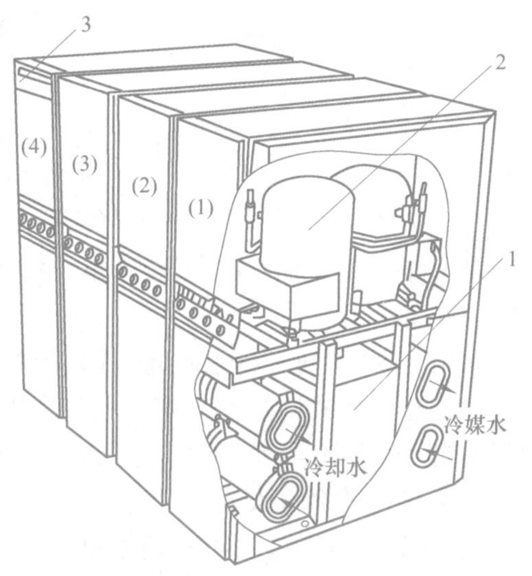

图 5-63　RC130 活塞式模块化冷水机组

1—换热器　2—压缩机　3—控制器

1）计算机控制，自动化和智能化程度高。机组内的计算机检测和控制系统按外界负荷量大小，适时起停机组各模块，全面协调和控制整个冷水机组的动态运行，并能记录机组的运行情况，因此，不必设专人值守机组的运行。

2）可以使冷水机组制冷量与外界负荷同步增减和最佳匹配，机组运行效率高、节约能源。

3）模块化机组在运行中，如果外界负荷发生突变或某一制冷系统出现故障，通过计算机控制可自动地使各个制冷系统按步进方式顺序运行，并启用后备的制冷系统，提高整个机组的可靠性。

4）机组中各模块单元体积小，结构紧凑，可以灵活组装，有效地利用空间，节省占地

面积和安装费用。

5）该机组采用组合模块单元化设计，用不等量的模块单元可以组成制冷量不同的机组，可选择的制冷量范围宽。

6）模块化冷水机组设计简单，维修不需要经过专门的技术训练，可以减少最初维修费用投资。另外，发挥微处理器的智能特长，使各个单元轮换运行的时间差不多相等，从而延长了机组寿命，降低运行维护费用。

当前我国生产的活塞式模块化冷水机组主要有以下的型号：RC130 水冷模块化冷水机组、RCA115C 和 RCA280C 风冷模块化冷水机组、RCA115H 和 RCA280H 风冷热泵冷（热）水机组、MH/MV 水源热泵空调机以及精密恒温恒湿机。RC130 型模块化冷水机组的每个模块单元由两台压缩机及相应的两个独立制冷系统、计算机控制器、V 形管接头、仪表盘、单元外壳构成。各单元之间的连接只有冷冻水管与冷却水管。将多个单元相连时，只要连接四根管道，接上电源，插上控制件即可。制冷剂选用 R22。制冷系统中选用 H2NG244DRE 高转速全封闭活塞式制冷压缩机，蒸发器和冷凝器均采用结构紧凑、传热效率高，用不锈钢材料制造，耐蚀的板式换热器。每个单元模块制冷量为 110kW，在一组多模块的冷水机组中，可使 13 个单元模块连接在一起，总制冷量为 1690kW。

5.4　活塞式制冷压缩机的热力性能

知识目标

1. 了解活塞式制冷压缩机实际工作循环与理论工作循环的差别。
2. 掌握活塞式制冷压缩机输气量、输气系数、制冷量、功率和效率的概念。
3. 了解活塞式制冷压缩机排气温度过高的危害及降低排气温度的主要措施。
4. 了解活塞式制冷压缩机的性能曲线和运行界限。

能力目标

1. 能正确绘制出活塞式制冷压缩机实际工作循环的示意性示功图。
2. 能正确计算活塞式制冷压缩机的输气量、制冷量、功率和效率，能正确分析影响输气量、输气系数及排气温度的主要因素。
3. 能正确使用活塞式制冷压缩机的性能曲线图。

相关知识

5.4.1　工作循环

1. 理论工作循环

活塞式制冷压缩机的工作循环，是指活塞在气缸内往复运动一次，气体经一系列状态变化后又回到初始吸气状态的全部工作过程。为了便于分析压缩机的工作状况，作如下简化和假设：

1）无余隙容积。余隙容积，是指活塞运行至上止点时气缸内剩余的容积。无余隙容积，即为排气过程终了时气缸中的气体被全部排尽。

2）无吸、排气压力损失。吸、排气压力损失，是指气体流经吸、排气阀时因需克服由阀件和气流通道所造成的阻力而产生的压降。

3）吸、排气过程中无热量传递，即气体与气缸等机件之间不发生热交换。

4）在循环过程中气体没有任何泄漏。

5）气体压缩过程的过程指数为常数，通常把压缩过程看作等熵过程。

凡符合以上假设条件的工作循环称为压缩机的理论工作循环。压缩机的理论工作循环如图 5-64 所示。图 5-64a 所示为活塞运动时气缸内气体压力与容积的变化。一个理论工作循环分吸气、压缩、排气三个过程。吸气过程用平行于 V 轴的水平线 4—1 表示，因为气体在恒压 p_1 下进入气缸，直到充满气缸的全部容积为止。压缩过程用曲线 1—2 表示，气体在气缸内容积由 V_1 压缩至 V_2，压力则从 p_1 上升至 p_2。排气过程用平行于 V 轴的水平线 2—3 表示，因为气体在恒压 p_2 下被全部排出气缸。

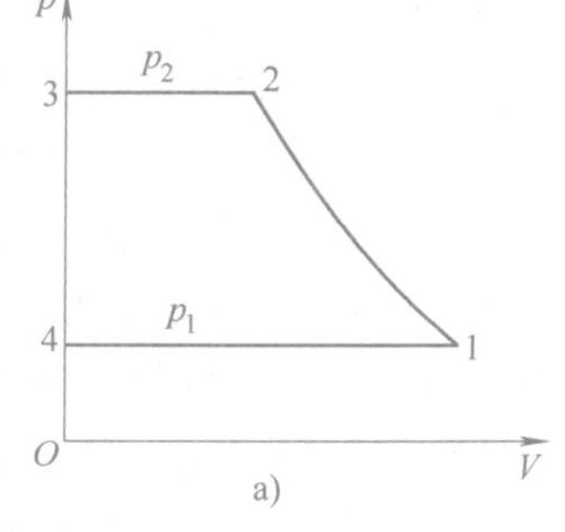

a)

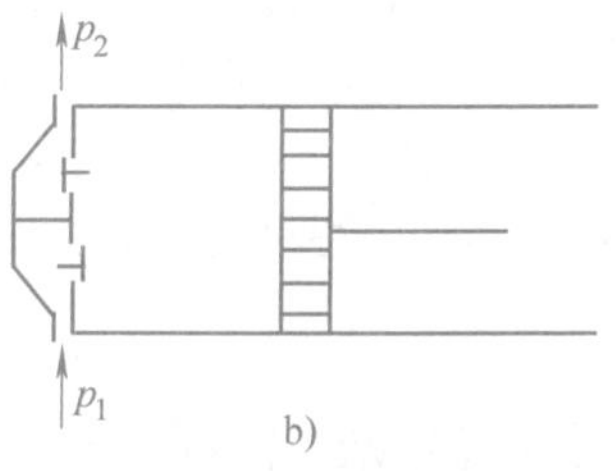

b)

图 5-64　活塞式压缩机的理论工作循环

a）p-V 图　b）压缩机示意图

2. 实际工作循环

在分析压缩机的理论工作循环中曾作了一系列的假设，而在实际工作循环中，问题就远非这么简单。为了了解压缩机实际工作循环，一般采用示功仪来测量气缸内气体体积和压力的变化关系，如图 5-65 所示。图中曲线所包围的面积表示耗功的大小，因此又称示功图。由于实际压缩机中不可避免地存在有余隙容积，当活塞运动到上止点时，余隙容积内的高压气体留存于气缸内，活塞由上止点开始向下止点运动时，吸气阀在压差作用下不能立即开启，首先存在一个余隙容积内高压气体的膨胀过程，当气缸内气体压力降到低于吸气管内的压力 p_0 时，吸气阀才自动开启，开始吸气过程。由此可知，压缩机的实际工作循环是由膨胀、吸气、压缩、排气四个工作过程组成的。图 5-65 中的 3′—4′表示膨胀过程，4′—1′表示吸气过程，1′—2′表示压缩过程，2′—3′表示排气过程。同图 5-64 相比，实际循环多一个膨胀过程。除此之外，在吸、排气时存在有压力损失和压力波动，在整个工作过程中气体同气缸、活塞间有热量交换，同时，通过气缸与活塞之间的间隙及吸、排气阀还有气体泄漏。因此，实际压缩机的工作过程要复杂得多。

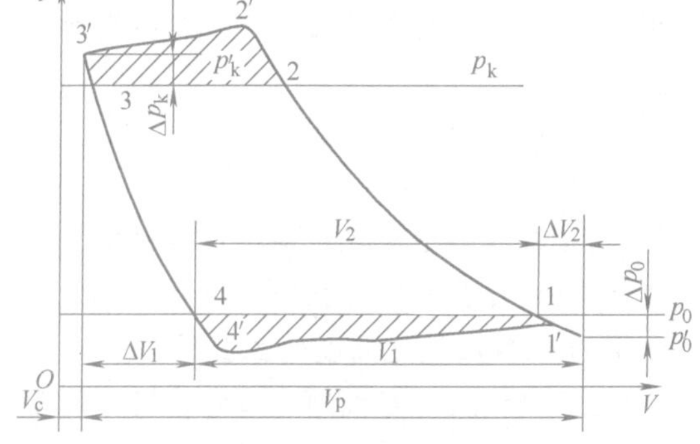

图 5-65　活塞式压缩机的实际工作循环

5.4.2 性能参数及计算

1. 输气量及输气系数

压缩机在单位时间内经过压缩并输送到排气管内的气体，换算到吸气状态的容积，称为压缩机的容积输气量，简称输气量（或排量）。

（1）理论输气量　在理论工作循环时，压缩机的理论输气量等于单位时间内的理论吸气量。设压缩机上、下止点之间气缸工作室的容积为 V_p，显然有

$$V_p=\frac{\pi}{4}D^2S \tag{5-1}$$

式中　V_p——气缸工作容积（m^3）；

D——气缸直径（m）；

S——活塞行程（m）。

假定压缩机有 i 个气缸，转速为 n，则压缩机的理论输气量为

$$q_{vt}=60inV_p=47.12inSD^2 \tag{5-2}$$

式中　q_{vt}——压缩机的理论输气量（m^3/h）；

i——压缩机的气缸数；

n——压缩机的转速（r/min）。

（2）实际输气量　在实际工作循环中，由于余隙容积、气阀阻力、气体热交换、泄漏损失等原因的影响，压缩机的实际输气量必定小于理论输气量。两者的比值称为压缩机的输气系数，用 $\lambda(\lambda<1)$ 表示。实际输气量可表示为

$$q_{va}=\lambda q_{vt} \tag{5-3}$$

式中　q_{va}——压缩机的实际输气量（m^3/h）。

（3）输气系数　输气系数 λ 的大小反映了实际工作过程中存在的诸多因素对压缩机输气量的影响，也表示了压缩机气缸工作容积的有效利用程度，故也称压缩机的容积效率。通常可用容积系数 λ_v、压力系数 λ_p、温度系数 λ_T、泄漏系数 λ_L 的乘积来表示，即

$$\lambda=\lambda_v\lambda_p\lambda_T\lambda_L \tag{5-4}$$

1）容积系数 λ_v。容积系数 λ_v 反映了压缩机余隙容积的存在对压缩机输气量的影响，是表征气缸工作容积有效利用程度的系数。由于安装压缩机的气阀必须留出一定空隙，活塞到达上止点时也不可能与气缸盖完全贴紧，同时，在装配压缩机时，为了保证活塞在工作时因热膨胀等因素的影响，必须在气缸与活塞之间保留一定的间隙，这些因素的存在，便产生了余隙容积，在图 5-65 中余隙容积用 V_c 表示。由于余隙容积的存在，工作循环中出现了膨胀过程，占据了一定的气缸工作容积，使部分活塞行程失去了吸气作用，导致压缩机吸气量的减少，即压缩机的实际输气量的减少。

结合图 5-65 所示的 p-V 图，容积系数 λ_v 可表示为

$$\lambda_v=\frac{V_p-\Delta V_1}{V_p}=1-c\left[\left(\frac{p_k+\Delta p_k}{p_0}\right)^{\frac{1}{m}}-1\right] \tag{5-5}$$

式中　c——相对余隙容积，它等于余隙容积 V_c 与气缸工作容积 V_p 之比，即 $c=V_c/V_p$；

m——膨胀过程指数；

p_k——冷凝压力（即名义排气压力）（MPa）；

Δp_k——排气压力损失（MPa）；

p_0——蒸发压力（即名义吸气压力）（MPa）。

由式（5-5）知，影响 λ_v 数值的因素有相对余隙容积 c、压力比 p_k/p_0、膨胀过程指数 m 及排气压力损失 Δp_k。

相对余隙容积 c 值越大，λ_v 越小，因此，在加工和运行条件许可的情况下，应尽量减少压缩机的余隙容积。采用长行程的压缩机，可减少 c 的数值。现代中小型活塞式制冷压缩机的 c 值范围为2%~4%，低温用制冷压缩机应取较小值。

压力比 p_k/p_0 越大，λ_v 越小，气体排气温度升高，当压力比大到一定程度时，甚至可使 $\lambda_v=0$，因此，为保证压缩机具有一定的容积效率，单级活塞式制冷压缩机的最大压力比就应受到一定的限制。从压缩机的经济性和可靠性考虑，氨压缩机的压力比一般不得超过8，氟利昂压缩机的压力比不得超过10。

膨胀过程指数 m 的数值随制冷剂的种类和膨胀过程中气体与壁面间的热交换情况而定。一般对氨压缩机，$m=1.10\sim1.15$；对氟利昂压缩机，$m=0.95\sim1.05$。应该注意，在压缩机运行时，增强对气缸壁的冷却，如水冷或强迫风冷，膨胀过程指数 m 增大，λ_v 增大。

排气压力损失 Δp_k 与气阀结构及流动阻力有关，对氨压缩机，一般取 $\Delta p_k=(0.05\sim0.07)p_k$，氟利昂压缩机取 $\Delta p_k=(0.1\sim0.15)p_k$。

Δp_k 对 λ_v 的影响较小，可以略去不计，则式（5-5）可简化为

$$\lambda_v=1-c\left[\left(\frac{p_k}{p_0}\right)^{\frac{1}{m}}-1\right] \tag{5-6}$$

2）压力系数 λ_p。压力系数 λ_p 反映了由于吸气阀阻力的存在使实际吸气压力 p_0' 小于吸气管中的压力 p_0，从而造成吸气量减少的程度。压力系数 λ_p 可用下式计算

$$\lambda_p=1-\left(\frac{1+c}{\lambda_v}\frac{\Delta p_0}{p_0}\right) \tag{5-7}$$

式中 Δp_0——吸气压力损失，通常，氨压缩机的 $\Delta p_0=(0.03\sim0.05)p_0$，氟利昂压缩机的 $\Delta p_0=(0.05\sim0.10)p_0$。

吸气阀处于关闭状态时的弹簧力对压力系数 λ_p 的影响较大。弹簧力过强，会使吸气阀提前关闭，使 Δp_0 增大，降低 λ_p；反之，弹簧力过弱，会使吸气阀延迟关闭，使吸入气缸的气体又部分地回流至吸气管内，造成 λ_p 下降。

3）温度系数 λ_T。温度系数 λ_T 表示吸气过程中气体从气缸壁等部件吸收热量造成体积膨胀，从而造成吸气量减少的程度。吸入气体与壁面的热交换是一个复杂的过程，与制冷剂的种类、压力比、气缸尺寸、压缩机转速、气缸冷却情况等因素有关。λ_T 的数值通常用经验公式计算。

中小型开启式制冷压缩机为

$$\lambda_T=1-\frac{t_2-t_1}{740} \tag{5-8}$$

式中 t_1——吸气温度（K）；

t_2——排气温度（K）。

小型全封闭式制冷压缩机为

$$\lambda_T = \frac{t_1}{at_k + b\theta} \tag{5-9}$$

式中　t_1——吸气温度（K）；

t_k——冷凝温度（K）；

θ——蒸气在吸气管中的过热度（K），$\theta = t_1 - t_0$，t_0 为蒸发温度（K）；

a——压缩机的温度随冷凝温度而变化的系数，$a = 1.0 \sim 1.15$，随压缩机尺寸的减少而增大。根据经验，家用制冷压缩机 $a \approx 1.15$，商用制冷压缩机 $a \approx 1.10$；

b——表示吸气量减少与压缩机对周围空气散热的关系系数，$b = 0.25 \sim 0.8$，制冷量越大、压缩机壳体外空气做自由运动时，b 值取较大值。

压缩机的冷凝温度 t_k 下降或蒸发温度 t_0 上升，气缸及气缸盖冷却良好时，都能使 λ_T 增大，从而提高气缸容积的利用率。

4）泄漏系数 λ_L。泄漏系数 λ_L 反映压缩机工作过程中因泄漏而对输气量的影响。压缩机泄漏的主要途径是活塞环与气缸壁之间不严密处和吸、排气阀密封面不严密处或关闭不及时，造成制冷剂气体从高压侧泄漏到低压侧，从而引起输气量的下降。泄漏量的大小与压缩机的制造质量、磨损程度、气阀设计、压差大小等因素有关。由于现代加工技术和产品质量的提高，压缩机的泄漏量是很小的，故 λ_L 值一般都很高，推荐 $\lambda_L = 0.97 \sim 0.99$。

一般情况下，对压缩机输气系数 λ 影响较大的是容积系数 λ_v 和温度系数 λ_T，而压力系数 λ_p 和泄漏系数 λ_L 则因其数值较大（均接近于 1）而且数值变化范围较小，对输气系数 λ 的影响是比较小的。所以，可以把影响 λ_v 和 λ_T 的主要因素看作影响压缩机输气系数 λ 的主要因素。

在压缩机的类型、结构尺寸、转速、冷却方式及制冷剂种类已确定的情况下，输气系数主要取决于运行工况（或压力比）。实际运行中，压缩机的运行工况是有变动的，因而输气系数将随之发生变化。

输气系数 λ 的数值可在分别计算 λ_v、λ_p、λ_T、λ_L 四个系数后，再代入式（5-4）中求出。但通常为了简化计算可采用经验公式或从有关输气系数的特性曲线图查取。下面介绍一些可供计算时应用的经验公式和特性曲线图。

对于单级高速多缸压缩机，转速 n>720r/min，相对余隙容积 $c = 3\% \sim 4\%$，则

$$\lambda = 0.94 - 0.085\left[\left(\frac{p_k}{p_0}\right)^{\frac{1}{n}} - 1\right] \tag{5-10}$$

式中　p_k——冷凝压力（MPa）；

p_0——蒸发压力（MPa）；

n——制冷剂的压缩过程指数，对于 R717，$n = 1.28$；对于 R22，$n = 1.18$。

对于单级中速立式压缩机，转速 n<720r/min，相对余隙容积 $c = 4\% \sim 6\%$，则

$$\lambda = 0.94 - 0.0605\left[\left(\frac{p_k}{p_0}\right)^{\frac{1}{n}} - 1\right] \tag{5-11}$$

式中 n 的数值与式（5-10）相同。

对于双级压缩系统中使用的高速多缸压缩机，高压级和低压级的 λ 值可分别用下列公式计算

$$\lambda_g = 0.94 - 0.085\left[\left(\frac{p_k}{p_m}\right)^{\frac{1}{n}} - 1\right] \tag{5-12}$$

$$\lambda_d = 0.94 - 0.085\left[\left(\frac{p_m}{p_0 - 0.01}\right)^{\frac{1}{n}} - 1\right] \tag{5-13}$$

式中　p_m——中间压力（MPa）；

n——制冷剂的压缩过程指数，数值与式（5-10）相同。

图 5-66 是小型封闭式压缩机和开启式压缩机输气系数 λ 与压力比 $\varepsilon = p_k/p_0$ 的关系曲线。图 5-67 是单级开启式压缩机的输气系数随工况变化的关系曲线。图中 t_k 为冷凝温度。

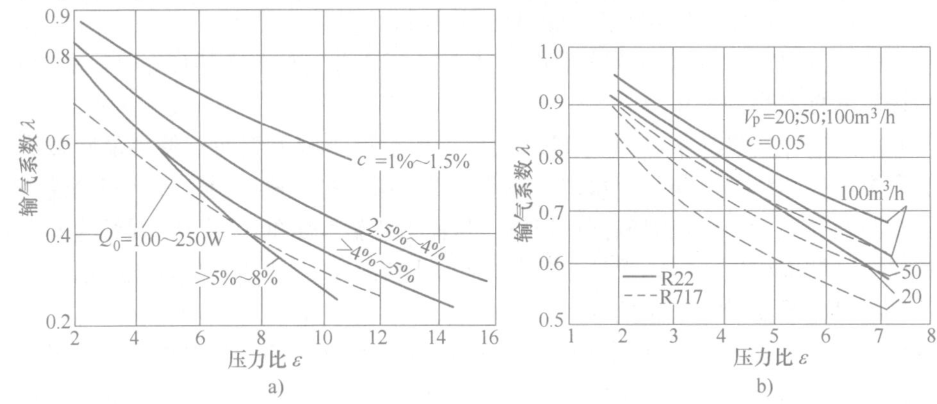

图 5-66　小型压缩机 λ 随 ε 变化关系

a）封闭式压缩机　b）开启式压缩机

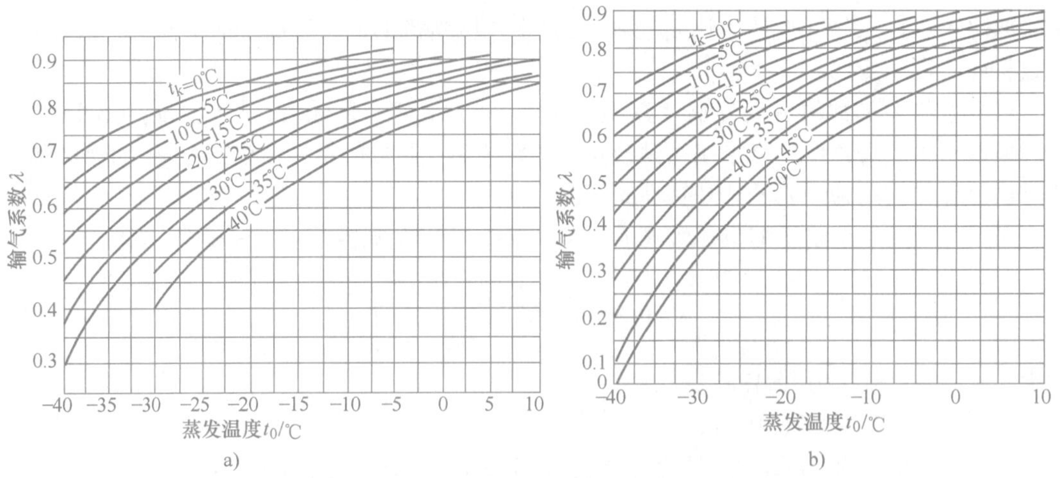

图 5-67　单级开启式压缩机 λ 与工况的关系

a）R717　b）R22

2. 制冷量

制冷压缩机热力循环的性质与其工作条件有关，压缩机吸入气体的压力、比体积及压缩终了的压力，决定了制冷循环的温度条件。因此，单是制冷压缩机的输气量大小，不能直接反映其使用价值，而是用压缩机工作能力表示。压缩机的工作能力是单位时间内所产生的冷

量——制冷量 Q_0，单位为 kW，它是制冷压缩机的重要性能指标之一，其计算式为

$$Q_0=\frac{q_m q_0}{3600}=\frac{\lambda q_{vt} q_v}{3600} \tag{5-14}$$

式中　q_m——压缩机的实际质量输气量（kg/h），$q_m=q_{va}/v_1$；

q_{va}——压缩机的实际容积输气量（m^3/h）；

v_1——压缩机吸气状态制冷剂蒸气的比体积（m^3/kg）；

q_0——制冷剂在给定工况下的单位质量制冷量（kJ/kg）；

λ——压缩机的输气系数；

q_{vt}——压缩机的理论输气量（m^3/h）；

q_v——制冷剂在给定工况下的单位容积制冷量（kJ/m^3）。

必须指出，一台压缩机在不同的运行工况下，每小时产生的冷量是不相同的。通常在压缩机铭牌上标出的制冷量，是指该机名义工况下的制冷量。当制冷剂和转速不变时，对于同一台制冷压缩机，不同工况下的制冷量可根据其理论输气量 q_{vt} 等于定值的条件下，按以下方法换算：

若一台压缩机在已知工况 A 和 B 时的制冷量分别为 Q_{0A} 和 Q_{0B}，即有

$$Q_{0A}=\frac{\lambda_A q_{vt} q_{vA}}{3600} \qquad Q_{0B}=\frac{\lambda_B q_{vt} q_{vB}}{3600}$$

联立以上两式，可得不同工况下的制冷量换算式为

$$Q_{0B}=Q_{0A}\frac{\lambda_B q_{vB}}{\lambda_A q_{vA}} \tag{5-15}$$

式中　Q_{0A}、Q_{0B}——A、B 工况下的制冷量（kW）；

λ_A、λ_B——A、B 工况下的输气系数；

q_{vA}、q_{vB}——A、B 工况下的单位容积制冷量（kJ/m^3）。

3. 功率和效率

压缩机实际工作过程与理论工作过程的区别，也影响到它的功耗。如吸、排气时的压力损失、运动机械的摩擦、压缩过程偏离等熵过程等，均使压缩机的功耗增大。下面分析影响压缩机功耗的各种因素，从中找出提高效率的途径。

（1）指示功率和指示效率　直接用于气缸中压缩制冷工质所消耗的功称为指示功。单位时间内实际循环所消耗的指示功，称为压缩机的指示功率。理论循环中压缩 1kg 制冷剂所消耗的等熵理论功 W_0，与实际循环中所消耗的功 W_i 的比值，称为压缩机的指示效率，用 η_i 表示，即

$$\eta_i=\frac{W_0}{W_i}=\frac{P_0}{P_i} \tag{5-16}$$

式中　P_0——压缩机按等熵压缩理论循环工作所需的理论功率（kW）；

P_i——指示功率（kW）。

制冷压缩机的指示效率 η_i，是从动力经济性角度来评价压缩机气缸内部热力过程的完

善程度。开启式压缩机中的 η_i 的经验计算式为

$$\eta_i=\frac{t_0}{t_k}+b(t_0-273) \tag{5-17}$$

式中　t_0——蒸发温度（K）；

t_k——冷凝温度（K）；

b——系数，立式氨压缩机 $b=0.001$，立式氟利昂压缩机 $b=0.0025$。

η_i 的数值范围是，小型氟利昂压缩机 $\eta_i=0.65\sim0.80$；家用全封闭式压缩机 $\eta_i=0.60\sim0.85$。在压力比较大的工况下数值较低。

压缩机的指示效率也可由图 5-68 查取。

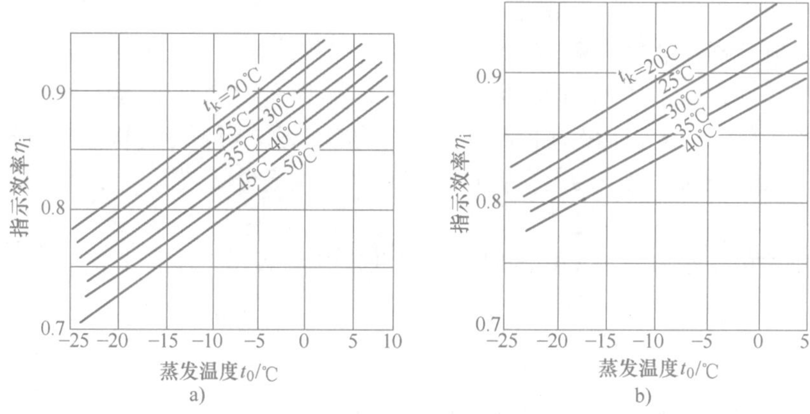

图 5-68　制冷压缩机指示效率

a）R717　b）R22

影响指示功率和指示效率的因素有压力比 ε，相对余隙容积 c，吸、排气过程的压力损失，吸气预热程度及制冷剂泄漏等。图 5-69 表示出指示效率 η_i 随压力比 ε 和相对余隙容积 c 的变化关系。当 ε 较低时，η_i 因较大的吸、排气压力损失而下降。当 ε 较大时，η_i 又因吸气预热程度及制冷剂泄漏的增大而趋小。

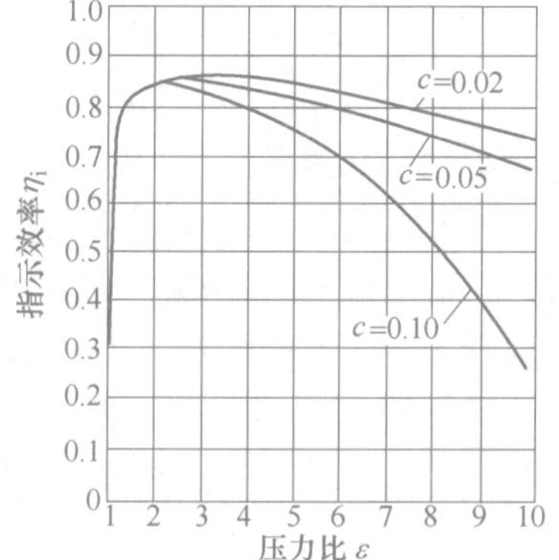

图 5-69　指示效率 η_i 随压力比 ε 和相对余隙容积 c 的变化关系

较大的 c 值意味着余隙容积中气体的数量相对较多，其压缩和膨胀过程的不可逆损失也较大，因而 η_i 随 c 值的增大而下降。

（2）轴功率、摩擦功率和机械效率　由原动机传到曲轴上的功率称为轴功率，用 P_e 表示。轴功率可分成两部分，一部分直接用于压缩机气体即指示功率 P_i；另一部分用于克服曲柄连杆机构等处的摩擦阻力，称为压缩机的摩擦功率，用 P_m 表示。显然，压缩机的轴功率必然比指示功率大，两者之比值称为机械效率，用 η_m 表示。即

$$\eta_m=\frac{P_i}{P_e}=\frac{P_i}{P_i+P_m} \tag{5-18}$$

摩擦功率 P_m 主要有往复摩擦功率（活塞、活塞环与气缸壁间的摩擦损失）和旋转摩擦功率（轴承、轴封的摩擦损失及驱动润滑液压泵的功率）组成，前者占 60%~70%，后者占 30%~40%。但是，随着压缩机各轴承直径的加大和转速的提高，旋转摩擦功率也迅速增加，有的甚至超过了往复摩擦功率。

实验证明，摩擦功率与压缩机的结构、润滑油的温度及转速有关，几乎与压缩机的运行工况无关。摩擦功率可以通过测定空载下压缩机的轴功率求得，也可以通过机械效率来计算。制冷压缩机的机械效率一般在 0.75~0.9 之间。冷凝温度一定时，压缩机的机械效率 η_m 具有随着压力比 ε 的增长而下降的趋势，如图 5-70 所示，这是因为 ε 增大，指示功率减少而摩擦功率几乎保持不变的缘故。

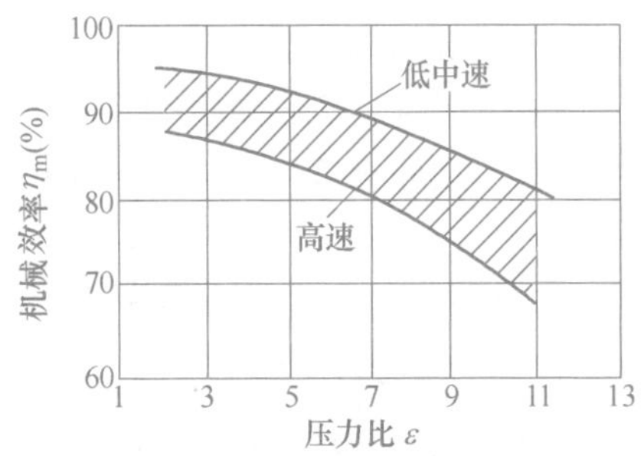

图 5-70　机械效率 η_m 随压力比 ε 的变化关系

提高 η_m 可以从以下几方面着手：①选用合适的气缸间隙，对主轴承和连杆进行最优化设计，适当减少活塞环数。②选用合适的润滑油，调节其温度，使润滑油在各种工况下维持正常的黏度。③加强曲轴、曲轴箱等零件的刚度，合理提高其加工和装配精度，降低摩擦表面的表面粗糙度等。

通常，衡量压缩机轴功率有效利用程度的指标为轴效率（又称等熵效率），用 η_e 表示，它等于 η_i 和 η_m 的乘积，一般在 0.6~0.7 之间，它反映压缩机在某一工况下运行时的各种损失。

（3）配用电动机功率　确定制冷压缩机所配用的电动机功率时，还应考虑到压缩机与电动机之间的连接方式及压缩机的类型。对于开启式压缩机，如用带传动，应考虑传动效率 $\eta_d=0.9\sim0.95$。如用联轴器直接传动时，则不必考虑传动效率。对于封闭式压缩机，因电动机与压缩机共用一根轴，也不必考虑传动效率问题。

制冷压缩机所需要的轴功率，是随工况的变化而变化的，选配电动机功率时，还应考虑到这一因素，并应有一定的裕量，以防意外超载。如果压缩机本身带有能量卸载装置，可以空载起动，则电动机的功率可按运行工况下压缩机的轴功率，再考虑适当裕量（10%~15%）选配。

还应指出，在封闭式压缩机中，由于电动机绕组获得了较好的冷却，它的实际功率可比名义值大，因此，该电动机的名义功率，可取得比一般开启式压缩机的电动机的功率小些（小 30%~50%）。

开启式压缩机由外置电动机通过传动装置运转，其动力经济性往往由轴效率 η_e 衡量。而在封闭式压缩机中，内置电动机的转子直接装在压缩机主轴上，其动力经济性用电效率 η_{el} 衡量。电效率 η_{el} 等于轴效率 η_e 和电动机效率 η_{mo} 之乘积，即 $\eta_{el}=\eta_e\eta_{mo}$。单相和三相的内置电动机在名义工况下，其 η_{mo} 的范围一般在 0.60~0.95 之间，对大功率电动机取上限，小功率电动机取下限。单相与三相比较，则单相电动机的 η_{mo} 较差。

4. 压缩机的排气温度

排气温度在压缩机运行中是一个重要参数，必须严格控制。

（1）排气温度过高的危害性　制冷压缩机的排气温度过高会引起压缩机的过热，它对活塞式制冷压缩机的工作有严重的影响，排气温度过高的危害性主要表现在以下几个方面：

1）排气温度过高，将使输气系数降低和轴功率增加；润滑油黏度降低，使轴承和气缸、活塞环产生异常磨损，甚至会引起烧毁轴瓦和气缸拉毛的事故。

2）过高的压缩机排气温度促使制冷剂和润滑油在金属的催化下出现热分解，生成对压缩机有害的游离碳、酸类和水分。酸类物质会腐蚀制冷系统的各组成部分和电气绝缘材料。水分会堵住毛细管。积炭沉聚在排气阀上，既破坏了其密封性，又增加了流动阻力。积炭使活塞环卡死在环槽里，失去密封作用。剥落下来的炭渣若被带出压缩机，会堵塞毛细管、干燥器等。

3）压缩机的过热甚至会导致活塞的过分膨胀而卡死在气缸内，也会引起封闭式压缩机内置电动机的烧毁。

4）排气温度过高也会影响压缩机的寿命，因为化学反应速度随温度的升高而加剧。一般认为，电气绝缘材料的温度上升 10℃，其寿命要减少一半。这一点对全封闭式压缩机显得特别重要。

上述分析表明，必须对压缩机的排气温度加以限制。对于 R717，排气温度应低于150℃；对于 R22、R502，排气温度应低于 145℃；对于 R134a，排气温度应低于 130℃。

（2）排气温度的计算公式　压缩机的排气温度取决于压力比、吸排气阻力损失、吸气终了温度和多变压缩过程指数，其计算式为

$$t_2=t_1[\varepsilon(1+\delta_0)]^{\frac{n-1}{n}} \tag{5-19}$$

式中　t_2——压缩机的排气温度（K）；

t_1——压缩机吸气终了温度（K）；

ε——压力比，$\varepsilon=p_k/p_0$，p_k 为冷凝压力，p_0 为蒸发压力；

δ_0——吸、排气相对压力损失，$\delta_0=\Delta p_0/p_0+\Delta p_k/p_k$，$\Delta p_0$ 为吸气压力损失，Δp_k 为排气压力损失；

n——多变压缩过程指数，近似取制冷剂的等熵指数。

（3）降低排气温度的主要措施　从式（5-19）可知，要降低制冷压缩机的排气温度，必须从吸气终了温度 t_1、压力比 ε、相对压力损失 δ_0 以及多变压缩过程指数 n 等几个方面去考虑。

1）设计时首先要限制压缩机单级的压力比，高压力比应采用多级压缩中间冷却的办法来实现。在运行中要防止冷凝压力过高，蒸发压力过低等现象。降低吸、排气阻力实际上也起到了减小气缸中实际压力比的作用。

2）加强对压缩机的冷却，削弱对吸入制冷剂的加热，以降低吸气终了时制冷剂的温度和多变压缩过程指数，是降低排气温度的有效途径。如缩小排气腔与吸气腔之间的分割面，气缸盖上设置冷却水套，吸气管外包以隔热层等。

3）在封闭式压缩机中，提高内置电动机的效率，减少电动机的发热量对降低排气温度具有重要作用。

4）在低温制冷压缩机中，为了降低排气温度，还可以采用直接向吸气管喷入液态制冷剂的方法。

5）在同样的蒸发温度 t_0 和冷凝温度 t_k 时，不同的制冷剂有不同的排气温度，例如，R134a 的排气温度低于 R22 的排气温度，因而合理地选用制冷剂是控制排气温度的重要方法。

综合看来，影响压缩机排气温度的因素是多方面的，为了确保制冷机的安全运行，应根据运行中的具体情况，采取相应的措施，以降低压缩机的排气温度。

5.4.3　性能曲线与运行界限

1. 性能曲线

制冷压缩机的性能曲线是说明某种型号压缩机在规定的工作范围内运行时，压缩机的制冷量和功率随工况变化的关系曲线。

一台制冷压缩机转速 n 不变，其理论输气量也是不变的。但由于工作温度的变化，使用不同制冷剂，其单位质量制冷量 q_0，单位指示功 w_i，及实际质量输气量 q_m 都要改变，因此，制冷压缩机的制冷量 Q_0 及轴功率 P_e 等性能指标就要相应地改变。

压缩机制造厂对其制造的各种类型的压缩机，都要在试验台上，针对某种制冷剂和一定的工作转速，测出不同工况下的制冷量和轴功率，并据此画出压缩机的性能曲线，附在产品说明书中，以供使用者参考。

性能曲线的纵坐标为制冷量或轴功率，横坐标为蒸发温度，一种冷凝温度对应一条曲线。通常，一张性能曲线图上绘有 3~4 条曲线，对应 3~4 种冷凝温度。利用这种关系曲线可以地很方便地求出制冷压缩机在不同工况下的制冷量和轴功率。图 5-71 和图 5-72 所示为几种活塞式制冷压缩机的性能曲线。它们的性能曲线虽各异，但其随工况变化的基本规律是相同的。由性能曲线可见，当蒸发温度 t_0 一定时，随着冷凝温度 t_k 的上升，制冷量 Q_0 减少，而轴功率 P_e 增大；当冷凝温度一定时，随着蒸发温度的下降，制冷量减少，而轴功率先增大后减少，有一最大值存在，最大轴功率时的压力比约等于 3。

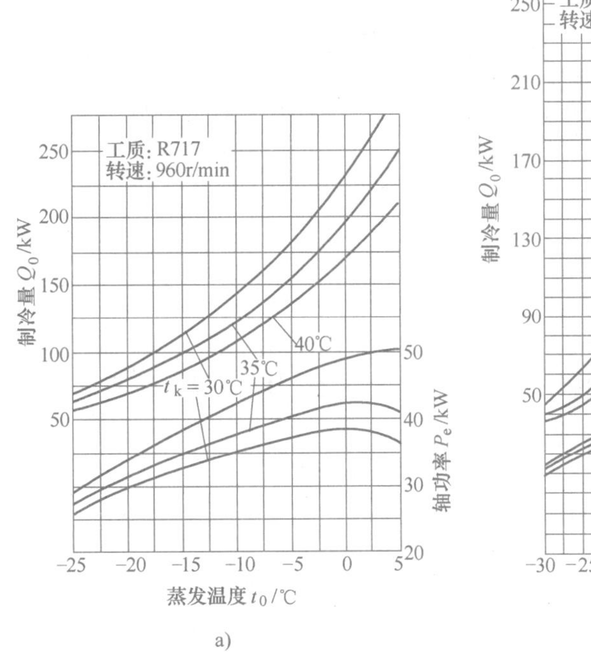

a)

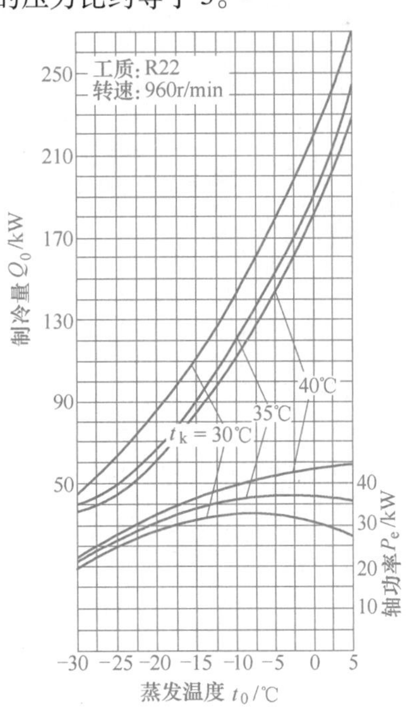

b)

图 5-71　开启式压缩机性能曲线

a）810A70　b）810F70

应注意，对于半封闭和全封闭压缩机，性能曲线一般是反映蒸发温度与同轴电动机输入电功率之间的关系，这样能比较直观的反映总耗电量，对用户有较实用的参考价值。

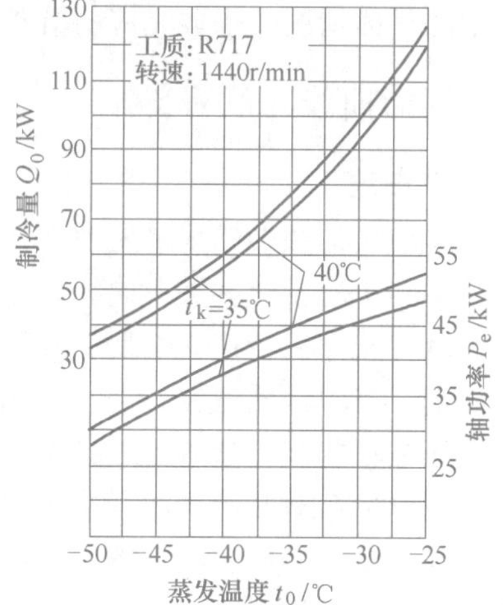

图 5-72　AS10AC 单机双级压缩机性能曲线

2. 运行界限

运行界限是制冷压缩机运行时蒸发温度和冷凝温度的界限。图 5-73 所示为不同型号电动机对一种比泽尔公司生产的单级半封闭活塞式制冷压缩机运行界限的影响。采用 I 型电动机的制冷压缩机有更宽广的运行界限。由于制冷剂的热物理性质的区别，运行界限中的冷凝温度和蒸发温度的范围也不相同，以 R134a 的冷凝温度为最高（80℃），R22 次之（63℃），R404A 和 R507 最低（55℃）；但就最低蒸发温度而言，R404A、R507 和 R22 的最低蒸发温度又低于 R134a。

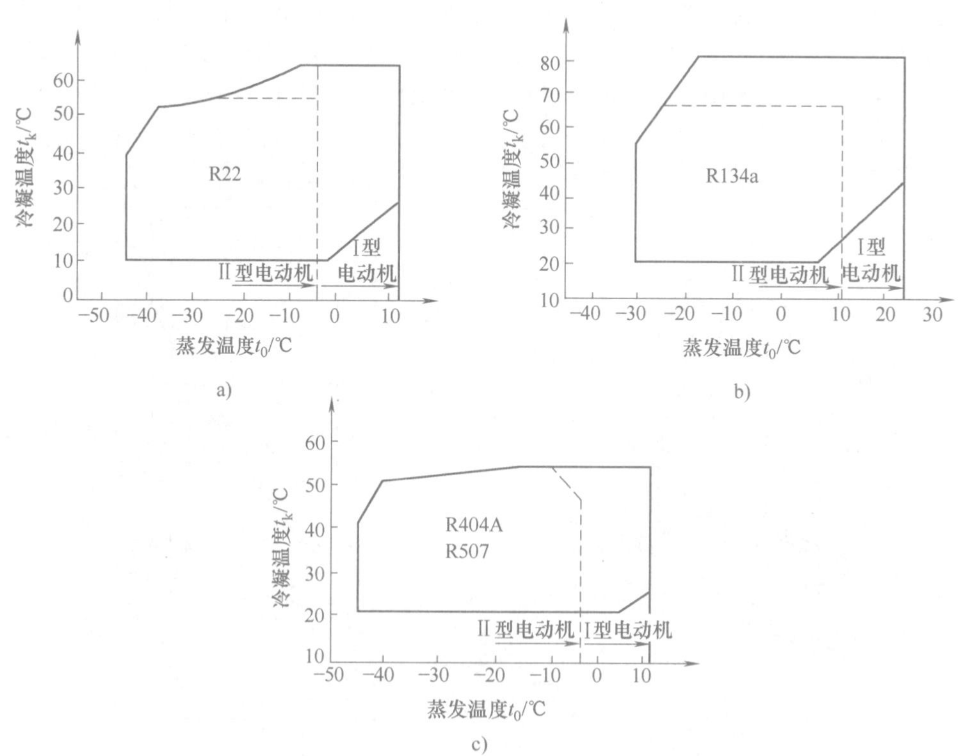

图 5-73　一种比泽尔单级半封闭活塞式制冷压缩机的运行界限
a）R22　b）R134a　c）R404A 和 R507

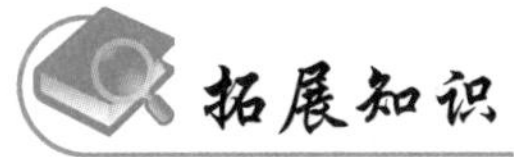

拓展知识

冷冻机油的选择

压缩机的类型、运行条件、压缩的工质对冷冻机油的选择都有影响。开启式和半封闭式制冷压缩机所用润滑油的工作条件较为缓和，加之可以经常换油，一般使用 L-DRA 冷冻机油；润滑油在全封闭制冷压缩机内工作条件苛刻，一般选用 L-DRE 冷冻机油。

不同的制冷剂对油的作用不同。氨与矿物油的互溶性很差，而大部分卤代烃制冷剂与矿物油互溶性很好，溶油后黏度会下降，所以卤代烃制冷机用油的黏度比氨制冷机用油的黏度高。HFC 类制冷剂与矿物油不相溶，与 PAG 润滑油有限溶解，与 POE 润滑油完全互溶。CFC、HCFC、HC 类制冷剂大多选用矿物油，HFC 类制冷剂大多选用合成油，如 POE 和 PAG 润滑油。

对于冷冻机油的黏度选择可参照表 5-9 进行，大、中型的多缸、高速（活塞平均线速度在 3m/s 以上）、负荷较大的制冷压缩机应选较高黏度油；小型、微型或低速（活塞平均线速度在 2m/s 以下）的制冷压缩机应选低黏度油。

表 5-9　冷冻机油的黏度选用表

蒸发温度/℃	制冷剂	用油部位	ISO 黏度等级
>-18	氨	气缸、轴承	N46
>-18	氟利昂	气缸、轴承	N46
-18～-40	氨	气缸、轴承	N22、N32
-18～-40	氟利昂	气缸、轴承	N22、N32、N46
-40～-80	氟利昂	气缸、轴承	N22、N32
<-80	氟利昂	气缸、轴承	N15

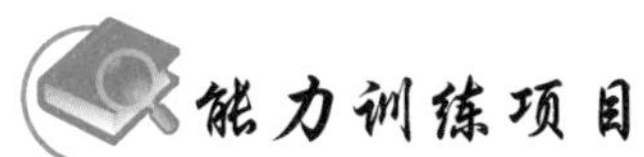

能力训练项目

核算压缩机实际制冷量

有一台 8 缸压缩机，气缸直径 $D=100$mm，活塞行程 $S=70$mm，转速 $n=960$r/min，其实际工况为冷凝温度 $t_k=30$℃，蒸发温度 $t_0=-15$℃，按饱和循环工作，使用氨制冷剂。试计算压缩机实际制冷量，并确定压缩机配用电动机的功率。

复习思考题

1. 制冷压缩机是如何分类的?
2. 如何区分开启式、半封闭式、全封闭式制冷压缩机?
3. 活塞式制冷压缩机的实际工作循环包括哪些过程?
4. 活塞式制冷压缩机有何优缺点?
5. 简述活塞式制冷压缩机的分类。

6. 活塞式制冷压缩机和机组的型号是怎样表示的？

7. 活塞式制冷压缩机有哪几种驱动机构？并简述其工作原理。

8. 活塞式制冷压缩机中的易损件有哪些？

9. 活塞式制冷压缩机的曲轴有哪几种？各有何特点？

10. 连杆组件由哪些零件组成？

11. 试述气环和油环的工作原理。

12. 机体有何作用？为什么要在机体上安装气缸套？

13. 轴封装置有何作用？试述摩擦环式轴封装置的结构和工作原理。

14. 气阀的作用是什么，主要由哪些零部组成，是如何工作的？常见的气阀结构形式有哪几种？

15. 活塞式制冷压缩机常用的能量调节方式有哪几种？

16. 试述液压缸-拉杆全顶开吸气阀片调节机构的工作原理。

17. 对活塞式制冷压缩机进行润滑的作用是什么？常用润滑方式有哪几种？

18. 制冷系统各部件对冷冻机油的性能有何要求？

19. 何谓活塞式压缩冷凝机组？如何分类？

20. 活塞式冷水机组的构成与特点是什么？

21. 活塞式模块化冷水机组的组成与特点是什么？

22. 简述活塞式制冷压缩机的理论工作循环。实际工作循环与理论工作循环有何区别？

23. 一台 8 缸活塞式制冷压缩机气缸直径为 125mm，活塞行程为 100mm，转速为 960r/min，求其理论输气量。

24. 何谓输气系数？活塞式制冷压缩机的输气系数由哪几个系数组成？各系数有何含义？

25. 何谓余隙容积？为什么会产生余隙容积？余隙容积对活塞式制冷压缩机的输气量有何影响？

26. 何谓指示功率和指示效率？影响活塞式制冷压缩机指示功率和指示效率的因素有哪些？

27. 活塞式制冷压缩机排气温度过高有哪些危害？降低排气温度的主要措施有哪些？

28. 试用活塞式制冷压缩机的性能曲线分析冷凝温度、蒸发温度的变化对压缩机制冷量和轴功率的影响。

第 6 章　螺杆式制冷压缩机

螺杆式制冷压缩机，是指用带有螺旋槽的一个或两个转子（螺杆）在气缸内旋转使气体压缩的制冷压缩机。螺杆式制冷压缩机属于工作容积做回转运动的容积型压缩机。按照螺杆转子数量的不同，螺杆式压缩机有双螺杆与单螺杆两种。双螺杆式压缩机简称螺杆式压缩机，由两个转子组成；单螺杆式压缩机由一个转子和两个星轮组成。

6.1　螺杆式制冷压缩机的工作过程和特点

知识目标

1. 掌握螺杆式制冷压缩机的基本结构和工作过程。
2. 了解螺杆式制冷压缩机的内容积比及附加功损失。
3. 了解螺杆式制冷压缩机的特点。

能力目标

能根据螺杆式制冷压缩机的工作过程示意图正确说明其工作过程。

相关知识

6.1.1　基本结构

螺杆式制冷压缩机的基本结构如图 6-1所示，主要由转子、机壳（包括中部的气缸体和两端的吸、排气端座等）、轴承、轴封、平衡活塞及能量调节装置组成。两个按一定传动比反向旋转又相互啮合的转子平行地配置在呈“∞”字形的气缸中。转子具有特殊的螺旋齿形，凸齿形的称为阳螺杆，凹齿形的称为阴螺杆。一般阳螺杆为主动转子，阴螺杆为从动转子。气缸的左右有吸气端座和排气端座，两个转子支承在

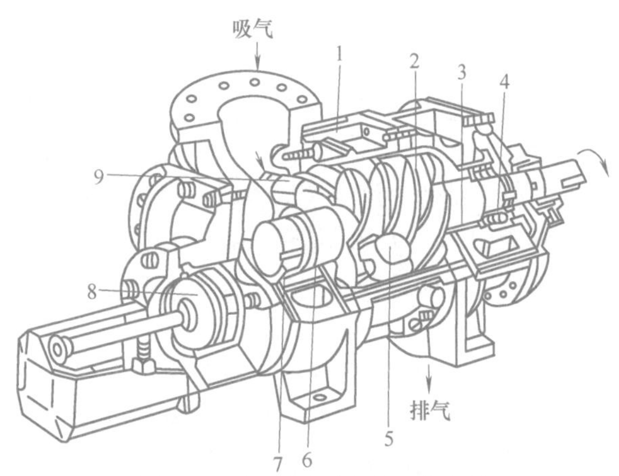

图 6-1　螺杆式制冷压缩机的结构

1—机壳　2—阳螺杆　3—滑动轴承　4—滚动轴承　5—调节滑阀　6—轴封　7—平衡活塞　8—调节滑阀控制活塞　9—阴螺杆

左右端座的轴承上。转子之间及转子和气缸、端座间留有很小的间隙。吸气端座和气缸上部设有轴向和径向吸气孔口，排气端座和滑阀上分别设有轴向和径向排气孔口。压缩机的吸、排气孔口是按其工作过程的需要精心设计的，可以根据需要准确地使工作容积和吸、排气腔连通或隔断。

6.1.2　工作过程

螺杆式压缩机的工作是依靠啮合运动着的一个阳螺杆与一个阴螺杆，借助于包围这一对螺杆（转子）四周的机壳内壁的空间完成的。当转子转动时，转子的齿、齿槽与机壳内壁所构成的呈V形的一对齿间容积称为基元容积（图6-2），其容积大小会发生周期性的变化，同时它还会沿着转子的轴向由吸气口侧向排气口侧移动，将制冷剂气体吸入并压缩至一定的压力后排出。

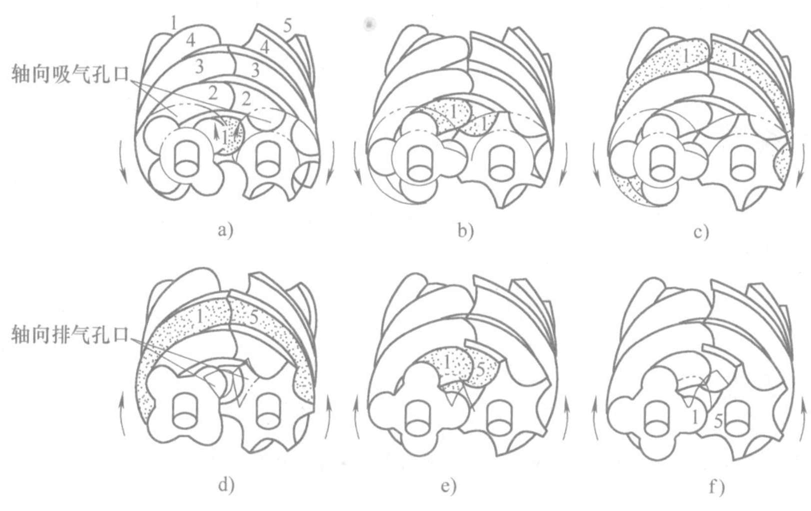

图6-2　螺杆式制冷压缩机的工作过程

图6-2所示为螺杆式制冷压缩机的工作过程示意图。其中，图6-2a、b、c为转子吸气侧（一般在转子上方），表示了基元容积从吸气开始到吸气结束的过程；图6-2d、e、f为转子排气侧（一般在转子下方），表示了基元容积从开始压缩到排气结束的过程。在两转子的吸气侧（图6-2a、b、c所示的转子上部），齿面接触线与吸气端之间的每个基元容积都在扩大，而在转子的排气侧（图6-2d、e、f所示的转子上部），齿面接触线与排气端之间的基元容积却逐渐缩小。这样，使每个基元容积都从吸气端移向排气端。现以图6-2中所示V形基元容积为例，说明螺杆式制冷压缩机的工作过程。

1. 吸气过程

齿间基元容积随着转子旋转而逐渐扩大，并和吸入孔口连通，气体通过吸入孔口进入齿间基元容积，称为吸气过程。当转子旋转一定角度后，齿间基元容积越过吸入孔口位置与吸入孔口断开，吸气过程结束。此时阴、阳螺杆的齿间基元容积彼此并不连通。

2. 压缩过程

压缩开始阶段主动转子的齿间基元容积和从动转子的齿间基元容积彼此孤立地向前推进，称为传递过程。转子继续转过某一角度，主动转子的凸齿和从动转子的齿槽又构成一对

新的 V 形基元容积，随着两转子的啮合运动，基元容积逐渐缩小，实现气体的压缩过程。压缩过程直到基元容积与排出孔口相连通的瞬间为止，此刻排气过程开始。

3. 排气过程

由于转子旋转时基元容积不断缩小，将压缩后具有一定压力的气体送到排气腔，此过程一直延续到该容积最小时为止。

随着转子的连续旋转，上述吸气、压缩、排气过程循环进行，各基元容积依次陆续工作，构成了螺杆式制冷压缩机的工作循环。

由此可知，两转子转向相迎合的一面，气体受压缩，称为高压力区；另一面，转子彼此脱离，齿间基元容积吸入气体，称为低压力区。高压力区与低压力区被两个转子齿面间的接触线所隔开。另外，由于吸气基元容积的气体随着转子回转，由吸气端向排气端做螺旋运动，因此，螺杆式制冷压缩机的吸、排气孔口都是呈对角线布置的。

6.1.3　内容积比及附加功损失

1. 内容积比

转子的齿间基元容积随着螺杆的旋转而缩小并被压缩，直至基元容积与排气孔口边缘相通为止，这一过程称为内压缩过程。基元容积吸气终了的最大容积为 V_1，相应的气体压力为吸气压力 p_1，内压缩终了的容积为 V_2，相应的气体压力为内压缩终了压力 p_2。V_1与 V_2的比值，称为螺杆式制冷压缩机的内容积比 ε_v，即

$$\varepsilon_v = \frac{V_1}{V_2} \tag{6-1}$$

螺杆式制冷压缩机是无气阀的容积式压缩机，吸排气孔口的启闭完全以其结构形式所定，以控制吸气、压缩、排气和所需要的内压缩压力。由于其结构已定，因此具有固定的内容积比，这与活塞式制冷压缩机有很大区别。

活塞式制冷压缩机压缩终了时的气体压力取决于排气腔内的气体压力和排气阀的阻力损失。如果略去气阀的阻力损失，可近似地认为活塞式制冷压缩机压缩终了时的压力等于排气腔内气体压力。螺杆式制冷压缩机内压缩终了压力 p_2与转子几何形状、排气孔口位置、吸气压力 p_1及气体种类有关，而与排气腔内气体压力 p_d无关。内压缩终了压力 p_2与吸气压力 p_1之比称为内压力比 ε_i，即

$$\varepsilon_i = \frac{p_2}{p_1} = \left(\frac{V_1}{V_2}\right)^n = \varepsilon_v^n \tag{6-2}$$

式中　n——压缩过程的多变指数。

排气腔内气体压力（背压力）p_d称为外压力，它与吸气压力 p_1之比称为外压力比 ε。螺杆式制冷压缩机的外压力比与内压力比可以相等，也可能不等，这完全取决于压缩机的运行工况与设计工况是否相同。内压力比取决于孔口的位置，而外压力比则取决于运行工况。一般应力求内压力比与外压力比相等或接近，以使压缩机获得较高效率。

2. 附加功损失

当内压缩终了压力 p_2与排气腔内气体压力 p_d不等时，基元容积与排气孔口连通时，基

元容积中的气体将进行定容压缩或定容膨胀，使气体压力与排气腔压力 p_d 趋于平衡，从而产生附加功损失。下面分三种情况讨论：

（1）$p_2>p_d$　当基元容积与排气口相通时，基元容积中的气体产生突然的等容膨胀过程，多消耗了压缩功，如图 6-3a 中的阴影面积。

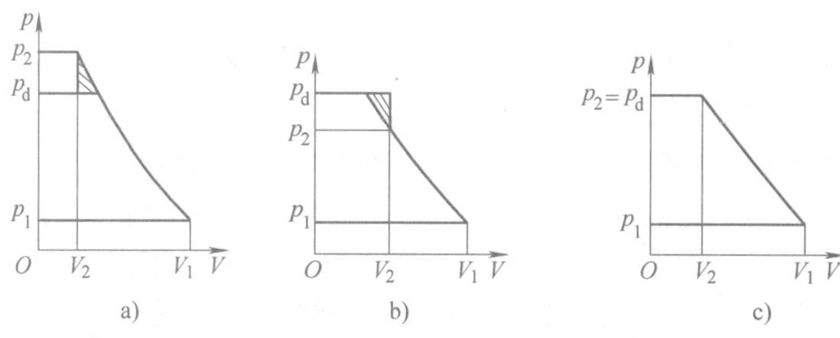

图 6-3　螺杆式压缩机压缩过程 *p-V* 图

a）$p_2>p_d$　b）$p_2<p_d$　c）$p_2=p_d$

（2）$p_2<p_d$　当基元容积与排气口相通时，由于 $p_2<p_d$，故开始接通时、排气腔中的气体倒流入基元容积，在基元容积中的气体被等容压缩，使气体压力骤然升到 p_d，然后进行排气过程，多消耗的压缩功即为图 6-3b 中阴影面积。

（3）$p_2=p_d$　只有在这种情况下，压缩机无额外功消耗，运行的效率最高，如图 6-3c 所示。因此，为了使运行效率最高，必须使内容积比能自动调节，从而使 p_2 始终与 p_d 相等。

6.1.4　特点

就压缩气体的原理而言，螺杆式制冷压缩机与活塞式制冷压缩机一样，同属于容积式压缩机械，就其运动形式而言，螺杆式制冷压缩机的转子与离心式制冷压缩机的转子一样，做高速旋转运动，所以螺杆式制冷压缩机兼有二者的特点。

螺杆式制冷压缩机的主要优点是：①与活塞式制冷压缩机相比，螺杆式制冷压缩机的转速较高（通常在 3000r/min 以上），又兼具重量轻、体积小、占地面积小等一系列优点，因而经济性较好。②螺杆式制冷压缩机没有往复质量惯性力，动力平衡性能好，基础可以很小。③螺杆式制冷压缩机结构简单紧凑，易损件少，所以运行周期长，维修简单，使用可靠，有利于实现操作自动化。④螺杆式制冷压缩机对进液不敏感，可采用喷油或喷液冷却，故在相同的压力比下，排气温度比活塞式制冷压缩机低得多，因此单级压力比高。⑤与离心式制冷压缩机相比，螺杆式制冷压缩机具有强制输气的特点，即输气量几乎不受排气压力的影响。在较宽的工况范围内，仍可保持较高的效率。

螺杆式制冷压缩机的主要缺点是：①由于气体周期性地高速通过吸、排气孔口以及通过缝隙的泄漏等原因，使压缩机产生很大的噪声，需要采取消声或隔声措施。②要求精度较高的螺旋状转子，需要有专用设备和刀具来加工。③由于间隙密封和转子刚度等的限制，目前螺杆式制冷压缩机还不能像活塞式制冷压缩机那样达到较高的终了压力。④由于螺杆式制冷压缩机采用喷油方式，需要喷入大量油，必须配置相应的辅助设备，从而使整个机组的体积和重量加大。

6.2　螺杆式制冷压缩机的主要零部件

知识目标

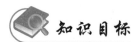

1. 掌握螺杆式制冷压缩机主要零部件的作用及结构特点。
2. 掌握螺杆式制冷压缩机能量调节方法和滑阀调节机构的原理。
3. 了解螺杆式制冷压缩机内容积比调节的原理。
4. 了解螺杆式制冷压缩机的润滑方式与润滑系统的组成。

能力目标

能根据实物或结构图说出螺杆式制冷压缩机主要零部件的名称。

相关知识

螺杆式制冷压缩机的主要零部件包括机壳、转子、轴承、平衡活塞及能量调节装置等。

6.2.1　机壳

螺杆式制冷压缩机的机壳一般为剖分式。它由机体（气缸体）、吸气端座、排气端座及两端端盖组成，如图 6-4 所示。

（1）机体　它是连接各零部件的中心部件，为各零部件提供正确的装配位置，保证阴、阳转子在气缸内啮合并可靠地进行工作。机体的端面形状为“∞”形，这与两个啮合转子的外圆柱面相适应，使转子精确地装入机体内。机体内腔上部靠近吸气端有径向吸气孔口，它是依照转子的螺旋槽形状铸造而成的。机体内腔下部留有安装移动滑阀的位置，还铸有能量调节旁通口。机体的外壁铸有肋板，可提高机体的强度和刚度，并起散热作用。

（2）吸气端座　它上部铸有吸气腔，与其内侧的轴向吸气孔口连通，装配时轴向吸气孔口与机体的径向吸气孔口连通。轴向吸气孔口的位置和形状大小，应能保证基元容积最大限度地充气，并能使阴螺杆的齿开始侵入阳螺杆齿槽时，基元容积与吸气孔口断开，其间的气体开始被压缩。吸气端座中部有安置后主轴承的轴承座孔和平衡活塞座孔，下部铸有能量调节用的液压缸，其外侧面与吸气端盖连接。

（3）排气端座　其中部有安置阴、阳螺杆的前主轴承及推力轴承的轴承座孔，下部铸有排气腔，与其内侧的轴向排气孔口连通。轴向排气孔口的位置和形状大小，应尽可能地使压缩机所要求的排气压力完全由内压缩达到，同时，排气孔口应使齿间基元容积中的压缩气体能够全部排到排气管道。轴向排气孔口的面积越小，则获得的内容积比（内压力比）越大。装配时，排气端座的外侧面与排气端盖连接。

机壳的材料一般采用灰铸铁，如 HT200 等。

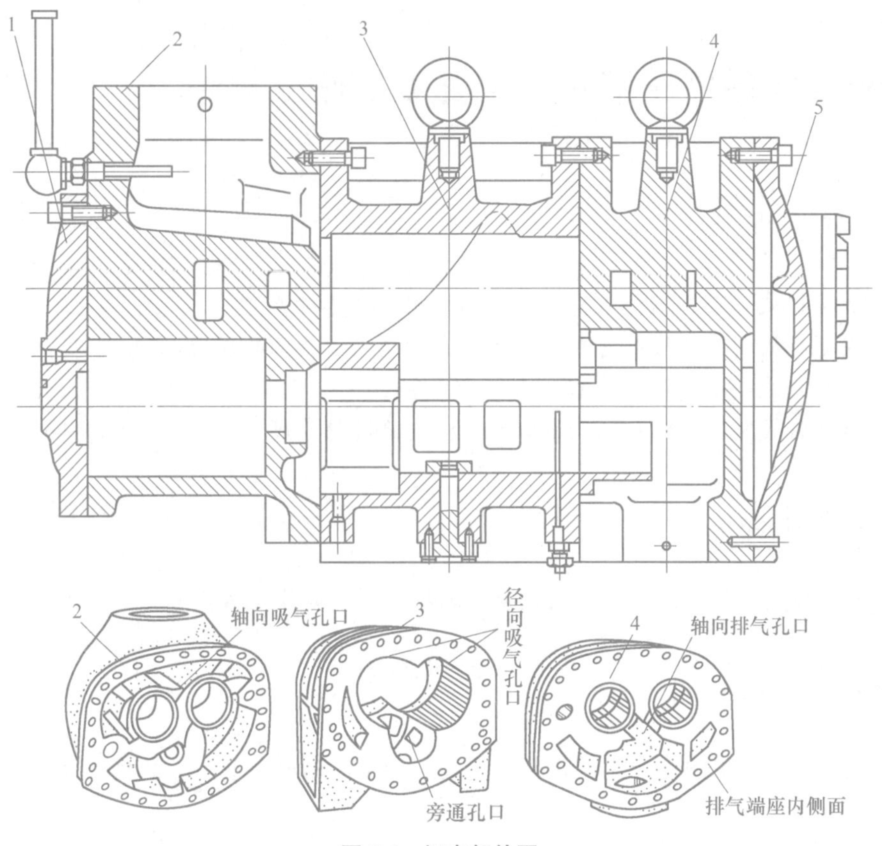

图 6-4　机壳部件图

1—吸气端盖　2—吸气端座　3—机体　4—排气端座　5—排气端盖

6.2.2　转子

转子是螺杆式制冷压缩机的主要部件，如图 6-5 所示。转子常采用整体式结构，将螺杆与轴做成一体。转子的毛坯常为锻件，一般采用优质碳素结构钢，如 35 钢、45 钢等。有特殊要求时也有用 40Cr 等合金结构钢或铝合金。目前，不少转子采用球墨铸铁，既便于加工，又降低了成本。常用的球墨铸铁牌号为 QT600-3 等。转子精加工后，应进行动平衡校验。

1. 转子的齿形

主动转子和从动转子的齿面均为型面，是空间曲面。当转子相互啮合时，其型面的接触线为空间曲线，随着转子旋转，接触线由吸气端向排气端推移，完成基元容积的吸气、压缩和排气三个工作过程。所以接触线是基元容积的活动边界，它把齿间容积分成为两个不同的压力区，起到隔离基元容积的作用。

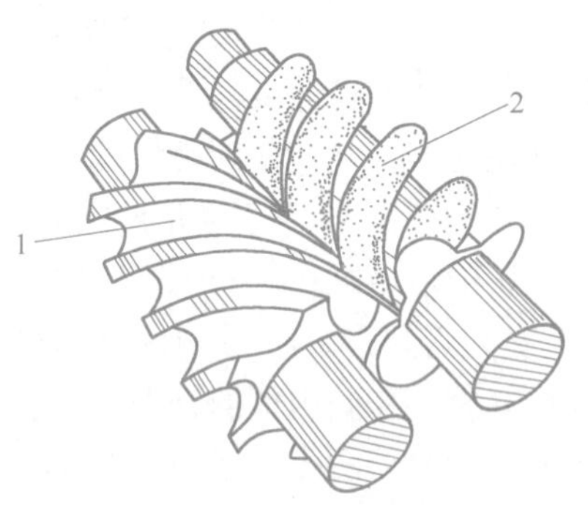

图 6-5　转子结构

1—阴螺杆　2—阳螺杆

型面在垂直于转子轴线平面（端面）上的投影称为转子的齿形，是一条平面曲线。阴、阳螺杆齿形在端平面上啮合运动的啮合点轨迹，称为齿形的啮合线，它也是平面曲线。显然，啮合线是接触线在端平面上的投

影。转子的齿形影响着转子有效工作容积的比率和啮合状况，因而影响着压缩机的输气量、功率消耗、磨损和噪声，并对转子的刚度和加工工艺性有很大的影响。如图 6-6 所示，齿形一般由圆弧、摆线、椭圆、抛物线、径向直线等组成。组成转子齿形的曲线称为型线。阴、阳螺杆的齿形型线是段数相等又互为共轭的曲线。两转子啮合旋转时，其齿形曲线在啮合处始终相切，并保持一定的瞬时传动比，相当于两个相切的圆做纯滚动。假想的做纯滚动的圆称为节圆。

2. 转子的主要结构参数

（1）转子的齿数和扭转角　转子的齿数和压缩机的输气量、效率及转子的刚度有很大关系。通常转子齿数越少，在相同的转子长度和端面面积时，压缩机输气量就越大。增加齿数，可加强转子的刚度和强度，同时使相邻齿槽的压差减小，从而减小了泄漏，提高了容积效率。螺杆式制冷压缩机的阴、阳螺杆齿数比，过去常采用 6∶4，后来逐渐出现如 Sigma、CF 齿形，其齿数比采用 6∶5。日立公司通过对比研究和试验证明，阴、阳螺杆齿数比为6∶5时，有较高的效率。目前又出现了瑞典斯达尔公司 S80 型压缩机，其齿数比为 7∶5；美国开利（Carrier）公司 06T 型压缩机的齿数比为 7∶6，所以对齿数比的研究还在继续深入。

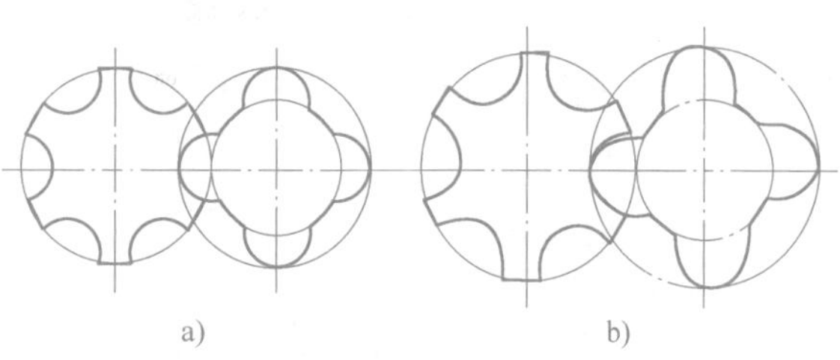

图 6-6　转子的齿形

a）对称圆弧齿形　b）非对称圆弧齿形

转子的扭转角是指转子上的一个齿在转子两端端平面上投影的夹角，如图 6-7 所示。它表示转子上一个齿的扭曲程度。转子的扭转角增大，会使两转子间相啮合的接触线增大，引起泄漏量增加；同时，较大的扭转角相应地使转子的型面轴向力加大，尤其是封闭式小型螺杆压缩机，要去掉平衡转子上轴向力的平衡活塞时，转子不宜采用过大的扭转角。但是，较大的转子扭转角可使吸、排气孔口开得大一些，减小了吸、排气阻力损失。当前较多采用的是阳螺杆的扭转角为 270°、300°，与之相啮合的阴螺杆的扭转角则为 180°、200°。

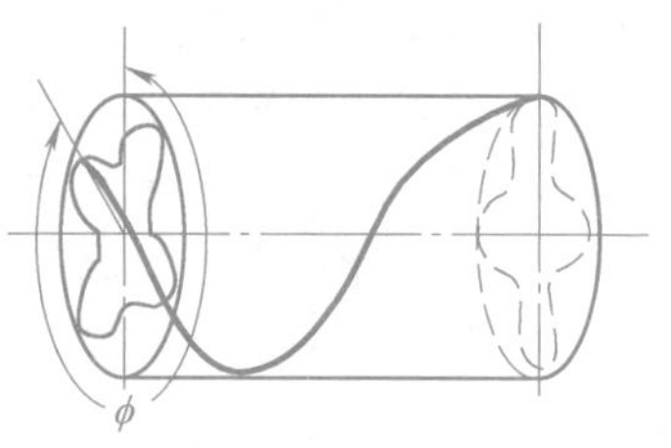

图 6-7　转子的扭转角

（2）圆周速度和转速　转子齿间圆周速度是影响压缩机尺寸、质量、效率及传动方式的一个重要因素。习惯上，常用阳螺杆齿顶圆周速度值来表示。提高圆周速度，在相同输气量的情况下，压缩机的重量及外形尺寸将减小，并且，气体通过压缩机间隙的相对泄漏量将会减少。但与此同时，气体在吸、排气孔口及齿间内的流动阻力损失相应增加。当制冷剂的种类、吸气温度、压力比以及转子啮合间隙一定时，都有一个最佳圆周速度，通常喷油螺杆式压缩机最佳圆周速度选择为 25~35m/s。

圆周速度确定后，螺杆转速也随之确定。通常，喷油螺杆式压缩机若采用不对称齿形时，主动转子转速范围为 730~4400r/min，故可采用压缩机与电动机直联，或者采用“阴拖阳”的传动方式，从而省去增速机构。小直径的转子可以选用较高的转速，如开利公司的 06N 系列螺杆式制冷压缩机，其阳螺杆最高转速达到 9100r/min，因此，与同等容量的螺杆压缩机相比，其外形尺寸和重量都减小了许多。

（3）公称直径、长径比　螺杆直径是关系到螺杆压缩机系列化、零件标准化、通用化的一个重要参数。确定螺杆直径系列化的原则是：在最佳圆周速度的范围内，以尽可能少的螺杆直径规格来满足尽可能广泛的输气量范围。

螺杆式压缩机转子螺旋部分的轴向长度 L 与其公称直径 D_0 之比称为长径比 λ，也称为相对长度。当输气量不变时，减小长径比 λ，则转子公称直径 D_0 变大，可提高转子的刚度和强度，而且轴向吸、排气孔口的面积变大，从而可降低气体流速，减少气体的阻力损失，提高容积效率；增大长径比 λ，则转子公称直径 D_0 变小，可以减少气体作用在转子上的轴向力，从而可省去平衡活塞。一般取 $\lambda=1\sim1.5$。我国产品有两种长径比，即 $\lambda=1.0$ 和 $\lambda=1.5$，前者称为短导程长径比，后者称为长导程长径比。转子公称直径为 100~500mm 之间，适用较广的输气量使用范围。

6.2.3　轴承与平衡活塞

在螺杆式压缩机的转子上，作用有轴向力和径向力。径向力是由于转子两侧所受压力不同而产生的，其大小与转子直径、长径比、内压力比及运行工况有关。由于转子一端是吸气压力，另一端是排气压力，再加上内压缩过程的影响，以及一个转子驱动另一转子等因素，便产生了轴向力。轴向力的大小与转子直径、内压力比及运行工况有关。

另外，由于内压缩的存在，排气端的径向力要比吸气端大。由于转子的形状及压力作用面积不同，两转子所受的径向力大小也不一样，实际上阴螺杆的径向力较大。因此，承受径向力的轴承负荷由大到小依次是：阴螺杆排气端轴承、阳螺杆排气端轴承、阴螺杆吸气端轴承和阳螺杆吸气端轴承。同样，两转子所受轴向力大小也不同，阳螺杆受力较大。轴向力之间的差别比径向力的差别大得多，阳螺杆所受轴向力大约是阴螺杆的 4 倍。

螺杆式制冷压缩机属高速重载机械。为了保证阴、阳螺杆的精确定位及平衡轴向力和径向力，必须选用高精度、高速、重载的轴承和相应的平衡机构，确保转子可靠运行。

一般来说，低负荷、小型机器中，多采用滚动轴承；高负荷、大中型机器中，多采用滑动轴承。由于滚动轴承的间隙小，能提高转子的安装精度，使转子与转子、转子与机壳间具有较小的间隙，减少了气体的泄漏。另外，滚动轴承摩擦损耗小，维护也比较简单，而滑动轴承加工和装配都不如滚动轴承方便。近年来逐渐趋向于采用特别的重载、高速、长寿命的滚动轴承。

对于径向轴承，一般采用圆柱滚子轴承。推力轴承采用角接触球轴承。无论采用何种类型的轴承，都应确保转子的排气侧轴向定位，而在吸气侧留有较大的轴向间隙让其自由膨胀，以便保持排气端有较小的间隙值，使气体的泄漏量最小，并避免端面磨损。

应指出的是，虽然螺杆式制冷压缩机中的径向力无法消除，必须全部由轴承来承受，但部分或全部轴向力却是可以消除的。通常用一个平衡活塞或类似装置，在它两边施加一定的压差，来达到这一目的。采用平衡活塞来平衡轴向力，可大大减小推力轴承的负荷和几何尺寸，节省金属消耗量。平衡活塞位于阳螺杆吸气端的主轴颈尾部，它利用高压油注入活塞顶部的油腔内，产生与轴向力相反的压力，使轴向力得以平衡。图 6-8 所示为一个油压平衡活塞的结构。

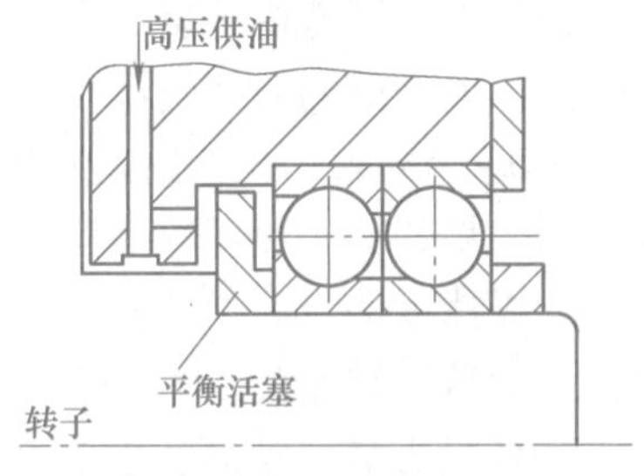

图 6-8　油压平衡活塞结构

6.2.4　能量及内容积比调节机构

螺杆式制冷压缩机能量调节的方法主要有吸入节流调节、转停调节、变频调节、滑阀调节、柱塞阀调节等。目前使用较多的为滑阀调节和柱塞阀调节。

1. 滑阀调节

如图 6-9 所示，这种调节方法是在螺杆压缩机的机体上，装一个调节滑阀，成为压缩机机体的一部分。它位于机体高压侧两内圆的交点处，且能在与气缸轴线平行的方向上来回滑动。

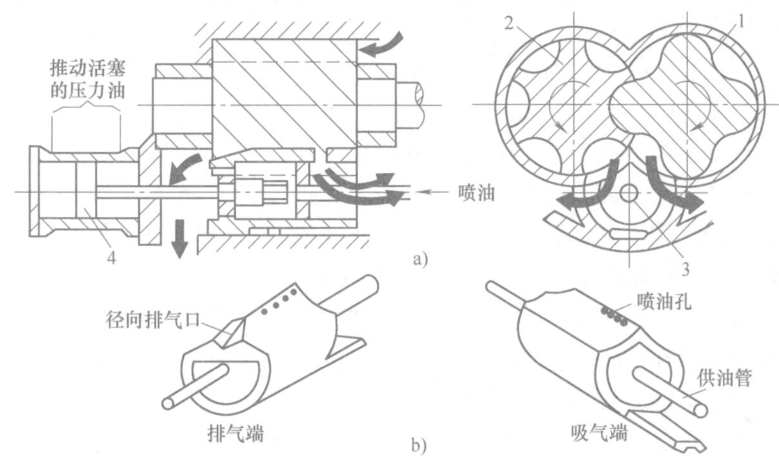

图 6-9　滑阀调节装置

a）滑阀工作示意图　b）滑阀结构示意图

1—阳螺杆　2—阴螺杆　3—滑阀　4—油压活塞

滑阀调节的基本原理是，通过滑阀的移动使压缩机阴、阳螺杆的齿间基元容积在齿面接触线从吸气端向排气端移动的前一段时间内，通过滑阀回流孔仍与吸气孔口相通，并使部分气体回流到吸气孔口。即通过改变转子的有效工作长度，来达到能量调节的目的。

图 6-10 所示为滑阀调节的原理。其中图 6-10a 为全负荷的滑阀位置，此时滑阀的背面与滑阀固定部分紧贴，压缩机运行时，基元容积中的气体全部被压缩后排出。在调节工况时滑阀的背部与固定部分脱离，形成回流孔，如图 6-10c 所示。基元容积在吸气过程结束后的一段时间内，虽然已经与吸气孔口脱开，但仍和回流孔连通，随着基元容积的缩小，一部分进气被转子从回流孔中排回吸气腔，压缩并未开始，直到该基元容积的齿面密封线移过回流孔之后，所余的进气（体积为 V_p）才受到压缩，因而压缩机的输气量将下降。滑阀的位置离固定端越远，回流孔长度越大，输气量就越小，当滑阀的背部接近排气孔口时，转子的有效长度接近于零，便能起到卸载起动的目的。

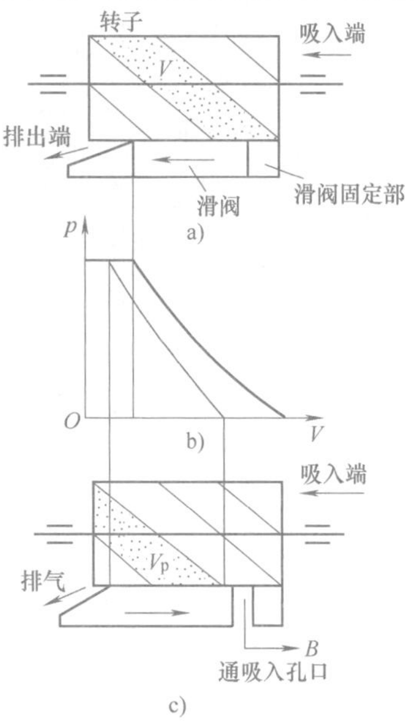

图 6-10　滑阀调节原理

a）全负荷滑阀位置　b）基元容积与压力关系　c）部分负荷滑阀位置

图 6-11 所示为螺杆式制冷压缩机输气量和滑阀位置的

关系曲线。滑阀背部同固定端紧贴时，为全负荷位置。由于滑阀固定部分的长度约占机体长度的1/5，故当滑阀刚刚离开固定端时，从理论上讲应使输气量突降到80%，如图6-11虚线所示。但压缩机实际运行中，由于回流孔的阻力作用，通过回流孔的回流气体减少，因此，输气量不会从100%立即降到80%，而是如图6-11实线所示，输气量连续变化。

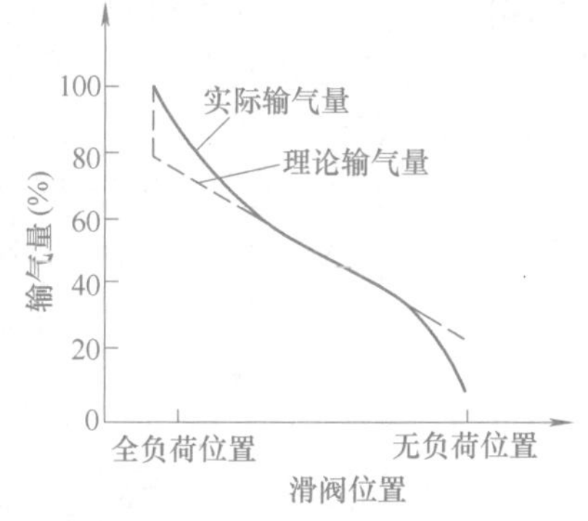

图6-11　输气量与滑阀位置的关系曲线

随着滑阀向排气端移动，输气量继续降低。当滑阀向排气端移动至理论极限位置时，即当基元容积的齿面接触线刚刚通过回流孔，将要进行压缩时，该基元容积的压缩腔已与排气孔口连通，使压缩机不能进行内压缩，此时压缩机处于全卸载状态。如果滑阀越过这一理论极限位置，则排气端座上的轴向排气孔口与基元容积连通，使排气腔中的高压气体倒流。为了防止这种现象发生，实际上常把这一极限位置设置在输气量为10%的位置上。因此，螺杆式制冷压缩机的能量调节范围一般为10%~100%内的无级调节。调节过程中，功率与输气量在50%以上负荷运行时几乎是成正比关系，但在50%以下时，性能系数则相应会大幅度下降，显得经济性较差。

滑阀的调节可用手动控制，也可实现自动控制，但控制的基本原理都是采用液压驱动调节。能量调节滑阀的控制系统如图6-12所示。它包括卸载机构、外部油管路和油路控制阀三部分。卸载机构中有滑阀、液压缸、液压活塞和能量指示器。油路控制阀为手动四通换向阀或者是电磁换向阀组，分别用于手动控制或自动控制。

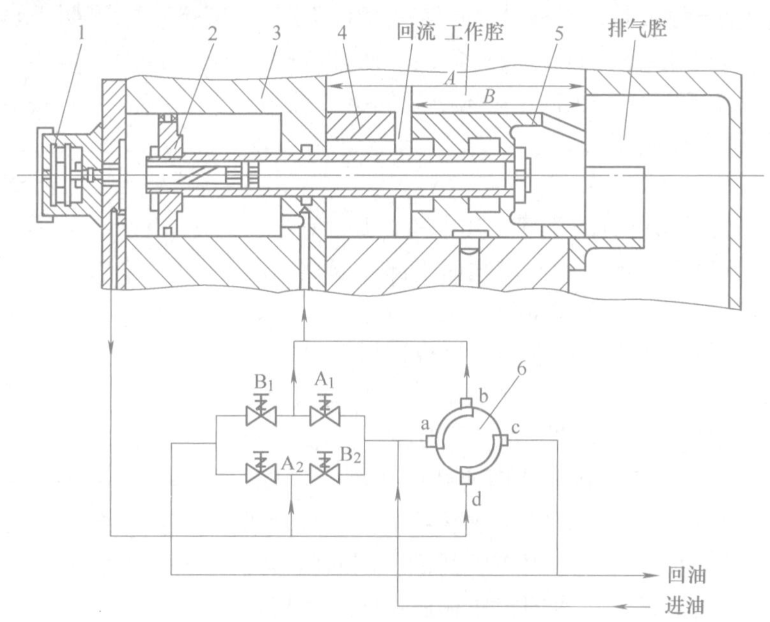

图6-12　能量调节滑阀的控制系统

1—能量指示器　2—液压活塞　3—液压缸　4—滑阀固定端　5—滑阀　6—手动四通换向阀

注：A_1、B_1、A_2、B_2为电磁阀。

手动四通换向阀有增载、减载和停止三个手柄位置，其工作情况如下：图 6-12 所示位置为增载，即手柄置于增载位置，此时四通阀的接口 a 和 b 连通，c 和 d 连通。压力油由接口 a、b 进入液压活塞的右侧，使液压活塞左移，从而带动能量调节滑阀也向左移动，压缩机增载。而液压活塞左侧的存油被压回四通阀，经接口 c、d 回流至低压侧，进入压缩机，然后返回油箱。当压缩机运转负荷增至某一预定值时，将四通阀手柄旋至停止位置，此时接口 a、b、c、d 之间断路，供油和回油管路都被切断，液压活塞定位，压缩机即在该负荷下运行。反之，压缩机减载时，可将四通阀手柄旋至减载位置，此时接口 a 和 d 连通，b 和 c 连通。供油和回油的情况与增载时相反，压缩机即可在某一预定值下减载运行。

电磁换向阀组由两组电磁阀构成，电磁阀 A_1 和 A_2 为一组，电磁阀 B_1 和 B_2 为另一组。每组的两个电磁阀通电时同时开启，断电时同时关闭。电磁换向阀组控制能量调节滑阀的工作情况如下：图 6-12 所示位置为增载，电磁阀 A_1 和 A_2 开启，电磁阀 B_1 和 B_2 关闭。高压油通过电磁阀 A_1 进入液压缸右侧，使活塞左移，液压活塞左侧的油通过电磁阀 A_2 流回压缩机的吸气部位。当压缩机运转负载增至某一预定值时，电磁阀 A_1 和 A_2 关闭，供油和回油管路都被切断，液压活塞定位，压缩机即在该负载下运行。反之，电磁阀 B_1 和 B_2 开启，电磁阀 A_1 和 A_2 关闭，即可实现压缩机减载。这种情况下，滑阀的加载或卸载是在油压差的作用下完成的。

图 6-13 所示为另一种滑阀调节方法。它使用两个电磁阀，当压缩机卸载时，卸载电磁阀开启，加载电磁阀关闭，高压油进入液压缸，推动液压活塞，使滑阀移向开启位置，滑阀开口使压缩机气体回到吸气端，从而减少压缩机输气量。压缩机加载时，卸载电磁阀关闭，加载电磁阀开启，使油从液压缸排向机体内吸气侧，滑阀在制冷剂高、低压压差的作用下，移向全负荷位置，此时，滑阀在加载时移动速度比卸载时快。与图 6-12 所示的调节滑阀的控制相比，这种方法结构简单，调节方便，美国开利公司的 23XL 螺杆冷水机组即采用这种调节方法。

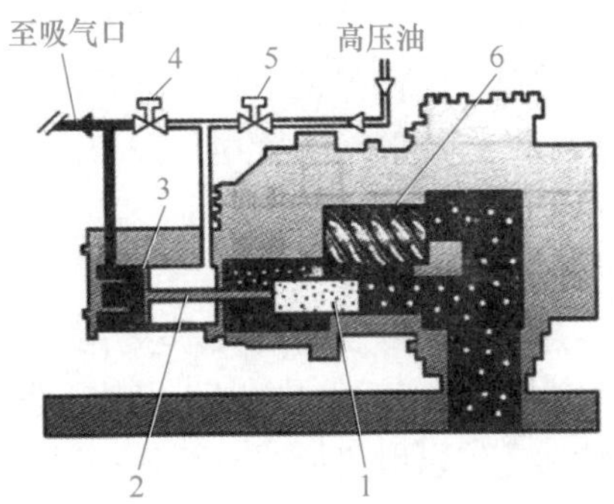

图 6-13　两个电磁阀的滑阀控制

1—滑阀　2—拉杆　3—液压活塞　4—加载电磁阀　5—卸载电磁阀　6—转子

电磁阀组也可以用一只三位四通电磁阀代替，起同样的控制作用。

2. 柱塞阀调节

螺杆式制冷压缩机能量调节的另一种方法是采用多个柱塞阀调节。图 6-14 中有三个柱塞阀，当需要减少输气量时，将柱塞阀 1 打开，基元容积内一部分制冷剂气体旁通到吸气口；当需要输气量继续减少时，则再将柱塞阀 2 打开。柱塞阀的启闭是通过电磁阀控制液压泵中油的进出来实现的。柱塞阀调节输气量只能实现有级调节，调节负荷为 75%、50%、25% 等。这种调节方法在小型、紧凑型螺杆压缩机中常常可以看到。

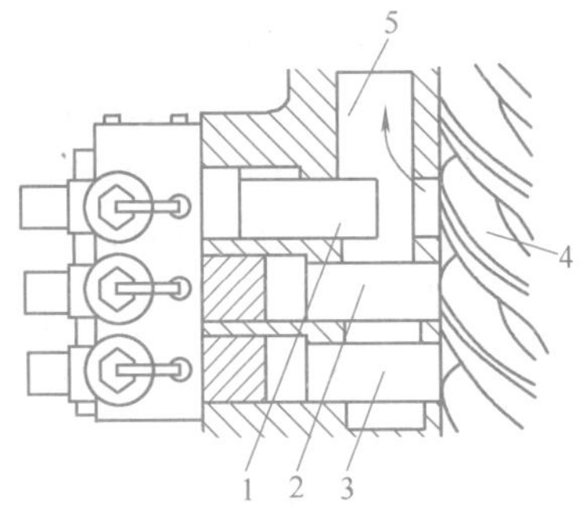

图 6-14　柱塞阀的能量调节原理

1、2、3—柱塞阀　4—转子　5—回流通道

3. 内容积比调节

由于工况的改变，螺杆式制冷压缩机内压缩终了

的压力 p_2 往往同排气腔内的压力 p_d 不相等，造成等容压缩或等容膨胀的额外功耗。为此，就有必要进行内容积比调节来实现 $p_2=p_d$，以适应螺杆式制冷压缩机在不同工况下的高效运行。

内容积比调节机构的作用，就是通过改变径向排气孔口的位置来改变内容积比，以适应不同的运行工况。内容积比的调节种类很多，早期，生产厂根据压缩机应用中的常用工况要求，提供不同内容积比的压缩机供选择，即通过更换不同的径向排气孔口的滑阀，以适应不同的内容积比的要求。我国螺杆式制冷压缩机系列的内容积比推荐值有 2.6、3.6、5 三种，以适应高温、中温及低温等不同蒸发温度的要求。但是，对于工况变化范围大的机组，如一年中夏天制冷，冬天供暖的热泵机组，有必要实现内容积比随工况变化进行无级自动调节。

在实际设计中，滑阀上都开有径向排气孔口，它随着滑阀做轴向移动，如图 6-15 所示。这样，一方面压缩机转子的有效工作长度在减少，另一方面径向排气孔口也在减少，以延长内压缩过程时间，加大内压力比。当把滑阀上的径向排气孔口与端盖上的轴向排气孔口做成不同的内压力比时，就可在一定范围的调节过程中，保持内压力比与满负荷时一样。

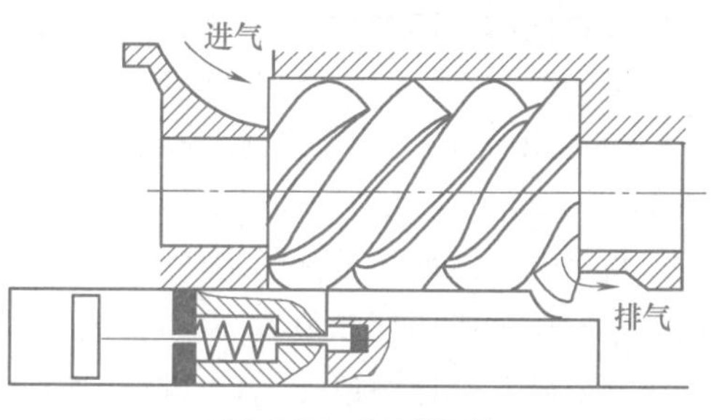

图 6-15　通过滑阀改变排气孔口位置

内容积比自动调节，可以避免过压缩及欠压缩过程；可以根据系统工况要求使机组始终能在最节能、最高效率容积比上运行，进而为用户节约大量的运行费用。

6.2.5　润滑系统

螺杆式制冷压缩机大多采用喷油结构。如图 6-9b 所示，与转子相贴合的滑阀上部，开有喷油小孔，其开口方向与气体泄漏方向相反，压力油从喷油管进入滑阀内部，经滑阀上部的喷油孔，以射流形式不断地向一对转子的啮合处喷射大量冷却润滑油。喷油量（体积分数）以输气量的 0.8%~1%为宜。喷入的油除了起密封工作容积和冷却压缩气体与运动部件的作用外，还要润滑轴承、增速齿轮、阴阳螺杆等运动部件。油路系统是确保螺杆压缩机安全、可靠运行的关键因素。根据油路系统是否配有油泵，将其分为三种类型：即带油泵油循环系统、不带油泵油循环系统及混合油循环系统。

1. 带油泵油循环系统

带油泵油循环系统是螺杆式制冷压缩机组常用的油循环系统，特别是压缩机采用滑动轴承（主轴承），或螺杆转速较高以及带有增速齿轮等情况下，压缩机组上需设置预润滑油泵。每次开机前，首先起动预润滑油泵，建立一定的油压，然后压缩机才能正常起动。当机组工作稳定后，系统油压可以由油泵一直供给，或由冷凝器压力提供。此时预润滑油泵可以关闭。

图 6-16 所示为典型的带油泵油循环系统。贮存在一次油分离器 5 内的较高温度的润滑油，经过粗过滤器 8，被油泵 9 吸入排至油冷却器 11。在油冷却器中，油被水冷却后进入精过滤器 12，随后进入油分配总管 13，将油分别送至滑阀喷油孔、前后主轴承、平衡活塞、四通换向电磁阀 A_1、B_1、A_2、B_2 和能量调节装置的液压缸 14 等处。

送入前后主轴承、四通换向电磁阀的油，经机体内的油孔返回到低压侧。部分油与蒸汽混合后，由压缩机排至油分离器。一次油分离器内的油经循环再次使用，二次油分离器内的

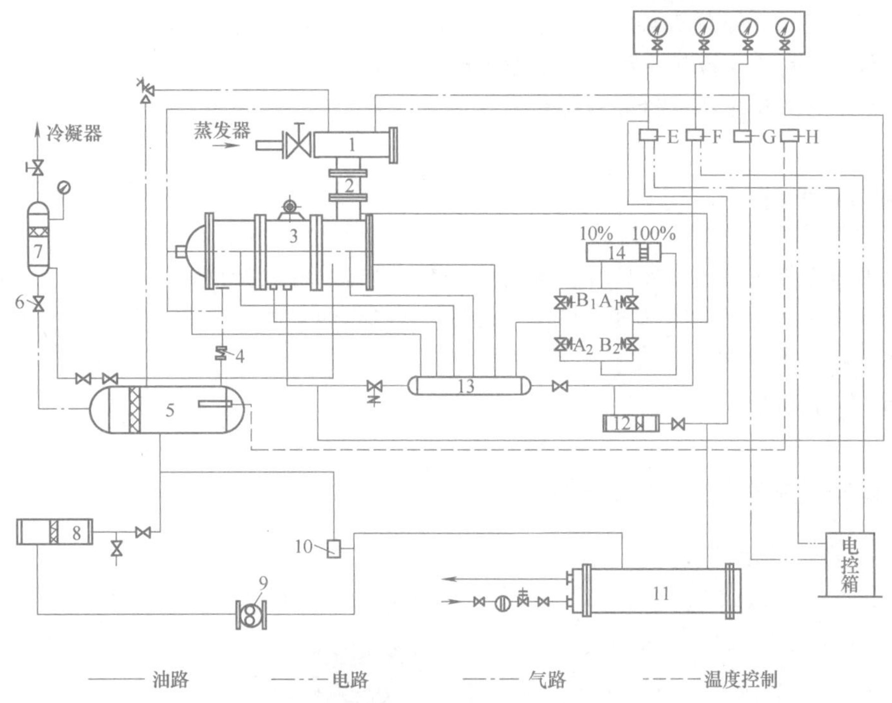

图 6-16　带油泵油循环系统

1—吸气过滤器　2—吸气单向阀　3—螺杆式制冷压缩机　4—排气单向阀
5—一次油分离器　6—截止阀　7—二次油分离器　8—粗过滤器　9—油泵
10—油压调节阀　11—油冷却器　12—精过滤器　13—油分配总管　14—液压缸

低压油，一般定期放回压缩机低压侧。在一次油分离器与油冷却器之间，通常设置油压调节阀 10，目的是保持供油压力较排气压力高 100~300kPa，多余的油返回一次油分离器出油管。

压差控制器 G 控制系统高低压力；温度控制器 H 控制排气温度；压差控制器 E 控制过滤器压差；压力控制器 F 控制油压。

2. 不带油泵油循环系统

当压缩机采用对润滑条件不敏感的滚动轴承以及压缩机转速较低时，机组常趋向于采用不带油泵油循环系统。在机组运行时依靠机组建立的排气压力来完成油的循环。

3. 混合油循环系统

不少机组联合使用上述两种系统。机组运行在低压工况下，由油泵供给足够的油，而在高压运行时，靠压差供给。

6.3　螺杆式制冷压缩机的总体结构与机组

1. 掌握开启螺杆式制冷压缩机的典型结构特征。

2. 了解半封闭和全封闭螺杆式制冷压缩机的典型结构特征。
3. 掌握单螺杆式制冷压缩机的基本结构和工作原理。
4. 了解螺杆式制冷机组的分类与构成。

能力目标

1. 能根据螺杆式制冷压缩机的实物或结构图判别压缩机的类型。
2. 能根据螺杆式制冷机组的实物或结构图判别机组的类型。

相关知识

6.3.1　螺杆式制冷压缩机的总体结构

1. 开启螺杆式制冷压缩机

开启螺杆式制冷压缩机广泛应用于石油、化工、制药、轻纺、科研方面的低温试验；应用于食品、水产、商业的低温加工储藏和运输；应用于工厂、医院及公共场所等大型建筑的空气调节等。因为它有自己的特点，所以一般以压缩机组的形式出售。

图 6-17 所示为一种开启螺杆式制冷压缩机模型。

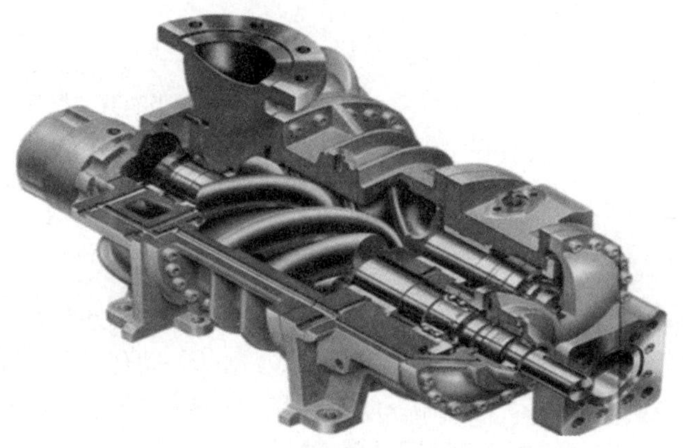

图 6-17　开启螺杆式制冷压缩机模型

图 6-18 所示为一种国产开启螺杆式制冷压缩机。该压缩机的结构特点是：①转子采用新型单边不对称齿形，齿形光滑，无尖点、棱角，啮合特性优越，气流扰动损失小，接触线缩短，泄漏损失小。②全部采用高质量滚动轴承，转子精确定位，轴颈无磨损，期望寿命为 40000h。③能量调节滑阀及内容积比调节机构均由可编程序控制器（PLC）自动控制，保证压缩机在高、中、低温各种工况下，均运行在效率最高点。④吸气过滤器布置在机体内，机体采用双层壁结构，隔音效果好，吸排气截止阀和吸排气止回阀合二为一。⑤润滑系统在机器运转时，利用吸排气压差供油，开机前通过一个小油泵预先提供润滑油，油泵故障率极低。⑥采用喷制冷剂对压缩过程进行冷却，进一步减少了润滑油的循环量。此外，还采用中间补气的“经济器”循环，使压缩机的性能得到了进一步的改善。

为适应高压力比工况，提高效率，有些厂家还生产了单机双级开启螺杆式制冷压缩机，如图 6-19 所示。用电动机直接驱动低压级的阳螺杆，通过它再驱动高压级的阳螺杆。一般冷冻、冷藏用的压缩机，高、低压级容量比为 1∶3，也可以为 1∶2。根据工况运转要求，容量比还可有多种组合。

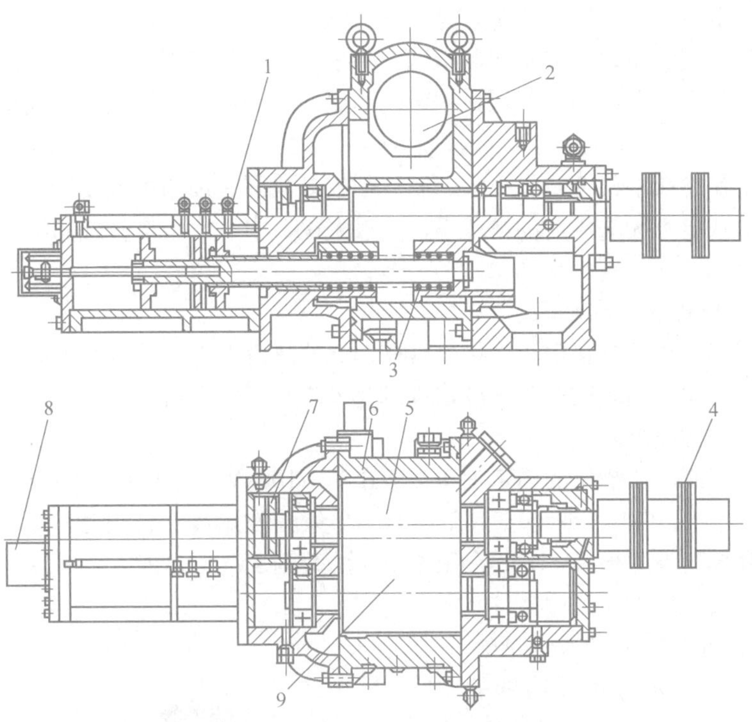

图 6-18　开启螺杆式制冷压缩机总体结构

1—液压活塞　2—吸气过滤网　3—滑阀　4—联轴器　5—阳转子　6—气缸　7—平衡活塞　8—能量测量装置　9—阴转子

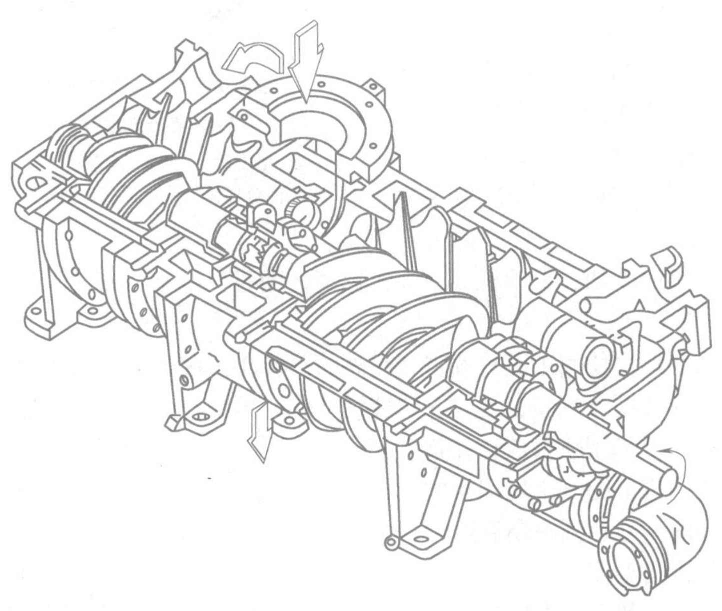

图 6-19　单机双级开启螺杆式制冷压缩机的结构

开启螺杆式制冷压缩机的主要优点是：①压缩机与电动机分离，使压缩机的适用范围更广。②同一台压缩机，可以适应不同制冷剂，除了采用卤代烃制冷剂外，通过更改部分零件的材质，还可采用氨作制冷剂。③可根据不同的制冷剂和使用工况条件，配用不同容量的电动机。

开启螺杆式制冷压缩机存在噪声大、制冷剂较易泄漏、油路系统复杂等缺点。因此，除了在使用氨工质或电力无法供应的情况下，一般来说，中、小型螺杆式制冷压缩机的发展方向是封闭式机型。

2. 半封闭螺杆式制冷压缩机

由于螺杆式制冷压缩机在中小冷量也具有良好的热力性能，并且有很好的调节性能，能适应苛刻的工况变化。随着空调领域冷水机组及风冷热泵机组需求的急剧增加，很快向半封闭甚至全封闭的结构发展。

半封闭螺杆式制冷压缩机的额定功率一般在10~100kW，在使用R134a工质时，其冷凝温度可达70℃，使用R404A或R407C工质时，单级蒸发温度最低可达-45℃。因此，由于它的冷凝压力和排气温度很高，尤其在压差很大的苛刻工况下也能安全可靠地运行，近几年得到了长足的发展。

半封闭式结构根据油分离是否内置又可分为两种。将油分离器内置的半封闭式压缩机，通常是三段式结构，即电动机部分、压缩机部分、油分离器部分，三部分之间通过带法兰的铸铁机体连接，其机体密封面通过O形圈进行密封。图6-20所示为带内置油分离器的半封闭螺杆式制冷压缩机模型。

图6-20　带内置油分离器的半封闭螺杆式制冷压缩机

1—电动机　2—吸气侧轴承　3—滑阀　4—油分离器　5—排气侧轴承　6—螺杆

图6-21所示为带内置油分离器的比泽尔（Bitzer）公司HSKC型半封闭螺杆式制冷压缩机结构。图6-21中，低压制冷剂气体进入过滤网，通过电动机再到压缩机吸气孔口，因此，内置电动机靠制冷剂气体冷却，电动机效率大大提高，而且，电动机有较大的过载能力，其尺寸也相应缩小。

由于风冷及热泵机组使用工况较恶劣，在高的冷凝压力和低的蒸发压力时，排气和润滑油温度或内置电动机温度会过高，造成保护装置动作，压缩机停机。为了保证压缩机能在工作界限范围内运行，可采用喷射液体制冷剂进行冷却降温。图6-22所示是德国比泽尔公司在半封闭螺杆式压缩机上的一个应用实例，其最高限制温度设定在80~100℃之间，当排气温度传感器1传来的信号达到限制温度时，立即打开温控喷液阀2，让液体制冷剂从喷油入口5喷入，以降低排气温度。

为了满足较高精度的环境温度调节要求，压缩机多数采用移动滑阀旁通吸入气体的方法进行能量无级或有级调节，而微型半封闭螺杆式制冷压缩机应用变频器调节能量。同时，除

了少量微型半封闭螺杆式制冷压缩机，大多数半封闭螺杆式制冷压缩机都设置内容积比有级调节机构。

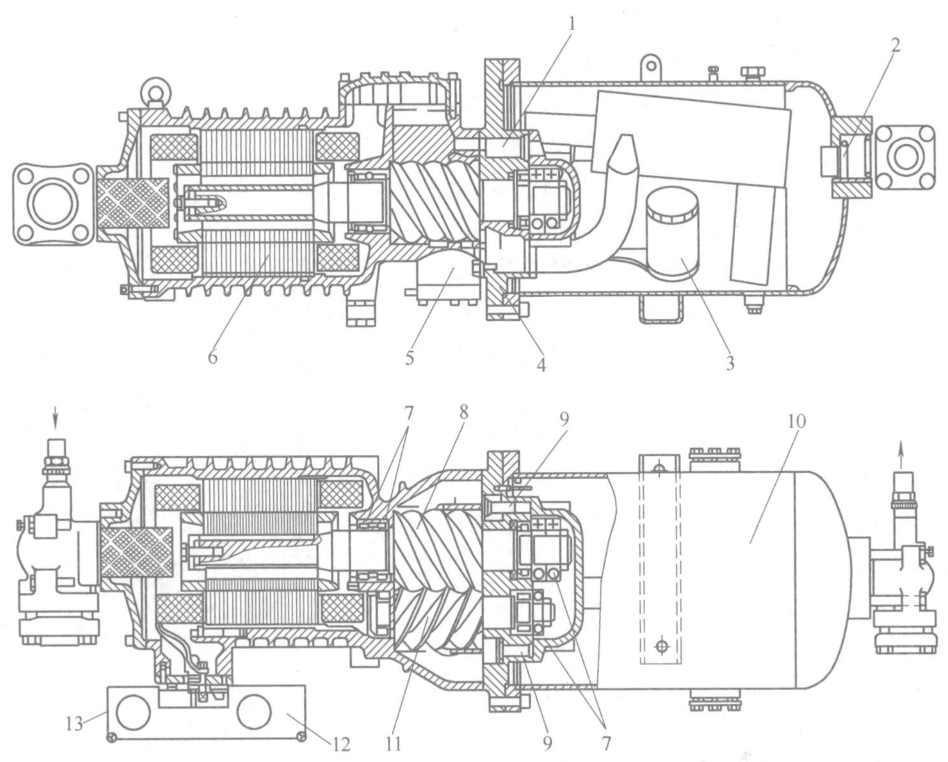

图 6-21　比泽尔（Bitzer）公司 HSKC 型半封闭螺杆式制冷压缩机结构图

1—压差阀　2—单向阀　3—油过滤器　4—排温控制探头　5—内容积比控制机构　6—电动机　7—滚动轴承　8—阳螺杆　9—输气量控制器　10—油分离器　11—阴螺杆　12—电动机保护装置　13—接线盒

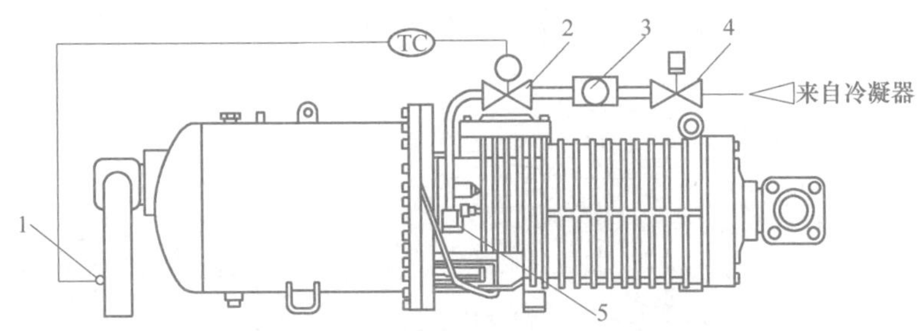

图 6-22　半封闭螺杆式制冷压缩机的喷液冷却

1—排气温度传感器　2—温控喷液阀　3—视镜　4—电磁阀　5—喷油入口

3. 全封闭螺杆式压缩机

由于制造和安装技术要求高，全封闭螺杆式压缩机近年才得到开发。图 6-23 所示为美国顿汉-布什（Dunham-Bush）公司用于贮水、冷冻、冷藏和空调的全封闭螺杆式制冷压缩机。图中转子为立式布置。为了提高转速，电动机主轴与阴螺杆直联，整个压缩机全部采用滚动轴承，以保证阴、阳螺杆间的啮合间隙。轴承采用了特殊材料和工艺，能承受较大载荷与保证足够的寿命，使运转可靠。润滑系统采用吸排气压差供油，省去了油泵。并且用温度传感器采集压缩机排气温度，当排气温度较高时，用液态制冷剂和少量油组成的混合液喷入压缩腔。能量调节由计算机控制滑阀移动来实现。压缩机内置电动机由排气冷却，采用耐高温电动机，允许压缩机排气温度达到100℃，排出的高温压缩制冷剂气体，通过电动机和外壳间的通道，经过油分离器12，由排气口1排出，整个机壳内充满了高压制冷剂气体。目前有单机组成的全封闭螺杆式冷水机组，其制冷量可达到186kW。

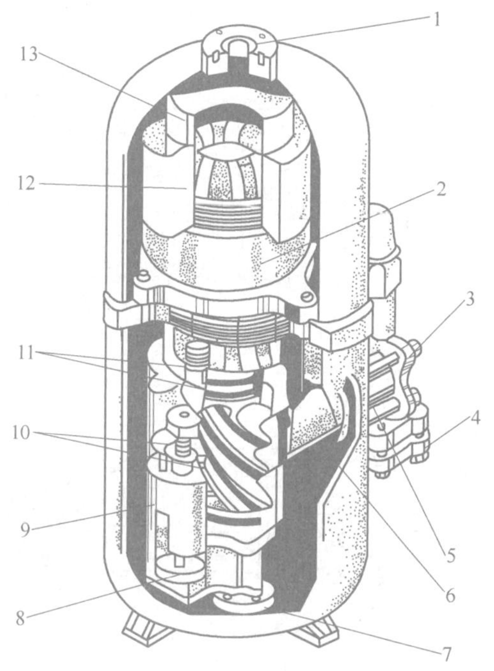

图6-23　全封闭螺杆式制冷压缩机结构图
1—排气口　2—内置电动机　3—吸气截止阀　4—吸气口　5—吸气单向阀　6—吸气过滤网　7—过滤器　8—能量调节液压活塞　9—调节滑阀　10—阴、阳螺杆　11—主轴承　12—油分离器　13—挡油板

图6-24所示为比泽尔公司VSK型全封闭螺杆式压缩机结构，电动机配用功率为10~20kW。它的结构特点是卧式布置，能量调节不设滑阀，采用电动机变频调节。

4. 单螺杆制冷压缩机

单螺杆压缩机是利用形似涡轮断面的星轮与蜗杆转子（又称螺杆转子）相啮合的压缩机，故又称为蜗杆压缩机。单螺杆压缩机也属于容积型回转式压缩机，其开启式结构如图6-25所示。图中由螺杆转子1的齿间凹槽、星轮3和气缸内壁组成独立的基元容积，犹如往复式活塞压缩机的气缸容积。转动的星轮齿片作为活塞，随着转子和星轮不断地移动，基元容积的大小发生周期性的变化，以完成气体的压缩。单螺杆压缩机也没有吸、排气阀，其工作原理如图6-26所示。

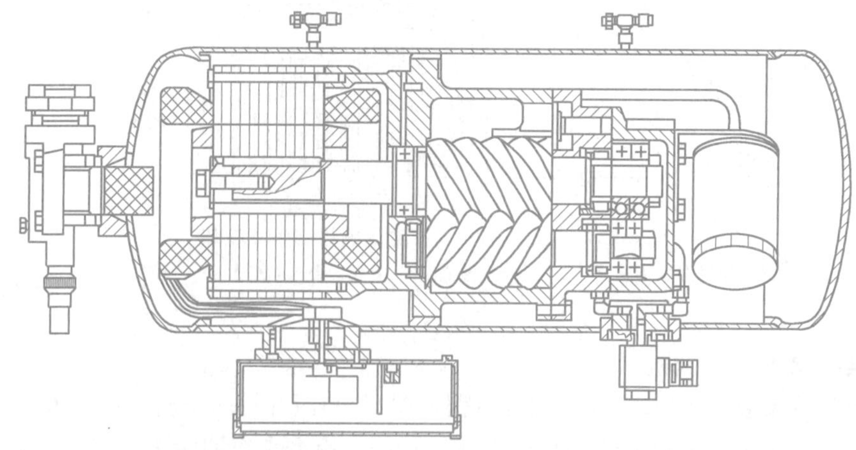

图6-24　比泽尔公司VSK型全封闭螺杆式制冷压缩机结构

单螺杆压缩机由一个螺杆转子带动两个与之相啮合的星轮，随着螺杆与星轮的相对运动，气体吸入螺杆齿槽，当星轮的齿片切入螺杆齿槽，并旋转至齿槽容积与吸气腔隔开，吸气结束，此即吸气过程（图 6-26a）；当螺杆继续旋转，螺杆齿槽内的气体容积不断减少，气体压力不断升高，直至齿槽内的气体与排气口刚要接通为止，气体压缩结束，此即压缩过程（图 6-26b）；当齿槽与排气口连通时，即开始排气，直至星轮全部扫过螺杆齿槽，槽内气体全部排出，此即排气过程（图 6-26c）。

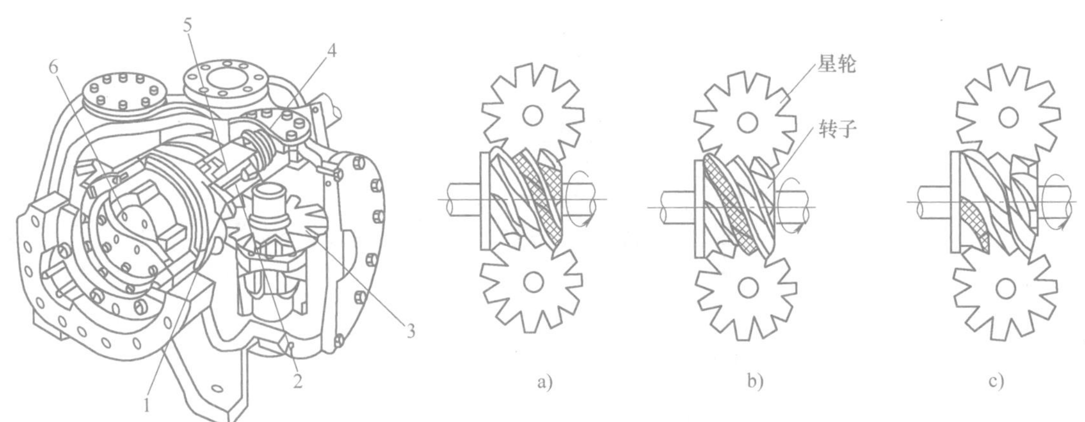

图 6-25　开启单螺杆制冷压缩机的结构

1—螺杆转子　2—内容积比调节滑阀　3—星轮　4—轴封　5—能量调节滑阀　6—轴承

图 6-26　单螺杆制冷压缩机的工作原理图

a）吸气过程　b）压缩过程　c）排气过程

由图 6-26 可见，单螺杆压缩机与双螺杆不同，在单螺杆压缩机的转子两侧对称配置的星轮，分别构成双工作腔，各自完成吸气、压缩和排气工作过程，所以单螺杆压缩机的一个基元容积在旋转一周内，完成了两次吸气、压缩和排气循环。

6.3.2　螺杆式制冷压缩机组

1. 螺杆式制冷压缩机组的构成

为了保证螺杆式制冷压缩机的正常运转，必须配置相应的辅助机构，如润滑系统、能量调节的控制装置，安全保护装置和监控仪表等。通常，生产厂多将压缩机、驱动电动机及上述辅助机构组装成机组的形式，称为螺杆式制冷压缩机组。

压缩机组由压缩机、电动机、联轴器、油分离器、油冷却器、液压泵、油过滤器、吸气过滤器、控制台等组成。图 6-27 和图 6-28 分别示出国产单级开启螺杆式制冷压缩机组系统图与外形图。

如图 6-27 所示，由蒸发器来的制冷剂气体，经吸气截止阀 4、吸气过滤器、吸气单向阀 1 进入螺杆式制冷压缩机的吸入口，压缩机在气体压缩过程中，油在滑阀或机体的适当位置喷入，然后油气混合物经过压缩后，由排气口排出，进入油分离器。油气分离后，制冷剂气体通过排气单向阀 18、排气截止阀 19，送入冷凝器。

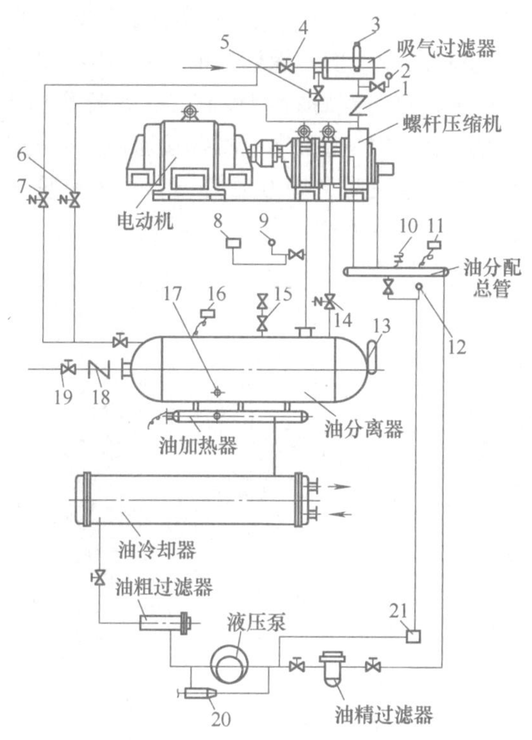

图 6-27　单级开启螺杆式制冷压缩机组系统图

1—吸气单向阀　2—吸气压力计　3—吸气温度计　4—吸气截止阀　5—加油阀　6—起动旁通电磁阀　7—停车旁通电磁阀　8—排气压力高保护继电器　9—排气压力　10—油温度计　11—油温度高保护继电器　12—油压计　13—排气温度计　14—回油电磁阀　15—溢流阀　16—排气温度高保护继电器　17—油面镜　18—排气单向阀　19—排气截止阀　20—油压调节阀　21—精过滤器前后压差保护

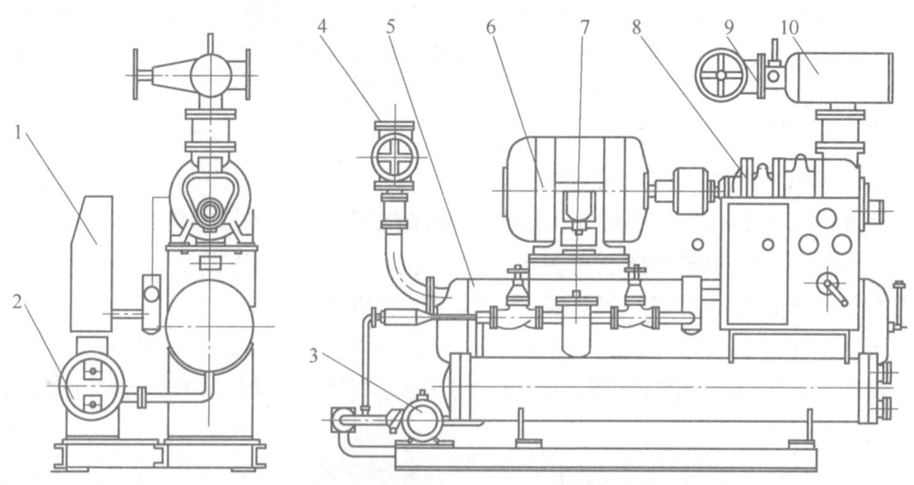

图 6-28　单级开启螺杆式制冷压缩机组外形图

1—操纵台　2—油冷却器　3—液压泵　4—排气截止阀　5—油分离器　6—电动机　7—过滤器　8—压缩机　9—吸气截止阀　10—吸气过滤器

2. 带经济器的螺杆式制冷压缩机组

螺杆式制冷压缩机虽具有单级压力比高的优点，但随着压力比的增大，泄漏损失急速地增加，因此，低温工况下运行时效率显著降低。为了扩大其使用范围，改善低温工况的性能，提高效率，可利用螺杆式制冷压缩机吸气、压缩、排气单向进行的特点，在机壳或端盖的适当位置开设补气口，使转子基元容积在压缩过程的某一转角范围，与补气口相通，使系统中增设的中间容器内的闪发性气体，通过补气口进入基元容积中。这样，单级螺杆式制冷压缩机按双级制冷循环工作，达到节能的效果。此增设的中间容器称为“经济器”。

带经济器的制冷系统有一次节流和二次节流两种形式，如图 6-29 所示。对于一次节流系统（图 6-29a），来自贮液器 4 的制冷剂液体分为两路，主要的一路从经济器 5 中的盘管内流过，放出热量而过冷，然后经节流阀 8 节流后，进入蒸发器 6 中制冷；另一路经节流阀 7 降压后，进入经济器 5 中吸热而产生闪发性气体，经压缩机机体上的中间补气口进入正处在压缩初始阶段的基元容积中，与来自蒸发器的气体混合继续被压缩。

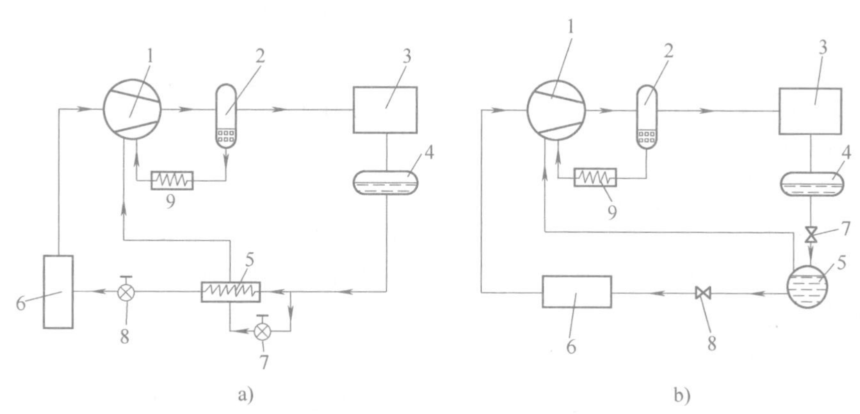

图 6-29　带经济器的螺杆式压缩制冷循环系统

a）一次节流制冷系统　b）二次节流制冷系统

1—压缩机　2—油分离器　3—冷凝器　4—贮液器　5—经济器

6—蒸发器　7、8—节流阀　9—油冷却器

对于二次节流系统（图 6-29b），来自贮液器 4 的制冷剂液体，经节流阀 7 至经济器 5 中，上部产生的闪发气体，通过压缩机补气口进入处在压缩阶段的基元容积中，与原有气体继续被压缩；下部的液体经节流阀 8 第二次节流后，进入蒸发器 6 中制冷。进入蒸发器的制冷剂液体，经过二次节流，且二次节流前与进入补气口的气体的温度相同。无论是一次节流还是二次节流，都是使进入蒸发器的制冷剂过冷，因而制冷量增加。同时，补气后使基元容积气体质量增加，压缩功也有一定的增大，但增大速率比制冷量增加得慢，所以制冷系数提高，具有节能效果。节能效益的大小与制冷剂性质及工况有关，用 R502 最好，其次是 R22，而 R717 最小。低温工况下的节能效果十分显著，当冷凝温度不变，蒸发温度越低时，其循环的制冷系数提高得越多。据有关文献介绍，对蒸发温度在 −15 ~ −40℃范围内的低温工况，制冷量可增大 19% ~ 44%，制冷系数可提高 7% ~ 30%。

另外，带经济器的螺杆式制冷压缩机有较宽的运行范围，单级压力比大，卸载运行时能实现最佳运行，其加工基本与单级螺杆式制冷压缩机相同，制冷系统中阀门和设备增加不多，故目前应用越来越广泛。

3. 喷液螺杆式制冷压缩机组

螺杆式压缩机喷液或喷油，是利用了它对湿行程不敏感，即不怕带液运行的优点而实施的。由于油的降温密封作用，在螺杆式压缩机运行中喷入大量的润滑油，提高了压缩机的性能。然而，在对油的处理上，增加了油分离器和油冷却器等设备，使得机组笨重庞大，与螺杆式压缩机主机结构简单、体积小、重量轻极不相称，尤其是中小型封闭式压缩机。因此，人们开发了在压缩机压缩过程中用喷射制冷剂液体代替喷油，借此省去油冷却器，缩小油分离器，并且喷液冷却能使排气温度下降，防止封闭式压缩机电动机因排气温度过高引起保护装置动作而停机。

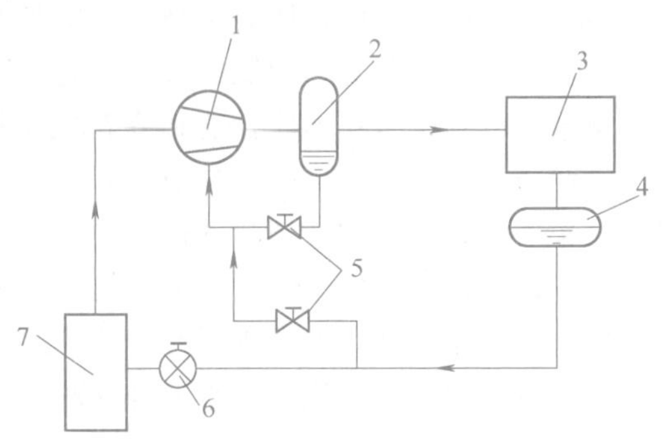

图 6-30 螺杆式制冷压缩机喷液系统原理图

1—压缩机 2—油分离器 3—冷凝器 4—贮液器 5—调节阀 6—节流阀 7—蒸发器

图 6-30 所示为螺杆式制冷压缩机喷液系统原理图。在压缩机气缸中间开设孔口，将制冷剂液体与润滑油混合后一起喷入压缩机转子中，液体制冷剂吸收压缩热并冷却润滑油。喷液不影响螺杆式制冷压缩机在蒸发压力下吸入的气体量，虽然有极小部分制冷剂未参与制冷，但制冷量的降低很小，轴功率增加也甚微。喷液与不喷液相比可大大改善系统的性能。

喷液不能完全代替喷油，因为油有一定黏度，密封效果好，所以，目前常用的是制冷剂液体和油混合后喷射进去。

4. 多台主机并联运转的螺杆式制冷压缩机组

随着外界负荷大幅度的变化，虽然螺杆式压缩机可以采用滑阀来调节其输气量，调节时气体的压缩功几乎是随输气量的减少而成比例地减少，但作为整台压缩机来说，运转中的机械损耗几乎不变。因此，在同一系统中采用多台螺杆式压缩机并联来代替单台机运行，在调节工况时，可以节省功率，特别是在较大输气量的系统中尤为有利。随着螺杆式压缩机半封闭化、小型化及控制系统的发展，近几年来，多台主机并联运转系统取得很大发展，其适用冷量范围为 240~1500kW。

多台主机并联运转系统不仅有利于工况调节，同时也带来了一系列其他优点：①可以用较少的机型来满足不同输气量的需要，便于制造厂生产，降低成本。②使用时可以逐台起动主机，对电网冲击小，起动装置的要求低，电动机功率在 30kW 以下机型可以直接起动。③运转效率可以提高，当其中某一台主机出现故障时，可以单独维修而系统仍可以维持运转。

6.4 螺杆式制冷压缩机的热力性能

1. 掌握螺杆式制冷压缩机输气量、容积效率、功率和效率的概念。

2. 了解影响螺杆式制冷压缩机容积效率的主要因素。
3. 了解螺杆式制冷压缩机性能曲线的构成。

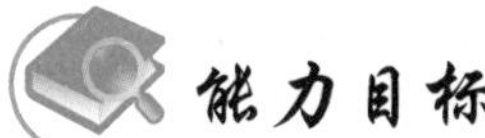
能力目标

1. 能正确计算螺杆式制冷压缩机的输气量、容积效率、功率和效率。
2. 能正确使用螺杆式制冷压缩机的性能曲线图。

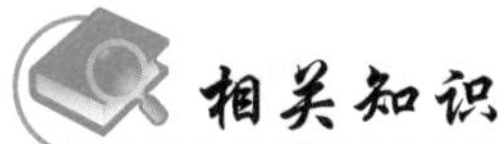
相关知识

6.4.1　性能参数及计算

1. 输气量

螺杆式制冷压缩机输气量的概念与活塞式制冷压缩机相同，也是指压缩机在单位时间内排出的气体换算到吸气状态下的容积。压缩机的理论输气量为单位时间内阴、阳螺杆转过的齿间容积之和，即

$$q_{vt}=60(z_1n_1V_1+z_2n_2V_2)C_\phi \tag{6-3}$$

式中　q_{vt}——理论输气量（m^3/h）；

V_1、V_2——阳螺杆与阴螺杆的齿间容积（一个齿槽的容积）（m^3）；

z_1、z_2——阳螺杆与阴螺杆的齿数；

n_1、n_2——阳螺杆与阴螺杆的转速（r/min）；

C_ϕ——扭角系数（转子扭转角对吸气容积的影响程度）。

压缩机两转子的啮合旋转，相当于齿轮的啮合传动，因此

$$z_1n_1=z_2n_2 \tag{6-4}$$

又
$$V_1=A_{01}L \qquad V_2=A_{02}L$$

则压缩机理论输气量可写成

$$q_{vt}=60z_1n_1L(A_{01}+A_{02})C_\phi \tag{6-5}$$

式中　L——转子的螺旋部分长度（m）；

A_{01}、A_{02}——阳螺杆与阴螺杆的端面齿间面积（端平面上的齿槽面积）（m^2）。

令
$$C_n=\frac{z_1(A_{01}+A_{02})}{D_0^2} \tag{6-6}$$

则压缩机理论输气量可写成

$$q_{vt}=60C_nC_\phi n_1LD_0^2 \tag{6-7}$$

式中　D_0——转子的公称直径（m）；

C_n——面积利用系数，是由转子齿形和齿数所决定的常数。

直径和长度尺寸相同的两对转子，面积利用系数大的一对转子，其输气量大，反之输气量小。相同输气量的螺杆压缩机，面积利用系数大的转子，机器外形尺寸和重量可以小些。但转子的面积利用系数大，往往会使转子齿厚，特别是阴螺杆的齿厚减薄，降低转子的刚度，影响转子加工精度，同时，在运转时由于气体压力的作用会使转子变形增加，也增加了

泄漏。因此，在设计制造转子时，选取面积利用系数必须全面考虑。几种齿形的面积利用系数见表 6-1。

表 6-1 几种齿形的面积利用系数

齿形名称	SRM 对称齿形	SRM 不对称齿形	单边不对称齿形	X 齿形	Sigma 齿形	CF 齿形
阴阳螺杆齿数比($z_2:z_1$)	6：4	6：4	6：4	6：4	6：5	6：5
面积利用系数 C_n	0.472	0.52	0.521	0.56	0.417	0.595

当转子的扭转角大到某一数值时，啮合两转子的某基元容积对在吸气端与吸气孔口隔断时，其齿在排气端并未完全脱离，致使转子的齿间容积不能完全充气。考虑这一因素对压缩机输气量的影响，用扭角系数 C_ϕ 表征。表 6-2 列出了阳螺杆扭转角 ϕ_1 与 C_ϕ 的对应关系。扭角系数是计算输气量、容积效率的基本数据，也是吸、排气孔口设计的基本依据。

表 6-2 阳螺杆扭转角 ϕ_1 与 C_ϕ 的对应值

扭转角 ϕ_1(°)	240	270	300
扭角系数 C_ϕ	0.999	0.989	0.971

由于泄漏、气体受热等，螺杆式制冷压缩机的实际输气量低于它的理论输气量，用容积效率表征影响输气量的损失。当考虑到压缩机的容积效率 η_V 时，其实际输气量 q_{va} 为

$$q_{va}=\eta_V q_{vt} \tag{6-8}$$

螺杆式制冷压缩机的容积效率 η_V 一般在 0.75~0.9 范围内，小输气量、高压力比的压缩机取小值，大输气量、低压力比则取大值。由于螺杆式压缩机没有余隙容积，所以几乎不存在再膨胀的容积损失，容积效率随压力比增大并无很大的下降，这对制冷用的压缩机，尤其是热泵用的压缩机是十分有利的。采用不对称齿形和喷油措施均有利于提高容积效率。

影响螺杆式制冷压缩机容积效率主要的因素有如下几个方面：

1）泄漏。气体通过间隙的泄漏，可分为外泄漏和内泄漏两种，前者是指基元容积中压力升高的气体向吸气通道或正在吸气的基元容积中泄漏；后者是指高压力区内基元容积之间的泄漏。外泄漏影响容积效率，内泄漏仅影响压缩机的功耗。

2）吸气压力损失。气体通过压缩机吸气管道和吸气孔口时，产生气体流动损失，吸气压力降低，比体积增大，相应地减少了压缩机的吸气量，降低了压缩机的容积效率。

3）预热损失。转子与机壳因受到压缩气体的加热而温度升高。在吸气过程中，气体受到吸气管道、转子和机壳的加热而膨胀，相应地减少了气体的吸入量，降低了压缩机的容积效率。

上述几种损失的大小，与压缩机的尺寸、结构、转速、制冷工质的种类、气缸喷油量和油温，机体加工制造的精度、磨损程度及运行工况等因素有关。因此，在输气量大（全负荷时）、转速较高、转子外圆圆周速度适宜、压力比小、喷油量适宜、油温低的情况下压缩机的容积效率较高。

2. 功率和效率

螺杆式制冷压缩机功率和效率的概念与活塞式制冷压缩机基本相同。

（1）功率

1）压缩机等熵压缩所需理论功率 P_s(kW) 为

$$P_s = \frac{q_{ma}(h_2 - h_1)}{3600} \tag{6-9}$$

式中　q_{ma}——压缩机的实际质量输气量（kg/h）；

$h_2 - h_1$——单位质量等熵压缩理论功，即等熵压缩过程终点和始点的气体焓差(kJ/kg)。

2）压缩机的指示功率 P_i，即压缩机用于压缩气体所消耗的功率，可根据同类型压缩机选取指示效率 η_i 来计算确定。螺杆式制冷压缩机的指示效率 η_i 一般为 0.8 左右。P_i 的表达式为

$$P_i = \frac{P_s}{\eta_i} = \frac{q_{ma}(h_2 - h_1)}{3600\eta_i} \tag{6-10}$$

3）压缩机的轴功率 P_e，即压缩机指示功率 P_i 和摩擦功率 P_m 之和，其表达式为

$$P_e = P_i + P_m \tag{6-11}$$

（2）效率

1）等熵效率 η_s。等熵效率是衡量压缩机中功和能转换的完善程度，表明了压缩机运转经济性的好坏。等熵效率等于等熵压缩所需理论功率与压缩机的轴功率之比，即

$$\eta_s = \frac{P_s}{P_e} \tag{6-12}$$

目前，螺杆式压缩机的等熵效率范围为：低压力比，大输气量时 $\eta_s = 0.82 \sim 0.85$；高压力比、中小输气量时 $\eta_s = 0.72 \sim 0.82$。

2）指示效率（内效率）η_i。指示效率是用来评价压缩机内部工作过程的完善程度。由式（6-10）得

$$\eta_i = \frac{P_s}{P_i} \tag{6-13}$$

影响螺杆式制冷压缩机指示效率的主要因素有：气体的流动损失、泄漏损失、内外压力比不等时的附加损失。

3）压缩机的机械效率 η_m。机械效率是表征轴承、轴封等处的机械摩擦所引起功率损失的程度，等于指示功率与轴功率的比值。其表达式为

$$\eta_m = \frac{P_i}{P_e} \tag{6-14}$$

螺杆式制冷压缩机的机械效率 η_m，通常在 0.95~0.98 之间。

压缩机的等熵效率 η_s，与指示效率 η_i 之间有如下关系

$$\eta_s = \frac{P_s}{P_e} = \frac{P_s P_i}{P_e P_i} = \eta_i \eta_m \tag{6-15}$$

6.4.2　性能曲线

制冷压缩机的制冷量和轴功率随着不同的工况而变化，因此，说明制冷量和轴功率时，

必须说明这时的工况。在制冷压缩机的铭牌上记有名义工况制冷量及其轴功率。

当偏离名义工况时，螺杆式制冷压缩机的性能可由性能曲线上查出。图6-31所示为几种双螺杆式制冷压缩机的性能曲线。制冷剂为R717。

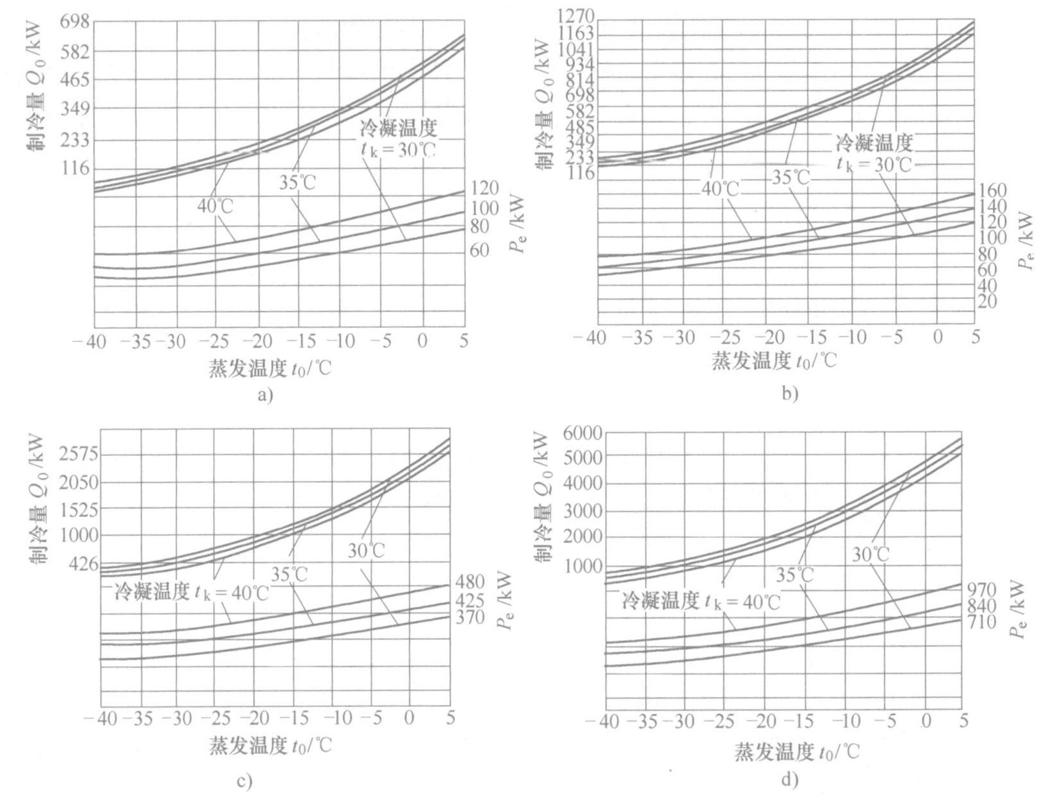

图6-31　双螺杆式制冷压缩机的性能曲线

a）LG16A型　b）LG20A型　c）LG25A型　d）LG31.5A型

拓展知识

单螺杆式制冷压缩机的能量和内容积比调节

由于滑阀调节方式结构简单，调节过程连续稳定，内容积比变化少，在单螺杆式制冷压缩机的能量和内容积比调节中得到了广泛应用。滑阀调节能量和滑阀调节内容积比的原理如图6-32所示。其工作原理与双螺杆式制冷压缩机相同，但具体结构却有较大差别。滑阀安置在具有半圆槽的气缸壁上，由于两个星轮同时与螺杆齿槽形成压缩腔，故在螺杆两边就有相应的两个滑阀。图6-32a表示能量调节滑阀1在全负荷位置；图6-32b表示能量调节滑阀1由吸气端向排气端移动一定距离，使基元容积吸入的气体回流到吸气腔，减少输气量。

同双螺杆式制冷压缩机一样，由于单螺杆式制冷压缩机无吸、排气阀，在压缩终了时的压力p_2不一定与排气腔内的压力p_d相等，所以要进行内容积比调节。图6-32中滑阀2用以调节内容积比。图6-32a是滑阀2处于靠近吸气口位置，排气口较大，使基元容积较早地与

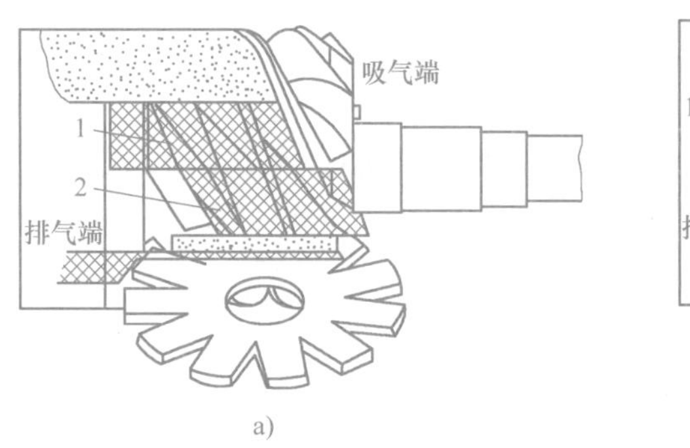

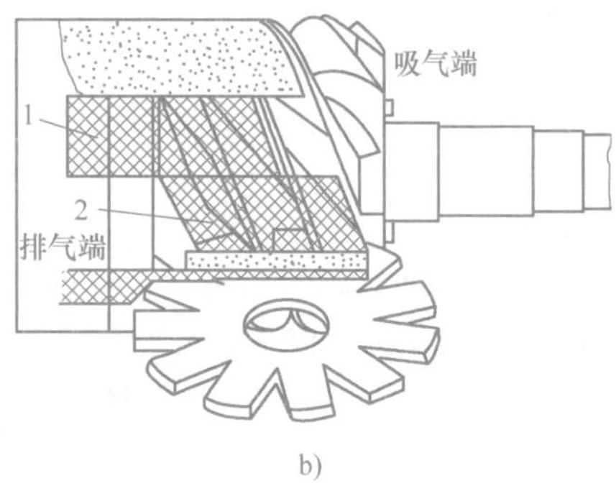

图 6-32　滑阀调节能量和滑阀调节内容积比的原理

a）滑阀 1、2 分别处于输气量最大和内容积比最小位置

b）滑阀 1、2 分别处于输气量减小和内容积比增大位置

1—能量调节滑阀　2—内容积调节滑阀

排气口相通，因此内容积比变小；图 6-32b 是滑阀 2 移动至靠近排气口位置，排气口较小，这样推迟了基元容积和排气口相通的位置，内容积比较大。单螺杆式制冷压缩机能量调节滑阀与内容积比调节滑阀可分开单独动作，实现了工况变化时压缩机一直在较高效率下运行。

能力训练项目

螺杆式制冷压缩机结构解析

通过观察螺杆式制冷压缩机的结构（图 6-33），判别其基本类型，并说明其主要零部件名称。

图 6-33　螺杆式制冷压缩机

复习思考题

1. 简述螺杆式制冷压缩机的工作过程。
2. 何谓螺杆式制冷压缩机的内压缩过程、内容积比、内压力比？
3. 简要分析螺杆式制冷压缩机为何会产生附加功损失。

4. 螺杆式制冷压缩机的优缺点主要有哪些?

5. 螺杆式制冷压缩机由哪些主要零部件组成?各主要零部件的作用是什么?

6. 何谓螺杆式制冷压缩机转子的齿形?

7. 螺杆式制冷压缩机转子主要结构参数有哪些?对螺杆式制冷压缩机的性能各有何影响?

8. 螺杆式制冷压缩机能量调节的方法有哪些?

9. 简述滑阀调节和柱塞阀调节输气量的工作原理。

10. 螺杆式制冷压缩机内容积比是如何调节的?

11. 螺杆式制冷压缩机的润滑系统有哪几种形式?

12. 开启螺杆式制冷压缩机有何优缺点?

13. 简述单螺杆式制冷压缩机的基本结构及工作原理。

14. 何谓螺杆式制冷压缩机组?

15. 分别简述带经济器的螺杆压缩机系统、喷液螺杆压缩机系统及多台主机并联运转系统的工作原理及特点。

16. 螺杆式制冷压缩机输气量的大小与哪些因素有关?影响容积效率的主要因素有哪些?

第 7 章　其他类型的制冷压缩机

7.1　离心式制冷压缩机

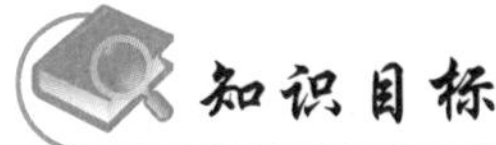

知识目标

1. 掌握离心式制冷压缩机的工作原理与基本结构。
2. 了解离心式制冷压缩机的特点、分类、主要零部件的结构与作用。
3. 了解离心式制冷机组的构成、运行特性与能量调节方法。

能力目标

1. 能根据实物或结构图说出离心式制冷压缩机主要零部件的名称。
2. 能正确判断离心式制冷压缩机是否发生喘振。

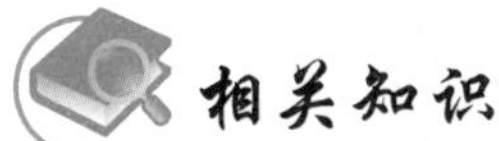

相关知识

7.1.1　离心式制冷压缩机的工作原理与结构

离心式制冷压缩机属于速度型压缩机，是一种叶轮旋转式的机械。它是靠高速旋转的叶轮对气体做功，以提高气体的压力。这种压缩机中的气体的流动是连续的，流量比容积型制冷压缩机要大得多。为了产生有效的能量转换，转速必须很高。离心式制冷压缩机的吸气量为 0.03～15m^3/s，转速为 1800～90000r/min，吸气温度通常在 10～−100℃，吸气压力为 14～700kPa，排气压力小于 2MPa，压力比在 2～30 之间，几乎所有制冷剂都可采用。目前常用的制冷剂有 R22、R123 和 R134a 等。

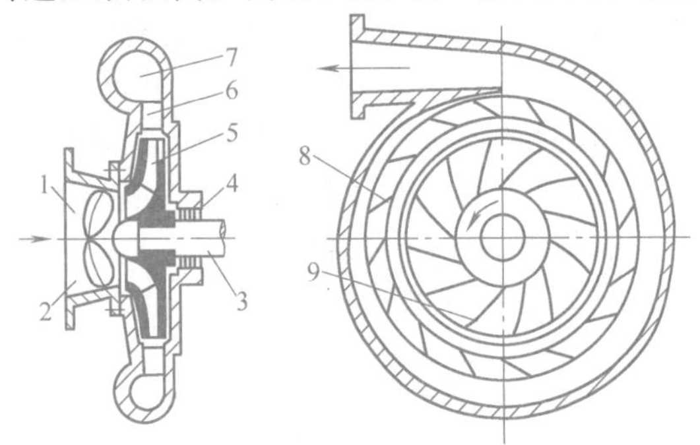

图 7-1　单级离心式制冷压缩机简图

1—吸气室　2—进口可调导流叶片　3—主轴　4—轴封　5—叶轮　6—扩压器　7—蜗壳　8—扩压器叶片　9—叶轮叶片

1. 工作原理及特点

离心式制冷压缩机有单级、双级和多级等多种结构形式。单级压缩机主要由吸气室、叶轮、扩压器、蜗壳等组成，如图 7-1 所示。对于多级压缩机，还设有弯道和回流器等部件。一个工作叶轮和与其相配合的固定零部件（如吸气室、扩压器、弯道、回流器或蜗壳等）组成压缩机的一个级。多级离心式制冷压缩机的主轴上设置着几个叶轮串联工作，以达到较高的压力比。多级离心式制冷压缩机的中间级和末级如图 7-2 所示。为了节省压缩功耗和不使排气温度过高，级数较多的离心式制冷压缩机中可分为几段，每段包括一到几级。低压段的排气需经中间冷却后才输往高压段。

图 7-1 所示的单级离心式制冷压缩机的工作原理如下：压缩机叶轮 5 旋转时，制冷剂气体由吸气室 1 通过进口可调导流叶片 2 进入叶轮流道，在叶轮叶片 9 的推动下气体随着叶轮一起旋转。由于离心力的作用，气体沿着叶轮流道径向流动并离开叶轮，同时，叶轮进口处形成低压，气体由吸气管不断吸入。在此过程中，叶轮对气体做功，使其动能和压力能增加，气体的压力和流速得到提高。接着，气体以高速进入断面逐渐扩大的扩压器 6 和蜗壳 7，流速逐渐下降，大部分气体动能转变为压力能，压力进一步提高，然后再引出压缩机外。

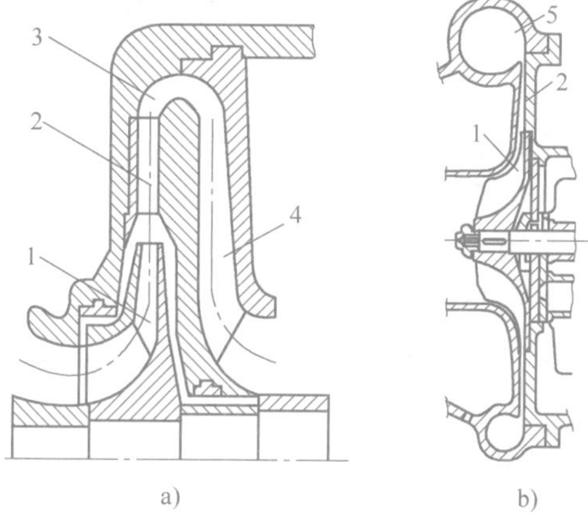

图 7-2　多级离心式制冷压缩机的中间级和末级

a）中间级　b）末级

1—叶轮　2—扩压器　3—弯道

4—回流器　5—蜗壳

对于多级离心式制冷压缩机，为了使制冷剂气体压力继续提高，利用弯道和回流器再将气体引入下一级叶轮进行压缩，如图 7-2a 所示，最后由末级引出机外，如图 7-2b 所示。

因压缩机的工作原理不同，离心式制冷压缩机与活塞式制冷压缩机相比，具有以下特点：①在相同制冷量时，外形尺寸小、重量轻、占地面积小。相同的制冷工况及制冷量，活塞式制冷压缩机比离心式制冷压缩机（包括齿轮增速器）重 5~8 倍，占地面积多 1 倍左右。②无往复运动部件，动平衡特性好，振动小，基础要求简单。目前对中小型组装式机组，压缩机可直接装在单筒式的蒸发-冷凝器上，无需另外设计基础，安装方便。③磨损部件少，连续运行周期长，维修费用低，使用寿命长。④润滑油与制冷剂基本上不接触，从而提高了蒸发器和冷凝器的传热性能。⑤易于实现多级压缩和节流，达到同一台制冷机多种蒸发温度的操作运行。⑥能够经济地进行无级调节。可以利用进口导流叶片自动进行能量调节，调节范围和节能效果较好。⑦对大型制冷机，若用经济性高的工业汽轮机直接带动，实现变转速调节，节能效果更好。尤其对有废热蒸汽的工业企业，还能实现能量回收。⑧转速较高，用电动机驱动的压缩机一般需要设置增速器。而且，对轴端密封要求高，这些均增加了制造上的困难和结构上的复杂性。⑨当冷凝压力较高，或制冷负荷太低时，压缩机组会发生喘振而不能正常工作。⑩制冷量较小时，效率较低。

目前所使用的离心式制冷机组大致可以分成两大类：一类为冷水机组，其蒸发温度在 5℃以上，大多用于大型中央空调或制取 5℃以上冷水或略低于 0℃盐水的工业用场合；另一类是低温机组，其蒸发温度为-5~-40℃，多用于制冷量较大的化工工艺流程。另外，在啤酒工业、人造干冰场、冷冻土壤、低温试验室和冷、温水同时供应的热泵系统等也可使用离心式制冷机组。离心式制冷压缩机通常用于制冷量较大的场合，在 350~7000kW 范围内采用封闭离心式制冷压缩机，在 7000~35000kW 范围内采用开启离心式制冷压缩机。

2. 分类

离心式制冷压缩机可按多种方法分类，常用的分类方法有以下三种：

（1）按用途分类　可分为冷水机组和低温机组。

（2）按压缩机的密封结构形式分　离心式制冷压缩机和其他形式的制冷压缩机一样，按密封结构形式分为开启式、半封闭式和全封闭式三种。

1）全封闭式。图 7-3 所示为全封闭离心式制冷机组简图。它把所有的制冷设备封闭在同一机壳内。电动机两个出轴端各悬一级或两级叶轮直接驱动，取消了增速器、无叶扩压器和其他固定零部件。电动机在制冷剂中得到充分冷却，不会出现电流过载。整个机组结构简单，噪声低，振动小。有些机组采用气体膨胀机高速传动，结构更简单。一般用于飞机机舱或船只内空调，采用氟利昂制冷剂，它具有制冷量小、气密性好的特点。

2）半封闭式。图 7-4 所示为半封闭离心式制冷机组简图。压缩机组封闭在一起，泄漏少。各部件与机壳用法兰面连接，结构紧凑；采用单级或多级悬臂叶轮；多级叶轮也可不用增速器而由电动机直接驱动。电动机需专门制造，并要考虑其在运转中的冷却，以及耐制冷剂的腐蚀、电气绝缘问题。半封闭式机组的优点是体积小、噪声低和密封性好，因此，是目前空调用离心式制冷机组普遍采用的一种形式。

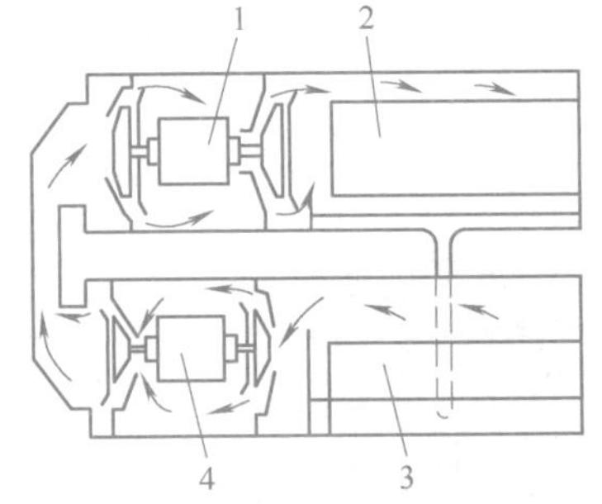

图 7-3　全封闭离心式制冷机组简图

1、4—电动机　2—冷凝器　3—蒸发器

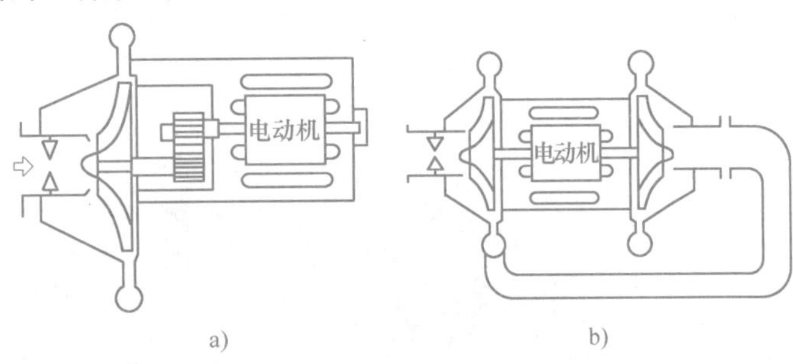

图 7-4　半封闭离心式制冷机组简图

a）单级压缩式　b）直联二级压缩式

3）开启式。图 7-5 所示为开启离心式制冷机组简图。机组的布置是把压缩机、增速器与原动机分开，在机壳外用联轴器联接（图 7-5a）。有的机组则是压缩机、增速器在同一机壳内，由增速器与电动机轴联接（图 7-5b）。在这些机组中，为了防止制冷剂泄漏，在轴的外伸端处，必须装有轴封。电动机放在机组外面利用空气冷却，可节省能耗 3%~6%。它也可用其他动力机械传动。若机组改换制冷剂运行时，可以按工况要求的大小更换电动机。它的润滑系统放在机组内部或另外设立。

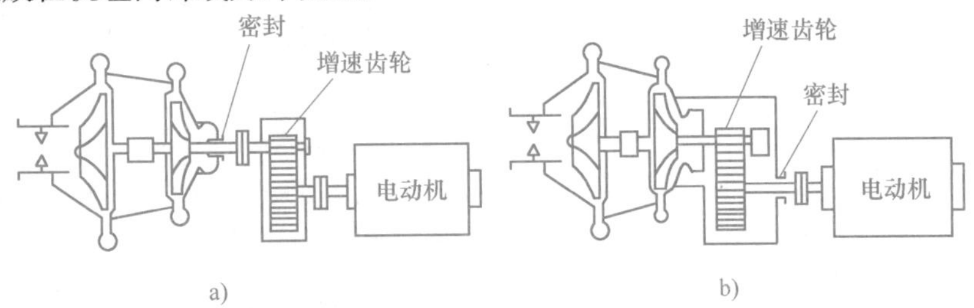

图 7-5　开启离心式制冷机组简图

a）增速齿轮外装式　b）增速齿轮内装式

（3）按压缩机的级数分　分为单级和多级压缩机。

图 7-6 所示为一台 2800kW 制冷量的单级离心式制冷压缩机局部剖视图。它由叶轮、增速齿轮、电动机和进口导叶等部件组成。气缸为垂直剖分型。采用低压制冷剂 R123 作为工质。压缩机采用半封闭的结构形式，其驱动电动机、增速器和压缩机组装在一个机壳内。叶轮为半开式铝合金叶轮。制冷量的调节由进口导叶进行连续控制。齿轮采用斜齿轮。在增速箱上部设置有油槽。电动机置于封闭壳体中，电动机定子和转子的线圈都用制冷剂直接喷液冷却。

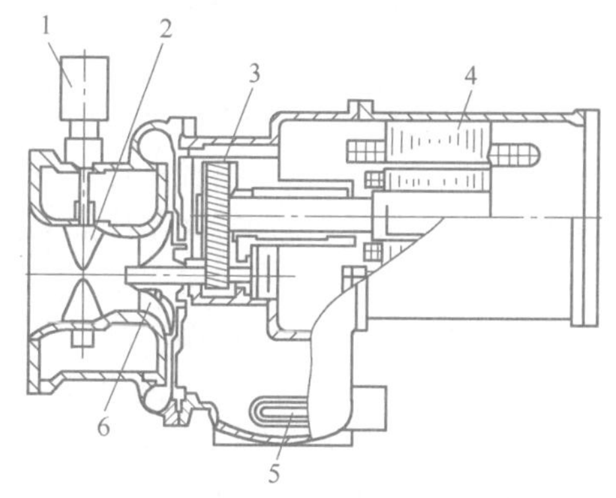

图 7-6　单级离心式制冷压缩机

1—导叶电动机　2—进口导叶　3—增速齿轮　4—电动机　5—油加热器　6—叶轮

图 7-7 所示为一种双级离心式制冷压缩机的剖面图。由蒸发器来的制冷剂蒸气由吸气室 1 吸入，流经进口导叶 2 进入第一级叶轮 3，经扩压器 10、弯道 9、回流器 8 再进入第二级叶轮 4，然后由蜗壳 7 把气体汇集起来，经排气口 5 送至冷凝器。

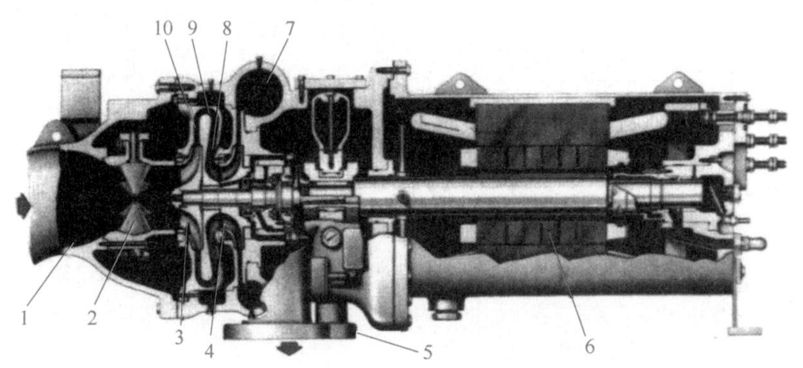

图 7-7　双级离心式制冷压缩机

1—吸气室　2—进口导叶　3—第一级叶轮　4—第二级叶轮　5—排气口　6—电动机　7—蜗壳　8—回流器　9—弯道　10—扩压器

3. 主要零部件的结构与作用

由于使用场合的蒸发温度、制冷剂的不同，离心式制冷压缩机的段数和级数相差很大，总体结构上也有差异，但其基本组成零部件不会改变。现将其主要零部件的结构与作用简述如下。

离心式压缩机的结构

（1）吸气室　吸气室的作用是将从蒸发器或级间冷却器来的气体，均匀地引导至叶轮的进口。为减少气流的扰动和分离损失，吸气室沿气体流动方向的断面一般做成渐缩形，使气流略有加速。吸气室的结构比较简单，有轴向进气和径向进气两种形式，如图 7-8 所示。对单级悬臂压缩机，压缩机放在蒸发器和冷凝器之上的组装式空调机组中，常用径向进气肘管式吸气室（图 7-8b）。但由于叶轮的吸入口为轴向的，径向进气的吸气室需设置导流弯道，为了使气流在转弯后能均匀地流入叶轮，吸气室转弯处有时还加有导流板。图 7-8c 所示的吸气室常用于具有双支承轴承。

（2）进口导流叶片　在压缩机第一级叶轮进口前的机壳上安装进口导流叶片，可用来

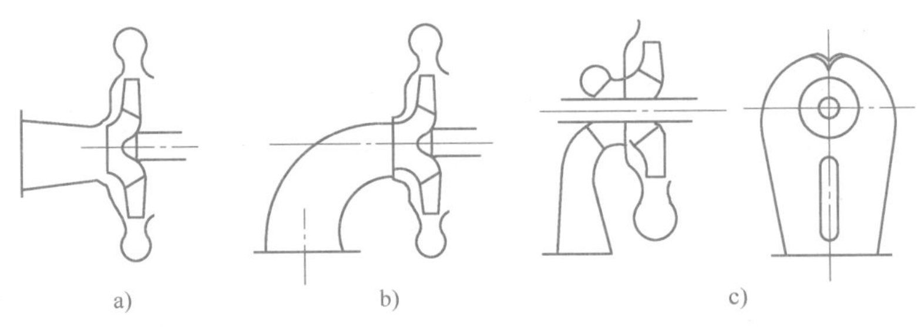

图 7-8　吸气室
a）轴向进气吸气室　b）径向进气肘管式吸气室　c）径向进气半蜗壳式吸气室

调节制冷量。当导流叶片旋转时，改变了进入叶轮的气流流动方向和气体流量的大小。转动导流叶片可采用杠杆式或钢丝绳式调节机构。进口导流叶片的材料为铸铜或铸铝，叶片具有机翼形与对称机翼形的叶形剖面，由人工修磨选配。进口导流叶片转轴上配有铜衬套，转轴与衬套间以及各连接部位应注入少量润滑剂，以保证机构转动灵活。

（3）叶轮　叶轮也称为工作轮，是压缩机中对气体做功的唯一部件。叶轮随主轴高速旋转后，利用其叶片对气体做功，气体由于受旋转离心力的作用以及在叶轮内的扩压流动，使气体通过叶轮后的压力和速度得到提高。叶轮按结构形式分为闭式、半开式和开式三种，通常采用闭式和半开式两种，如图 7-9 所示。闭式叶轮由轮盖、叶片和轮盘组成，空调用制冷压缩机大多采用闭式叶轮。半开式叶轮不设轮盖，一侧敞开，仅有叶片和轮盘，用于单级压力比较大的场合。有轮盖时，可减少内漏气损失，提高效率，但在叶轮旋转时，轮盖的应力较大，因此，叶轮的圆周速度不能太大，限制了单级压力比的提高。半开式叶轮由于没有轮盖，适宜于承受离心惯性力，因而对叶轮强度有利，可以有较高的叶轮圆周速度。钢制半开式叶轮圆周速度目前可达 450~540m/s，单级压力比可达 6.5。

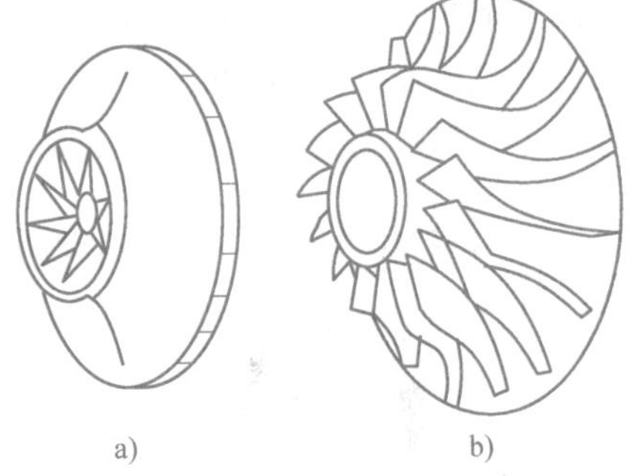

图 7-9　离心式制冷压缩机叶轮
a）闭式　b）半开式

离心式制冷压缩机叶轮的叶片按形状可分为单圆弧、双圆弧、直叶片和三元叶片四种。空调用压缩机的单级叶轮多采用形状既弯曲又扭曲的三元叶片，加工比较复杂，精度要求高。当使用氟利昂制冷剂时，通常用铸铝叶轮，可降低加工要求。

（4）扩压器　气体从叶轮流出时有很高的流动速度，一般可达 200~300m/s，占叶轮对气体做功的很大比例。为了将这部分动能充分地转变为压力能，同时为了使气体在进入下一级时有较低的、合理的流动速度，在叶轮后面设置了扩压器，如图 7-2 所示。扩压器通常是由两个和叶轮轴相垂直的平行壁面组成。如果在两平行壁面之间不装叶片，称为无叶扩压器；如果设置叶片，则称为叶片扩压器。扩压器内环形通道断面是逐渐扩大的，当气体流过时，速度逐渐降低压力逐渐升高。无叶扩压器结构简单，制造方便，由于流道内没有叶片阻挡，无冲击损失。在空调离心式制冷压缩机中，为了适应其较宽的工况范围，一般采用无叶扩压器。叶片扩压器常用于低温机组中的多级压缩机中。

（5）弯道和回流器　在多级离心式制冷压缩机中，弯道和回流器是为了把由扩压器流

出的气体引导至下一级叶轮。弯道的作用是将扩压器出口的气流引导至回流器进口，使气流从离心方向变为向心方向。回流器则是把气流均匀地导向下一级叶轮的进口，为此，在回流器流道中设有叶片，使气体按叶片弯曲方向流动，沿轴向进入下一级叶轮。

（6）蜗壳　蜗壳的作用是把从扩压器或从叶轮中（没有扩压器时）流出的气体汇集起来，排至冷凝器或中间冷却器。图7-10所示为离心式制冷压缩机中常用的一种蜗壳形式，其流通断面是沿叶轮转向（即进入气流的旋转方向）逐渐增大的，以适应流量沿圆周不均匀的情况，同时也起到使气流减速和扩压的作用。

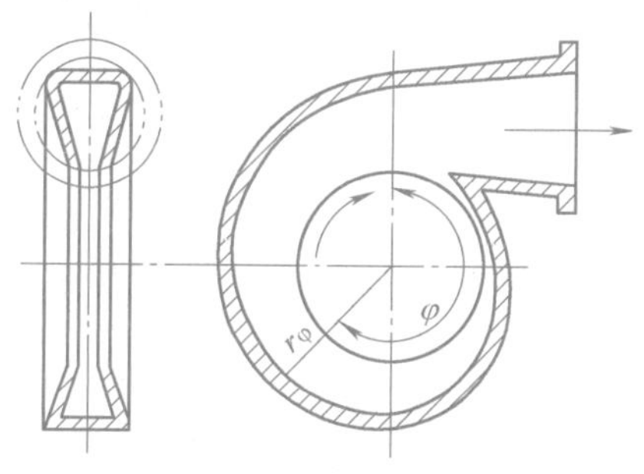

图7-10　蜗壳

在氟利昂冷水机组的蜗壳底部有泄油孔，水平位置设有与油引射器相连的高压气引管。各处用于充气密封的高压气体均由蜗壳内引出。

除上述主要零部件外，离心式制冷压缩机还有其他一些零部件。如减少气体从叶轮出口倒流叶轮入口的轮盖密封，减少级间漏气的轴套密封，开启式机组尚有轴端密封，减少轴向推力的平衡盘，承受转子剩余轴向推力的推力轴承以及支承转子的径向轴承等。

为了使压缩机持续、安全、高效地运行，还需设置一些辅助设备和系统，如增速器、润滑系统、冷却系统、自动控制和监测及安全保护系统等。

7.1.2　空调用离心式制冷机组

1. 离心式制冷循环

和其他压缩式制冷装置一样，离心式制冷循环是由蒸发、压缩、冷凝和节流四个热力状态过程组成。图7-11所示为单级半封闭离心式制冷机组的制冷循环示意图。压缩机4从蒸发器6中吸入制冷剂气体，经压缩后的高压气体进入冷凝器5内进行冷凝。冷凝后的制冷剂液体经除污后，通过节流阀7节流后进入蒸发器，在蒸发器内吸收列管中的冷媒水的热量，成为气态而被压缩机再次吸入进行循环工作。冷媒水被冷却降温后，由循环水泵送到需要降温的场所进行降温。另外，在通过节流阀节流前，用管路引出一部分液体制冷剂，进入蒸发器中的过冷盘管，使其过冷，然后经过滤器9进入电动机转子端部的喷嘴，喷入电动机，使电动机得到冷却，再流回冷凝器再次冷却。

2. 离心式制冷机组

离心式制冷机组主要是由离心式制冷压缩机、冷凝器、蒸发器、节流装置、润滑系统、进口低于大气压时用的抽气回收装置、进口高于大气压时用的泵出系统、能量调节机构及安全保护装置等组成。

一般空调用离心式制冷机组制取4~9℃冷媒水时，采用单级、双级或三级离心式制冷压缩机，而蒸发器和冷凝器往往做成单筒式或双筒式置于压缩机下面，作为压缩机的底部部件，以组装形式出厂。机组的节流装置常用浮球阀、节流膨胀孔板（或称节流孔口）、线性浮阀及提升阀等，在有些机组中，还有用透平膨胀机作为节流装置的。

（1）润滑系统　离心式制冷压缩机一般是在高转速下运行的，其叶轮与机壳无直接接触摩擦，无需润滑。但其他运动摩擦部位则不然，即使短暂缺油，也将导致烧坏，因此，离心式制冷机组必须带有润滑系统。开启式机组的润滑系统为独立的装置，半封闭式则放在压

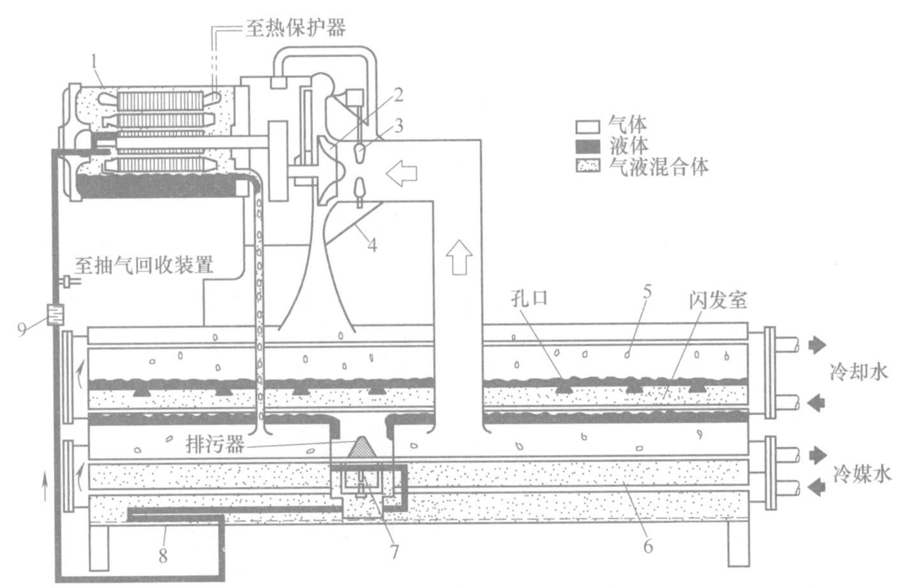

图 7-11　单级半封闭离心式制冷循环示意图

1—电动机　2—叶轮　3—进口导流叶片　4—离心式制冷压缩机
5—冷凝器　6—蒸发器　7—节流阀　8—过冷盘管　9—过滤器

缩机机组内。图 7-12 所示为一个半封闭离心式制冷压缩机的润滑系统。润滑油通过油冷却器 2 冷却后，经油过滤器 5 吸入油泵 1；油泵加压后，经油压调节阀 3 调整到规定压力（一般比蒸发压力高 0.15~0.2MPa），进入磁力塞 6，油中的金属微粒被磁力吸附，使润滑油进一步净化；然后一部分油送往电动机 9 末端轴承，另一部分送往径向轴承 15、推力轴承 16 及增速器齿轮和轴承；然后流回油箱供循环使用。

由于制冷剂中含油，在运转中就应不断把油回收到油箱。一般情况下经压缩后的含油制冷剂，其油滴会落到蜗壳底部，可通过喷油嘴回收入油箱。进入油箱的制冷剂闪发成气体再次被压缩机吸入。

油箱中设有带恒温装置的油加热器，在压缩机起动前或停机期间通电工作，以加热润滑油。其作用是使润滑油黏度降低，以利于高速轴承的润滑；另外，在较高的温度下易使溶解在润滑油中的制冷剂蒸发，以保持润滑油原有的性能。

为了保证压缩机润滑良好，油泵在压缩机起动前 30s 先起动，在压缩机停机后 40s 内仍连续运转。当油压差小于 69kPa 时，低油压保护开关使压缩机停机。

空调用离心式制冷压缩机由于使用不同的制冷剂，对润滑油的要求也不同。R22 机组的专用油要求为烷基苯基合成的冷冻机油。用于 R134a 机组中润滑齿轮传动时，一般采用多元醇基质合成冷冻机油。

（2）抽气回收装置　空调机组采用低压制冷剂（如 R123）时，压缩机进口处于真空状态。当机组运行、维修和停机时，不可避免地有空气、水分或其他不凝性气体渗透到机组中。若这些气体过量而又不及时排出，将会引起冷凝器内部压力的急剧升高，使制冷量减少，制冷效果下降，功耗增加甚至会使压缩机停机。因此，需采用抽气回收装置，随时排除机内的不凝性气体和水分，并把混入气体中的制冷剂回收。一般有“有泵”和“无泵”两种类型。

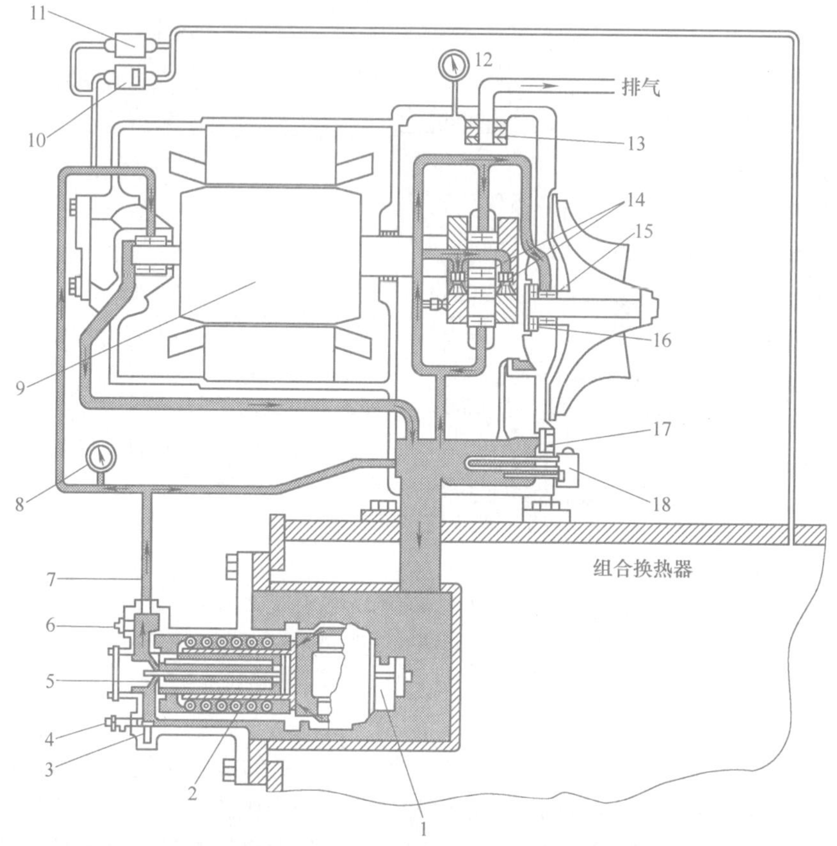

图 7-12 半封闭离心式制冷压缩机的润滑系统

1—油泵 2—油冷却器 3—油压调节阀 4—注油阀 5—油过滤器 6—磁力塞 7—供油管 8—油压计 9—电动机 10—低油压断路器 11—关闭导叶的油开关 12—油箱压力计 13—除雾器 14—小齿轮轴承 15—径向轴承 16—推力轴承 17—喷油嘴视镜 18—油加热器的恒温控制器与指示灯

"有泵"型的抽气回收装置如图 7-13 所示，它由抽气泵（小型活塞式压缩机）、回收冷凝器、再冷器、差压开关、过滤干燥器、节流器、电磁阀等组成。不仅可自动排除不凝性气体、水分、回收制冷剂，而且还可用作机组的抽真空或加压。积存于冷凝器顶部的不凝性气体和制冷剂气体的混合气体，通过节流器 21，经阀 4 进入回收冷凝器 12 上部。在此被冷却后，其中制冷剂气体，在一定饱和压力下冷凝为液体并流至下部。当下部聚集的制冷剂液位达到一定高度时，浮球阀打开，液体通过阀 9 进入过滤干燥器 10，被回收到蒸发器内。积存于上部的空气和不凝性气体逐渐增多，使回收冷凝器内压力升高。当回收冷凝器内压力低于机组冷凝器顶部压力达 14kPa 时，差压开关 14 动作，电磁阀 19 接通开启，并同时自动起动抽气泵 20，将回收冷凝器上部的空气及不凝性气体和残存的制冷剂气体排出，经阀 8 进入再冷器 13，再经浮球阀、阀 9、过滤干燥器 10 流入蒸发器内。再冷器 13 上部仍积存的空气及不凝性气体，经减压阀 18（调压至等于或大于大气压）放入大气。由于废气的排出，回收冷凝器 12 内压力降低，与机组冷凝器内压力的差值上升到 27kPa 时，差压开关再次动作，使抽气泵 20 停止运行，关闭电磁阀 19，这时只有回收冷凝器继续工作。抽气回收装置即如此周而复始地自动运行。阀 1 和阀 2 是准备在浮球阀失灵时，以手动操作排放液体制冷

剂。若放在手动操作位置时，无论排气操作开关是否闭合，抽气泵 20 都会连续不断地运转。在对机组内抽真空或进行充压时，均采用手动操作。

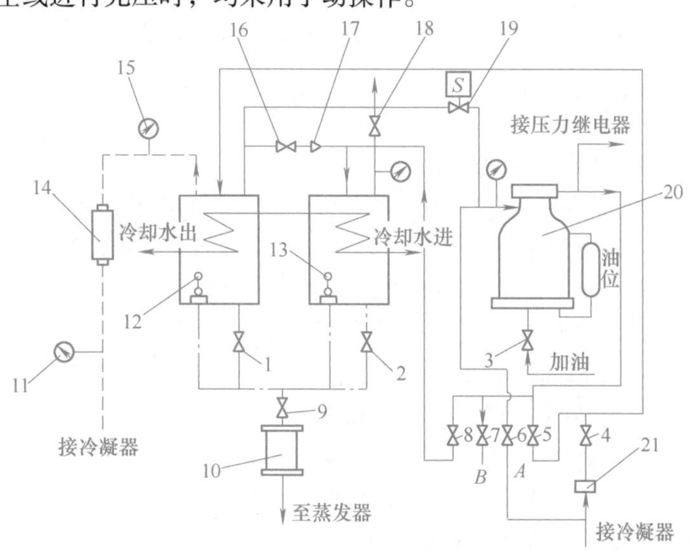

图 7-13　“有泵”型抽气回收装置

1~9—阀门　10—过滤干燥器　11—冷凝器压力计　12—回收冷凝器　13—再冷器　14—差压开关　15—回收冷凝器压力计　16、18—减压阀　17—单向阀　19—电磁阀　20—抽气泵　21—节流器

“无泵”型抽气回收装置不用抽气泵，而采用新的控制流程，自动排放冷凝器中积存的空气和不凝性气体，达到与有泵装置等同的效果。“无泵”型抽气回收装置具有结构简单、操作方便、节能等优点，应用日渐增多。目前使用的“无泵”型抽气回收装置控制方式主要为差压式。图 7-14 为差压式“无泵”型抽气回收装置，该装置主要由回收冷凝器、干燥器、过滤器、差压继电器、压力继电器及若干操作阀等组成。从冷凝器 17 上部通过阀 6、过滤器 16 进入回收冷凝器 11 的混合气体，经双层盘管冷却后，混合气体中的制冷剂在一定的饱和压力下被冷凝液化，经阀 2 进入干燥器 10 吸水后，通过阀 7 回到蒸发器 18。废气则通过阀 4 由排气口排至大气。可见，它是利用冷凝器和蒸发器的压差来实现抽气回收的。冷却液是从机组内的浮球阀 19 前抽出的高温高压的制冷剂液体，经蒸发器底部过冷段过冷，通过阀 8、过滤器 9 后，一路去冷却主电动机，另一路经阀 1 后，分两路进入回收冷凝器 11 中的双层盘管，以冷却不凝性气体，然后制冷剂再回到蒸发器 18。

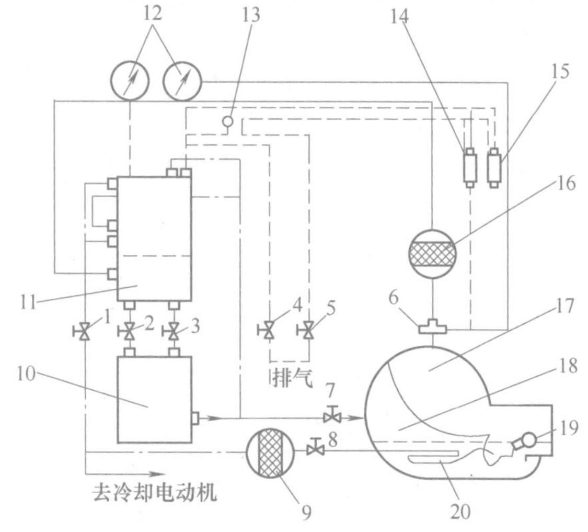

图 7-14　差压式“无泵”型抽气回收装置

1~8—波纹管阀　9、16—过滤器　10—干燥器　11—回收冷凝器　12—压力计　13—电磁阀　14—差压继电器　15—压力继电器　17—冷凝器　18—蒸发器　19—浮球阀　20—过冷段

另外，对于采用高压制冷剂（如R22、R134a）的机组，还必须设置泵出系统。它用于充灌制冷剂、制冷剂在蒸发器和冷凝器之间的转换以及机组抽真空等场合。泵出系统是由小型半封闭活塞式制冷压缩机及小型冷凝器等组成的水冷冷凝机组。

7.1.3　离心式制冷机组的运行特性及能量调节

1. 离心式制冷机组的运行特性曲线

（1）离心式制冷压缩机的运行特性曲线　对于一般离心式压缩机，为了较清晰地反映其特性，通常在某一转速情况下，将排气压力和气体流量的关系用曲线表示。对于离心式制冷压缩机，冷凝压力对应于一定的冷凝温度，气体流量对应于一定的制冷量。因此，制冷压缩机的特性可用制冷量与冷凝温度（或冷凝温度与蒸发温度的温差）的关系曲线表示。制冷压缩机的特性曲线与一般压缩机的区别，在于它和冷凝器、蒸发器的运行情况有关。图7-15所示为某空调用离心式制冷压缩机在一定转速下的特性曲线。它表示了在不同蒸发温度 t_0 时（$t_0=2℃$、4℃、6℃），温差（$\Delta t=t_k-t_0$）及压缩机的轴功率 P_e 与制冷量 Q_0 的关系曲线。

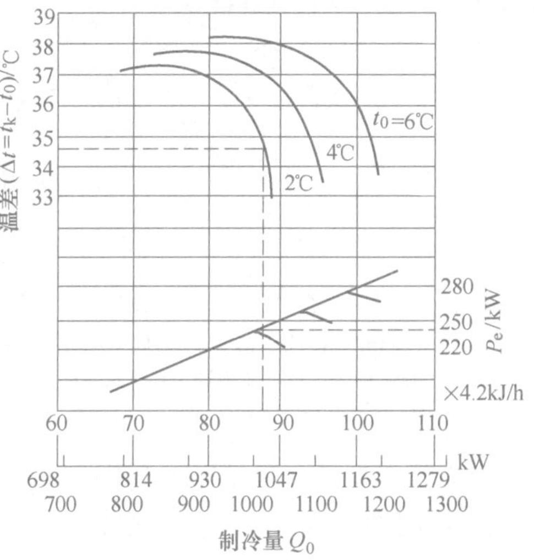

图7-15　空调用离心式制冷压缩机运行特性曲线

由图中可以看出，蒸发温度和冷凝温度的变化对制冷量都有较大的影响。当冷凝温度不变时，制冷量 Q_0 随蒸发温度 t_0 的升高而增大；当蒸发温度不变时，制冷量 Q_0 随冷凝温度 t_k 的升高而下降。压缩机的轴功率一般情况下随制冷量的增大而增大，但随制冷量增大到某一最大值后发生陡降。

（2）冷凝器和蒸发器的特性曲线　在离心式制冷机组中，压缩机与制冷设备是密切相关的，因此，需要讨论冷凝器和蒸发器两个主要设备的特性曲线。

由冷凝器换热方程与机组的热平衡方程，可得冷凝器的冷凝温度 t_k 与制冷量 Q_0 之间的关系式

$$t_k=t_{w1}+\frac{1+\frac{1}{K_e}}{(1+e^{-\alpha_k})G_w c_w}Q_0 \tag{7-1}$$

式中　t_k——冷凝器的冷凝温度（℃）；

t_{w1}——冷凝器的冷却水进水温度（℃）；

α_k——组合参数，$\alpha_k=K_kA_k/(G_wc_w)$；

K_k——冷凝器的传热系数[kW/(m²·℃)]；

A_k——冷凝器的传热面积（m²）；

G_w——冷却水质量流量（kg/h）；

c_w——冷却水质量热容[kJ/(kg·℃)]；

K_e——单位轴功率的制冷量kW，量纲为一；

Q_0——制冷量(kW)。

式（7-1）中，$1/K_e$ 即离心式制冷机的比轴功率，此值随制冷量 Q_0 的增大而减小，严格地说，冷凝器的特性曲线 t_k-Q_0 是一条稍微向上凸起的曲线。为分析工况方便，可不考虑 Q_0 的变化，而认为冷凝器的特性曲线是一条斜率与冷却水量 G_w 成反比的直线（见图 7-16 中的Ⅰ、Ⅰ′、Ⅱ、Ⅱ′）。当制冷量为 0 时，$t_k = t_{w1}$。由图 7-16 中的冷凝器特性曲线可以看出，冷凝温度随着 Q_0 的增加而升高。当冷却水进水温度 t_{w1} 改变时，冷凝器的特性曲线 t_k-Q_0 在纵坐标上的初始点位置也随之改变。当进入冷凝器的冷却水量减少时，冷凝器的特性曲线 t_k-Q_0 斜率增大；当冷却水量增大时，则斜率减小。

和冷凝器的方程转换类似，可推导出蒸发器的蒸发温度 t_0 与制冷量 Q_0 的关系为

$$t_0 = t_{s1} - \frac{Q_0}{(1-e^{-\alpha_0})G_s c_s} \tag{7-2}$$

式中　t_0——蒸发器的蒸发温度（℃）；

t_{s1}——蒸发器中载冷剂进口温度（℃）；

α_0——组合参数，$\alpha_0 = K_0 A_0/(G_s c_s)$；

K_0——蒸发器的传热系数［kW/(m²·℃)］；

A_0——蒸发器的传热面积（m²）；

G_s——载冷剂质量流量（kg/h）；

c_s——载冷剂质量热容［kJ/(kg·℃)］。

由式（7-2）可见，当载冷剂质量流量 G_s 及进入蒸发器的载冷剂温度 t_{s1} 恒定时，蒸发温度 t_0 随制冷量 Q_0 的增加而降低。若不考虑蒸发器的传热系数 K_0 的变化，则 t_0 与 Q_0 将成为直线关系（见图 7-16）。

（3）压缩机与制冷设备的联合工作特性　当通过压缩机的流量与通过制冷设备的流量相等，压缩机产生的压差（排气口压力与吸气口压力的差值）等于制冷设备的阻力时，整个制冷系统才能保持在平衡状况下工作。所以制冷机组的平衡工况应该是压缩机特性曲线与冷凝器特性曲线的交点。

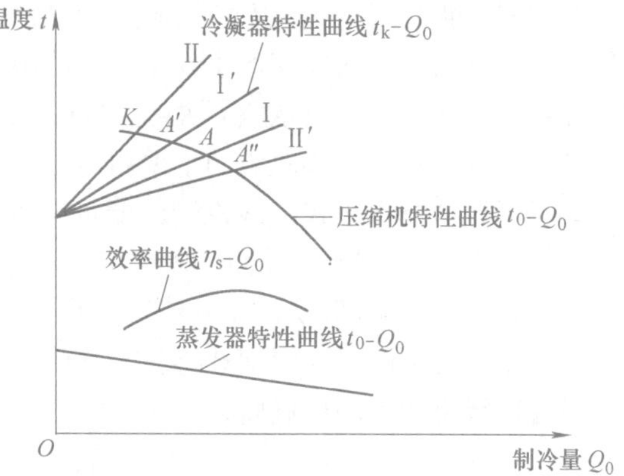

图 7-16　压缩机和制冷设备的联合特性曲线

图 7-16 中压缩机特性曲线与冷凝器特性曲线的交点 A 为压缩机的稳定工作点。当冷凝器冷却水进水量变化时，冷凝器的特性曲线将改变，这时交点 A 也随之而改变，从而改变了压缩机的制冷量。如果冷凝器进水量减少，则冷凝器特性曲线斜率增大，曲线Ⅰ移至Ⅰ′的位置，压缩机工作点移到 A' 点，制冷量减少。反之，如果冷凝器冷却水进水量增大，则压缩机工作点移至 A'' 点，制冷量增大。

当冷凝器冷却水进水量减小到一定程度时，压缩机的流量变得很小，压缩机流道中出现严重的气体脱流，压缩机的出口压力突然下降。由于压缩机和冷凝器联合工作，而冷凝器中气体的压力并不同时降低，于是冷凝器中的气体压力反大于压缩机出口处的压力，使冷凝器

中的气体倒流回压缩机，直至冷凝器中的压力下降到等于压缩机出口压力为止。这时压缩机又开始向冷凝器送气，压缩机恢复正常工作。但当冷凝器中的压力也恢复到原来的压力时，压缩机的流量又减小，压缩机出口压力又下降，气体又产生倒流。如此周而复始，产生周期性的气流振荡现象，这种现象称为喘振。

如图 7-16 所示，当冷凝器冷却水进水量减小，冷凝器的特性曲线移至位置Ⅱ时，压缩机的工作点移至 K。这时，制冷机组就出现喘振现象。点 K 即为压缩机运行的最小流量处，称为喘振工况点，其左侧区域为喘振区域。

喘振时，压缩机周期性地发生间断的吼响声，整个机组出现强烈的振动。冷凝压力、主电动机电流发生大幅度的波动，轴承温度很快上升，严重时甚至破坏整台机组。因此，在运行中必须采取一定的措施，防止喘振现象的发生。

由于季节的变化，冷水机组工况范围变化的幅度较大。因此，扩大工况范围，特别是减小喘振工况点的流量，是目前改善离心式制冷机组性能的关键之一。

2. 离心式制冷机组的能量调节

离心式制冷机组的能量调节，取决于用户热负荷大小的改变。一般情况下，当制冷量改变时，要求保持从蒸发器流出的载冷剂温度 t_{s2} 为常数（这是由用户给定的），而这时的冷凝温度是变化的。改变压缩机及换热器参数可对机组的能量进行调节，为防止发生喘振，还必须有防喘振措施。

（1）压缩机对机组能量的调节

1）进气节流调节。这种调节方法就是在蒸发器和压缩机的连接管路上安装节流阀，通过改变节流阀的开度，使气流通过节流阀时产生压力损失，从而改变压缩机的特性曲线，达到调节制冷量的目的。这种调节方法简单，但压力损失大，不经济。

2）采用可调节进口导流叶片调节。在叶轮进口前装有可转动的进口导流叶片，导流叶片转动时，进入叶轮的气流产生预定方向的旋绕，即进口气流产生所谓的预旋。利用进气预旋，在转速不变的情况下改变压缩机的特性曲线，从而实现机组能量的调节。这种调节方法，被广泛应用在单级或双级的空调用离心式制冷机组的能量调节上。采用这种调节机构调节，有时可使单级离心式制冷机组的能量减少到 10%。图 7-17 所示为空调用制冷机组中进口导流叶片自动能量调节的示意图。当外界要求的制冷量减少时，流回蒸发器的冷媒水（载冷剂）温度 t_{s1} 降低，相应地从蒸发器流出的冷媒水温度 t_{s2} 也降低，不能保持出水温度为常数。这时由电阻式温度计感受，并由温度调节仪发出信号，通过脉冲开关及交流接触器，指挥执行机构电动机旋转，以关小进口导流叶片的开度，减少制冷量，直到 t_{s2} 回升到

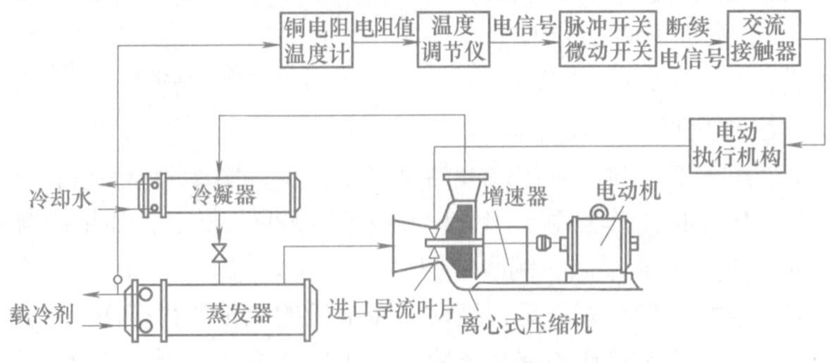

图 7-17　进口导流叶片自动能量调节示意图

与温度调节仪的设定值相符，制冷量与外界达到新的平衡为止。相反，当外界要求的制冷量增加时，出水温度 t_{s2} 相应升高，温度调节仪发出信号使执行机构电动机向相反方向旋转，以开大进口导流叶片的开度，增大制冷量，直至出水温度 t_{s2} 回升至设定值为止。

在单级离心式制冷压缩机上采用进口导流叶片调节具有结构简单、操作方便、效果较好的特点。但对多级离心式制冷压缩机，如果仅调节第一级叶轮进口，对整机特性曲线收效甚微。若每级均用进口导叶，则导致结构复杂，且还应注意级间协调问题。

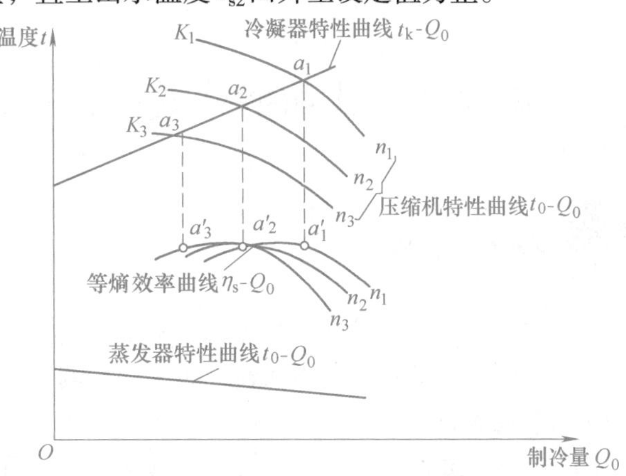

图 7-18　改变压缩机转速的能量调节

3）改变压缩机转速的调节。当用汽轮机或可变转速的电动机驱动时，可改变压缩机的转速进行调节，这种调节方法最经济，如图 7-18 所示。对应于每个压缩机转速 n（$n_1>n_2>n_3$）有不同的温度曲线 t_k-Q_0 和等熵效率曲线 η_s-Q_0。当转速发生改变时，工作点将随之改变从而达到调节机组能量的目的。图中还说明其喘振点 K_1、K_2、K_3 随转速的降低向左端移动，扩大了使用范围。

（2）改变换热器参数（如改变冷却水水量）对机组能量的调节　由前可知，当改变冷凝器冷却水流量时，可以得到不同的冷凝器特性曲线，从而可使工作点移动，达到调节能量的目的。但这种调节方法并不经济，一般只在采用其他调节方法的同时作为一种辅助性的调节。

（3）防喘振调节　离心式制冷机组工作时一旦进入喘振工况，应立即采取调节措施，降低出口压力或增加入口流量。压力比和负荷是影响喘振的两大因素，当负荷越来越小，小到某一极限点时，便会发生喘振，或者当压力比大到某一极限点时，便发生喘振。一般可采用热气旁通来进行喘振防护，如图 7-19 所示。它是通过喘振保护线来控制热气旁通阀的开启或关闭，使机组远离喘振点，达到保护的目的。该调节方法是从冷凝器连接到蒸发器一根连接管，当运行点到达喘振保护点而未能到达喘振点时，通过控制系统打开热气旁通电磁阀，经连接管使冷凝器的热气排到蒸发器，降低压力比，同时提高流量，从而避免了喘振的发生。

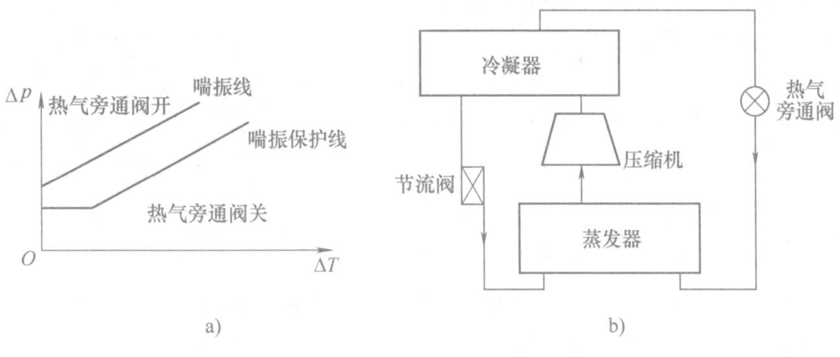

图 7-19　热气旁通喘振保护

a）喘振保护示意图　b）系统循环图

由于经热气旁通阀从冷凝器抽出的制冷剂并没有起到制冷作用，所以这种调节方法是不经济的。目前一些机组，采用三级或两级压缩，以减少每级的负荷，或者采用高精度的进口导流叶片调节，以减少喘振的发生。

7.2　滚动活塞式和涡旋式制冷压缩机

知识目标

1. 掌握滚动活塞式制冷压缩机的基本结构与工作过程。
2. 了解滚动活塞式制冷压缩机的主要结构形式与特点。
3. 掌握涡旋式制冷压缩机的基本结构与工作过程。
4. 了解涡旋式制冷压缩机的主要结构形式与特点。

能力目标

1. 能根据实物或结构图说出滚动活塞式制冷压缩机主要零部件的名称。
2. 能根据实物或结构图说出涡旋式制冷压缩机主要零部件的名称。

相关知识

7.2.1　滚动活塞式制冷压缩机

滚动活塞式制冷压缩机也称为滚动转子式制冷压缩机，是一种容积型回转式压缩机。它是依靠偏心安设在气缸内的旋转活塞在圆柱形气缸内做滚动运动和一个与滚动活塞相接触的滑板的往复运动实现气体压缩的制冷压缩机。

1. 基本结构和工作过程

(1) 基本结构　滚动活塞式制冷压缩机主要由气缸、滚动活塞（又称滚动转子）、滑板、排气阀等组成，如图7-20所示。圆筒形气缸2的径向开设有不带吸气阀的吸气孔口和带有排气阀的排气孔口，滚动活塞3装在偏心轴（曲轴）4上，活塞沿气缸内壁滚动，与气缸间形成一个月牙形的工作腔，滑板7靠弹簧8的作用力使其端部与活塞紧密接触，将月牙形工作腔分隔为两部分，滑板随活塞的滚动沿滑板槽道做往复运动。端盖被安置在气缸两端，与气缸内壁、活塞外壁及滑板构成封闭的气缸容积，即基元容积，其容

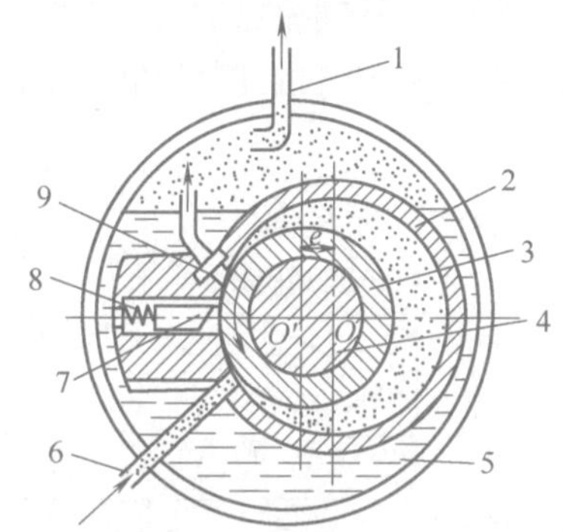

图7-20　滚动活塞式制冷压缩机结构示意图

1—排气管　2—气缸　3—滚动活塞
4—曲轴　5—润滑油　6—吸气管
7—滑板　8—弹簧　9—排气阀

积大小随活塞的转动周期性地变化，容积内气体的压力则随基元容积的大小而改变，从而完成压缩机的工作过程。

（2）工作过程　滚动活塞式制冷压缩机的工作过程如图 7-21 所示。当滚动活塞处于图 7-21a 所示位置时，气缸内形成一个完整的月牙形工作腔容积，充满了低压吸入气体，这时处于吸气过程结束、不压缩也不排气的状态。

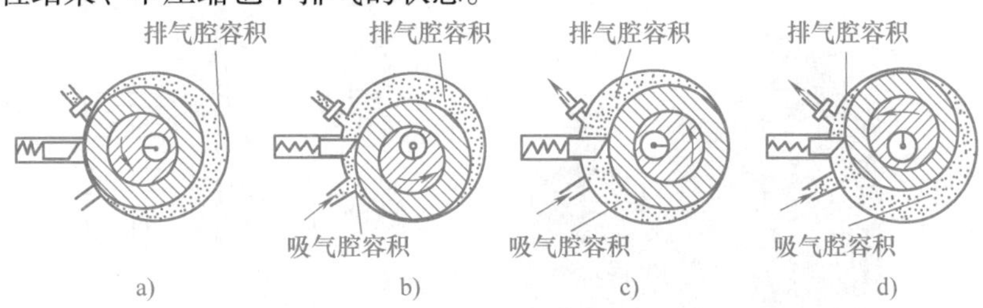

图 7-21　滚动活塞式制冷压缩机的工作过程

当滚动活塞逆时针方向滚动 1/4 周，到达图 7-21b 所示位置时，滑板把月牙形容积分割为吸气腔和排气腔两部分。随着吸气腔容积的增大，吸气腔开始吸入气体；而排气腔中的气体受压缩而压力开始升高。

滚动活塞继续转动，吸气腔不断扩大，排气腔不断缩小而气体压力逐渐升高，当压力升高到稍大于排气阀后的冷凝压力，并足以克服阀片弹簧力时，顶开阀片开始排气，这时吸气与排气同时进行，如图 7-21c 所示。

当滚动活塞转动至图 7-21d 所示位置时，吸气腔接近最大，排气腔接近最小，吸气、排气过程均接近结束。滚动活塞继续转动回到图 7-21a 所示的位置，吸气与排气过程结束，将进入下一周的运行。

由上述的工作过程可以看出：

1）一定量气体的吸入、压缩和排出过程是在转子的两转中完成的，但在转子与滑板的两侧，吸气、压缩与排气过程同时进行。即转子旋转一周，将完成上一工作循环的压缩过程和排气过程及下一工作循环的吸气过程。

2）由于不设吸气阀，吸气开始的时机和气缸上吸气孔口位置有严格的对应关系，不随工况的变化而变动。

3）由于设置了排气阀，压缩终了的时机将随排气管中压力的变化而变动。

2. 主要结构形式与特点

（1）主要结构形式　滚动活塞式制冷压缩机可分为中等容量的开启式压缩机和小容量的全封闭式压缩机。目前广泛使用的滚动活塞式制冷压缩机主要是小型全封闭式，一般标准制冷量多为 3kW 以下，通常有卧式和立式两种，前者多用于冰箱，后者在空调器中常见。

1）立式全封闭滚动活塞式制冷压缩机。一台较典型的立式全封闭滚动活塞式制冷压缩机外形及结构，如图 7-22 所示。压缩机气缸 7 位于电动机的下方，制冷剂气体由进气管 1 进入贮液器 2，然后由机壳 13 下部的吸入管 3 直接吸入气缸，以减少吸气的有害过热。贮液器起气液分离、贮存制冷剂液体和润滑油及缓冲吸气压力脉动的作用。经压缩后的高压气体由排气阀、排气消声器 8 排入机壳内，再经电动机转子 12 和定子 10 间的气隙从机壳的顶部排气管 15 排出，并起到了冷却电动机的作用。润滑油贮存在机壳的底部。在偏心轴 11 的下端设有油泵，靠旋转时离心力的作用，将润滑油沿偏心轴油道压送至各润滑点。气缸与机

壳焊接在一起使之结构紧凑，用平衡块 4、14 消除不平衡的惯性力。

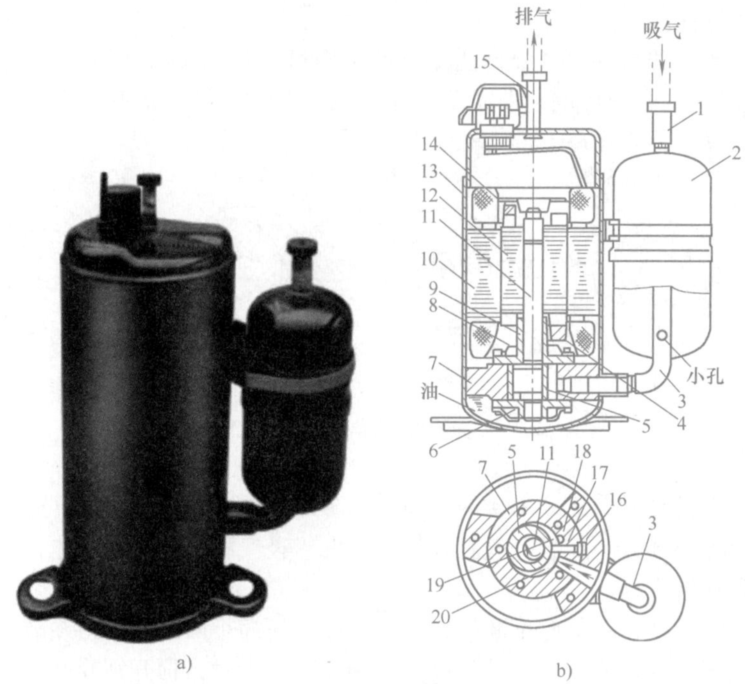

图 7-22　立式全封闭滚动活塞式制冷压缩机

a）外形图　b）结构图

1—进气管　2—贮液器　3—吸入管　4、14—平衡块　5—滚动活塞　6—副轴承　7—气缸　8—排气消声器　9—主轴承　10—电动机定子　11—偏心轴　12—电动机转子　13—机壳　15—排气管　16—弹簧　17—滑板　18—排气口　19—压缩室　20—吸入室

电动机定子与机壳紧密配合，使机壳成为电动机的散热面。但与此同时，由于电动机与机壳的刚性配合，压缩机的振动直接传递给机壳，使压缩机的壳体振动加剧，特别是在压缩机旋转不均匀波动时，会引起较大的壳体绕轴振动。因此，对于高转速压缩机（变频压缩机），可采用双缸滚动活塞式压缩机，以减小其振动。双缸滚动活塞式压缩机如图 7-23 所示，由于上下两滚动转子偏心方向相反布置，使转子在运转中径向力得到平衡。而且压缩机在转子旋转一周内有两次吸、排气，使气体的压力波动减小，其转矩变化的幅度较小，仅为单缸压缩机的 30%，因此，它的振动和噪声大幅度减小。双缸压缩机特别适用于变频驱动，以改善在高频高转速下运行时的振动和噪声。

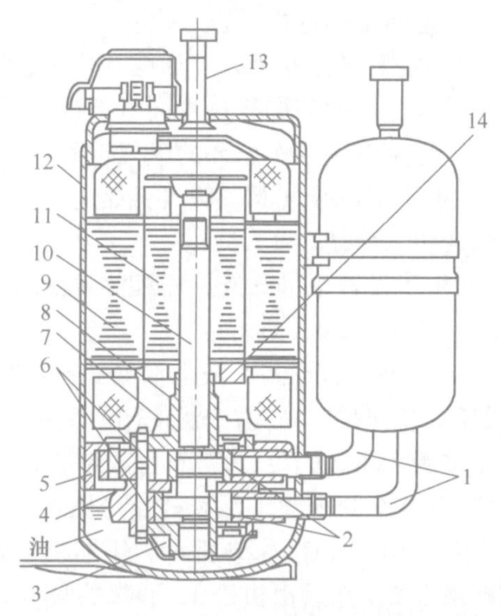

图 7-23　立式双缸全封闭滚动活塞式制冷压缩机

1—吸入管　2—上、下滚动活塞　3—副轴承　4—隔板　5—机座　6—上、下气缸　7—排气消声器　8—主轴承　9—电动机定子　10—偏心轴　11—电动机转子　12—机壳　13—排气管　14—平衡块

2）卧式全封闭滚动活塞式制冷压缩机。在一些机组中，为了有效地降低机组的高

度，使机组更为紧凑而发展了卧式全封闭滚动活塞式制冷压缩机（图 7-24）。对于卧式压缩机，由于结构上的变化，使贮油部位离轴端较远，不能利用轴的离心输油方法。卧式压缩机一般可利用吸、排气压差供油及排气输送式供油。但在空调、热泵工况下运转时，由于工况变化较大，有时吸排气压差较小，有时制冷剂流量较小，不能很好地满足润滑的需要，因此，利用滑板背部腔室容积变化，巧妙地设计成滑片形柱塞泵供油系统。它几乎不随吸排气压差、排气流量的变化而变化，可以稳定地对润滑点供油。图 7-24 便是这种结构的一个例子。

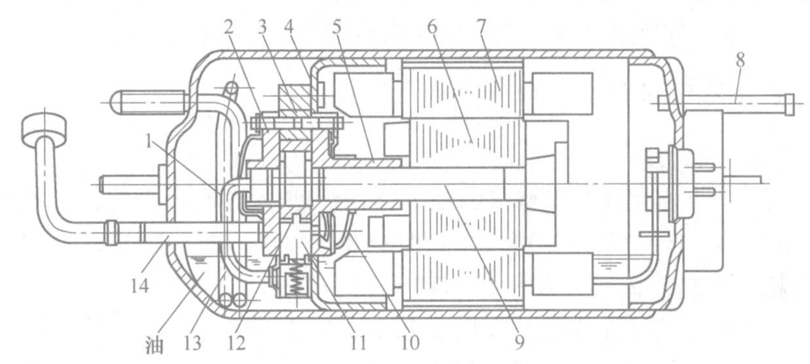

图 7-24　卧式全封闭滚动活塞式制冷压缩机

1—轴油管　2—副轴承　3—气缸　4—机座　5—主轴承　6—电动机转子　7—电动机定子　8—排气管　9—偏心轴　10—消声器　11—滑片　12—滚动活塞　13—油冷却器　14—进气管

3）开启滚动活塞式制冷压缩机。对于大、中型滚动活塞式制冷压缩机，一般做成开启式，如图 7-25 所示。它主要由带冷却水套的气缸体 6、滚动活塞 11、滑板 7、圆柱导向器 5、排气阀 8、薄壁弹性套筒 12 等组成。滚动活塞外面套有一钢制薄壁弹性套筒，套上钻有小孔，以增加转子与气缸壁之间的密封性能。压缩机的轴通过联轴器与电动机的轴直接联接，压缩机的轴伸出机体部位装有摩擦环式机械密封装置。

压缩机的润滑是依靠吸、排气压差来进行的。压缩机起动后，装在曲轴另一端的离心阀被打开，油从油分离器出来，经油冷却器、油过滤器及离心阀后，分别进入各润滑表面及轴封处，然后聚集在气缸下部的空腔中，通过浮球阀 2 进入压缩机的吸气腔，随制冷剂气体一起排至油分离器，分离下来的油供继续循环使用。

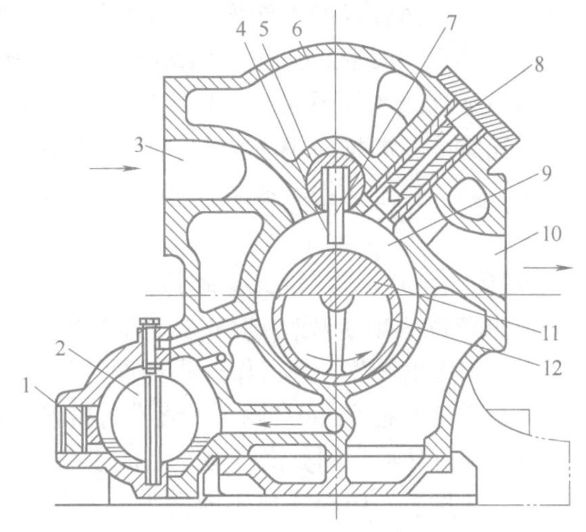

图 7-25　开启滚动活塞式制冷压缩机

1—油面指示器　2—浮球阀　3—吸入管　4—密封条　5—圆柱导向器　6—气缸体　7—滑板　8—排气阀　9—气缸　10—排出管　11—滚动活塞　12—弹性套筒

（2）特点　从结构及工作过程来看，小型滚动活塞式制冷压缩机具有如下优点：①结构简单，零部件几何形状简单，便于加工及流水线生产。②体积小、重量轻、零部件少，与相同制冷量的往复活塞式制冷压缩机相比，体积减少 40%～50%，重量减轻 40%～50%，零件数减少 40%左右。③易损件少、运转可靠。④效率高，因为没有吸气阀故流动阻力小，且吸气过热小，所以在制冷量为 3kW 以下的场合使用尤为合适。

滚动活塞式制冷压缩机也有其缺点，就是气缸容积利用率低，因为只利用了气缸的月牙形空间；转子和气缸的间隙应严格保证，否则会显著降低压缩机的可靠性和效率，因此，加工精度要求高；相对运动部位必须有油润滑；用于热泵运转时制热量小。

综上所述，尽管滚动活塞式制冷压缩机在某些方面还有一些欠缺，但其优点还是十分突出的，因此，小型全封闭滚动活塞式制冷压缩机的应用仍然越来越广泛。

7.2.2　涡旋式制冷压缩机

1. 基本结构与工作过程

（1）基本结构　涡旋式制冷压缩机的基本结构如图 7-26 所示。主要由静涡旋盘 3、动涡旋盘 4、机座 5、防自转机构十字滑环 7 及曲轴 8 等组成。动、静涡旋盘的型线均是螺旋形，动涡旋盘相对静涡旋盘偏心并相错 180°对置安装。动、静涡旋盘在几条直线（在横断面上则是几个点）上接触并形成一系列月牙形空间，即基元容积。动涡旋盘由一个偏心距很小的曲轴 8 带动，以静涡旋盘的中心为旋转中心并以一定的旋转半径做无自转的回转平动，两者的接触线在运转中沿涡旋曲面不断向中心移动，它们之间的相对位置借安装在动、静涡旋盘之间的十字滑环 7 来保证。该环的上部和下部十字交叉的突肋分别与动涡旋盘下端面键槽及机座上的键槽配合并在其间滑动。吸气口 1 设在静涡旋盘的外侧面，并在顶部端面中心部位开有排气口 2，压缩机工作时，制冷剂气体从吸气口进入动、静涡旋盘间最外圈的月牙形空间，随着动涡旋盘的运动，气体被逐渐推向中心空间，其容积不断缩小而压力不断升高，直至与中心排气口相通，高压气体被排出压缩机。

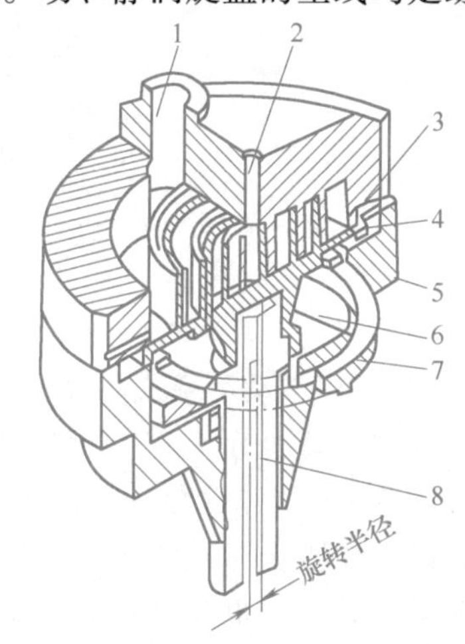

图 7-26　涡旋式制冷压缩机结构简图

1—吸气口　2—排气口　3—静涡旋盘　4—动涡旋盘　5—机座　6—背压腔　7—十字滑环　8—曲轴

（2）工作过程　涡旋式压缩机的工作原理是利用动涡旋盘和静涡旋盘的啮合，形成多个压缩腔，随着动涡旋盘的回转平动，使各压缩腔的容积不断变化来压缩气体。其工作过程如图 7-27 所示。在图 7-27a 所示位置，动涡旋盘中心 O_2 位于静涡旋盘中心 O_1 的右侧，涡旋密封接触线在左右两侧，涡旋外圈部分刚好封闭，此时最外圈两个月牙形空间充满气体，完成了吸气过程（阴影部分）。随着动涡旋盘的运动，外圈两个月牙形空间中的气体不断向中心推移，容积不断缩小，压力逐渐升高，进行压缩过程，图 7-27b～f 所示为曲轴转角 θ 每间隔 120°的压缩过程。当两个月牙形空间汇合成一个中心腔室并与排气口相通时（图 7-27g），压缩过程结束，并开始进入图 7-27g～j 所示的排气过程，直至中心腔室的空间消失，排气过程结束（图 7-27j）。

图 7-27 所示的涡旋圈数为三圈，最外圈两个封闭的月牙形工作腔完成一次压缩及排气的过程，曲轴旋转了三周（即曲轴转角 θ 变为了 1080°），涡旋盘外圈分别开启和闭合三次，

即完成了三次吸气过程，也就是每当最外圈形成了两个封闭的月牙形空间并开始向中心推移成为内工作腔时，另一个新的吸气过程同时开始形成。因此，在涡旋式制冷压缩机中，吸气、压缩、排气等过程是同时和相继在不同的月牙形空间中进行的，外侧空间与吸气口相通，始终进行吸气过程。所以，涡旋式制冷压缩机基本上是连续地吸气和排气，并且从吸气开始至排气结束需经动涡旋盘的多次回转平动才能完成。

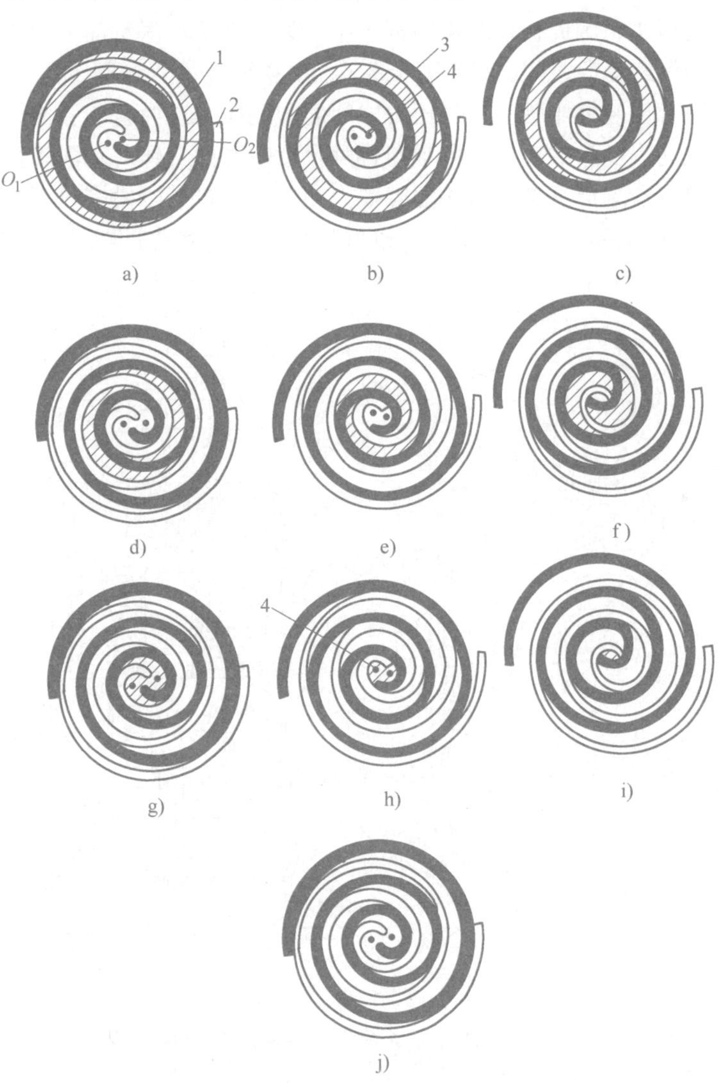

图 7-27　涡旋式制冷压缩机工作过程示意图

a）$\theta=0°$　b）$\theta=120°$　c）$\theta=240°$　d）$\theta=360°$　e）$\theta=480°$
f）$\theta=600°$　g）$\theta=720°$　h）$\theta=840°$　i）$\theta=960°$　j）$\theta=1080°$
1—动涡旋盘　2—静涡旋盘　3—压缩腔　4—排气口

2. 主要结构形式与特点

（1）主要结构形式

1）立式全封闭涡旋式制冷压缩机。图 7-28 所示为功率为 3. 75kW 在空调器中使用的立式全封闭涡旋式制冷压缩机。低压制冷剂气体从机壳顶部吸气管 13 进入吸气腔 14。吸气腔

封闭时成为压缩腔，经压缩的高压气体（其中混有润滑油）由静涡旋盘9的中心排气口12进入排气腔（也称高压缓冲腔）10，再经过静涡旋盘与机座4上的排气通道8及筒体上的导流板，流向贴在筒体内壁面上的油过滤网，被过滤下来的润滑油落入机壳下部的贮油槽1中，而高压气体被导入机壳下部去冷却电动机2，然后由排气管15排出压缩机。采用排气冷却电动机的结构减少了吸气过热度，提高了压缩机的效率；又因机壳内是高压排出气体，使得排气压力脉动很小，因此振动和噪声都很小。为了平衡动涡旋盘上承受的轴向气体作用力，在机座4与动涡旋盘7之间，设有背压腔6，由动涡旋盘上的背压孔17与中间压缩腔相通，引入的气体使背压腔处于吸、排气压力之间的中间压力。由背压腔内气体压力形成的轴向力和力矩作用在动涡旋盘的底部，以平衡各月牙形空间内气体对动涡旋盘所施加的轴向力和力矩，以便在涡旋盘端部维持着最小的摩擦力和最小磨损的轴向密封。在曲轴曲柄销上的偏心调节块26使径向间隙得以可靠密封，以保持背压腔与机壳间的密封，是一种典型的柔性密封机构。

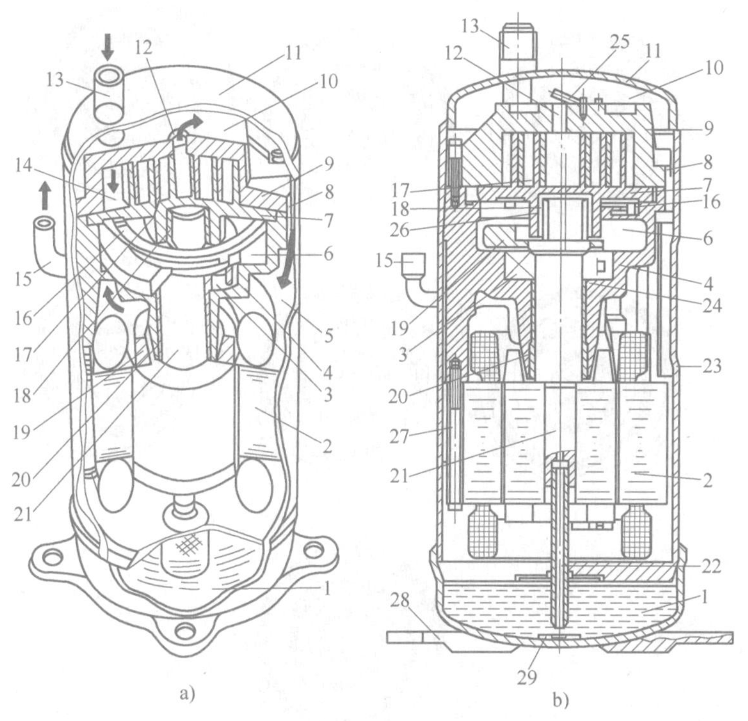

图7-28 立式高压机壳腔全封闭涡旋式制冷压缩机

1—贮油槽 2—电动机 3—主轴承 4—机座 5—机壳腔 6—背压腔 7—动涡旋盘 8—排气通道 9—静涡旋盘 10—排气腔 11—封头 12—排气口 13—吸气管 14—吸气腔 15—排气管 16—十字滑环 17—背压孔 18、20—轴承 19—大平衡块 21—曲轴 22—吸油管 23—机壳 24—轴向挡圈 25—单向阀 26—偏心调节块 27—电动机螺钉 28—底座 29—磁环

该机的润滑系统是利用排气压力与背压腔中气体压力的压差来供油的。贮油槽1中的润滑油经吸油管22沿曲轴21上的中心油道进入背压腔，并通过背压孔17进入压缩腔中，压缩腔中的润滑油起到了十分重要的润滑、密封及导热作用，并随高压气体经静涡旋盘上的排气口12排到封闭的机壳中，其间不仅润滑了涡旋型面，同时润滑了轴承18和20及十字滑环16等，

也冷却了电动机。润滑油经过油气分离后流回贮油槽。因为润滑油与气体的分离是在机壳中进行的，其分离效果好，而压差供油又与压缩机的转速无关，使润滑及密封更加可靠。

静涡旋盘 9 的轴线与机座 4 的轴线在理论上应该是重合的。为了保证静涡旋盘与机座间的定位精度和装配质量，常用销钉定位，由螺钉联接。电动机定子与机座由螺钉 27 联接，曲轴（连同电动机转子）由安装在机座上的主轴承 3（可以是滚动轴承）及滑动轴承 20 支承。这样，动静涡旋盘、机座、曲轴以及电动机就构成一个整体，依靠机座的外圆被压在机壳 23 的内表面上。

图 7-29 所示为另一种立式全封闭涡旋式制冷压缩机结构。机壳内压力为吸气低压，这是与图 7-28 所示压缩机的高压机壳的主要区别之一。立式全封闭低压机壳腔涡旋压缩机在制冷与空调系统中有着广泛的应用。最明显的优点是电动机的环境温度较低，有利于提高电动机的工作效率。当吸气管道中的气体带有液滴时，不会直接导致压缩腔液击。

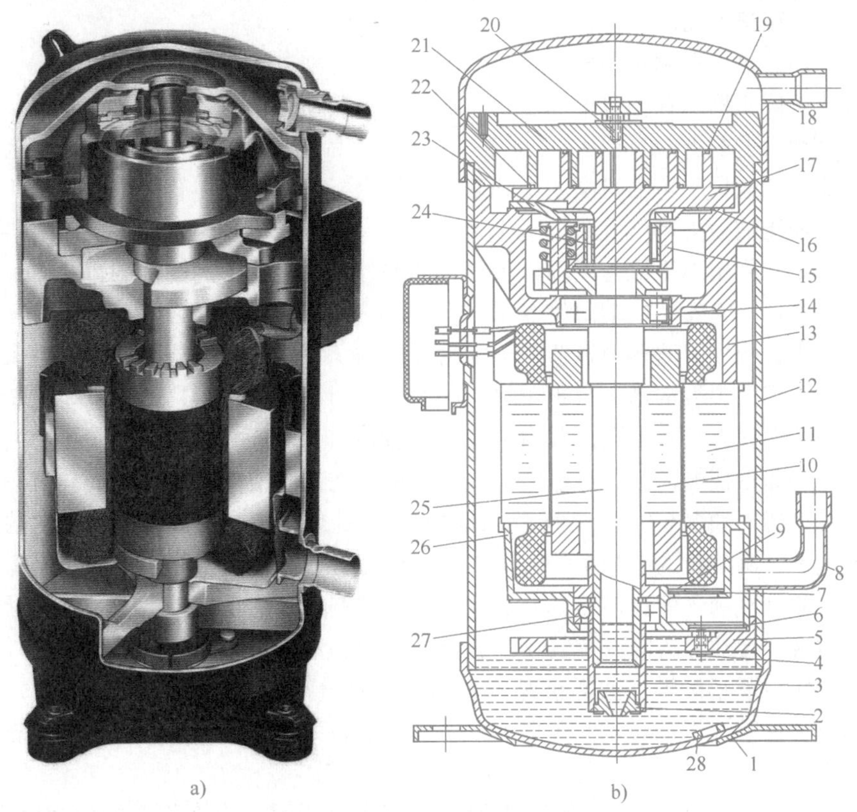

图 7-29 立式低压机壳腔全封闭涡旋式制冷压缩机

a）外形图 b）结构图

1—底座 2—油泵 3—上油管 4—螺钉 5—下支承 6、7—滤网 8—吸气管 9—滤网压板 10—电动机转子 11—电动机定子 12—机壳 13—机座 14—主轴承 15—偏心量调节装置 16—推力轴承 17—动涡旋盘 18—排气管 19、22—密封条 20—单向阀 21—静涡旋盘 23—十字滑环 24—硬质套 25—曲轴 26—轴承座 27—下轴承 28—磁环

图 7-29 中，来自蒸发器的低压制冷剂气体由吸气管 8 进入压缩机机壳内，在导向器限制下通过电动机定子 11 和转子 10 之间的间隙上升，冷却了电动机，并由机座 13 上的吸气

通道进入吸气腔。经压缩后的高压气体进入机壳顶部的排气腔，最后经排气管18排出。

润滑油通过轴端设置的油泵2增压后，向上流动并润滑各轴承和滑动面，大量的润滑油将返回机壳下部的贮油槽，而少量润滑油则随吸入气体进入压缩腔，最终随高压气体排至排气腔。在排气腔中，绝大部分润滑油滴落在腔底部，而少量随高压气体排出机壳。排气腔底部的润滑油，通过与机座和静涡旋盘相通的回油孔，在压差作用下回到机壳底部的贮油槽中。回油孔的直径不能太大，一般为0.6~6.2mm，否则，排气腔中的润滑油难以形成一定的油面，导致高压气体通过回油孔倒流回机壳腔中。

在这种结构形式中，动涡旋盘上承受的轴向气体作用力，最终传递至机座的上端面，造成该上端面与动涡旋盘下端表面之间的滑动摩擦。减少滑动摩擦损失的措施，在于提高相对滑动表面的硬度和降低表面粗糙度值，在滑动表面上设置径向油槽等，以改善表面的润滑性。图7-29中的推力轴承16被放置在动涡旋盘背面和机座上端面之间，就同时起到了提高硬度和降低表面粗糙度值的双重作用。

很显然，涡旋盘顶部设置的密封条19和22以及主轴实际偏心量的可调节性，都是提高这种结构形式涡旋压缩机容积效率和运行可靠性的重要措施。

2）卧式全封闭涡旋式制冷压缩机。图7-30是一台制冷量为1.8kW的卧式全封闭涡旋式制冷压缩机，它适用于压缩机高度受到限制的机组。制冷剂气体直接由吸气管1进入涡旋盘外部空间，经压缩后由排气孔通过排气阀15排入机壳，冷却电动机后经排气管8排出。该机的特点是：①采用高压机壳以降低吸气过热并控制排气管中润滑油的排放。②防止自转机构采用十字滑环，它安装在动涡旋盘12与主轴承2之间，轴向柔性密封机构10是由止推环和一个波形弹簧构成，波形弹簧置于十字滑环内部。该机构可以防止液击，也可以使动涡旋盘型线端部采用的尖端沟槽密封更可靠。③径向柔性密封机构11采用滑动轴套结构，在曲轴3最上端端面开有长方形孔，其内装有偏心轴承（即滑动轴套），并在孔的内部压一个弹簧，弹簧也与曲轴接触，使涡旋盘的径向间隙保持在最小值，减少气体周向泄漏。④润滑系统采用摆线形转子油泵6供油，通过曲轴中心上的孔供给各个需要润滑和密封的部位（偏心轴承、主轴承、涡旋盘的压缩室等），解决了卧式压缩机润滑油进入各润滑部位的困难，也避免了排出的制冷剂含油过多。⑤装有双重排油抑制器9支承副轴承（滚动轴承）5的隔板是带风扇的板，含油雾的制冷剂气体高速撞击扇叶，油雾被分离；另外，在排气管上装有罩，制冷剂气体与罩相接触，油雾被黏附在罩上而被分离，进一步降低了排出气体的含油量。⑥曲轴由主轴承（滑动轴承）2支承在动涡旋盘的一端，另一端由副轴承5支承，确保了运行的平稳。

3）开启涡旋式制冷压缩机。图7-31所示的汽车空调用涡旋式压缩机为开启式压缩机，由汽车的主发动机通过带轮驱动压缩机运转。制冷剂气体从吸气管进入由机壳2、动涡旋盘4和轴承座12组成的吸气腔，然后经动、静涡旋盘4、1的外圈进入月牙形工作腔，被压缩后经排气阀3排入排气腔，再通过排气管排出压缩机。为了使压缩机的重量轻，两个涡旋盘采用铝合金制造，动涡旋盘及其内端面经阳极氧化处理，确保其耐磨性；静涡旋盘的内端面镶嵌耐磨板，以防止动涡旋盘顶端密封将其磨损。采用径向柔性密封机构5调节两个涡旋盘间的径向间隙，以确保径向密封，减少周向泄漏；球形连接器13一方面承受作用于动涡旋盘上的轴向力，另一方面防止动涡旋盘的自转；设置排气阀是为了防止高压气体回流导致效率降低及防止电磁离合器9脱开时曲轴倒转，也可以适应变工况运行；轴封11为双唇式，

位于两个轴承之间，副轴承 10 采用油脂润滑，主轴承 7 和涡旋盘的润滑是依靠吸入气体内所含的润滑油。

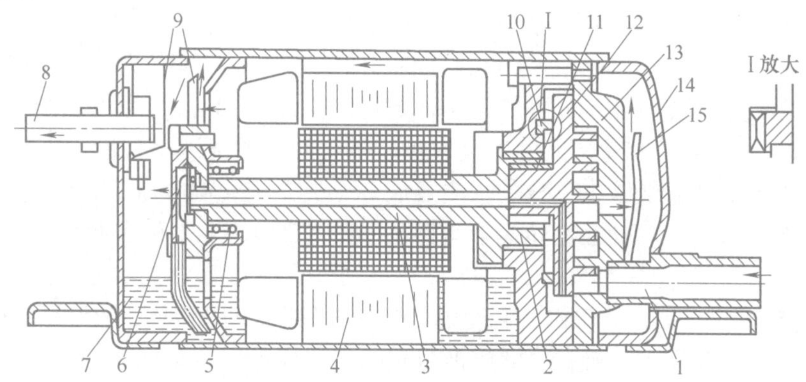

图 7-30　卧式全封闭涡旋式制冷压缩机

1—吸气管　2—主轴承　3—曲轴　4—电动机　5—副轴承　6—摆线形转子油泵　7—贮油槽　8—排气管　9—排油抑制器　10—轴向柔性密封机构　11—径向柔性密封机构　12—动涡旋盘　13—静涡旋盘　14—机壳　15—排气阀

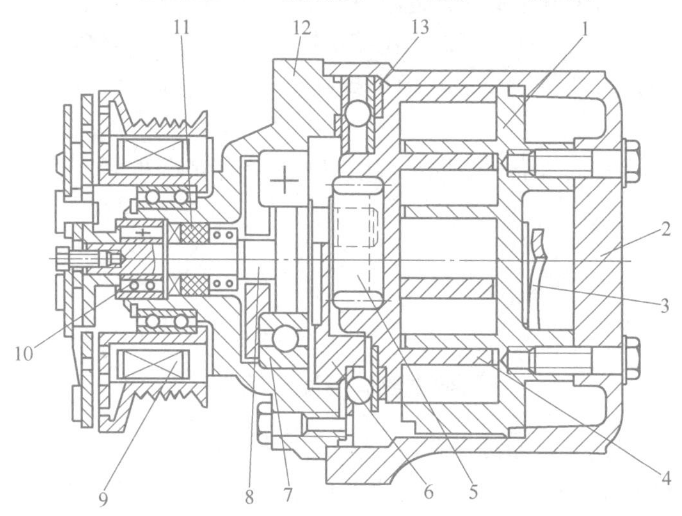

图 7-31　汽车空调用涡旋式制冷压缩机

1—静涡旋盘　2—机壳　3—排气阀　4—动涡旋盘　5—径向柔性密封机构　6—平衡块　7—主轴承　8—曲轴　9—电磁离合器　10—副轴承　11—轴封　12—轴承座　13—球形连接器

（2）特点　从工作过程及结构来看，涡旋式制冷压缩机有如下特点：

1）效率高。涡旋式制冷压缩机的吸气、压缩、排气过程是连续单向进行的，因而吸入气体的有害过热小；相邻工作腔间的压差小，气体泄漏少；没有余隙容积中气体的膨胀过程，容积效率高，可达 90%~98%；动涡旋盘上的所有点均以几毫米的回转半径做同步转动，所以运动速度低，摩擦损失小；没有吸、排气阀，所以气流的流动损失小。同往复活塞式制冷压缩机相比，其效率高 10%左右，而且在较宽的频率范围内（30~120Hz）均有较高的容积效率与绝热效率，适合采用变频调速技术，可进一步降低能耗，提高舒适性。

2）力矩变化小、振动小、噪声低。涡旋式制冷压缩机压缩过程较慢，而且一对涡旋盘中几个月牙形空间可同时进行压缩过程，故使曲轴转动力矩变化小，压缩机运转平稳；另外，涡旋式压缩机吸气、压缩、排气基本上是连续进行的，所以吸、排气的压力脉动很小，于是振动和噪声都小，噪声比往复活塞式制冷压缩机低 5dB(A)。

3）结构简单、体积小、重量轻、可靠性高。涡旋式制冷压缩机构成压缩室的零件数目与滚动活塞式及往复活塞式制冷压缩机的零件数目之比为 1∶3∶7，所以涡旋式的体积比往复活塞式小 40%，重量轻 15%；又由于没有吸、排气阀，易损件少，加之有轴向、径向间隙可调的柔性机构，能避免液击造成的损失及破坏，故涡旋式制冷压缩机的运行可靠性高。因此，涡旋式制冷压缩机即使在高转速下运行也能保持高效率和高可靠性，其最高转速可达 13000r/min。

4）对液击不敏感。被吸入气缸的制冷剂气体中允许带有少量液体，故可采用喷液循环。

5）采用一种背压可自动调节的可控推力机构，这样可保持轴向密封，减少机械损失，防止异常高压，确保压缩机安全。

6）便于采用气体注入循环。采用气体注入循环是涡旋式压缩机的一个特点。其循环原理是：冷凝后的液体制冷剂经第一次节流膨胀到中间压力，然后经气液分离器，再分两路，一路是液态制冷剂经第二次节流膨胀并通过室内热交换器后进入压缩机；另一路是气态制冷剂经注入回路被压缩机吸入。这样可提高压缩机制冷或供暖能力 10%~15%，还可以根据负荷变化启闭注入回路进行能量调节，从而可提高节电效果，同时又可减少压缩机开、停频率，减少室温变化。

7）需要高精度的加工设备及制造方法，并要求有精确的调心装配技术，制造成本较高。

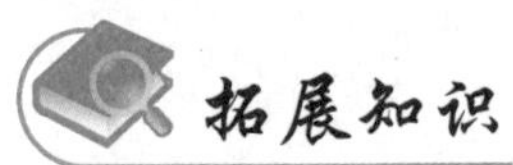

数码涡旋式制冷压缩机

图 7-32 所示为数码涡旋式制冷压缩机的外观和内部结构图。数码涡旋式制冷压缩机在运行时，顶上的静涡旋盘允许向上移动大约 1mm，使两个涡旋盘脱离，吸入的气体由于涡旋盘间较大的间隙又回流至吸气口，压缩机保持空转但无排气，输气量为零，称为压缩机的卸载状态。负载状态则是像普通涡旋压缩机运行时的状态，其输气量为 100%。

图 7-32b 中，活塞提升组件 7 安装于顶部静涡旋盘 3 处，确保活塞上移时静涡旋盘也上移。在活塞的顶部有能量调节腔 6，它通过直径为 0.6mm 的排气孔和排气压力相连通。压缩机外部的 PWM 电磁阀 4 和连接管 5，将能量调节腔与吸气侧压力相连。数码涡旋式制冷压缩机的能量调节原理如图 7-33 所示。当 PWM 电磁阀处于图 7-33a 所示的关闭位置时，活塞上、下侧的压力为排气压力，有一个弹簧力使静涡旋盘被压下，两个涡旋盘处于负载状态。当 PWM 电磁阀通电处于图 7-33b 所示的导通位置时，能量调节腔内的高压气体被释放至低压吸气管，导致活塞上移，带动了顶部静涡旋盘上移，从而使两涡旋盘分离，压缩机处于卸载状态。当 PWM 电磁阀再次断电，压缩机再次满载，恢复压缩操作。压缩机在 PWM 电磁阀控制电源的作用下，可自由地调节开启-关闭的比例，实现“0-1”输出，即为数码涡旋压缩机。

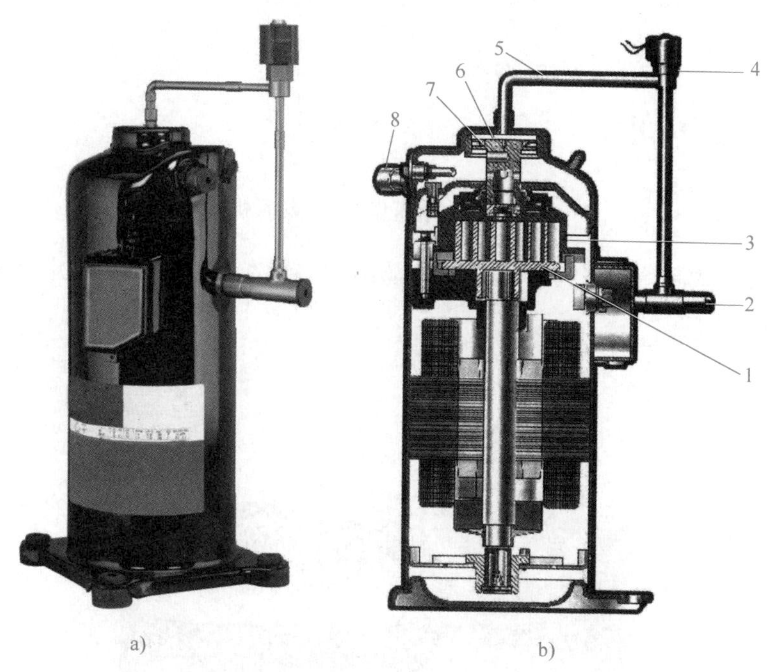

图 7-32　数码涡旋式制冷压缩机的外观和内部结构图

a）外观图　b）内部结构图

1—动涡旋盘　2—吸气管　3—静涡旋盘　4—PWM 电磁阀　5—连接管

6—能量调节腔　7—活塞提升组件　8—排气管

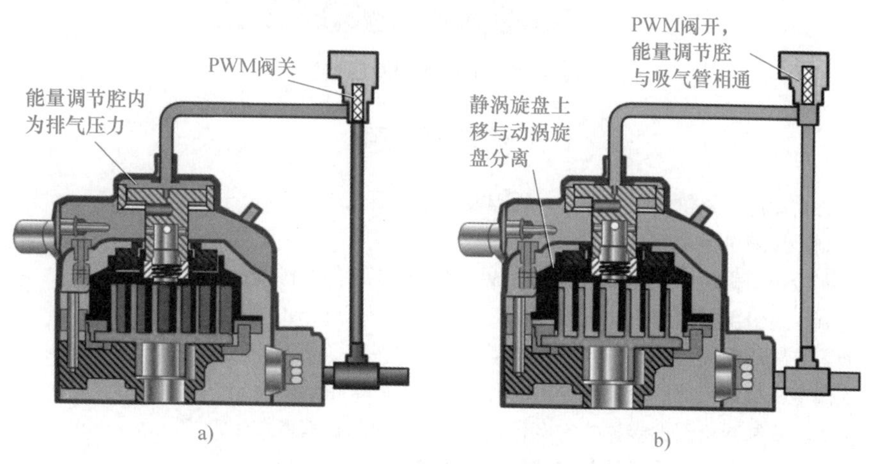

图 7-33　数码涡旋式制冷压缩机能量调节原理

a）负载状态　b）卸载状态

数码涡旋式压缩机实现能量调节的原理是不断地变换顶部静涡旋盘升起和啮合，其工作过程的一个周期时间由负载状态时间和卸载状态时间组成。两个时间段长短的不同决定了压缩机的能量调节量。例如，一个 20s 的周期时间，如果负载时间是 10s，卸载时间也是 10s，则压缩机能量调节量为 50%。若在相同的周期时间内，负载时间是 15s，卸载时间是 5s，则压缩机能量调节量为75%。通过改变负载状态时间和卸载状态时间，可实现压缩机从10%到100%的能量调节。

离心式制冷压缩机结构解析

通过观察离心式制冷压缩机（图7-34）的结构，判别其基本类型，并说明其主要零部件名称。

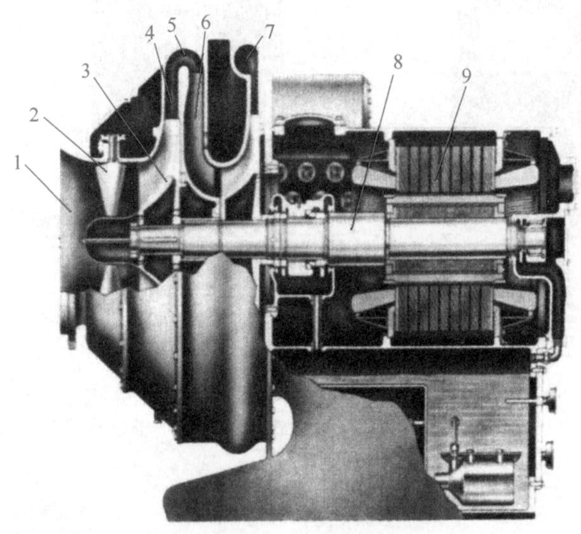

图7-34　离心式制冷压缩机

复习思考题

1. 简述离心式制冷压缩机的工作原理、特点及应用范围。
2. 离心式制冷压缩机是如何分类的?
3. 离心式制冷压缩机由哪些主要零部件组成?各主要零部件的作用是什么?
4. 离心式制冷机组主要由哪些部分组成?
5. 抽气回收装置的作用是什么?常用的类型有哪些?
6. 离心式制冷机组常用的能量调节方法有哪些?
7. 什么是离心式制冷机组的喘振?它有什么危害?如何防止喘振发生?
8. 简述滚动活塞式制冷压缩机的基本结构和工作过程。
9. 滚动活塞式制冷压缩机的主要结构形式有哪些?
10. 滚动活塞式制冷压缩机有何特点?
11. 简述涡旋式制冷压缩机的基本结构和工作过程。
12. 涡旋式制冷压缩机的主要结构形式有哪些?
13. 涡旋式制冷压缩机有何特点?

格力：让世界爱上中国造

2008 年全球金融危机之后，美国以再工业化战略为基石，正在重新审视和回归美国制造，以信息网络技术、智能制造技术、新能源技术的突破，助推新一轮工业革命的到来。

为了进一步提高国际竞争力，抢占新工业革命制高点，德国在 2013 年推出“工业 4.0”战略。

面对新一轮的全球竞争，中国提出了“中国制造 2025”战略，以顺应现代制造业与新一代信息技术的深度融合发展趋势，实现从制造大国向制造强国的转变。

新工业革命的到来，意味着一场全球化的深度竞争正在拉开帷幕。格力电器董事长董明珠始终对此保持着清醒的头脑：“中国的企业家，应该聚焦于实业。没有实体经济，就不会有中国经济的未来，没有中国制造，就不会有国家的全球尊严！”

2015 年 9 月 22 日，中国制造业企业的众多企业家们齐聚珠海，见证格力电器发布新的品牌口号“让世界爱上中国造”。

让世界爱上中国造，八个字，是我们这个国家，和这个国家的企业们，多少年来的心愿和追求，也是国家工业精神的重新凝聚。

当美国公司提出收购格力，并给出董明珠亿元年薪时，被董明珠坚决拒绝；当日本公司提出要和格力合资时，董明珠说，合资可以，格力必须控股。

董明珠说，最核心的工业技术，只有掌握在自己手里，企业才有底气，国家才有尊严。一个企业家，必须心中装着国家的尊严，才有可能走向全世界。

技术的取得不是靠一朝一夕之功。截至 2020 年，格力电器拥有 1.5 万名研发人员和 3 万多名技术工人，15 个研究院，96 个研究所，929 个实验室、1 个院士工作站，累计申请国内专利 78756 项。从实现一拖多空调到被鉴定为“国际领先”的高效直流变频离心机组，再到 2012 年 2 月 14 日获得国家科技进步奖的变频空调技术，每一次关键技术的孕育突破，都是一场艰苦卓绝的斗争。如果仅仅是重视，而缺乏足够的耐心和韧劲，格力根本无法坚持到每一次黎明到来。

事实证明了科技创新战略的成功。核心技术和科技创新，给了格力“让世界爱上中国造”的底气，也让格力在全球市场赢得尊严。在南非世界杯等一系列海外重大工程招标中，格力接连中标。目前格力家用空调的全球市场占有率，已稳居行业第一。

中国造，是我们迎接新工业革命的基石！

第3篇

制 冷 设 备

通过前面制冷原理的学习得知，蒸气压缩式制冷系统中只要有压缩机、冷凝器、节流机构、蒸发器设备，就可以完成制冷循环过程。制冷剂在蒸发器内吸收被冷却物体的热量并汽化成蒸气，压缩机不断地将产生的蒸气从蒸发器中抽出，并进行压缩，经压缩后的高温、高压蒸气排到冷凝器后向冷却介质（如水或空气）放热冷凝成高压液体，再经节流机构降压后进入蒸发器，再次汽化，吸收被冷却物体的热量，如此周而复始地循环。因此，可以将压缩机、冷凝器、节流机构、蒸发器称为制冷系统中的基本设备。

在实际制冷装置中，除压缩机、冷凝器、节流机构、蒸发器四个基本设备外，还要增加一些辅助设备，如油分离器、贮液器、气液分离器、集油器、空气分离器、中间冷却器、阀件、输送液体的泵、液位计、压力计、温度计，为了实现在运行过程中的自动控制和自动调节，还要配置相应的控制调节元件、自动控制仪器和仪表等。这些设备、仪器、仪表的有机组合，才能构成完整的实际制冷系统。

一般人们习惯上把制冷（压缩）机以外的设备称为制冷辅助设备，又称为制冷设备。

从制冷系统的组成上可以看出，在制冷系统中，起核心作用的制冷（压缩）机是非常重要的，但各种辅助设备也极大地影响着制冷系统的效率和安全性。制冷设备按在制冷系统中所起的作用可以分成两类，一类是完成制冷循环所必不可少的设备，包括冷凝器、蒸发器、节流机构等；另一类是辅助设备，包括制冷系统辅助设备、制冷剂净化与安全设备、冷媒水和冷却水系统设备、输送设备等。制冷设备的功用是改善制冷机的工作条件或提高制冷系统的经济性及安全可靠性。

随着制冷技术的高速发展，一些效能高、结构紧凑、样式新颖的制冷（压缩）机新产品不断涌现，同时，一些高效节能、环保的辅助设备新产品也在逐步推向市场，尤其是在热交换器设备和空气净化器方面。对于常用的应用蒸气压缩式制冷原理的冰箱、空调等产品来说，基本制冷原理是经典的、不变的，产品的更新换代或出现新的卖点，大多是由于制冷设备方面进行了技术改造或改革。

本篇介绍制冷设备的工作原理、结构、适用范围及特点等。

第 8 章　蒸发器与冷凝器

蒸发器与冷凝器是制冷系统中制冷循环的基本设备，均属换热设备。制冷剂在冷凝器中放出热量，在蒸发器中吸收热量，实现制冷循环过程。

本章主要介绍传热基础知识，蒸发器与冷凝器的工作原理、结构、适用范围及特点等。

8.1　传热基础知识

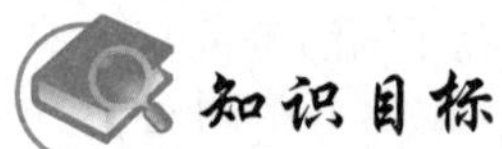

1. 了解传热的三种基本形式，并能举出生活中的实例。
2. 掌握总传热系数方程，能形象说明热量传递过程。
3. 会判断顺流或逆流，计算对数平均温差。

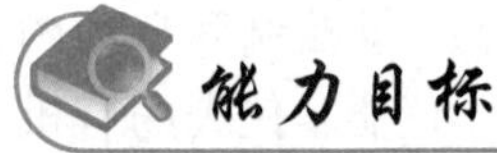

参照常用制冷换热设备传热参数，说明冰箱结构中各种材料选择的理由。

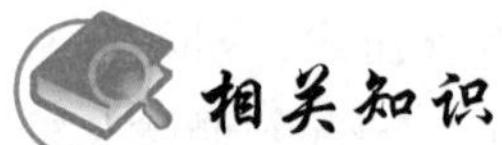

8.1.1　传热基本方式

在制冷设备中，换热设备占很大的比例，换热设备的作用是使制冷剂在其中吸收热量或放出热量，它包括冷凝器、蒸发器和一些辅助热交换器等。换热设备在制冷系统中起着重要的作用，换热设备的性能对制冷系统具有较大的影响。

换热设备的工作原理是热流体和冷流体同时在换热器传热面两侧流动，热量通过壁面从热流体传给冷流体。两物体之间的传热是一种很复杂的过程。

传热有三种基本方式，即热传导、热对流和热辐射。

（1）热传导　它是指静止物体（如气体、液体、固体），由于分子、原子、电子的运动，使热量从物体内由高温处向低温处的传递。比较常见的例子如蒸气加热池中的水；金属导热（电焊、火钩、热锅中的铲子）等。

（2）热对流或称对流传热　它是指气、液流体流动引起的热量传递，又分为强制对流和自然对流两种。强制对流是指在泵或风机的外力作用下而引起的流体流动，比较常见的例子如暖气、空调冷热风等。自然对流，是指流体各部分温度不均匀而形成密度差而使流体相对流动发生的传热，如土暖气等。热对流与热传导在真空中不能进行。

（3）热辐射　它是指物体发出辐射能，通过电磁波产生能量传递。比较常见的例子如火炉取暖、频谱治疗仪等。

制冷换热设备的传热情况，往往是热传导、热对流、热辐射中的两种或三种传热方式组合作用的结果。比如在水冷式冷凝器中，制冷剂蒸气冷却和凝结时放出的热量，主要通过热对流传递给冷凝器管子外壁，然后通过热传导传至管子内壁，再通过热对流把热量传给冷却水。而温度较高的冷凝器壳体还通过热对流和热辐射把热量传递给周围的空气。

8.1.2　总传热系数与基本传热方程

在工程上，为了简化计算，通常把以上复杂的热传递过程用一个总传热系数来表示，用 K 来表示。当传热面为圆管形状时，常常以外传热表面为基准面，总传热系数的计算式为

$$K=\frac{1}{\dfrac{1}{\alpha_0}+R_{so}+\dfrac{bd_0}{\lambda d_m}+R_{si}\dfrac{d_0}{d_i}+\dfrac{d_0}{\alpha_i d_i}} \tag{8-1}$$

式中　α_i、α_0——传热面内、外两侧流体的表面传热系数[W/(m^2·K)]；

d_i、d_0——管子的内、外径(m)；

b——管子壁厚(m)；

λ——传热面材料的热导率[W/(m·K)]；

R_{si}、R_{so}——管子内、外壁污垢热阻[K·m^2/W]；

d_m——管子中间面直径(m)。

为了方便理解和记忆式（8-1），可以想象有一圆管形传热管，管内和管外分别流动着两种温度不同的流体，假如管外的流体温度高，管外流体热量传递到管内流体的过程和传热方式是有规律变化的。管外流体热量以对流传热到传热管外表面，这时热量克服了管外表面污垢热阻；同样热量经管壁热传导到管内表面，这时热量克服管内表面污垢热阻；而热量传递到管内流体是进行对流传热。

传热系数 K 的大小与冷热流体的流动情况，传热壁面的材料、形状、尺寸等许多因素有关。K 越大，表明换热设备的传热能力越强，传热效果越好。

换热设备的基本传热计算式为

$$Q=KA\Delta t_m \tag{8-2}$$

式中　Q——换热设备的传热量（W）；

K——传热系数［W/(m^2·K)］；

A——换热设备传热面积（m^2）；

Δt_m——对数平均温差（K）。

通常利用式（8-2），根据 Δt_m、Q、K 来确定或核算传热面积 A。

在式（8-2）中，采用对数平均温差 Δt_m，是因为在计算由热流体传递给冷流体的热量（或冷流体所吸收的热量）时，要考虑在传热过程中，热流体和冷流体的温度是沿着流动方向不断变化的，而且流体的温度对整个传热面积来说，也并不是始终保持不变的，用对数平均温差比用算术平均温差准确。对数平均温差 Δt_m 计算式为

$$\Delta t_m=\frac{\Delta t_1-\Delta t_2}{\ln\dfrac{\Delta t_1}{\Delta t_2}} \tag{8-3}$$

对数平均温差的计算与冷热流体的相对流动方式，即顺流和逆流有关，如图 8-1 所示。

冷流体和热流体从换热设备的一端沿同一个方向流向另一端，这种流动方式称为顺流，如图 8-1a 所示。顺流中，热流体放热，温度从 t_1 下降至 t_2；而冷流体吸热，温度由 t'_1 上升到 t'_2。进口端冷热流体的温度差 $\Delta t_1=t_1-t'_1$，出口端温差 $\Delta t_2=t_2-t'_2$。

冷热流体沿相反的方向流动时，这种流动方式称为逆流，如图 8-1b 所示。逆流情况下，热流体的温度由 t_1 降至 t_2，冷流体的温度由 t'_2 上升至 t'_1。两端冷、热流体的温度差 $\Delta t_1=t_1-t'_1$，$\Delta t_2=t_2-t'_2$。

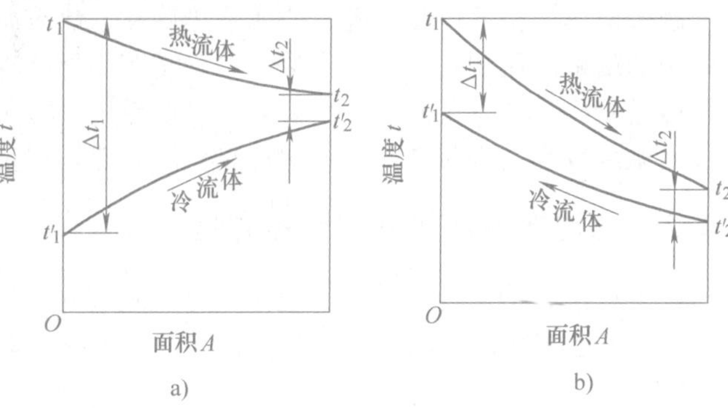

图 8-1　顺流和逆流时流体温度的变化

a）顺流　b）逆流

在工程计算中，当 Δt_1 与 Δt_2 很接近时，如 $\Delta t_1/\Delta t_2 \leqslant 2$ 时，可以用算术平均温差代替对数平均温差进行传热计算，即 $\Delta t_m=(\Delta t_1+\Delta t_2)/2$ 的计算偏差小于 4%，这在一般工程计算中是允许的。

8.1.3　常用制冷换热设备传热参数

在不同操作情况下，制冷换热设备传热参数值变化范围很大。学习者和使用者应对常用的制冷换热设备传热参数值的大小有一个数量级的概念，这对于熟悉和掌握制冷换热设备的特点、传热分析会有所帮助。表 8-1 列出了一些制冷换热设备总传热系数的大致范围；表 8-2 列出了一些制冷装置中常用材料的热导率；表 8-3 列出了一些常用的制冷装置中表面传热系数，表 8-4 列出了一些常用制冷装置污垢热阻值。

表 8-1　制冷换热设备总传热系数 K 的大致范围

换热器名称及类型			传热系数 K /[W/(m²·K)]	相应条件
卧式冷凝器(氨)			810~1050	传热温差 4~6℃，单位面积冷却水用量 0.5~0.9m³/(m²·h)
卧式冷凝器(氟利昂)			930~1169	传热温差 7~9℃，低肋管，肋化系数≥3.5，水速 1.5~2.5m/s
套管式冷凝器			970~1290	传热温差 8~11℃，低肋管，肋化系数≥3.5，水速 2~3m/s
空气冷却式冷凝器(强制对流)			29(R12) 35(R22)	迎面风速 2.5~3.5m/s，冷凝温度与进风温差≥15℃，室外温度 35℃
空气冷却式冷凝器(自然对流)			6~9	
管壳式蒸发器	满液式	氨，水	490~580	蒸发温度 0℃，水速 1~2m/s
		氨，盐水	410~550	传热温差 4~6℃
		氟利昂，盐水	490~520	传热温差 4~6℃，水速 1~1.5m/s，肋化系数 3.5
		氟利昂，盐水	520~760	传热温差 4~8℃，水速 1~1.5m/s，光管外径 15.9mm
	干式	氟利昂，水	450~910	传热温差在 7℃以上，水速高的情况为大值
		氟利昂，水	340~790	传热温差在 4℃以下，水速低的情况为相应小值
		氟利昂，水	1630~1750	R22，8 肋内肋管，水速 1.1m/s

（续）

换热器名称及类型			传热系数 K /[W/(m^2·K)]	相应条件
冷库用	冷却排管	氨,空气	10.5~13	光管,蒸发温度为-20℃
	冷风机组蒸发器	高温库(氨)	17.5~18.5	库温与蒸发温度差 10℃,迎面风速 2.5m/s
		低温库(氨)	11.5~14	
空调用空气冷却器		R12	37	管排数 3~4,迎面风速 2~2.5m/s
		R22	43	管排数 6~8,迎面风速 2.5~3m/s

表 8-2　制冷装置中常用材料的热导率 λ

材　料	λ/[W/(m·K)]	材　料	λ/[W/(m·K)]
铜	383.79	玻璃	1.0932
铝	227.95	水	0.599
钢	52.34	玻璃丝棉	0.03489
新霜	0.118	发泡塑料	0.04652
旧霜	0.55	空气	0.0244

表 8-3　制冷和空调装置中表面传热系数 α

流体的种类和状态	α/[W/(m^2·K)]	流体的种类和状态	α/[W/(m^2·K)]
静止气体	4~20	流动液体	200~1000
流动气体	10~500	冷凝面 R12	1600
静止液体	70~300	蒸发面 R12	1700

表 8-4　制冷装置污垢热阻值

流体名称	壁面污垢热阻/[(m^2·K)/W]	流体名称	壁面污垢热阻/[(m^2·K)/W]
河水,流速<1m/s	5.1590×10^{-4}	有机化合物	0.8598×10^{-4}
流速>1m/s	3.4394×10^{-4}	空气	3.4394×10^{-4}
硬水,流速<1m/s	5.1950×10^{-4}	溶剂蒸气	1.7194×10^{-4}
流速>1m/s	5.1590×10^{-4}	盐水	1.7197×10^{-4}

8.2　蒸发器

知识目标

1. 掌握蒸发器一般应放置在制冷流程中的位置。
2. 理解并记忆一般蒸发器中制冷剂进出是下进上出。
3. 了解冷却载冷剂的蒸发器在实际生产中的应用。

能力目标

找到一个自己能接触到的蒸发器，说明类型、制冷剂进口和出口，估算传热系数。

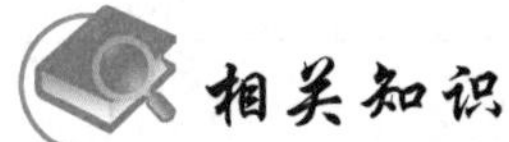

蒸发器是制冷系统中的一种热交换设备，在蒸发器中制冷剂的液体在较低的温度下沸腾，转变为蒸气，并吸收被冷却物体或介质的热量。蒸发器是制冷系统中制取和输出冷量的设备。蒸发器一般位于节流阀和制冷压缩机回气总管之间，并安装在需要冷却、冻结的冷间。

按照被冷却介质的特性，蒸发器可以分为冷却空气和冷却液体载冷剂两大类。

8.2.1 影响蒸发器传热的主要因素

1. 蒸发器在泡状沸腾下操作

节流后的制冷剂进入蒸发器时的状态为液态或气液混合状态，制冷剂通过汽化相变吸热。在给定的压力下，蒸发器内的制冷剂液体吸收热量后汽化沸腾，一开始蒸气仅在加热表面上一些突起的个别小点上生成，形成汽化核心，汽化核心生成的数量与加热表面上液体过热程度有关。当制冷剂在加热表面上形成许多气泡，并在液体内部逐渐增大而向上升起、破裂，达到沸腾，称为泡状沸腾；随着加热表面上液体过热程度的增大，制冷剂在加热表面上的汽化核心数目会急剧增多，众多的气泡来不及离开加热表面而汇集成一片，在加热表面上形成一层气膜，这种状态称为膜状沸腾。

膜状沸腾时，由于气膜的存在增大了传热热阻，传热系数会急剧下降，因此，应控制蒸发器在膜状沸腾下操作，一般制冷剂液体吸热后在蒸发器内的沸腾都属于泡状沸腾。

2. 润滑油进入蒸发器

当润滑油进入蒸发器传热面上，会降低制冷剂液体润湿传热表面的能力，加速气膜的形成，产生很大的热阻，降低换热效率，使制冷量减少。一般油膜厚度为 0.1mm 时产生的热阻相当于厚度为 33mm 的低碳钢金属壁的热阻。

3. 蒸发器结构

蒸发器结构要保证沸腾过程中产生的蒸气尽快从传热面脱离，应有利于蒸气很快离开传热面并保持合理的液面高度。为了充分利用蒸发器传热面，应将节流降压后产生的闪发气体在进入蒸发器前分离掉，在较大制冷系统中，往往在蒸发器前设有气液分离器。

8.2.2 冷却空气的蒸发器

这类蒸发器的制冷剂在蒸发器的管程内流动，并与在管程外流动的空气进行热交换，按空气流动的原因，冷却空气的蒸发器可分为自然对流式和强迫对流式两种。

1. 自然对流式冷却空气的蒸发器

这种蒸发器的蒸发管又称为排管，广泛用于冷库中，它依靠自然对流换热方式使库内空气冷却，其结构简单、制作方便，甚至可在现场生产，但传热系数较低，面积大，消耗金属多。为了提高传热效果，可采用绕制肋管制造。

在冷库中采用的排管式蒸发器，是利用氨制冷剂在排管内流动并蒸发而吸收冷库内储存的物体（鱼或肉类）的热量，并达到冷藏温度，多用于空气流动空间不大的冷库内。

冷库内常用的排管蒸发器可根据其安装的位置分为有墙排管、顶排管、搁架式排管等多种形式；从构造形式上可分为立式、卧式和盘管式等类型。图 8-2 所示为盘管式墙排管蒸发

器，其他类型的排管蒸发器可以举一反三加以理解。

盘管式墙排管是由无缝钢管弯制而成，排管水平安装，盘管回程可以设成一个通路（单头）和两个通路（双头）。氨制冷液从盘管下部进入，当流过全部盘管蒸发后，气体从上部排出。它可采用氨泵供液。盘管式墙排管结构简单、易于制作、氨量小（一般只为排管容积的 50%），但在蒸发时所产生气体不易排出，并且排管底部形成的气体要经过全部盘管长度从顶部排出，会影响传热效果。

搁架式排管因上、下管间的距离比较大，可直接搁置被冷冻的食品，传热效果较好。顶排管为在顶棚下安装的排管。

排管有光滑管和翅片管两种，一般由 ϕ38mm×2.2mm 的无缝钢管制成，翅片材料多为软质钢带，翅片宽 4~6mm，厚为 1~1.2mm，片距 35.8mm。由于翅片管容易生锈，冷库中用得比较少。管中心距：光滑管为 110mm，翅片管为 180mm。U 形管卡为 ϕ8mm 的圆钢制成。

2. 强迫对流式冷却空气的蒸发器

这种蒸发器又称为直接蒸发式空气冷却器，在冷库或空调系统中，它又称为冷风机。它由几排带肋片的盘管和风机组成，依靠风机的强制作用，使被冷却房间的空气从盘管组的肋片间流过。管内制冷剂吸热汽化，管外空气冷却降温后送入房间。其结构如图 8-3 所示。

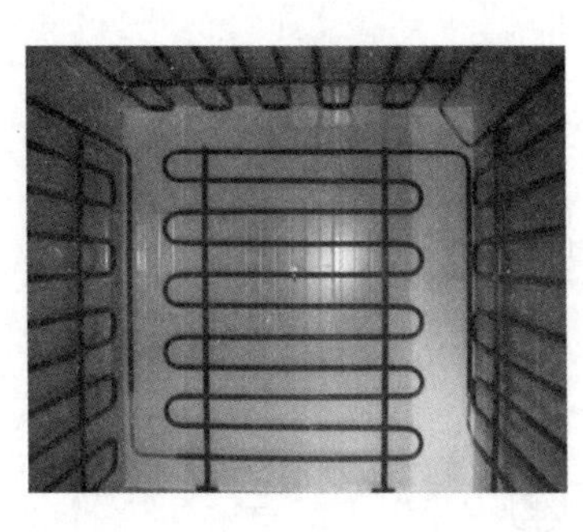

图 8-2　冷库盘管式墙排管蒸发器

图 8-3　冷风机的蒸发器结构

这种蒸发器直接靠制冷剂液体的汽化来冷却空气，因而冷量损失小，空气降温速度较快，结构紧凑，使用和管理方便，易于实现自动化。

氨用蒸发器一般用外径为 25~38mm 的无缝钢管制成，管外绕以 1mm 的钢肋片，肋片间距 10mm。氟用蒸发器一般用外径 10~18mm 的铜管制成，管外肋片为厚 0.2mm 的铜片或铝片，肋片间节距与蒸发温度有关，蒸发温度高且肋片管上不结霜时，片距可取 2~4mm；蒸发温度较低且肋片管上结霜时，片距应大些，可取 6~12mm，如采取热气除霜措施则蒸发器的片距可以取小些。

8.2.3　卧式管壳式蒸发器

卧式管壳式蒸发器属于冷却液体载冷剂类的蒸发器，有满液式和干式两种。满液式蒸发器为制冷剂在其中不完全蒸发的管壳式蒸发器，满液式卧式管壳式蒸发器在正常工作时，筒体内要充注垂直于筒径70%~80%高度的制冷剂液体，因此称为“满液式”，常用于氨作制冷剂的蒸发器。干式管壳式蒸发器为全部制冷剂在管内蒸发的管壳式蒸发器，干式管壳式蒸发器多为卧式，主要用于氟利昂制冷装置，特别是在船上，因受舱位高度限制，更为适用。由于制冷剂在管内蒸发，制冷剂液充注量比满液式蒸发器减少80%~85%。结构虽与满液式相似，但工作过程完全不一样。制冷剂从端盖进，在管束中蒸发吸热后，再从端盖引出。载冷剂在管外流动，为了提高流速以增强传热效果，用隔板隔成曲折的流程。

1. 满液式蒸发器

满液式蒸发器大多为管壳式，载冷剂在管内流动，制冷剂在管外蒸发，制冷剂液体基本浸满管束，上部留有一定的气空间。

氨用满液式卧式管壳式蒸发器结构如图8-4所示，其筒体是钢板卷板后焊接成形，两端焊有管板，多根ϕ25mm×2.5mm或ϕ19mm×2mm的换热钢管穿过管板后，通过胀接或焊接的方式与管板连接。筒体两端的管板外围装有分程隔板的封头，制冷剂走壳程，载冷剂（冷冻水）在管程内多程流动。封头上有载冷剂（冷冻水）进口管、载冷剂（冷冻水）出口管和泄水管、放气旋塞。在筒体上部设有制冷剂回气包和安全阀、压力计、气体均压管等，回气包上有回气管。筒体中下部侧面有氨液供液管、液体均压管等。筒体下部设集油包，包上有放油管。在回气包与筒体间还设有钢制液面指示器。

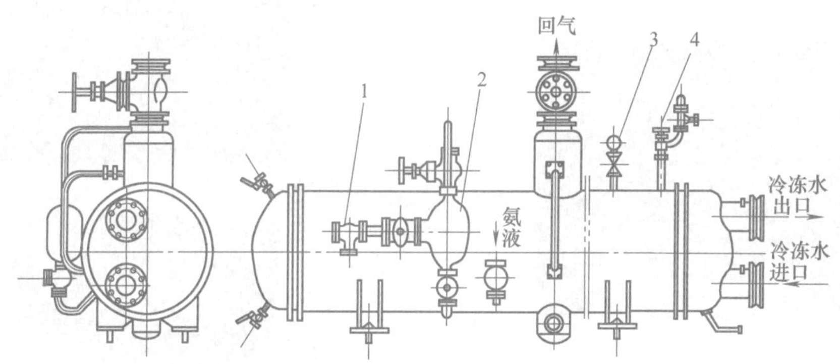

图8-4　氨用满液式卧式管壳式蒸发器

1—氨液过滤器　2—浮球阀　3—压力计　4—安全阀

满液式卧式管壳式蒸发器的工作过程是：制冷剂液体节流后进入筒体内与数根换热管外的壳程空间，与在换热管内作多程流动的载冷剂（冷冻水）通过管壁交换热量。制冷剂液体吸热后汽化上升回到回气包中进行气液分离。气液分离后的饱和蒸气通过回气管被制冷压缩机吸走，而制冷剂液体流出回气包进入蒸发器筒体继续吸热汽化。润滑油沉积在集油包里，由放油管通往集油器放出。

满液式卧式管壳式蒸发器内充满了液态制冷剂，可使传热面与液态制冷剂充分接触，总传热系数高，在大型制冷系统中若增设制冷剂泵强制循环流动，还可以提高蒸发器的换热效率。

满液式卧式管壳式蒸发器在工作时要保持一定的液面高度，液面过低会使蒸发器内产生过多的过热蒸气而降低蒸发器的传热效果；液面过高易使湿蒸气进入制冷压缩机而引起液

击。所以用浮球阀或液面控制器来控制满液式卧式管壳式蒸发器的液面。满液式卧式管壳式蒸发器壳体周围要设置保温层，以减少冷量损失。

满液式卧式管壳式蒸发器的优点是：①结构紧凑，占地面积小。②传热性能好。③制造和安装较方便。④用盐水作载冷剂，不易腐蚀并可避免盐水浓度被空气中水分稀释。

满液式卧式管壳式蒸发器广泛地应用于船舶制冷、制冰、食品冷冻和空气调节中。但是满液式卧式管壳式蒸发器的制冷剂充注量大，由于制冷剂液体静压力的影响，使其下部液体的蒸发温度提高，从而减小了蒸发器的传热温差，蒸发温度越低这种影响就越大。当满液式卧式管壳式蒸发器蒸发温度过低或载冷剂流速过慢时，可能由于载冷剂结冰而冻裂管子，所以它的应用受到一定的限制，尤其是在氟利昂制冷系统中，很少使用满液式卧式管壳式蒸发器，而使用干式管壳式蒸发器。

2. 干式管壳式蒸发器

干式管壳式蒸发器属于冷却液体载冷剂类的蒸发器，主要用于氟利昂制冷系统中。这种蒸发器的制冷剂液体走管程，因而制冷剂的充注量较少。它的结构与满液式蒸发器相似，不同的是换热管为外径 12~16mm 的纯铜管，管内有纵向翅片，以增加管内制冷剂的流速，制冷剂液体经节流后从蒸发器一端端盖的下方进口进入管程内，经 2~4 个流程吸热后由同侧端盖上方出口引出。制冷剂在管壳式干式蒸发器内的流动有单进单出、双进单出、双进双出等不同形式。载冷剂（冷冻水）走壳程，为保证载冷剂（冷冻水）横向流过换热管束时的速度为 0.5~1.5m/s，壳程内换热管束上装有多块缺口上下错开布置的弓形折流板。干式管壳式蒸发器的结构如图 8-5 所示。

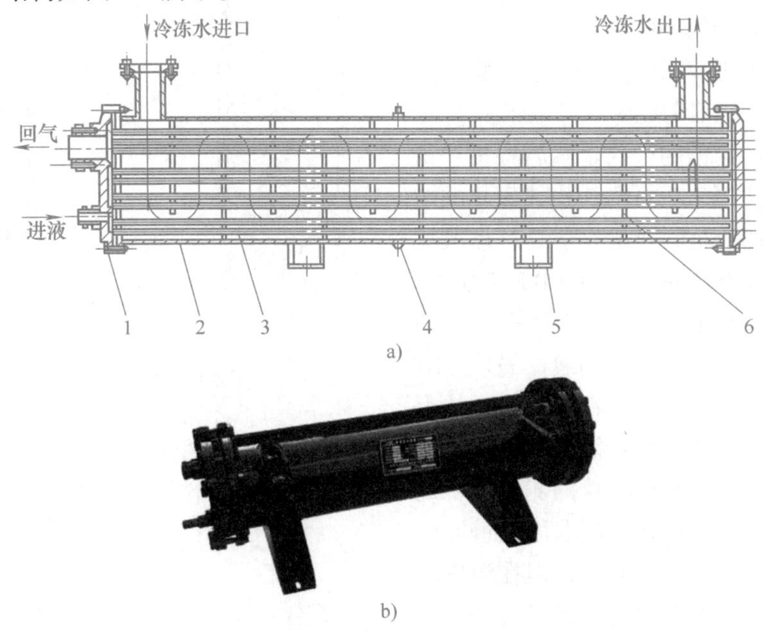

图 8-5　氟利昂干式管壳式蒸发器

a）结构图　b）外形图

1—端盖　2—筒体　3—换热管　4—螺塞　5—支座　6—折流板

在干式管壳式蒸发器内，随着液态制冷剂在管内流动，沿程吸收管外载冷剂的热量逐渐汽化，制冷剂处于液气共存的状态，蒸发器部分传热面与气态制冷剂接触，导致总传热系数较满液式低，但其制冷剂充注量少，回油方便，适用于氟利昂作制冷剂的系统。

干式管壳式蒸发器的优点是：①充液量少，为管内容积的40%左右。②受制冷剂液体静压力的影响较少。③排油方便。④载冷剂结冰不会胀裂管子。⑤制冷剂液面容易控制。⑥结构紧凑。其缺点是制冷剂在换热管束内供液不易均匀，弓形折流板制造与装配比较麻烦，由于装配间隙的存在，载冷剂在折流板孔和换热管间、折流板外周与筒体间容易产生泄漏旁流，从而降低传热效果。

8.2.4　板式蒸发器

板式蒸发器是一种以波纹板片为换热表面的高效、紧凑型换热器。近年来，已广泛用于户式、模块式等冷水空调机组的冷热源中。

板式换热器由若干板片组合而成，相邻板片的波纹方向相反，液体沿板间狭窄弯曲的通道流动，速度和方向不断发生突变，扰动强烈，从而大大地强化了传热效果。板式换热器有螺栓紧固式和烧结式两种结构形式。螺栓紧固式的承压能力可达2~2.5MPa；烧结式换热器采用99.9%的纯铜整体真空烧焊而成，承压能力可达3MPa。板式换热器具有如下特点：

1）体积小，结构紧凑，比同样传热面积的管壳式换热器体积小60%。

2）总传热系数高，约为2000~3000W/(m^2·K)。

3）流速小，流动阻力损失小。

4）能适应流体间的小温差传热，可降低冷凝温度，提高制冷压缩机性能。

5）制冷剂充注量少。

6）重量轻，热损失小。

板式换热器是用金属薄板（一般采用铜板或不锈钢板）冲压成，它是带有一定规则形状的波纹沟槽的板片，然后将板片组装成所需的多片组。在每两片相邻板片的边缘采用丁腈橡胶等材料作密封垫片，形成流体的通道，图8-6所示为不锈钢波纹板片。每块板片的四个角上，各开一个圆孔，其中有一对圆孔和板片上的流道相通，另外一对圆孔则不相通，他们的位置在相邻的板片上是错开的，以分别形成两流体的通道，使冷、热两种流体交错地在板片两侧流过，通过板片进行热交换。板式换热器因通道波纹形状复杂，介质虽是低速流入，但在沟槽内也会形成湍流，大大地提高了板式换热器的总传热系数；同时，沟槽多又增加了板式换热器的换热面积。板式换热器是一种快速高效的换热设备。

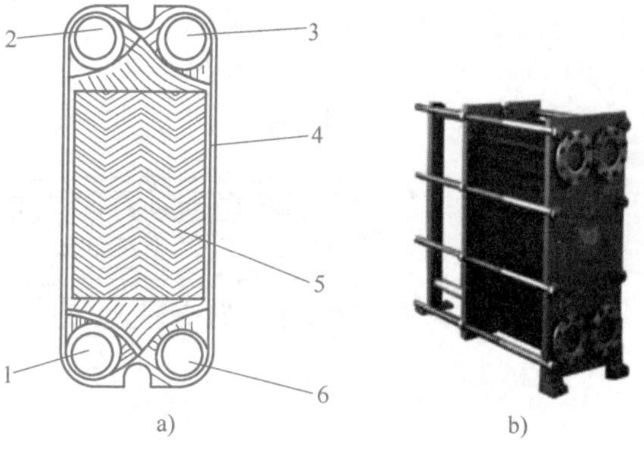

图8-6　不锈钢波纹板片

a）结构图　b）外形图

1—热流体出口孔　2—热流体进口孔

3—冷流体出口孔　4—密封垫片

5—波纹板片　6—冷流体进口孔（背面）

螺栓紧固式板式换热器结构比较简单，是由金属波纹板片、密封垫片、固定压紧板、活动压紧板、压紧螺栓和螺母、上下导杆、前支柱组成，如图8-7所示。

板式换热器的结构及工作原理

从图中可以看出，与管壳式换热器相比较，板式换热器明显具有结构

简单、易于搬运和安装、可定期清洗或更换板片、换热量调整灵活等优点。换热量调整灵活是指可随换热量增加而增多板片且不需要更换任何设备，而管壳式换热器当满足不了换热量需求而需增加换热面积时，只能更换或增加设备。

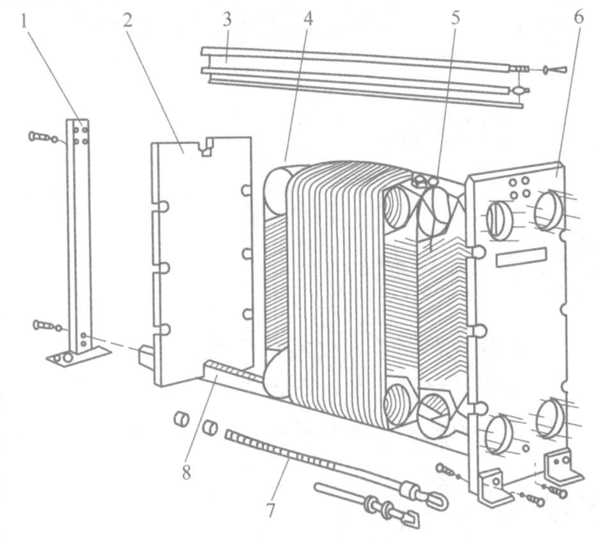

图 8-7　螺栓紧固式板式换热器结构

1—前支柱　2—活动压紧板　3—上导杆　4—垫片　5—板片　6—固定压紧板　7—压紧螺栓和螺母　8—下导杆

8.2.5　沉浸式蒸发器

沉浸式蒸发器是由一组垂直布置的平行管组成的蒸发器，如图 8-8 所示。制冷剂在管内蒸发，整个蒸发管组沉浸在盛满载冷剂的箱（池或槽）体内，载冷剂在搅拌器的推动下在箱内流动，以增加传热。由于箱体不承压，载冷剂只能作开式循环，因而不能用挥发性液体作载冷剂，目前只用于氨制冷系统。蒸发器全部用无缝钢管焊制而成，主要由立管、箱体、搅拌器、气液分离器、集油器、阀件和管路等组成。立管与上、下集管焊成一体，中间立管较粗，两侧立管较细。氨液从插入中间立管的进液管迅速进入下集箱，然后沿侧立管上升，并吸热蒸发；蒸气经上集箱汇总后进入气液分离器，然后返回压缩机；液滴则经中间立管返回下集管，供继续蒸发用。当用水作为载冷剂时，可将水冷却到接近于 0℃，适用于空调系统；当用盐水作为载冷剂时，可将水冷却到 -10～-20℃，适用于盐水池制冰或食品的冷加工。它们在生产中的应用都很广泛。

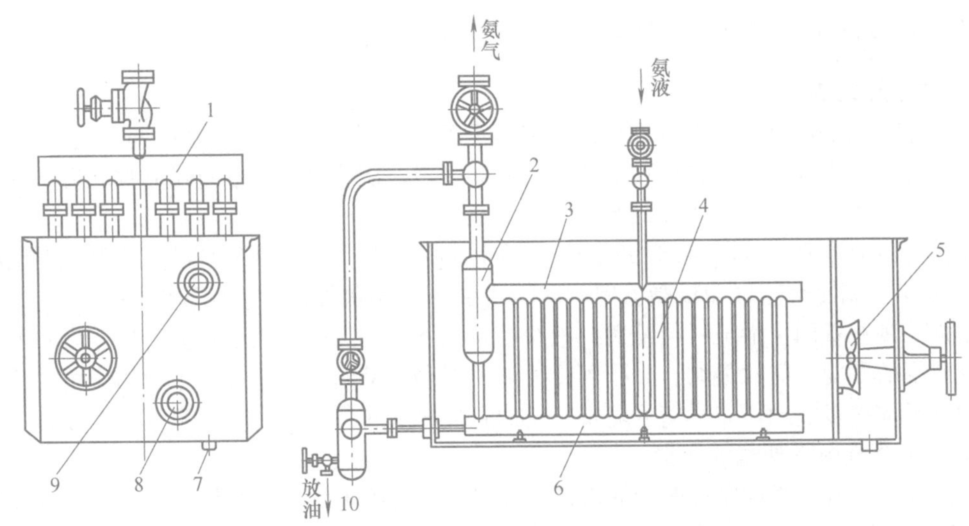

图 8-8　沉浸式蒸发器

1—集气管　2—气液分离器　3—上集管　4—蒸发管　5—搅拌器　6—下集管　7—放水　8—出水管　9—溢水管　10—集油器

螺旋管式蒸发器是立管式蒸发器的一种改进型。用螺旋管代替光滑立管，其总体结构、制冷剂及载冷剂的流动情况与立管式蒸发器相似。适用于氨制冷系统中，冷却水或盐水。由于螺旋管的传热效果好，因此蒸发器结构紧凑，有逐渐代替立管式蒸发器的趋势。

8.3　冷凝器

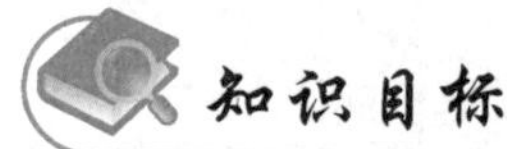

1. 掌握冷凝器在制冷流程中的位置。
2. 理解并记住一般冷凝器制冷剂的进出是上进下出。
3. 了解为提高冷却效果而采取的措施。

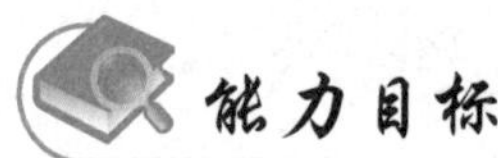

根据自己的生活经历或经验，寻找书中提到的几种类型冷凝器，说明强制对流是怎么实现的。

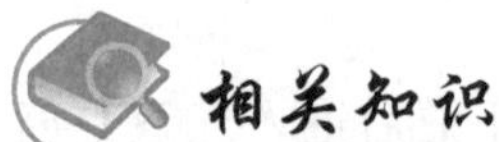

在制冷系统中，冷凝器是一个使制冷剂向外放热的换热器。压缩机的排气（或经油分离器后）进入冷凝器后，将热量传递给周围介质——水或空气，制冷剂蒸气冷却凝结为液体。冷凝器按其冷却介质和冷却方式，可以分为空气冷却式、水冷却式和蒸发冷却式三种类型。

8.3.1　影响冷凝传热的主要因素

1. 制冷剂凝结方式

经压缩后的制冷剂过热蒸气在冷凝器壁面上的换热是一个冷却冷凝过程。在冷却阶段，制冷剂以显热的形式向冷凝器壁面放热；在冷凝阶段，制冷剂以膜状凝结和珠状凝结两种不同换热方式向冷凝器壁面放出凝结潜热。

从换热效果上看，珠状凝结热阻较小，在相同的温差下，珠状凝结的放热量是膜状凝结的15~20倍。制冷剂蒸气在冷凝器中的凝结主要属于膜状凝结，膜状凝结是指若冷凝液能润湿壁面，则在壁面上形成一层液膜，液膜层越往下越厚。提高液膜对流传热能力的关键是减薄液膜层的厚度。珠状凝结，是指若冷凝液不能润湿壁面，由于表面张力的作用，冷凝液在壁面上形成许多液滴，并沿壁面落下，壁面直接暴露在蒸气中，传热系数大大提高。

2. 减少蒸气中不凝气的含量

若蒸气中含有空气或制冷剂与润滑油在高温下分解出来的不凝气体，当制冷剂蒸气凝结成液体时，不凝性气体随之降温但仍是气体状态，则冷凝器壁面被气体层遮盖，增加了一层附加热阻，使表面传热系数急剧下降。

为防止冷凝器中积聚过多的不凝性气体，在通常的制冷装置中都装有空气分离器，用来及时

排除不凝结气体。对小型氟利昂制冷装置，为使系统简化，也可以在冷凝器上设置放空气管。

3. 减少蒸气中含油

润滑油进入冷凝器传热表面和进入蒸发器传热表面的原因一样，在传热表面形成油膜，影响传热，造成传热效果差，使冷凝温度升高，冷凝效果变坏。

8.3.2　空气冷却式冷凝器

空气冷却式冷凝器又称风冷式冷凝器，是利用空气来冷却的。按空气在冷凝器盘管外侧流动的驱动动力来源，可分为自然对流和强迫对流两种形式。自然对流式冷凝器靠空气自然流动，传热效率低，仅适用于制冷量很小的家用冰箱等场合。强迫对流式冷凝器一般装有轴流风机，传热效率高，不需水源，应用广泛。

图 8-9 所示为强迫对流式空气冷却式冷凝器结构示意图。高压制冷剂蒸气从冷凝器上部的分配集管进入蛇形盘管，向下流动冷凝后经下部流出。空气在风机作用下，以 2~3m/s 迎面风速吸收并带走制冷剂冷凝时释放的热量。空气冷却式冷凝器空气侧的总传热系数以外表面为基准。一般为 23~35W/(m^2·K)，且随风速的变化而变化，其平均传热温差通常取 10~15℃，以免需要的传热面积过大。

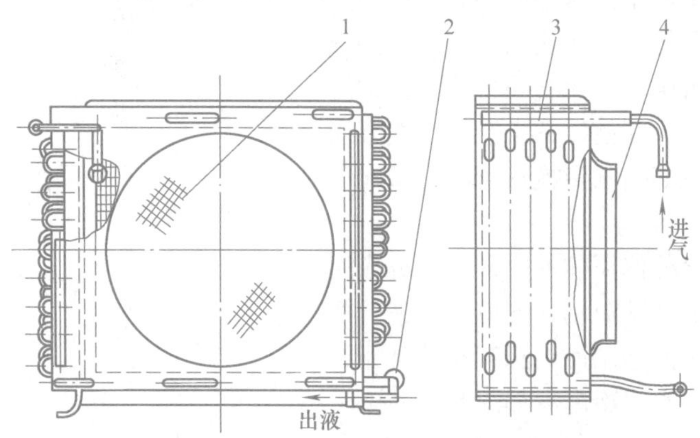

图 8-9　强迫对流式空气冷却式冷凝器结构示意图

1—翅片管组　2—液体集管　3—蒸气集管　4—风机扩散器

8.3.3　水冷式冷凝器

水冷式冷凝器用水冷却，其传热效率比风冷式高。按结构形式不同，可分为套管式、管壳式、板式等类型。

1. 套管式冷凝器

图 8-10 所示是套管式冷凝器。它是在一根钢管或铜管中，套一根或数根小直径的铜管，再弯制成圆形、U 形或螺旋状。冷却水下进上出，在换热管内流动；高压制冷剂蒸气则上进下出，在外套管内和换热管之间的空间内与冷却水呈逆向流动，沿程向冷却水放热冷凝后，冷凝液从外套管下部流出。套管式冷凝器结构简单，易于制造，总传热系数较高，可达 1100W/(m^2·K)，常用于制冷量小于 40kW 的小型氟利昂制冷系统中。

2. 管壳式冷凝器

管式冷凝器又分为立式和卧式两种。立式管壳式冷凝器主要用于大中型氨制冷系统中，其结构庞大，耗材多；卧式管壳式冷凝器则在氨系统和氟利昂系统中应用广泛。

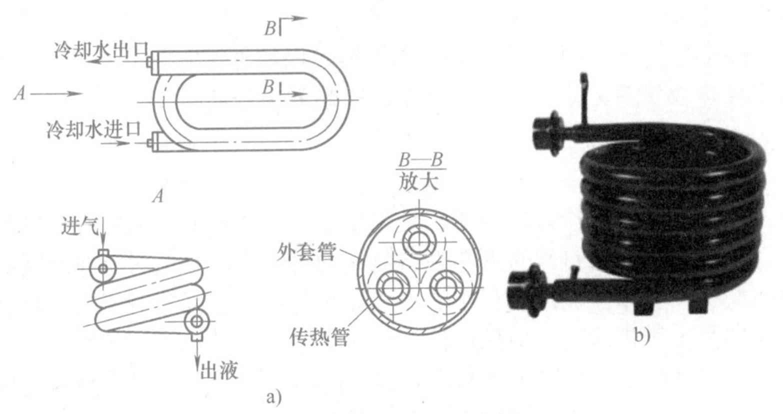

图 8-10　套管式冷凝器

a）结构图　b）外形图

立式管壳式冷凝器是一直立的圆筒，主要由筒体、管板、换热管、配水箱和各种接管等组成。冷却水从顶部进入配水箱内，在每根换热管的顶部设有导流管嘴，导流管嘴可均匀分配进入换热管束的进水量，并使冷却水沿着切线方向进入换热管内，以螺旋线状沿换热管的内壁向下流动，形成水膜。

气态制冷剂从冷凝器筒体的中部位置进入筒体内，沿着换热管的外壁流动，与冷却水进行换热，被冷凝后的高压液态制冷剂积存在冷凝器的底部后排出。立式管壳式冷凝器如图 8-11 所示。

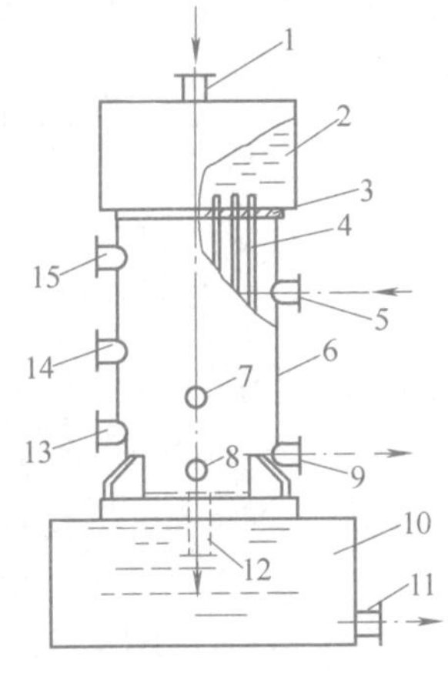

图 8-11　立式管壳式冷凝器

1—冷却水进口　2—配水箱　3—上管板　4—换热管　5—气态制冷剂进口　6—筒体　7—压力计　8—放油管　9—液态制冷剂出口　10—水池　11—排放或再冷却循环管　12—冷却水出口　13—放气管接口　14—均压管接口　15—安全阀接口

卧式管壳式冷凝器水平放置，如图 8-12 所示。它通常由筒体、管板、管箱、换热管等部件组成。为提高冷凝器的换热能力，在管箱内和管板外的空间内，设有隔板，可以隔出几个改变水流方向的回程，冷却水从冷凝器管箱的下部进入，按照已隔成的管束回程顺序在换热管内流动，吸收制冷剂放出的热量使制冷剂冷凝，冷却水最后从管箱的上部排出；高压制冷剂蒸气则从筒体的上部进入筒体，在筒体和换热管外壁之间的壳程流动，向各换热管内的冷却水放热被冷凝为液态后汇集于筒体下部，从筒体下部的出液口排出。筒体上部设有安全阀、平衡管（均压管）、放空气管、压力计等接口。制冷剂为氨时，换热管采用无缝钢管；制冷剂为氟利昂时，换热管采用铜管。氨冷凝器在筒体下部设有放油管，氟利昂冷凝器则不设。管箱上设有放空气和放水螺塞。小型氟利昂冷凝器不装安全阀，而是在筒体下部装一个易熔塞，当冷凝器内部或外部温度达 70℃ 以上时，易熔塞熔化释放出制冷剂，可防止发生筒体爆炸事故。卧式管壳式冷凝器传热系数较高，热负荷也大，多用于大、中型制冷系统。为节约用水，冷却水通常为循环使用，需配备冷却塔、冷

却水泵及管路组成冷却水循环系统。冷却水进出冷凝器的温差一般为 4~6℃。

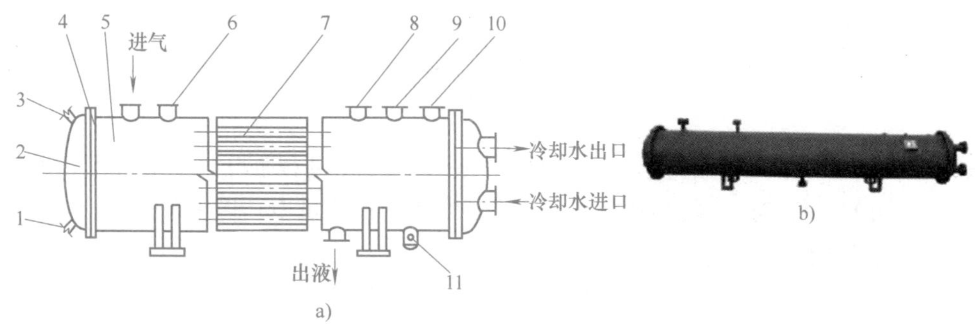

图 8-12　卧式管壳式冷凝器

a）结构图　b）外形图

1—泄水管　2—管箱　3—放空气管　4—管板　5—筒体　6—均压管接口　7—换热管接口　8—安全阀接口　9—压力计管接口　10—放气管接口　11—放油管

3. 板式冷凝器

换热表面由一组平板或其他板组成的换热器，两流体分别在板间的空隙中流动而进行换热。这种冷凝器结构简单、传热面积大、尺寸可以做得比较紧凑，但不能承受较高的压力。

8.3.4　蒸发式冷却冷凝器

在蒸发式冷却冷凝器中，制冷剂冷凝时放出的热量同时被水和空气带走，图 8-13 所示是蒸发式冷却冷凝器的结构示意图。为了强化蒸发冷凝器内空气的流动，及时带走蒸发的水蒸气，要安装通风机吹风或吸风，根据通风机在箱体中的安装位置，蒸发式冷却冷凝器可分为吹风式、吸风式和预冷式等类型。

蒸发式冷却冷凝器中的传热部分是一个由光管或肋片管组成的蛇形冷凝管组，管组装在一个由型钢和钢板焊制的立式箱体内，箱体的底部为一水盘。制冷剂蒸气由蒸气分配管进入每根蛇形管，冷凝的液体经集液管流入贮液器中。冷却水用水泵压送到冷凝管的上方，经喷嘴喷淋到蛇形管组的上方，沿冷凝管组的外表面流下。水受热后一部分变成蒸气，其余的沿蛇形管外表面流入下部的水盘内，经水泵再送到喷嘴循环使用。水盘内的水用浮子控制，保持一定的水位。

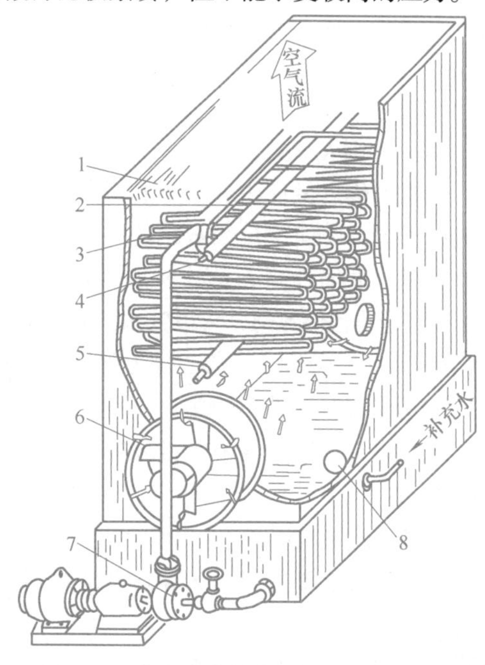

图 8-13　蒸发式冷却冷凝器的结构示意图

1—挡水板　2—喷嘴　3—冷凝管　4—进气管　5—出液管　6—通风机　7—水泵　8—浮子

蒸发式冷却冷凝器的优点是：①用水量少。②结构紧凑，可安装在屋顶上，节省占地面积。缺点是：冷却水不断循环使用，水垢层增长较快，需要使用经过软化处理的水。

蒸发式冷却冷凝器的耗水量少，特别适合用于缺水和气候干燥的地区。

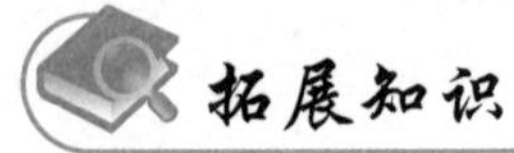

拓展知识

传热过程的强化

多年来，科技人员一直致力于对于蒸发器和冷凝器传热过程强化的研究和新产品开发，由式（8-2）可知，传热过程的强化就是提高换热设备的传热量 Q，强化途径有：

1. 增大传热面积 A

通过改进传热面结构，增大单位体积的传热面积，如变光管为螺纹管、波纹管、肋片管、板管、翅片盘管，采用平板、波纹板、瓦楞板等。

2. 增大对数平均温度差

冷、热流体采用逆流的流向，可以得到较大的平均温度差。

3. 增大总传热系数 K

这是强化传热时应重点考虑的方面，由式（8-1）可以看出，减小管壁两侧的表面传热热阻、污垢热阻、管壁热阻都可以提高总传热系数 K。进一步分析式（8-1）可知，对制冷与空调装置常用的材料和结构，α_i、α_o 为 $10\sim10^3$ 量级，则 $1/\alpha$ 为 $10^{-1}\sim10^{-3}$ 量级；R_{so}、R_{si} 为 10^{-4} 量级；λ 为 10^2 量级，b 为 10^{-3} 量级，则 b/λ 为 10^{-5} 量级。从而可以看出，在污垢热阻可以忽略不计、管壁很薄时，式（8-1）可以简写为

$$\frac{1}{K}=\frac{1}{\alpha_o}+\frac{1}{\alpha_i}$$

若 $\alpha_i \gg \alpha_o$，则 $K \approx \alpha_o$。

说明了传热过程中的控制因素，即当两个表面传热系数 α 相差较大时，要提高 K 值，关键在于提高表面传热系数小的一侧的 α 值，若两个 α 值相差不大时，则必须同时提高两侧的 α 值，才能提高 K 值。一般重点应放在空气侧，例如采取强制通风措施等。

提高管内流体流速，可以减薄滞流内层的厚度。采取板式、螺旋板式换热器、异形管、管内加装麻花铁、螺旋圈、金属卷片等都是增加流体扰动程度的措施，从而减薄滞流内层的厚度。

4. 降低污垢热阻 R_s 值

采取防止结垢的措施，设计便于清洗、可拆的结构，及时地清除垢层等，都可降低污垢热阻 R_s 值。

5. 降低管壁热阻

为了降低管壁热阻可用导热好的材料，如铜和铝等，管壁要薄。

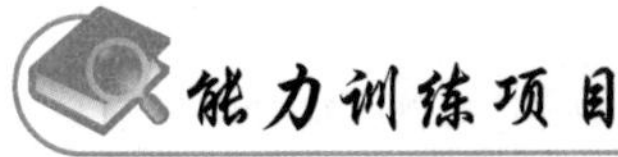

能力训练项目

评价铝塑管发明

铝塑管（图 8-14）是一种由中间纵焊铝管，内外层用聚乙烯塑料复合而成的新型管道。聚乙烯无毒、无异味，具有良好的耐撞击、耐腐蚀、抗天候性能，清洁无毒，平滑，可使用 50 年以上。中间铝层使管子具有金属的耐压强度和耐冲击能力，使管子易弯曲不反弹。铝

塑管拥有金属管坚固耐压和塑料管抗酸碱耐腐蚀的两大特点，质轻、耐用而且施工方便。

铝塑管的发明源于英国，20 世纪 70 年代，英国某专家提出的创意。

请对铝塑管的发明写出评价报告。

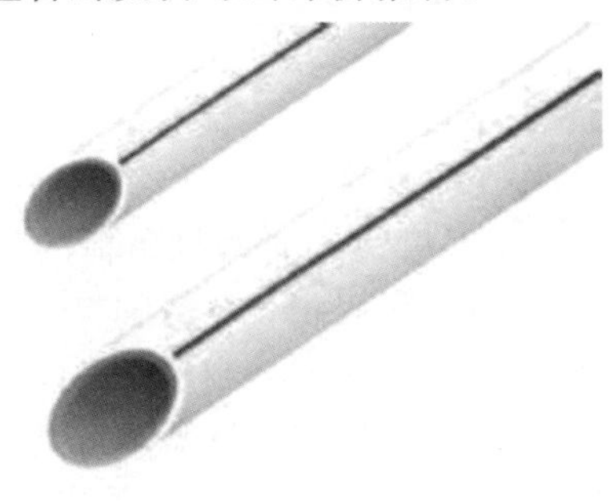

图 8-14　铝塑管

复习思考题

1. 什么是顺流？什么是逆流？
2. 影响总传热系数的因素有哪些？
3. 基本传热计算式中各量的物理意义是什么？
4. 影响蒸发器传热的主要影响因素有哪些？
5. 蒸发器的作用是什么？它如何分类？
6. 比较干式管壳式蒸发器和满液式管壳式蒸发器，各自的优点是什么？
7. 影响冷凝器传热的主要影响因素有哪些？
8. 冷凝器的作用是什么？它如何分类？
9. 立式管壳式冷凝器上各管接头的作用是什么？
10. 举例说明如何强化换热器的换热效率。
11. 板式换热器有什么优点？
12. 举例说明制冷空调产品上强化传热所采取的措施。

第 9 章　节 流 装 置

节流装置是制冷装置中的重要部件之一，它的作用是将冷凝器或贮液器中冷凝压力下的饱和液体（或过冷液体）节流后降至蒸发压力和蒸发温度，同时根据负荷的变化，调节进入蒸发器制冷剂的流量。常用的节流装置有毛细管、热力膨胀阀、浮球阀等。

如果节流机构向蒸发器的供液量与蒸发器负荷相比过大，部分制冷剂液体会与气态制冷剂一起进入压缩机，引起湿压缩或液击事故。相反，若供液量与蒸发器热负荷相比太少，则蒸发器部分换热面积未能充分发挥作用，甚至造成蒸发压力降低，而使系统的制冷量减小，制冷系数降低，压缩机的排气温度升高，影响压缩机的正常润滑。

9.1　节流工作原理和毛细管的作用

知识目标

1. 理解节流膨胀的工作原理。
2. 了解节流膨胀产生的条件。
3. 掌握毛细管使用的限制条件。

能力目标

通过了解毛细管的拉制工艺过程，熟悉毛细管的形态、规格与使用。

相关知识

节流基本原理：当制冷剂流体通过一小孔时，如图 9-1 所示，一部分静压力转变为动压力，流速急剧增大，成为湍流流动，流体发生扰动，摩擦阻力增加，静压下降，使流体达到降压调节流量的目的。在节流过程中，由于流速高、工质来不及与外界进行热交换，同时摩擦阻力消耗的动量也极微小，所以，可以把节流过程看作等焓节流，即在节流过程中的热量与动量都没有变化。

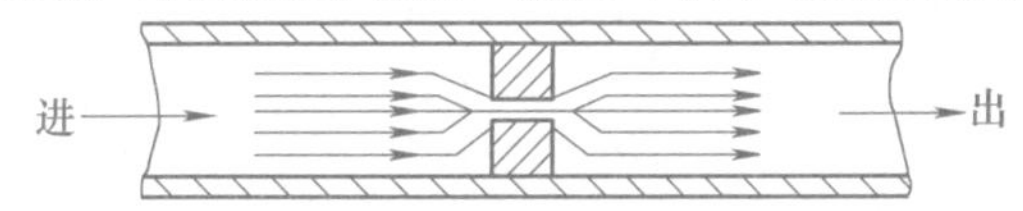

图 9-1　制冷剂流体通过小孔时的节流现象

在节流降压时，制冷剂通过节流阀孔即会沸腾膨胀而成为湿蒸气，所以又称为节流膨胀。节流膨胀是完成制冷循环重要的热力过程，节流膨胀过程主要是完成对从冷凝器出来的高压液态制冷剂进行节流而降压，保证冷凝器与蒸发器之间的压差，使蒸发器中的液态制冷剂在较低的压力下蒸发吸热，以达到制冷的目的。

毛细管是最简单的节流装置，毛细管是一根有规定长度的直径很细的纯铜管，它的内径一般为 0.5~2mm，选择合适长度，将其加工成螺旋形，以增大液体流动时的阻力。它没有运动部件，在制冷系统中可产生预定的压降，在冷凝器和蒸发器之间起到节流降压和控制制冷剂流量的作用。

毛细管的作用是节流降压，将高压液态制冷剂降压为低压气液混合制冷剂，控制蒸发器的供液量。以毛细管作节流元件的制冷装置，要求制冷系统有比较稳定的冷凝压力和蒸发压力。

毛细管依靠其流动阻力沿长度方向产生压降，来控制制冷剂的流量和维持冷凝器与蒸发器的压差。当有一定过冷度的制冷剂液体进入毛细管后，会沿着流动方向产生压力和状态变化，过冷流体随压力的逐步降低，先变为相应压力下的饱和液体，这一段称为液相段，其压降不大，且呈线性变化；从出现第一个气泡开始至毛细管末端，均为气液共存段，也称为两相流动段，该段内饱和蒸气含量沿流动方向逐步增加，因此，压降呈非线性变化，越到毛细管的末端，其单位长度上的压降就越大。当压力降低至相应温度下的饱和压力时，就要产生闪发现象，使流体自身蒸发降温，也就是随着压力的降低，制冷剂的温度也相应降低，即降低至相应压力下的饱和温度。图 9-2 所示为制冷剂在毛细管中的状态变化及毛细管实物示意图。

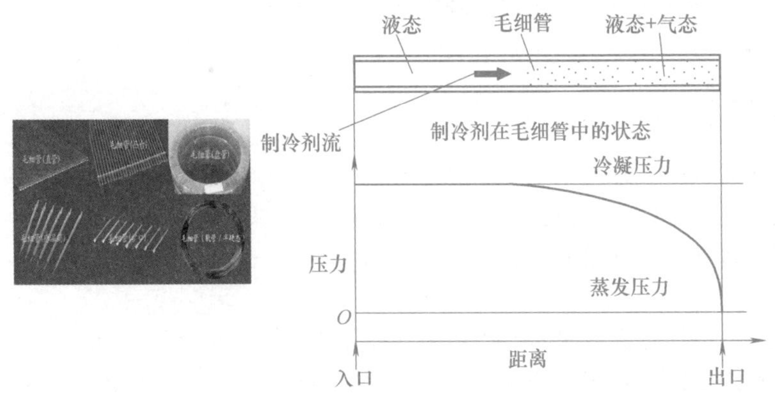

图 9-2　制冷剂在毛细管中的状态变化及毛细管实物示意图

制冷剂通过毛细管的流量随入口压力的增加而增加，同时也随出口压力（蒸发器压力）的降低而增加，达到极限时，其流量不再随压力的变化而增大。制冷剂在毛细管中的节流过程可近似地看作等焓过程。

毛细管无运动部件，不易发生故障，运行可靠，但调节性能差，因此，只适合用于蒸发温度变化范围很小的小型全封闭式制冷装置中，一般用作电冰箱、空调器、空气降温机、低温设备和小型制冷装置上使用的节流元件。

毛细管的长短和管径大小很重要，它直接影响到液体制冷的流通量和压缩机的制冷效率，不得任意更换毛细管，如果毛细管坏了，应查找相关的资料，选配合适的毛细管。

毛细管作为节流装置的特点是：①毛细管由纯铜管拉制而成，结构简单，制造方便，价格低廉。②没有运动部件，本身不易发生故障和泄漏。③具有自补偿的特点，即制冷剂液体在一定压差（$\Delta p=p_k-p_0$）下流经毛细管时的流量是稳定的。当制冷负荷变化，冷凝压力 p_k 增大或蒸发压力 p_0 降低时，Δp 值增大，制冷剂在毛细管内流量也相应增大，以适应制冷负荷变化对流量的要求，但这种补偿的能力较小。④制冷压缩机停止运转后，制冷系统内的高压侧压力和低压侧压力可迅速得到平衡，再次起动运转时，制冷压缩机的电动机起动负荷较小，不必使用起动转矩大的电动机，这一点对封闭和全封闭式制冷压缩机尤为重要。

9.2　热力膨胀阀

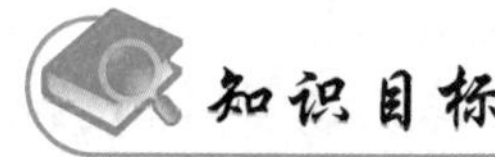

1. 了解热力膨胀阀能控制调节制冷量的原理。
2. 掌握内平衡式热力膨胀阀和外平衡式热力膨胀阀的应用范围。
3. 了解合理控制制冷剂蒸气温度的综合影响因素。

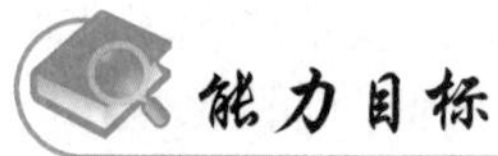

能正确选用内平衡式热力膨胀阀或外平衡式热力膨胀阀。

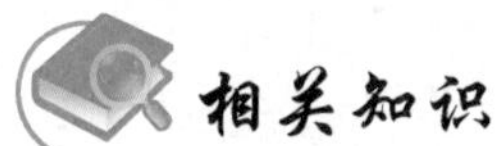

热力膨胀阀普遍用于氟利昂制冷系统中，这种阀的开启度可通过感温机构的作用，随蒸发器出口处制冷剂的温度变化而自动变化，达到调节制冷剂供液量的目的。热力式膨胀阀主要由阀体、感温包和毛细管组成。热力式膨胀阀按膜片平衡方式不同有内平衡式和外平衡式两种类型。

在密闭容器内液体蒸发或沸腾而汽化为气体分子，同时由于气体分子之间以及气体分子与容器壁之间发生碰撞，其中一部分又返回到液体中去，当在同一时间内两者数量相等，即汽化的分子数与返回液体中的分子数相平衡时，这一状态称为饱和状态，饱和状态的温度称为饱和温度，饱和温度时的压力称为饱和压力。

在制冷工程中，制冷剂在蒸发器和冷凝器内的状态，在宏观上可视为饱和状态。也就是说，蒸发器内的蒸发温度及冷凝器的冷凝温度均视为饱和温度，因此，蒸发压力和冷凝压力也就视为饱和压力。

在饱和压力的条件下，继续使饱和蒸气加热，使其温度高于饱和温度，这种状态称为过热，这种蒸气称为过热蒸气，此时的温度称为过热温度，过热温度与饱和温度的差为过热度。在制冷系统中，压缩机的吸气往往是过热蒸气，若忽略管道的微量压力损失，那么压缩机吸气温度与蒸发温度的差值就是在蒸发压力下制冷剂蒸气的过热度。例如 R12，当蒸发压力为 0.15MPa 时，蒸发温度为-20℃，若吸气温度为-13℃，那么过热度为 7℃。

制冷压缩机排气管内的蒸气均为在冷凝压力下的过热蒸气，排气温度与冷凝温度的差值也是蒸气的过热度。

饱和液体在饱和压力不变的条件下，继续冷却到饱和温度以下称为过冷，这种液体称为过冷液体。过冷液体的温度称为过冷温度，过冷温度与饱和温度的差值称为过冷度。例如，R717 在 1.19MPa 压力下，其饱和温度为 30℃，若此氨液仍在 1.19MPa 压力下继续放热被降温，就形成过冷氨液，如果降低了 5℃，则过冷氨液温度为 25℃，其过冷度为 5℃。

大多数热力膨胀阀在出厂前把过热度调定在 5～6℃，阀的结构保证过热度再提高 2℃时，阀就处于全开位置；过热度约为 2℃时，膨胀阀将处于关闭状态。控制过热度的调节弹簧，其调节幅度为 3～6℃。

一般说来，热力膨胀阀调定的过热度越高，蒸发器的吸热能力就降低，因为提高过热度要占去蒸发器尾部相当一部分传热面，以便使饱和蒸气在此得到过热，这就占据了一部分蒸发器传热面积，使制冷剂汽化吸热的面积相对减少，也就是说，蒸发器的表面未能得到充分利用。但是，过热度太低，有可能使制冷剂液体带入压缩机，产生液击的不利现象。因此，过热度的调节要适当，既要确保有足够的制冷剂进入蒸发器，又要防止液体制冷剂进入压缩机。

当制冷剂流经蒸发器的阻力较小时，最好采用内平衡式热力膨胀阀；反之，当蒸发器阻力较大时，一般为超过 0.03MPa 时，应采用外平衡式热力膨胀阀。

9.2.1　内平衡式热力膨胀阀

内平衡式热力膨胀阀由阀体、推杆、阀座、阀针、弹簧、调节杆、感温包、连接管、感应膜片等部件组成，如图 9-3a 所示。热力膨胀阀对制冷剂流量的调节，是通过膜片上的三个作用力的变化而自动进行的。作用在膜片上方的是感温包内感温工质的气体压力 p_g，膜片下方作用着制冷剂的蒸发压力 p_0 和弹簧当量压力 p_w，在平衡状态下，$p_g=p_0+p_w$。如果制冷剂出蒸发器时的过热度升高，p_g 随之升高，三力失去平衡，$p_g>p_0+p_w$，使膜片向下弯曲，通过推杆推动阀针增大开启度，供液量增加；反之，阀逐渐关闭，供液量减少，如图 9-3b 所示。内平衡式膨胀阀适合管内流动阻力相对较小的蒸发器。当蒸发器采用盘管且管路较长、管内流动阻力较大及带有分液器的场合，宜采用外平衡式热力膨胀阀。

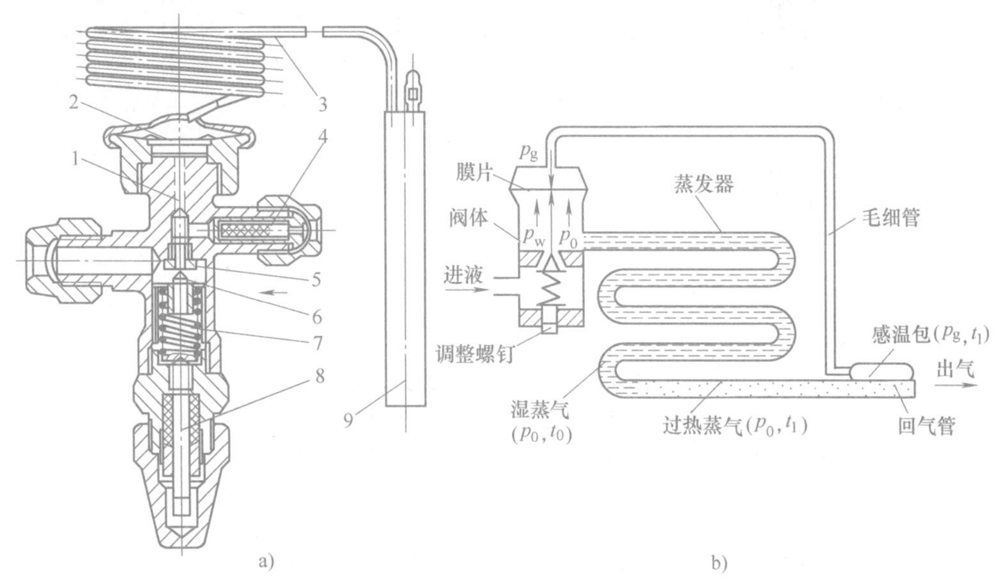

图 9-3　内平衡式热力膨胀阀

a）内平衡式热力膨胀阀结构　b）膨胀阀的安装与工作原理

1—推杆　2—膜片　3—连接管　4—进口阀的过滤器　5—阀座

6—阀针　7—弹簧　8—调整杆　9—感温包

内平衡式热力膨胀阀中蒸发压力是如何作用到膜片下方的，对照结构图和实物不容易找到传递蒸发压力的通道，应该注意到传动杆（推杆）与阀体之间有间隙，此间隙正好沟通了阀的出口端与膜片下腔，把蒸发压力传递到膜片下方。

膜片是一块厚 0.1~0.2mm 的铍青铜合金片，其断面冲压成波浪形。

9.2.2　外平衡式热力膨胀阀

外平衡式热力膨胀阀如图 9-4 所示。它在结构和安装上与内平衡式的区别是：外平衡式阀膜片下方的空间与阀的出口不连通，而是用一根小直径的平衡管与蒸发器出口相连，这样，作用于膜片下方的制冷剂压力就不是节流后蒸发器进口处的p_0，而是蒸发器出口处的压力p_c，膜片受力平衡时为$p_g=p_c+p_w$，可见，阀的开启度不受蒸发器盘管管内流动阻力的影响，从而克服了内平衡式的缺点，外平衡式热力膨胀阀多用于蒸发器盘管阻力较大的场合。

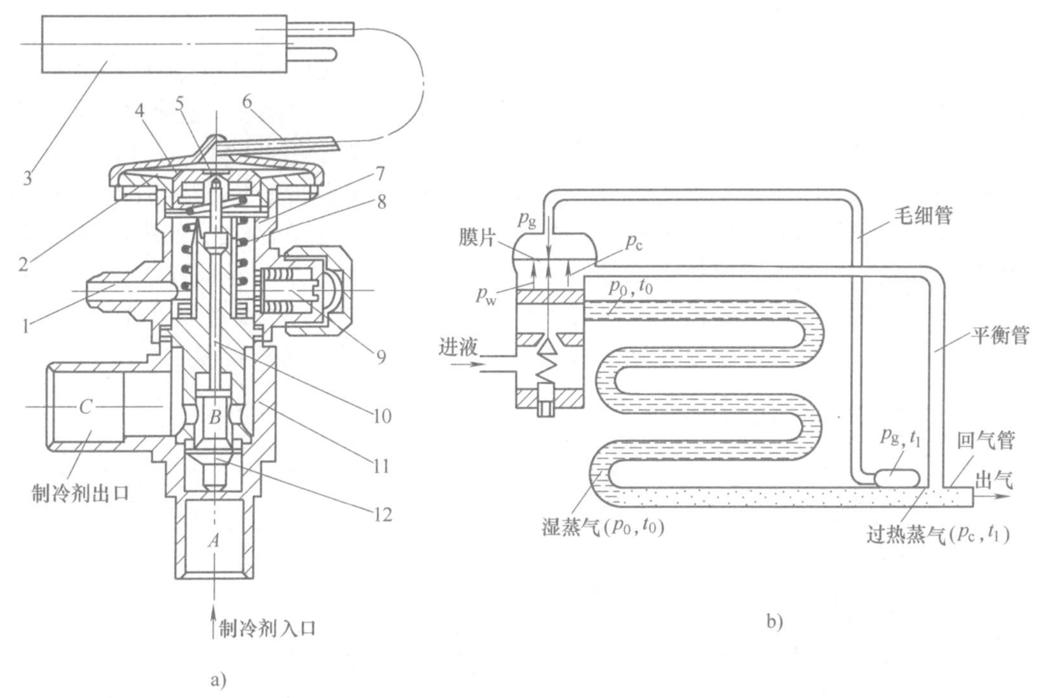

图 9-4　外平衡式热力膨胀阀

a）外平衡式热力膨胀阀结构　b）膨胀阀的安装与工作原理

1—平衡管接头　2—薄膜外室　3—感温包　4—薄膜内室　5—膜片　6—毛细管　7—上阀体　8—弹簧　9—调节杆　10—阀杆　11—下阀体　12—阀芯

通常，把膨胀阀关闭时的蒸气过热度称为关闭过热度，关闭过热度也等于阀孔开始开启时的开启过热度。关闭过热度与弹簧的预紧力有关，其大小可由调节杆调节。当弹簧调至最松时的过热度称为最小关闭过热度；相反，调至最紧时的过热度称为最大关闭过热度。一般膨胀阀的最小关闭过热度不大于 2℃，最大关闭过热度不小于 8℃。

对于内平衡式热力膨胀阀，作用在膜片下方的是蒸发压力，如果蒸发器的阻力比较大，制冷剂在某些蒸发器内流动时存在较大的流阻损失，将严重影响热力膨胀阀的工作性能，造成蒸发器出口过热度增大，过热度提高，对蒸发器传热面积的利用不合理。对

外平衡式热力膨胀阀，作用在膜片下的压力是蒸发器的出口压力，不再是蒸发压力，情况就得到了改善。

拓展知识

电子膨胀阀

电子膨胀阀是近年国内外新开发的产品，广泛应用在智能控制的变频式空调器中。电子膨胀阀的优点是：流量调节范围大；控制精度高；适用于智能控制；能适用于高效率的制冷剂流量的快速变化。

电子膨胀阀的开度可以和压缩机的转速相适应，使压缩机输送制冷剂量与阀的供液量匹配，使蒸发器的能力得到最大限度的发挥，实现空调制冷系统的最佳控制。

使用电子膨胀阀，可以提高变频压缩机的能量效率，实现温度的快速调节，提高系统的季节能效比。对大功率变频空调，必须采用电子膨胀阀为节流元件。

目前常用的电子膨胀阀有日本鹭工 DKV 型、美国艾柯 EX2 型、国产 DPF-18A 型等。电子膨胀阀的结构由检测、控制、执行三部分组成，按驱动方式分类可分为电磁式和电动式。电动式又分为直动型和减速型。步进电动机直带阀针的为直动型，步进电动机通过齿轮组减速器带阀针的是减速型。

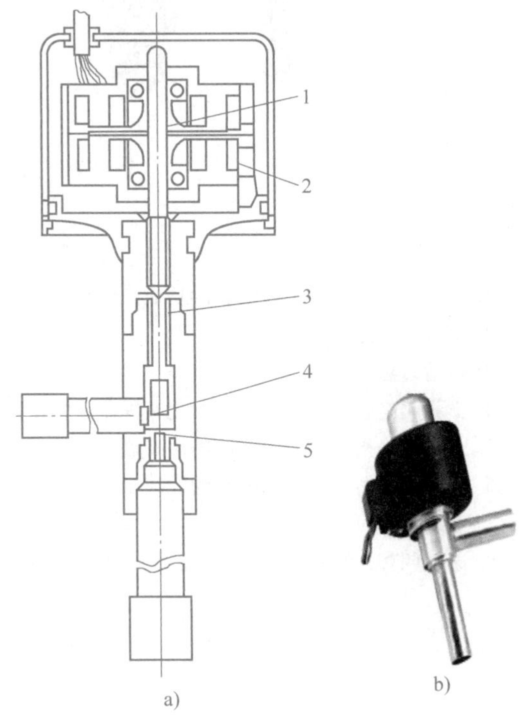

图 9-5　电子膨胀阀

a）结构图　b）外形图

1—转子　2—定子绕组件　3—弹簧箱

4—阀针　5—喷嘴

目前使用最多的是四极步进电动机驱动的电子膨胀阀，某应用于家用变频空调器上的电子膨胀阀结构如图 9-5 所示。该电子膨胀阀由微型计算机控制，由脉冲电动机驱动，其额定电压为 DC12V，4 相电动机，2 相励磁，驱动频率为 25/30pps，全阀-全开脉冲数为 240，全闭-全开时间为 9.6s/8.0s。开闭冲程为 3.5mm，孔径为 2.85mm。制冷剂流动方向为由下至左。

能力训练项目

判断膨胀阀类型

根据实物或图片（图 9-6），判断哪个是内平衡式热力膨胀阀？哪个是外平衡式热力膨胀阀？根据什么特征判断？

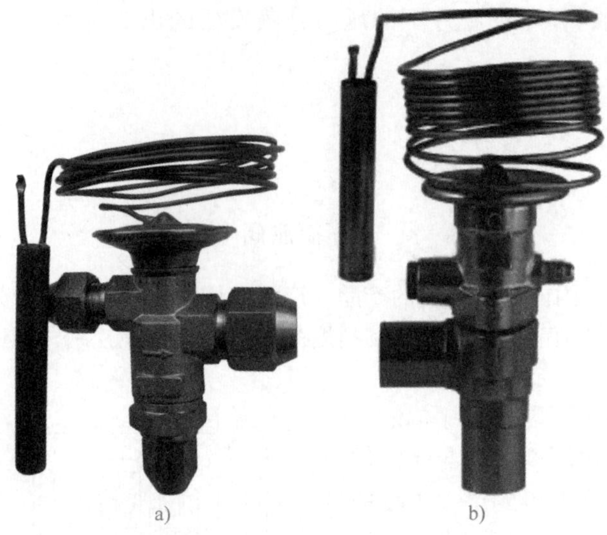

a)　　b)

图 9-6　平衡式热力膨胀阀

复习思考题

1. 在制冷系统中，节流装置的功能是什么？安装在什么位置？
2. 节流原理是什么？
3. 何谓过热度？
4. 膨胀阀是怎样根据热负荷变化实现制冷量自动调节的？
5. 分析内平衡式热力膨胀阀的优缺点。
6. 分析外平衡式热力膨胀阀的优缺点。
7. 毛细管有何优缺点？
8. 通过调查，制冷空调设备上还使用哪些节流装置？

第 10 章　制冷系统辅助设备

在制冷系统中，制冷设备可以分成两类，一类是完成制冷循环所必不可少的设备，如冷凝器、蒸发器、节流装置等；另一类是改善和提高制冷机的工作条件或提高制冷机的经济性及安全性的辅助设备，又称制冷系统元件，如分离与贮存设备、安全防护设备、阀件等。

10.1　制冷系统流程

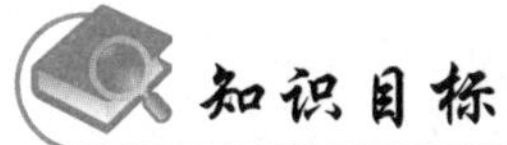

1. 理解实际制冷流程要比制冷原理复杂。
2. 了解制冷辅助设备的重要性。
3. 建立工程实际的概念。

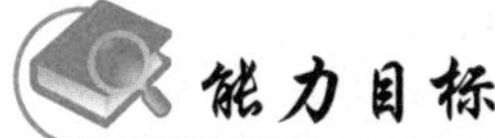

寻找周围熟悉的制冷装置，指出配置了什么制冷辅助设备，起什么作用。

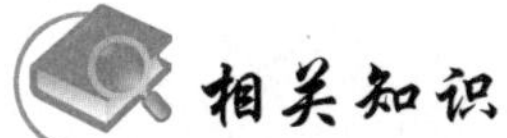

由于用途不同，各种制冷装置的系统流程和设备配置不尽相同，下面以大家比较熟悉的热泵型冷水机组和小型冷库来说明制冷系统流程和制冷系统辅助设备。

10.1.1　热泵型冷水机组

热泵型冷水机组又称为冷暖型冷水机组，多用于风冷式机组和小型空调机组，如窗式空调器、分体空调器、柜式空调器等。冷暖型机组在夏季可向空调系统提供冷冻水源，在冬季可向空调系统提供热水水源，或直接向室内提供冷风和热风。

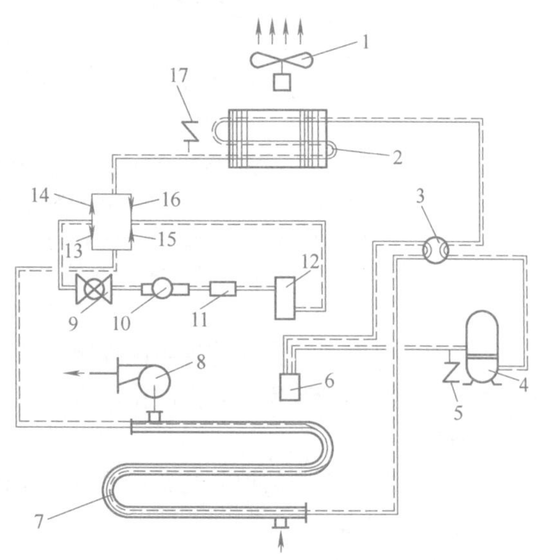

图 10-1　热泵型风冷式冷水机组原理图
1—风扇　2—翅片式换热器　3—四通换向阀　4—压缩机
5—低压接口　6—气液分离器　7—套管式换热器　8—水泵
9—膨胀阀　10—视镜　11—干燥过滤器　12—贮液罐
13~16—单向阀　17—高压接口

冷暖型机组主要通过在机组内增加一个四通换向阀改变制冷剂的流动路线，将冷凝器变为蒸发器，蒸发器变为冷凝器。图 10-1 所示为热泵型风冷式冷水机组的工作原理图，其中实线为制冷回路，虚线为制热回路。

（1）制冷回路流程　在夏季机组处于制冷状态时，压缩机排气口的高温高压气态制冷剂通过四通换向阀进入翅片式换热器（冷凝器）内，冷凝放热后成为高压液态制冷剂，通过单向阀 16 进入贮液罐并经节流阀成为低压液态制冷剂，通过单向阀 13 进入套管式换热器（蒸发器）吸热蒸发成低压气态制冷剂，经气液分离器和四通换向阀至压缩机吸气口，完成制冷循环。

（2）制热回路流程　在冬季机组处于制热状态时，从压缩机排气口出来的高温高压气态制冷剂通过四通换向阀进入套管换热器（冷凝器）内，放热冷凝成为高压液体，再通过单向阀 15 进入贮液罐，经节流阀后成为低压液态制冷剂，经单向阀 14 至翅片式换热器（蒸发器）蒸发吸热成为低压气态制冷剂，通过气液分离器和四通换向阀至压缩机吸入口，完成制热循环。

与套管式换热器连接的换热循环水，在夏季为空调冷冻水源，冬季为空调热水源。

10. 1. 2　小型冷库

图 10-2 所示为水冷式小型冷库氟利昂制冷系统的流程图。

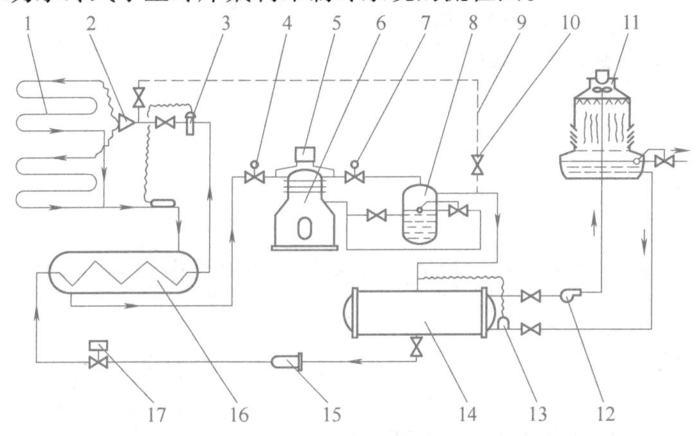

图 10-2　水冷式小型冷库氟利昂制冷系统流程图

1—蒸发器　2—分液头　3—热力膨胀阀　4—低压计　5—压力控制器　6—压缩机
7—高压计　8—油分离器　9—热气冲霜管　10—截止阀　11—冷却塔　12—冷却水泵
13—冷却水量调节阀　14—冷凝器　15—干燥过滤器　16—回热器　17—电磁阀

从图中可以看出，实际装置与制冷循环原理图无本质上的差别，只是考虑运行中的安全问题而加了一些辅助装置，它们的作用是：

1. 分液头

分液头使制冷剂均匀地分配到蒸发器的各路管组中。

2. 压力控制器

压力控制器是压缩机工作时的安全保护控制装置。

3. 油分离器

油分离器把压缩机排气中的润滑油分离出来，并返回到曲轴箱去，以免油进入各种热交换设备而影响传热。

4. 热气冲霜管

热气冲霜管的作用是定期将压缩机本身产生的高温蒸气，直接排到蒸发器内，以加热蒸发器而除霜。

5. 冷却塔

冷却塔利用空气使冷却水降温，循环使用，节约用水。

6. 冷却水泵

冷却水泵是冷却水循环的输送设备。

7. 干燥过滤器

干燥过滤器可除去冷凝器出来液体中的水分和杂质，防止膨胀阀冰堵或堵塞。

8. 回热器

回热器能过冷液体制冷剂，提高低压蒸气温度，消除压缩机的液击。

9. 电磁阀

电磁阀在压缩机停机后自动切断输液管路，防止过多制冷剂流入蒸发器，以免压缩机下次起动时产生液击，起保护压缩机的作用。

10.2　中间冷却器

知识目标

1. 理解设置中间冷却器与压缩机类型的关系。
2. 掌握中间冷却器安装的位置。
3. 了解氨制冷与氟利昂制冷中间冷却器冷却原理的不同。

能力目标

参看图 10-3，体会并总结能量综合利用的设计构思。

相关知识

10.2.1　中间冷却器的作用

多级压缩时，制冷剂气体在高、低压缩级之间进行的冷却称为中间冷却。有中间完全冷却与不完全冷却之分，前者使低压级排气冷却到中间压力下的干饱和蒸气状态，氨的双级压缩常采用此法；后者用于使低压级排气与中间冷却器中蒸发的蒸气混合，降低了温度，但并未达到中间压力下的干饱和蒸气状态，常用于 R12 和 R22 的双级压缩中。

气体压缩后的绝对压力与压缩前的绝对压力之比称为压缩比，又称压力比。在制冷机中常以冷凝压力（绝对压力）与蒸发压力（绝对压力）之比代替。单级制冷压缩机（一般为氨压缩机）的压缩比不超过 8，R12 和 R22 的双级压缩中不超过 10。否则，将会使压缩机的输气量减少，排气温度升高，制冷剂节流损失增加，对制冷机的可靠性和经济性不利。在通常情况下，制冷机冷凝压力一般变化不大，压缩比增大的主要原因是蒸发温度低使蒸发压力降低。当压缩比超过上述限值时，应采用双级压缩。

当压缩机排气温度升高时，气缸壁温上升，这一方面使吸入蒸气的温度升高，比体积增加，使吸气量下降，另一方面使润滑条件恶化，压缩机运转发生困难。例如，当冷凝温度为40℃，蒸发温度为-30℃时，单级氨压缩机的排气温度可达160℃以上。显然，不允许这样高的排气温度。通常，压缩机的排气温度应做如下限制：R717（NH_3）压缩机小于140℃；R12压缩机小于100℃；R22压缩机小于115℃。

中间冷却器是用以冷却两个压缩级之间被压缩的气体或蒸气的设备。制冷系统的中间冷却器能降低低压级压缩机的排气温度（即高压级的吸气温度），以避免高压级压缩机的排气温度过高；还能使进入蒸发器的制冷剂液体得到过冷，减少管中的闪发气体，从而提高压缩机的制冷能力。它应用在氟利昂或氨的双级或多级压缩制冷系统中，连接在低压级的排气管和高压级的吸气管之间。

10.2.2　氨制冷系统用中间冷却器

氨制冷系统在制取较低蒸发温度时，由于夏季冷凝水温高，压缩机会超出最大压差或压缩比，因此应设计成双级压缩制冷系统，也就需要使用中间冷却器。目前国内使用最多的还是一次节流中间完全冷却的循环，中间冷却器的构造如图10-3所示。

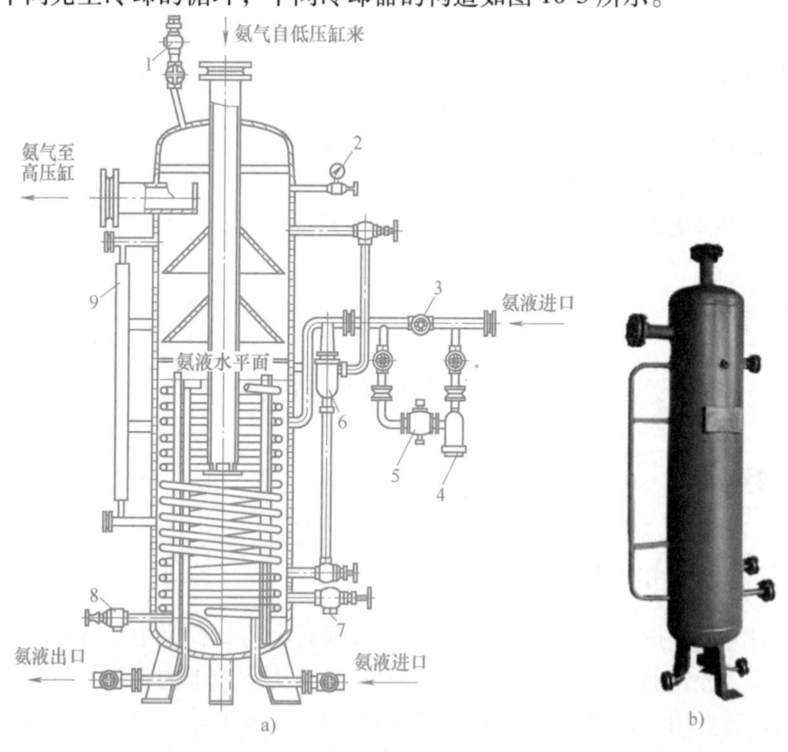

图10-3　氨制冷系统用中间冷却器

a）结构图　b）外形图

1—安全阀　2—压力计　3—手动调节阀　4—滤氨器　5—电磁阀　6—液面控制器

7—氨液出口　8—放油阀　9—液面指示器

低压机（缸）排出的高温气体由上方进入进气管，进气管直伸入筒身的下半部，沉在氨液中，出气口焊有挡板，防止直接冲击筒底，以免把底部积存的油污冲起。高温气体在氨液中被冷却，与此同时，因为截面的扩大、流速减小，流动方向的改变及氨液的阻力及洗涤作用，使氨气与氨液和油雾分离。

经过氨液洗涤后的氨气反向向上流动，其中仍夹带有氨液和油滴，当通过多孔的伞形挡板时分离出来，以免被带入高压机（缸）内，然后被高压级吸走。

高压常温的氨液经过中间冷却器筒内的冷却蛇形盘管，向液氨放热而被冷却，实现过冷，一般过冷度在5℃以内，然后再流向供液站去蒸发器。

中间冷却器的供液（用于洗涤的氨液）进入中间冷却器内有两种方式，一种是自中间冷却器下侧面进入，另一种是从中间冷却器顶部进气管进入，这时进液是与低压级排气混合一同进入的。中间冷却器供液量应使液面稳定在一定的高度上。

另外，中间冷却器上还接有液位指示器、放油阀、排液阀（即氨液出口）、安全阀及压力计。中间冷却器是在低温下工作的，所以筒身外部加装隔热材料，蛇形盘管出中间冷却器后也应加装保温层。

中间冷却器运行及操作应注意下列事项：

1）中间冷却器内气体流速一般为0.5~0.8m/s。

2）蛇形盘管内氨液流速一般为0.4~0.7m/s，其出口氨液温度比进口低3~5℃。

3）中间冷却器的中间压力一般在0.3MPa（表压）左右，不宜超过0.4MPa（表压）。

4）高压级的吸气过热度，即吸气温度比中间冷却器的中间温度高2~4℃。

5）中间冷却器内的液面一般控制在中间冷却器高度的50%左右，这可通过液面指示器来观察，液面高低受液面控制器（浮球阀）自动控制，若液面不符合要求，说明自动控制失灵，可临时改用手动调节阀来控制液面。液面过高会使高压机（缸）产生湿冲程或液击；若液面过低，则冷却低压排气的作用大大降低，致使高压吸气过热度明显增高，影响制冷系统正常运行。

6）中间冷却器要定期放油。

10.2.3　氟利昂制冷系统用中间冷却器

氟利昂制冷系统在双级压缩时大都采用一次节流中间不完全冷却循环，低压级排出的高温气体在管道中间与中间冷却器蒸发汽化的低温饱和气体混合后，再被高压级吸入高压机（缸），因此氟利昂制冷系统用中间冷却器比较简单，如图10-4所示。

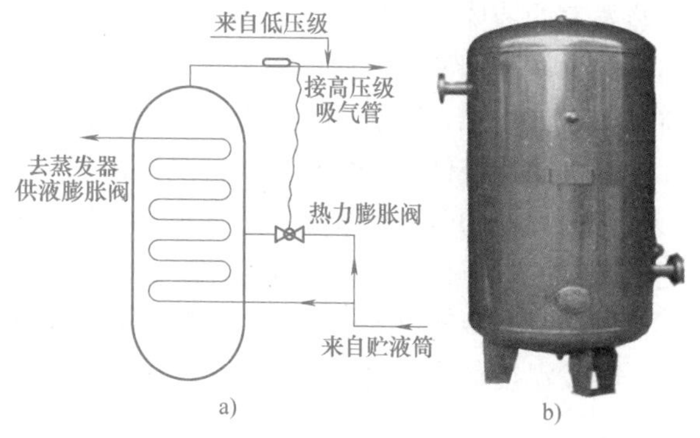

图10-4　氟利昂制冷系统用中间冷却器

a）结构图　b）外形图

中间冷却器的供液由热力膨胀阀自动控制，压力一般在0.2~0.3MPa，靠热力膨胀阀调节，在保证不造成湿冲程的前提下，为供液中提供适量的湿饱和蒸气。

高压液体经膨胀阀降压节流后，进入中间冷却器，吸收了蛇形盘管及中间冷却器器壁的热量而汽化，通过出气管进入低压级与高压级连接的管道里与低压级排出的高温气体混合，达到冷却低压排气的效果。而高压常温液体通过蛇形盘管向外散热也降低了温度，实现了过冷，过冷度一般在3~5℃之间，然后再送到蒸发器的供液膨胀阀，经节流降压进入蒸发器，因为该液体有一定的过冷度，所以提高了制冷效果。

10.3　分离与贮存设备

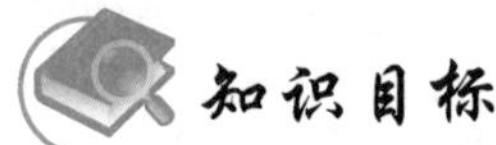

1. 了解各分离或贮存设备放置在制冷系统中的位置。
2. 了解气液分离、油分离的原理。
3. 了解各分离或贮存设备的特征和操作规程。

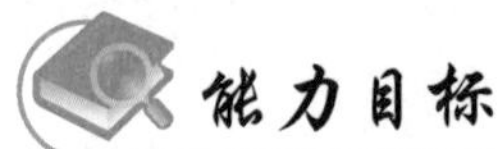

能针对某一分离与贮存设备，指出操作时的安全注意事项。

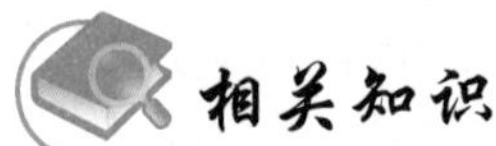

10.3.1　气液分离器

制冷系统中的气液分离设备，用于重力供液系统中，如氨液分离器，将蒸发器出来的蒸气中的液滴分离掉，以提高压缩机运转的安全性；用在贮液器后面，用来分离因节流降压而产生的闪发气体，不让它进入蒸发器，以提高蒸发器工作效率。

在重力供液和直接供液的制冷系统中，蒸发器内制冷剂汽化后先进入气液分离器，回气中未蒸发完的液体在这里进行气液分离，气体从出气口（上面顶部）去压缩机，因而避免压缩机的湿冲程和液击。液体溶入底部与进液口相反的通道进来的制冷剂液体混合后进入蒸发器，该进液是来自膨胀阀节流后的低压液体，因此不产生闪发气体，当进入气液分离器后，闪发气体从液体中分离出来，向上从出气口去压缩机，提高了蒸发器液体的纯度。

气液分离器的分离原理是利用气体和液体的密度不同，通过扩大管路通径减小速度以及改变速度的方向，使气体和液体分离。它的结构虽然简单，但其作用却是保证制冷压缩机安全运行、提高制冷效果不可缺少的。特别是在获取低蒸发温度时（如采用双级压缩），因负荷小，蒸发温度低，回来的气体中很容易夹带着尚来不及吸热蒸发的液体，这时气液分离显得很重要。

气液分离器有立式和卧式两种，其构造和原理基本相同。图10-5所示为常用的立式氨气液分离器。进液的液量多少由液面控制器或浮球阀来控制，使液位控制在容器高度的1/3处左右，严禁达到2/3。气液分离器装有安全阀、放油阀及气液平衡压力管，还有液面指示器接口。液面指示器显示出液面高度。使用氨液分离器须注意：

1）选择氨液分离器应使氨气在桶内流速控制在0.5~1m/s。氨液分离器安装高度应保

证其正常液面高于蒸发器排管最高层 1.5~2m。

2）氨液分离器在低温下工作，应包有隔热层。

3）氨液分离器应定期放油。

4）氨液分离器正常工作时，其进气阀、回气阀、供液阀、出液阀、浮球的均压阀、压力计阀都是常开的。

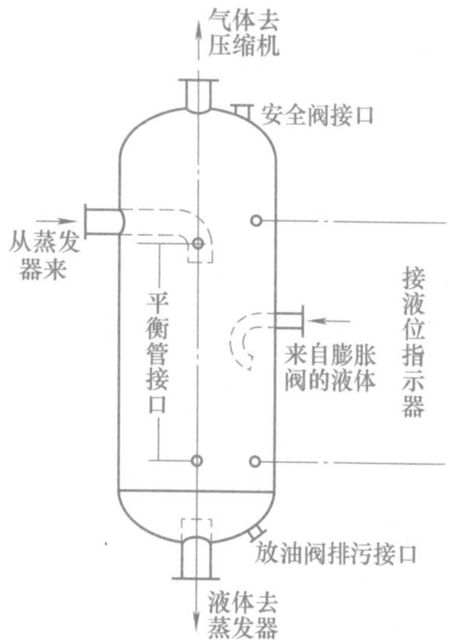

图 10-5　立式氨气液分离器

10.3.2　贮液器

制冷系统中贮存设备的功用是贮存制冷剂和调节制冷剂的循环量，根据蒸发器热负荷的变化调节制冷剂的用液量。根据功能和工作压力的不同，它又可分为高压贮液筒（器）、低压贮液筒（器）、低压循环筒和排液筒四种，它们都用钢板卷制而成，其上附有各种接头和附件，供连接管路和操作之用。

1. 高压贮液器

高压贮液器一般位于冷凝器之后，它的作用是：

1）贮存冷凝器流出的制冷剂液体，使冷凝器的传热面积充分发挥作用。

2）保证供应和调节制冷系统中有关设备需要的制冷剂液体循环量。

3）起到液封作用，即防止高压制冷剂蒸气窜至低压系统管路中去。

高压贮液器的基本结构如图 10-6 所示。它是用钢板卷焊制成筒体、两端焊有封头的压力容器。在筒体上部开有进液管、平衡管、压力计、安全阀、出液管和放空气管等接口，其中出液管伸入筒体内接近底部，另外还有排污管接口。氨制冷系统用高压贮液器的筒体一端装有液位指示器。

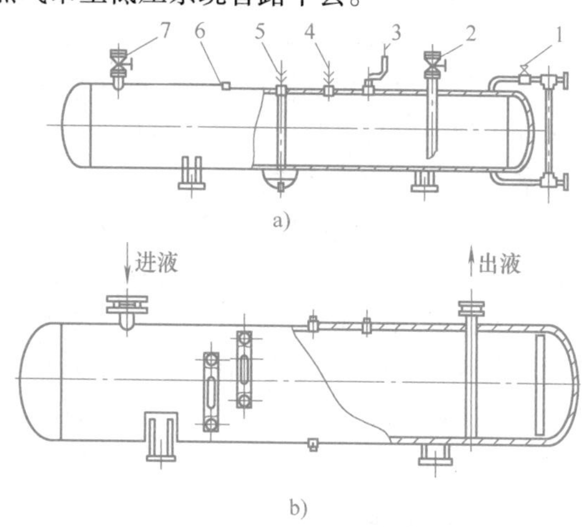

图 10-6　高压贮液器的基本结构

a）氨贮液器　b）氟利昂贮液器

1—压力计阀　2—出液管接口　3—安全阀接口　4—放空气管接口　5—放油管接口　6—平衡管接口　7—进液管接口

高压贮液器上的进液管、平衡管分别与冷凝器的出液管、平衡管相连接。平衡管可使两个容器中的压力平衡，利用两者的液位差，使得冷凝器中的液体能流进高压贮液器内。高压贮液器的出液管与系统中各有关设备及总调节站连通；放空气管和放油管分别与空气分离器和集油器有关管路连接；排污管一般可与紧急泄氨器相连，当发生重大事故时，作紧急处理泄氨液用。在多台高压贮液器并联使用时，要保持各高压贮液器液面平衡，为此，各高压贮液器间需用气相平衡管与液相平衡管连通。为了设备安全和便于观察，高压贮液器上应设置安全阀、压力计和液面指示器。安全阀的开启压力一般为 1.85MPa。高压贮液器贮存的制冷剂液体最大允许容量为高压贮液器本身容积的 80%，最少不低于 30%，是按整个制冷系统每小时制冷循环量的 1/3~1/2 来选取的。存液量过多，易发生危险和难以保证冷凝器中液体流量；存液量过少，则不能满足制冷系统正常供液需要，甚至破坏液封发生高低压窜通事故。

2. 低压贮液器

低压贮液器一般在大中型氨制冷装置中使用，根据用途的不同可分为低压贮液器和排液桶等。低压贮液器与排液桶属低温设备，筒体外应设置保温层。

低压贮液器是用来收集压缩机回气管路中氨液分离器所分离出来的低压氨液的容器，在不同蒸发温度的制冷系统中，应按各蒸发压力分别设置低压贮液器。低压贮液器一般装设在压缩机总回气管路上的氨液分离器下部，进液管和平衡管分别与氨液分离器的出液管和平衡管相连接，以保持两者的压力平衡，并利用重力使氨液分离器中的氨液流入低压贮液器，当需要从低压贮液器排出氨液时，从加压管送进高压氨气，使容器内的压力升高到一定值，将氨液排到其他低压设备中去。低压贮液器的结构与高压贮液器基本相同，在此不再赘述。

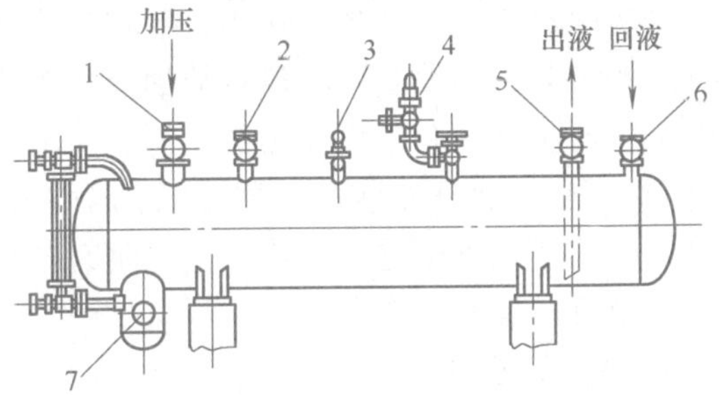

图 10-7　排液桶的结构

1—加压管接口　2—平衡管接口　3—压力计　4—安全阀　5—出液管接口　6—进液管接口　7—放油管接口

排液桶的作用是贮存热氨融霜时，由被融霜的蒸发器，如冷风机或冷却排管内排出的氨液，并分离氨液中的润滑油。排液筒一般布置于设备间靠近冷库的一侧。排液桶的结构如图 10-7 所示。它是用钢板卷焊制成筒体、筒体两端焊有封头的压力容器。在筒体上设有进液管、安全阀、压力计、平衡管、出液管等接口。其中平衡管接口焊有一段直径稍大的横管，横管上再焊接两根接管，这两根接管根据其用途称为加压管和减压管（均压管）。出液管伸入桶内接近底部。桶体下部有排污、放油管接口。容器的一端装有液面指示器。

排液桶除了贮存融霜排液外，更重要的是对融霜后的排液进行气、液分离和沉淀润滑油。其工作过程是通过相应的管道连接来完成的。在氨制冷系统中，排液桶上的进液管与液体分调节站排液管相连接；出液管与通往氨液分离器的液体管或库房供液调节站相连；减压管与氨液分离器或低压循环贮液器的回气管相连接，以降低排液桶内压力，使热氨融霜后的氨液能顺利地进入桶内；加压管一般与热氨分配站或油分离器的出气管相连接。当要排出桶内氨液时，关闭进液管和减压管阀门，开启加压管阀门，对容器加压，将氨液送往各冷间蒸发器。在氨液排出前，应先将沉积在排液桶内的润滑油排至集油器。

10.3.3　油分离器

油分离器在制冷系统中位于制冷压缩机和冷凝器之间，它的作用就是把压缩机排出的过热蒸气中夹带的润滑油在进入冷凝器之前分离出来。冷凝器的传热面上若有油膜存在，会增大传热阻力，降低换热能力进而降低制冷量。

当活塞式压缩机压缩制冷剂气体时，由于气缸内壁面、曲轴轴颈、活塞销等处都需要油来润滑，故在压缩过程中，压缩机气缸内一部分润滑油因受高温的影响也随着汽化，混在制冷剂的气体中排出。这一方面容易使压缩机失去润滑油；另一方面，润滑油进入冷凝器和蒸发器，在氨制冷系统会形成管壁油膜并沉积于容器或盘管底部，影响传热性能和减少有效面积，而在氟利昂制冷系统会使给定蒸发压力下的饱和蒸发温度升高，降低制冷能力。因此，制冷剂气体中的润滑油应当在压缩之后设法排回压缩机，而油分离器起的正是这个作用。

在正常运行工况下，纯氨对经过精炼的润滑油没有什么影响，氨与润滑油不能混溶。在静止放置时，润滑油沉积在容器的底部，并可用放油阀放出。为了防止润滑油进入冷凝器和蒸发器而影响传热，应在压缩机的排气管路上安装油分离器。

多数润滑油都可与氟利昂以任何比例混溶。制冷剂温度较高时会把较多润滑油从压缩机排气口和贮液器带入蒸发器，制冷剂蒸发后使润滑油聚积于蒸发器底部，导致蒸发器积油而降低传热能力。对于大中型氟利昂制冷机，除在压缩机排气管上安装油分离器外，还在满液式蒸发器上安装集油器，使润滑油流入集油器并得到排放。小型氟利昂制冷系统中不设油分离器，管道中即使有少量润滑油，也因能与氟利昂互溶而被带走。

油分离器的种类较多，用于氨制冷系统的有洗涤式、填料式和离心式等，用于氟利昂制冷系统的有过滤式。不管哪种类型的油分离器，其工作的基本原理如下：

1）利用油的密度与制冷剂气体密度的不同，进行沉降分离。

2）利用扩大通道断面降低气体流速（一般为0.8~1m/s），造成轻与重的物质易分离。

3）迫使气体流动方向改变，使重的油与轻的气进行分离。

4）气体流动撞击器壁，由于黏度不同、质量不同产生的反向速度也不同，促使油的沉降分离。

在上述基本原理的基础上，再增加其他分离的功能。因增加功能的不同，出现几种常用的油分离器：洗涤式油分离器、过滤式或填料式油分离器和离心式油分离器。

1. 洗涤式油分离器

洗涤式油分离器（图10-8）是氨制冷系统中常用的油分离器。洗涤式油分离器的壳体是用钢板卷焊成的筒体。筒体上、下两端焊有用钢板制成的封头。进气管由上封头中心处伸入到油分离器内稳定的工作液面以下，进气管出口端四周开有四个矩形出气口，进气管出口端底部用钢板焊死，防止高速的过热蒸气直接冲击油分离器底部，将沉积的润滑油冲起。洗涤式油分离器内进气管的中上部设有多孔伞形挡板，进气管上有一平衡孔位于伞形挡板之下、工作液面之上。筒体上部焊有出气管伸入筒体内，并向上开口。筒体下部有进液管和放油管接口。

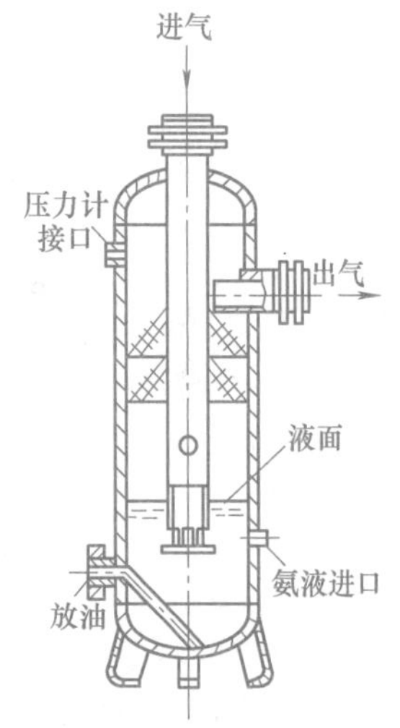

图10-8　洗涤式油分离器

进气管上平衡孔的作用是为了平衡压缩机的排气管路、油分离器和冷凝器间的压力，即当压缩机停机时，不致因冷凝压力高于排气压力而将油分离器中的氨液压入压缩机的排气管道中。

洗涤式油分离器工作时，应在油分离器内保持一定高度的氨液，使得压缩机排出的过热蒸气进入油分离器后，经进气管出气口流出时，能与氨液充分接触而被冷却。同时受到液体阻力和油分离器内流通断面突然扩大的作用，使制冷剂蒸气流速迅速下降。这时制冷剂蒸气中夹带的大部分油蒸气会凝结成较大的油滴而被分离出来。筒体内部分氨液吸热后汽化并随同被冷却的制冷剂排气，经伞形挡板受阻折流后，由排气管送往冷凝器。润滑油密度比氨液大，可逐渐沉积在油分离器的底部，定期通过集油器排向油处理系统。

2. 过滤式或填料式油分离器

过滤式或填料式油分离器（图10-9）通常用于小型氟利昂制冷系统中。过滤式或填料式油分离器为钢制压力容器，上部有进、出气管接口，下部有手动回油阀和浮球阀。浮球阀自动控制回油阀与压缩机曲轴箱连通。油分离器内的进气管四周或筒体的上部设置滤油层或填料层，排气中的油滴依靠气流速度的降低、转向及滤油层的过滤作用而分离。

工作时，压缩机排气从过滤式或填料式油分离器顶部的进气管进入筒体内，由于流通断面突然扩大，流速减慢，再经过几层过滤网过滤，制冷剂蒸气流经不断受阻反复折流改向，将蒸气中的润滑油分离出来，滴落到容器底部，制冷剂蒸气由上部出气管排出。分离出的润滑油积聚于油分离器底部，达到一定高度后由浮球阀自动控制或手动回油阀在压缩机吸、排气压差作用下送入压缩机的曲轴箱中。

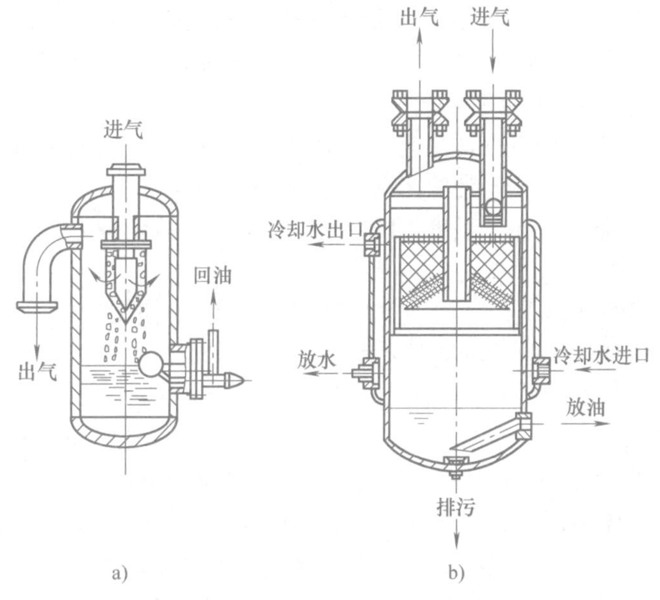

图 10-9　过滤式或填料式油分离器

a）过滤式　b）填料式

过滤式或填料式油分离器的结构简单，制作方便，分离润滑油效果较好，应用较广。

3. 离心式油分离器

离心式油分离器的结构如图 10-10 所示。在筒体上部设置有螺旋状导向叶片，进气从筒体上部沿切线方向进入后，顺导向叶片自上而下做螺旋状流动，在离心力的作用下，进气中的油滴被分离出来，沿筒体内壁流下，制冷剂蒸气由筒体中央的中心管经三层筛板过滤后从筒体顶部排出。筒体中部设有倾斜挡板，将高速旋转的气流与贮油室隔开，同时也能使分离出来的油沿挡板流到下部贮油室。贮油室积存的油可通过筒体下部的浮球阀装置自动返回压缩机，也可采用手动方式回油。

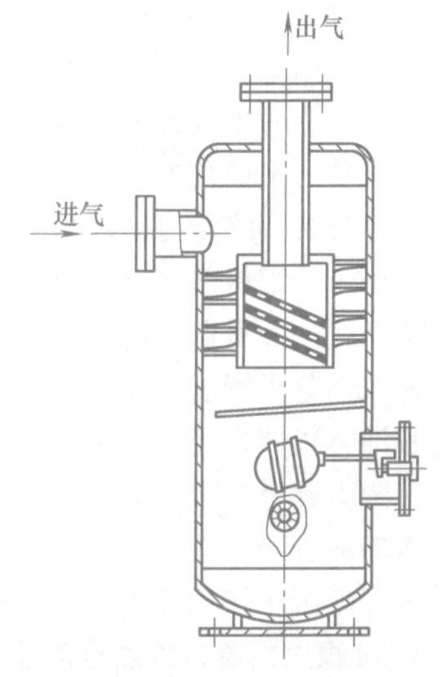

图 10-10　离心式油分离器的结构

10.4　制冷剂净化与安全设备

知识目标

1. 了解制冷系统中存在空气的原因和危害。
2. 了解氨制冷剂系统排出空气的原理和方法。
3. 了解氟利昂制冷剂系统排出空气的原理和方法。

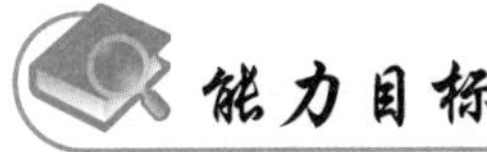

能力目标

写出某一设备发生氨泄漏的处理预案。

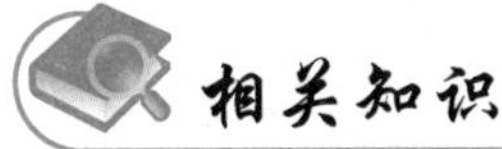

相关知识

10.4.1　干燥器、过滤器和干燥过滤器

氟利昂制冷剂必须严格控制水分，极少量水分也足以使膨胀阀冻结而造成系统冰堵。更严重的是水分会与其他物质生成酸，腐蚀系统的零部件，影响运行安全。要防止水分进入制冷系统，应在制冷系统中配备干燥器，尽可能吸收已进入系统中的水分。

制冷系统运行时，制冷剂、润滑油由于介质本身的清洁程度，以及循环使用时制冷压缩机摩擦和管路内流体带来杂质，应设置过滤器清除。

1. 干燥器

干燥器是除去制冷剂中水分的设备，用于氟利昂制冷系统中。因为水与氟利昂不能互相溶解，当制冷系统中含有水分时，通过膨胀阀或毛细管时因饱和温度降低而结冰，形成冰堵，影响制冷系统正常工作；另外，系统中有水分会加速金属腐蚀。因此，在氟利昂制冷系统中应该装置干燥器。对于氨制冷系统，水和氨相互溶解，系统内不需装置干燥器。干燥器为一个耐压圆筒，内装干燥剂，如硅胶、无水氯化钙、活性铝等。一般与过滤器一起并联装在贮液筒至热力膨胀阀的管道上，干燥器只是在制冷剂充注后数天内使用，此时过滤器关掉，让系统内的水分被干燥器吸收。系统正常运转后，一般只让制冷剂通过过滤器。如果干燥器和过滤器做在一起就成为干燥过滤器。

2. 过滤器

过滤器是从液体或气体中除去固体杂质的设备，在制冷装置中应用于制冷剂循环系统、润滑油系统和空调器中。制冷剂循环系统用的过滤器，滤芯采用金属丝网或加入过滤填料，安装在压缩机的回气管上，防止污物进入压缩机气缸里。另外，在电磁阀和热力膨胀阀之前也装过滤器，防止自控阀件堵塞，维持系统正常运转。

制冷系统中设置过滤器，可滤除混入制冷剂中的金属屑、氧化皮、尘埃、污物等杂质，防止系统管路脏堵；防止压缩机、阀件的磨损和破坏气密性。独立过滤器由壳体和滤网组成。氨过滤器采用网孔为 0.4mm 的 2~3 层钢丝网；氟利昂过滤器采用网孔为 0.2mm（滤气）或 0.1mm（滤液）的铜丝网。

3. 干燥过滤器

干燥过滤器是从液体或气体中既除去水分，又除去固体杂质的设备，干燥器与过滤器组装在一起时，称为干燥过滤器。它由干燥剂和滤芯组合在一个壳体内而成，干燥过滤器属于安全防护设备。在氟利昂制冷系统中，一般装在冷凝器至热力膨胀阀（或毛细管）之间的管道上，用来清除制冷剂液体中的水分和固体杂质，保证系统的正常运行。

干燥过滤器常装于氟利昂制冷系统中膨胀阀前的液体管路上，用于吸附系统中的残留水分并过滤杂质，其结构有直角式和直通式等，如图 10-11 所示。常用干燥剂有硅胶和分子筛。分子筛的吸湿性很强，暴露在空气中 24h 即可接近其饱和水平，因此一旦拆封应在 20min 内安装完毕。当制冷系统出现冰堵、脏堵故障或正常维修保养设备时，均应更换干燥过滤器。

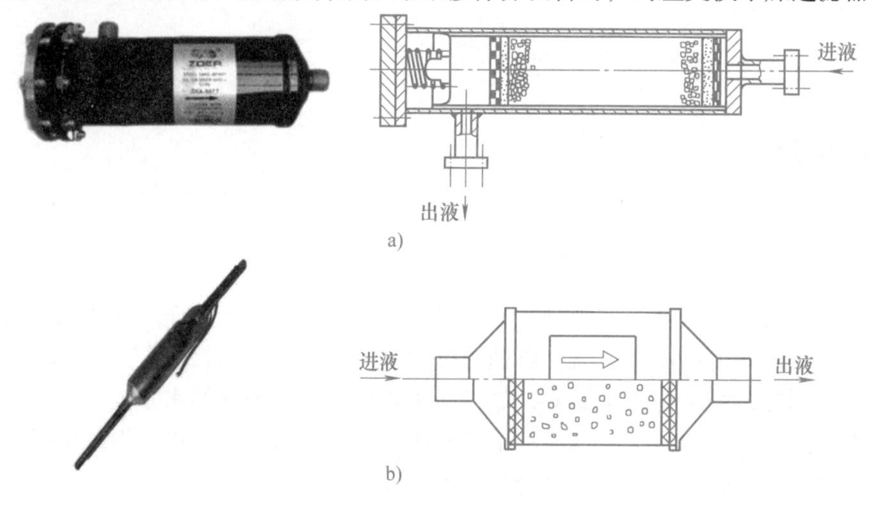

图 10-11　干燥过滤器
a）直角式　b）直通式

10.4.2　空气分离器

在制冷系统中，由于金属材料的腐蚀、润滑油的分解、制冷剂的分解、空气未排净或运行过程中有空气漏入等原因，往往存在一部分不凝性气体（主要是空气）。它在系统中循环而不能液化，到了冷凝器中会使冷凝压力升高，又使传热恶化，降低系统的制冷量。另外，空气还会使润滑油氧化变质，因此，必须从系统中排除不凝性气体。

制冷系统中进入空气的原因有：

1）制冷系统在投产前或大修后，因未彻底清除空气（即真空试漏不合格），故空气存在制冷系统中。

2）日常维修时，局部管道、设备未经抽真空，就投入工作。

3）系统充氨、充氟、加油时带入空气。

4）当低压系统在负压下工作时，通过密封不严密处窜入空气。

系统中有空气带来的害处是：

1）导致冷凝压力升高。在有空气的冷凝器中，空气占据了一定的体积，且具有一定的压力，而制冷剂也具有一定的压力。根据道尔顿定律：一个容器（设备）内，气体总压力等于各气体分压力之和。所以在冷凝器中，总压力为空气和制冷剂压力之和。冷凝器中空气越多，其分压力也就越大，冷凝器总压力自然升高。

2）由于空气的存在，冷凝器传热面上形成的气体层起到了增加热阻的作用，从而降低了冷凝器的传热效率。同时，由于空气进入系统，使系统含水量增加，腐蚀管道和设备。

3）由于空气存在，冷凝压力的升高，会导致制冷机产冷量下降和耗电量增加。

4）如有空气存在，在排气温度较高的情况下，遇油类蒸气，容易发生意外事故。

对于氟制冷系统来说，因没有专用的放空气装置，所以氟制冷系统要求密封性高，平时就应注意不使空气进入系统。系统内一旦空气增多，由于空气比氟利昂气体轻，因而空气存于卧式冷凝器的上部。氟制冷剂抽入冷凝器后，停机静置 20min 以上，使空气集中于冷凝器的上部，此时打开冷凝器顶部的放空气阀或压缩机排气阀多通用孔的堵头，放出空气。可用手接触放出的气流，若是凉风就是空气，继续放；若感到有冷气，说明跑出来的是氟利昂气体，则关闭放空气阀或堵头。正常操作时，损失的氟利昂只占排放气体的 3%。

氟制冷系统放空气最好在每天刚上班、尚未启动系统时进行。氟制冷系统放空气最好停机进行。而氨系统放空气则应在开机时进行。

对于氨制冷系统来说，空气进入系统后，一般都贮存在冷凝器和贮液器中，因为在该设备内有液氨存在，而形成液封，空气不会进入蒸发器。假如低压系统因不严密而进入空气，则空气也会与制冷剂蒸气一道，被制冷机吸入送至冷凝器中。由于空气不凝，它的密度比氨气大，而又比氨液小，故空气存在于氨液与氨气的交界处。正是这个道理，立式氨冷凝器不凝气体出口，设在冷凝器的中下部位。

空气分离器是排除氨制冷系统中不凝性气体的一种专门设备。空气分离器有多种形式，图 10-12 所示为氨制冷系统用的卧式不凝性气体分离器，又称四套管式空气分离器，安装在壳管式冷凝器的上方，也可单独安装。它由四根不同直径同心套管组成，其工作过程如下：来自调节阀的氨液进入分离器的中心套管，在其中和第三层管腔（从中心往外数）内蒸发，产生蒸气由回气管接口引出，接到压缩机回气管上。来自冷凝器和高压贮液器的混合气体由外壳上的接口引入第四管腔中，第四和第二管腔相通，由于受到第一和第三管腔的冷却，混合气体中的制冷气体被冷凝成液体，聚结在第四管腔的下部，当数量较多时，可打开下部节流阀引至第一和第三管腔蒸发。混合气体中的不凝性气体从第二管腔上的接口引出，并通过橡皮管引至水桶中放空，水可以吸收少量残留的氨气。当水中不再大量冒气泡时，说明可以停止操作。

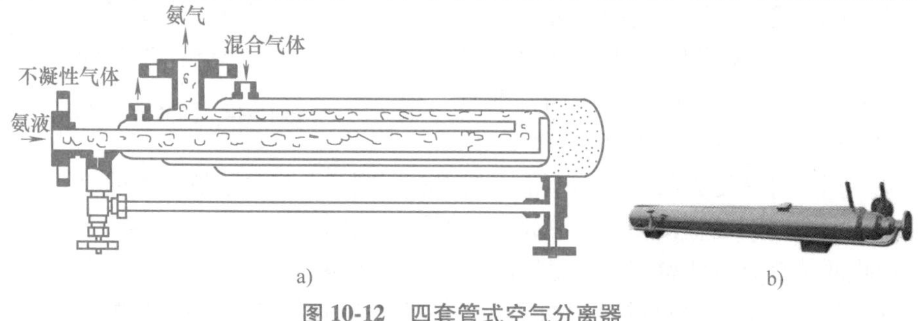

图 10-12　四套管式空气分离器

a）结构图　b）外形图

图 10-13 所示为目前常用的立式空气分离器，它与卧式相比操作简单，并能实现自动控制。它由贮液筒供给液氨，在盘管中蒸发吸热，使容器温度下降，来自冷凝器和高压贮液筒的混合气体在分离器内被冷却，制冷剂蒸气被冷凝成液体，可从下部排出，不凝性气体集中于分离器上部，经放气口排出。

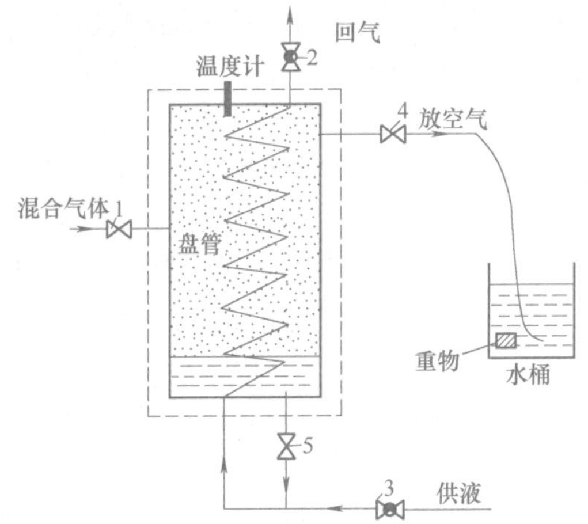

图 10-13　立式空气分离器

10.4.3　集油器

集油器也称为放油器，它只用于氨制冷系统中，其作用是存放从油分离器、冷凝器、贮液器、中间冷却器或蒸发器中分离出来的润滑油，并按一定的放油操作规程把制冷系统中的积油在低压状态下放出系统，这样既安全，又减少了制冷剂的损失。图 10-14 所示为集油器的结构，其壳体是钢制圆筒，在顶部焊有回气管接口，与系统中蒸发压力最低的回气管于氨液分离器前相接，作为回收制冷剂和降低筒内压力之用。筒体上侧的进油管与系统中需放油的设备相接，积油由此进入集油器。由于实际上进入集油器的是氨油混合物，因此只允许各个设备单独向集油器放油。筒下的放油管在回收氨气后将润滑油放出系统。为了便于操作，筒体上还装有压力计和液位计。

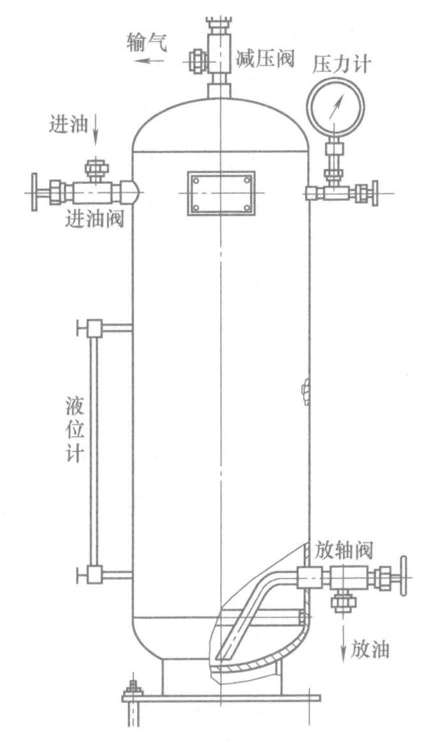

图 10-14　集油器的结构

氨制冷系统通过集油器进行放油，其操作方法如下：

先开顶部减压阀，使集油器处于低压，然后关闭；再开放油设备上的放油阀和集油器上的进油阀，待压力计指示值上升或不再升高时（≤0.6MPa 时），关闭进油阀。当放油设备的油收入集油器内后，关闭放油阀，关闭集油器的进油阀，慢慢开启减压阀，使油内的氨液蒸发并被吸入低压管（吸气总管）。此时集油器底部外表结霜，可采用喷淋热水加快热传递，直到所结的霜化完，关闭减压阀，静置 20min，若集油器压力计指示值有明显上升，则再开启减压阀，直至压力回升很小为止。关闭减压阀后开启集油器下部的放油阀，让集油器内的油流出，一般用油桶接住，待油放净后关闭放油阀。

油桶接收的油总有一些氨气，待氨气跑光后，放在磅称上称量，记下放出油的重量。

集油器的收集油量不得超过容积的 70%，防止开启减压阀时，油被吸走而使压缩机产生液击。

放油时制冷系统可以在运行状态，但放油设备最好是在停止工作状态，这样既安全又能提高放油效率。如果对生产有影响，设备放油可不停止运行，但要仔细操作。

放油时操作人员最好戴上橡胶手套，防止烧伤，油未放完，不得离开操作工位。

在氨制冷系统中，由于氨不溶解于油，需要经常排放润滑油。利用氨比润滑油轻的原理，在压差的作用下，使系统中的油经专门的放油装置——集油器排出。

10.4.4　紧急泄氨器

紧急泄氨器设置在氨制冷系统的高压贮液器、蒸发器等贮氨量较大的设备附近，其作用是当发生重大事故或出现严重自然灾害，又无法挽救情况下，通过紧急泄氨器将制冷系统中的氨液与水混合后迅速排入下水道，以保护人员和设备的安全。

紧急泄氨器的结构如图 10-15 所示，它由两不同管径的无缝钢管套焊而成。外管是两端有拱形端的壳体；内管下部钻有许多小孔，从紧急泄氨器上端盖插入。壳体上侧设有与其成 30°的进水管。紧急泄氨器下端盖设有排泄管，接下水道。

紧急泄氨器的内管与高压贮液器、蒸发器等设备的有关管路连通，如需要紧急排氨时，先开启紧急泄氨器的进水阀，再开启紧急泄氨器内管上的进氨阀门，氨液经过布满小孔的内管流向壳体内腔并溶解于水中，成为氨水溶液，由排泄管安全地排放到下水道。

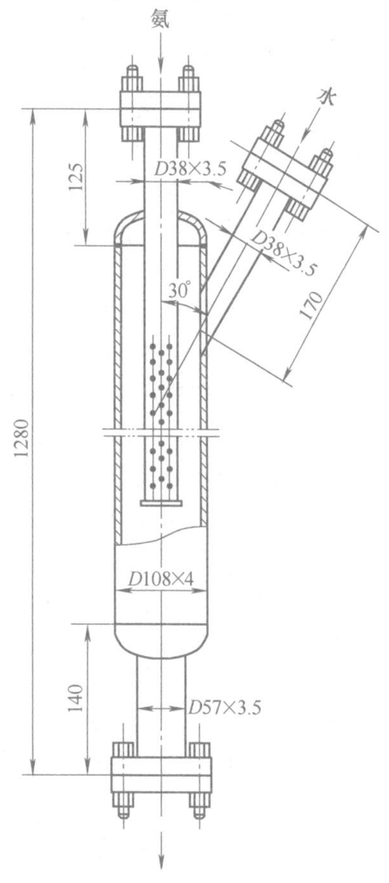

图 10-15　紧急泄氨器的结构

制冷装置用压力容器管理

制冷系统辅助设备中的冷凝器、冷却器、气液分离器、贮液器、油分离器、空气分离器、集油器等装置，不同于普通的容器，存在着由压力（设计压力不高于 4.0MPa）、容积（内径大于 0.15m 或容积大于 0.025m^3）、液化气体制冷剂三者叠加而产生的危险性，称为制冷装置用压力容器。国家对制冷装置用压力容器的管理有着严格的规定，其设计、制造（组焊）、安装、使用、检验、修理和改造，均应严格执行 NB/T 47012—2020《制冷装置用压力容器》等相关标准的要求，并应接受各级质量技术监督部门监察，以确保制冷装置的安全生产。

制冷装置用压力容器的设计单位资格、设计类别和品种范围的划分应符合《压力容器设计单位资格管理与监督规则》的规定。压力容器的设计总图（蓝图）上，必须加盖压力容器设计资格印章（复印章无效）。设计总图上应有设计、校核、审核（定）人员的签字。

制冷装置用压力容器制造单位应取得压力容器制造许可证，并按批准的范围制造。制造单位应严格执行国家相关法规标准，严格按照设计文件制造和组焊压力容器。焊接压力容器的焊工，必须按照《锅炉压力容器焊工考试规则》进行考试，取得焊工合格证后才能在有效期间内担任合格项目范围内的焊接工作。

无损检测人员应按照《锅炉压力容器无损检测人员资格考核规则》进行考核，取得资格证书后方能承担与资格证书的种类和技术等级相应的无损检测工作。制冷装置用压力容器的无损检测方法包括射线、超声、磁粉、渗透和涡流检测等。制造单位要妥善保管检测档案、底片和资料，保存期限不应少于 7 年。

制冷装置用压力容器的压力试验是指耐压试验和气密性试验，耐压试验又分为液压试验和气压试验。压力试验的压力应符合设计图样要求，其中液压试验压力下限为 $p_T=1.25p$(MPa)，气压试验压力下限为 $p_T=1.15p$(MPa)，气密性试验压力为设计压力 p。压力试验所使用的试验介质、试验程序、合格条件、安全附件、环境条件等均应符合相关标准的规定。

从事制冷装置用压力容器安装的单位必须是已取得相应制造资格的单位或者是经有关机构批准的安装单位。从事制冷装置用压力容器安装监理的监理工程师应具备压力容器专业知识，并通过国家制冷技术监督部门的培训和考核，持证上岗。

在制冷装置用压力容器投入使用后，使用单位必须及时安排制冷装置用压力容器的定期检验工作，并将制冷装置用压力容器年度检验计划报当地制冷技术监督部门及检验单位（当地锅炉压力容器监察检验所或特种设备检验研究所）。使用的制冷装置用压力容器如发生异常现象，操作人员应立即采取紧急措施，并按规定的报告程序及时向有关部门报告。制冷装置用压力容器内部有压力时，不得进行任何修理或紧固工作，检修时需要电焊要严格执行动火票制度。压力容器发生事故后，发生事故的单位必须按《锅炉压力容器压力管道特种设备事故处理规定》报告和处理。

参观雪糕厂

实地参观当地雪糕厂或冰淇淋生产厂，或看录像，了解雪糕或冰淇淋生产流程（图 10-16），说明各制冷辅助设备的作用。

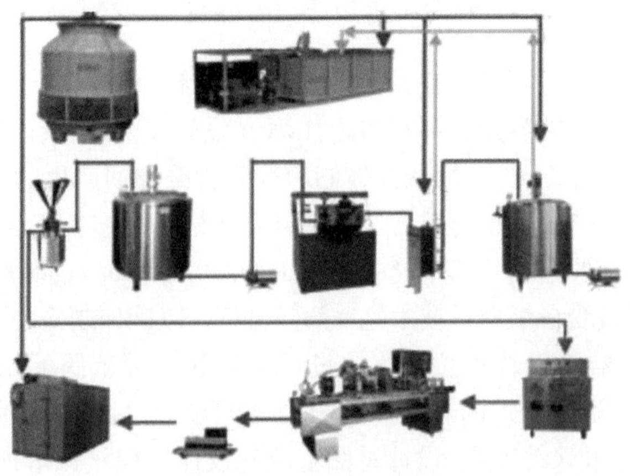

图 10-16　冰淇淋生产线示意图

复习思考题

1. 举例说明实际制冷系统中辅助设备的作用。
2. 为什么要设置中间冷却器?
3. 氨制冷系统用中间冷却器是如何实现热量综合利用的?
4. 氟制冷系统用中间冷却器与氨制冷系统用中间冷却器的冷却原理有何不同?
5. 气液分离器的气液分离原理是什么?
6. 贮液器起什么作用?
7. 油分离器是如何实现油分离的?
8. 油分离器结构上有什么特点?
9. 热气冲霜管在制冷系统流程中起何作用?
10. 制冷系统中为什么要除水、除杂质?
11. 干燥过滤器在的作用是什么？安装在什么位置?
12. 制冷系统中为什么要排除空气?
13. 有哪些常用的排空气装置?
14. 高压贮液器在制冷系统中的作用是什么?
15. 排液桶的作用是什么?
16. 集油器如何进行放油?
17. 紧急泄氨器在什么时候使用?
18. 制冷装置用压力容器是如何管理的?

第 11 章　冷冻水和冷却水系统设备

11.1　冷冻水和冷却水系统

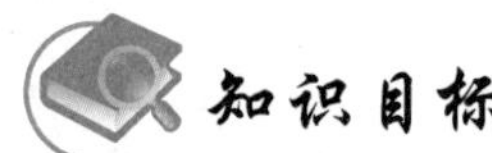

1. 掌握冷冻水和冷却水系统的概念。
2. 掌握冷冻水和冷却水系统的分类及组成。
3. 熟悉冷冻水系统的工艺流程。

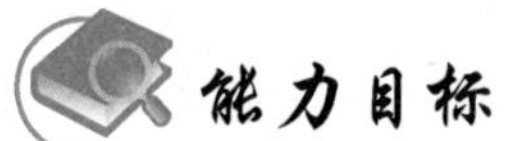

能读懂水循环系统的流程图。

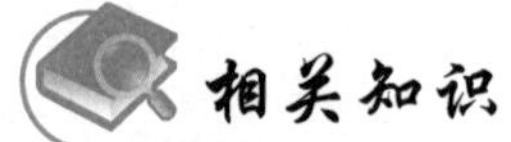

11.1.1　冷冻水系统

以间接冷却方式工作在制冷装置中，先接受制冷剂的冷量而降温，然后再冷却其他的被冷却物质，称该中间物质为载冷剂。

载冷剂有气体载冷剂、液体载冷剂和固体载冷剂，气体载冷剂主要有空气等；液体载冷剂有水、盐水等；固体载冷剂有冰和干冰等。

在日常生活中，我们使用的冰箱、冷冻柜，在商业中的冷库等，是在循环制冷过程中通过空气把冷量传递给食物，使食物在冷冻室内或冷库冷藏间内冻结而保存的。

在空调工程中常用的载冷剂有水和空气，当载冷剂为水时，也称为冷冻水。

在空调系统中，制冷剂进入蒸发器内，在蒸发器内制冷剂蒸发而吸热，当水被通入蒸发器内与制冷剂通过换热面进行热量交换时，水热量被制冷剂吸收而温度下降成为冷冻水，然后冷冻水再通过空调设备中的表面冷却器与被处理的空气进行热量交换，使空气温度降低。在这种制冷循环和热量交换过程中，要实现冷量的远距离传递而达到空调系统中空气降温的要求，必须有水和空气作为载冷剂。

冷冻水一般循环使用，在循环过程中要设置必要的处理设备，在空调制冷设备运行时，水作为载冷剂吸收了制冷机组中蒸发器内制冷剂的冷量，冷却降温而成为冷冻水，进入分水器后再送入空调设备的表面冷却器或冷却盘管内，冷冻水经空调处理设备将冷量传递给空气，达到冷却空气或降温的目的，来自空调设备的冷冻水回水经集水器、除污器、循环水

泵，进入冷水机组内进行循环再冷却。

当需低于 0℃的水作为载冷剂时，可采用盐水等物质。

冷冻水循环系统可根据系统的需要和循环水量的大小分为闭式冷冻水系统和开式冷冻水系统。一般性空调系统普遍采用闭式冷冻水系统，即冷冻水系统不与外界空气接触而形成一密闭式循环系统，如图 11-1 所示。

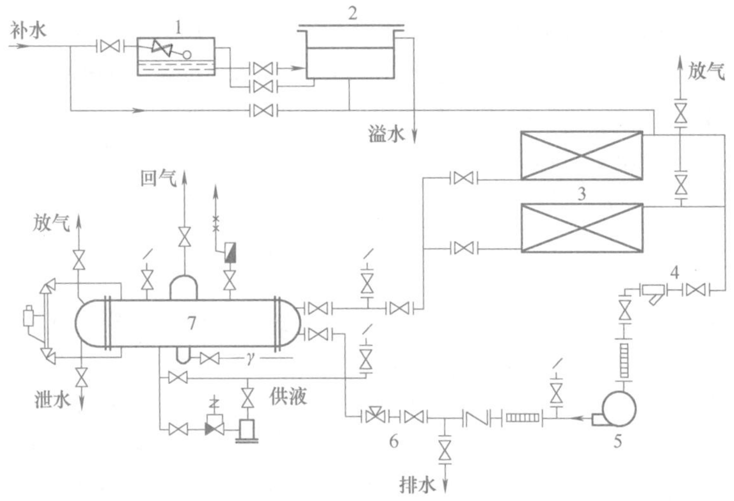

图 11-1　闭式冷冻水循环系统

1—自动补水箱　2—膨胀水箱　3—冷却器　4—过滤器　5—载冷剂泵
6—压力调节阀　7—卧式壳管式蒸发器

这种系统中设有膨胀水箱来调节因热胀而多出的水量，并保持系统压力的恒定，系统管道因充满水而减缓了空气对管内壁的锈蚀而延长使用寿命。

图 11-2 所示为开式冷冻水循环系统，主要由冷冻水水箱、回水箱、水泵等组成。

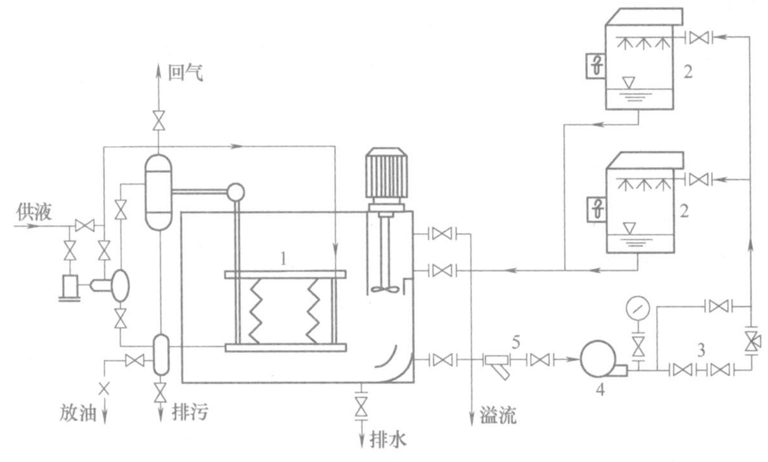

图 11-2　开式冷冻水循环系统

1—水箱式蒸发器　2—湿式冷风机　3—压力调节阀　4—载冷剂泵　5—过滤器

开式冷冻水系统的工艺流程：从冷水机组蒸发器的冷冻水出口出来的冷冻水进入冷水箱，再通过冷冻水泵将其送至用户或需冷却的设备中。从用户出来的回水先回到回水箱，然后再通过回水泵将水送至冷水机组蒸发器的入口管处，比闭式循环系统增加了一个循环管路。

因开式系统设置了冷水箱和回水箱而增加了系统的水容量，冷冻水温度控制较为稳定。

当某个系统管路短，且需要制冷量又较小，如采用闭式循环系统，因系统循环水量较小，冷量不能被需冷却的设备全部吸收而又被水泵抽回至蒸发器内，影响了冷却效果。如采用开式系统，因增加了水箱中水的容积而加大了循环水量，可避免闭式系统的缺陷。

冷冻水泵一般采用离心式水泵。根据冷冻水循环水量可选择多台水泵并联。为了便于调节系统中负荷变化，可采用每台冷水机组对应设置一台循环水泵。根据循环水量和冷水机台数，应设置备用水泵，作为维修时用。补水应设置软化水系统。

冷冻回水总管应设除污器或在每台水泵的进口处安装过滤器，避免系统管道内的泥沙、锈渣进入蒸发器内堵塞换热管束。

11.1.2　冷却水系统

空调冷却水用于冷水机组中的水冷冷凝器、吸收式冷水机组中的冷凝器和吸收器等设备中，通过冷却水系统将空调系统从被调节的房间内吸收的热量和消耗的功释放到环境中去。

在空调用冷水机组（水冷式）内的冷凝器，经制冷剂冷凝放热，其热量被冷却水吸收。为了保证机组正常的制冷循环，其冷却水需不断地进行冷却，所需的冷却用水量很大，而在实际使用中不可能连续提供如此大量的水资源。为了不使吸热后温度上升的冷却水白白地排掉，需把冷却水收集后进行降温处理到冷凝器所需冷却水的水温，供其正常的制冷循环使用，这就需设置一套水冷却的设施，从而增加了初期投资和运行费用。因此，合理地选择水冷却的方案，需因地制宜。冷却水系统的水源有：地表水、地下水、海水、自来水等。

冷却水循环系统的循环程序是，进入到冷水机组的冷凝器中冷却水吸收冷凝器内制冷剂放出的热量而温度升高，然后进入室外冷却塔散热降温，通过冷却水循环水泵进行循环冷却，不断带走制冷剂冷凝放出的热量，以保证冷水机组的制冷循环。空调冷却水系统的形式主要有：

1. 直流式冷却水系统

冷却水经设备使用后直接排掉，不再重复使用。它适用于有充足水源的地方。它是最简单的冷却水系统。

2. 混合式冷却水系统

经冷凝器使用后的冷却水部分排掉，部分与供水混合后循环使用。它用于冷却水水温较低且系统较小的场合。

3. 利用喷水池的冷却水系统

在水池上部将水喷入大气中，增加水与空气的接触面积，利用水蒸发吸热的原理，使少量的水蒸发而把自身冷却下来。它适用于气候干燥地区的小型空调系统中，且结构简单，占地面积大。

4. 机械通风冷却塔循环系统

冷却塔出来的冷却水经水泵送到冷水机组中的冷凝器，再送到冷却塔中蒸发冷却。它是目前空调系统中应用最为广泛的冷却水系统。

冷冻水、冷却水循环系统中的主要设备一般与冷水机组设置在同一机房内。

空调冷却水循环系统的工艺流程如图 11-3 所示。空调冷却水循环系统主要由冷却水循环水泵、分（集）水器、除污器、过滤器、水处理设备、膨胀水箱、冷却塔、冷却水循环

水箱及其系统连接管道等组成。

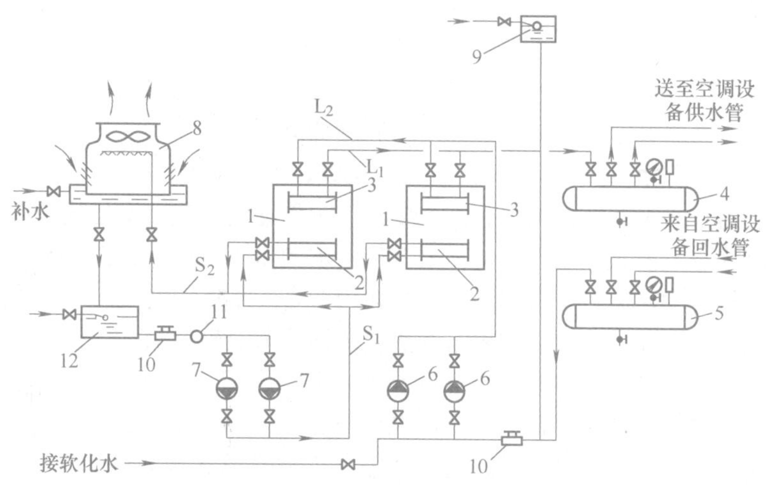

图 11-3　空调冷却水循环系统工艺流程图

1—冷水机组　2—冷凝器　3—蒸发器　4—分水器　5—集水器

6—冷冻水循环水泵　7—冷却水循环水泵　8—冷却塔　9—膨胀水箱

10—除污器　11—电子水处理仪　12—冷却水循环水箱

注：L_1、L_2 为冷冻供回水管；S_1、S_2 为冷却水管。

冷却水泵也采用离心式水泵，除在水泵的进口总管上安装有除污过滤器外，还需设置防止结垢的软化水设备，防止在管道系统中产生水垢而沉积附着在冷凝器的换热管壁上。

冷却水泵可根据循环冷却水量选用多台并联安装，并需设置备用水泵。

冷却水软化处理设备及措施常用的有电子水处理仪、磁处理设备、加药等。

目前空调系统中常采用电子水处理仪，可直接安装在被处理的水循环系统管道上，有除垢、防垢、灭藻、杀菌、防氧化等多种功能，并具有体积小、安装简单、自动工作、无需专人操作、维修费用低、不需设置屏蔽等优点；加药法适用于小型冷却水循环系统；磁处理设备体积较大，占面积较大，必要时应增加屏蔽措施，可根据水质、循环水量选定。

11.2　冷却水塔

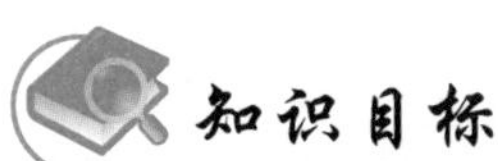

知识目标

1. 熟悉冷却水塔的结构。
2. 掌握各类冷却水塔的特点及适用范围。

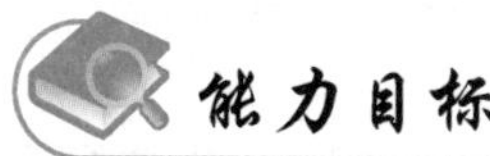

能力目标

能在制冷系统中正确选用冷却水塔。

相关知识

冷却塔是将携带热量的冷却水在塔中与空气进行热交换，将热量传输给空气并散入大气环境中去的装置，在冷却水系统中起节约用水和降低能耗的作用。

冷却塔有湿式冷却塔（简称湿塔）和干式冷却塔（简称干塔）之分。在湿塔中，空气与水直接接触，通过接触和蒸发散热，把水中的热量传输给空气。湿塔热交换效率高，水被冷却的极限温度为空气的湿球温度，但需要有补给水的水源，以补充由于蒸发和吹风造成的水损失，并保证稳定的水质。在缺水地区，只能用干塔。干塔中空气与水的热交换是通过由金属管组成的散热器表面传热，将管内水的热量传输给散热器外流动的空气。干塔热交换效率比湿塔低。制冷工程中常用的水冷却塔以湿塔为主。

冷却塔一般由塔体部分、风机部分、配水部分、淋水部分及收水部分组成，下塔体可以兼做贮水用。常用的冷却塔有自然通风式冷却塔、机械通风式冷却塔和混合通风式冷却塔。冷却塔的极限出水温度比当地空气的湿球温度高 3.5~5℃。

11.2.1　自然通风式冷却塔

自然通风式冷却塔是利用空气自然对流来使水冷却的，水流运动形式有喷淋、溅滴等多种。自然通风式冷却塔的基本结构如图 11-4 所示，主要由进水管、出水管、分配水管、喷头和通风百叶窗上水总管、集水池等部件组成。

图 11-4　自然通风式冷却塔基本结构

用水泵将制冷装置的冷却回水经水冷却塔的进水管送往分配水管，分配水管上装有许多均匀分布的杯式喷嘴，水从喷嘴喷出，散成很多细小的水滴，增大水与从百叶窗进入的空气的接触面积及接触时间，以促进它们之间的热量交换，从而降低水温。最后喷洒的水落入集水池中并由出水管引出供冷凝器循环使用。

自然通风式冷却塔优点是：构造简单，设备投资少，运行维护方便。缺点是：占地面积大，冷却效率低，冷却效果不稳定，易受风速和风向的影响，水被吹散的损失大。它只适用于空气温度较低，相对湿度较小地区的小型制冷装置。

11.2.2　机械通风式冷却塔

图 11-5 所示为机械通风式冷却塔的冷却水系统图。制冷装置的冷却回水，由冷却塔顶部被喷淋在塔内的填料层上，以增大水和空气的接触面积及接触时间，被冷却后的水从填料层流至下部水池内，通过循环水泵再送回制冷装置循环使用。冷却塔顶部装有通风机，使空气以一定的流速由下而上通过。机械通风式冷却塔需要消耗电能，而且维护管理比较复杂。但是它的冷却效率高，结构紧凑，占地面积小，适用范围广。

根据水和空气在填料层中的流动方式不同，机械通风式冷却塔又可分为逆流式机械通风冷却塔和横流式机械通风冷却塔等。玻璃钢冷却塔是近年来发展起来的一种新型冷却塔，以

机械通风式的居多。

（1）逆流式机械通风冷却塔　逆流式机械通风冷却塔简称逆流式冷却塔，其结构如图 11-6 所示。所谓逆流式冷却塔，是指在塔内空气和水通过填料层时的流动方向是相逆的。热水从上向下淋洒，而空气从下向上流动。这种冷却塔的冷却效果比较好，横断面积相对较小；其缺点是配水不够均匀，而且塔体高度较大。

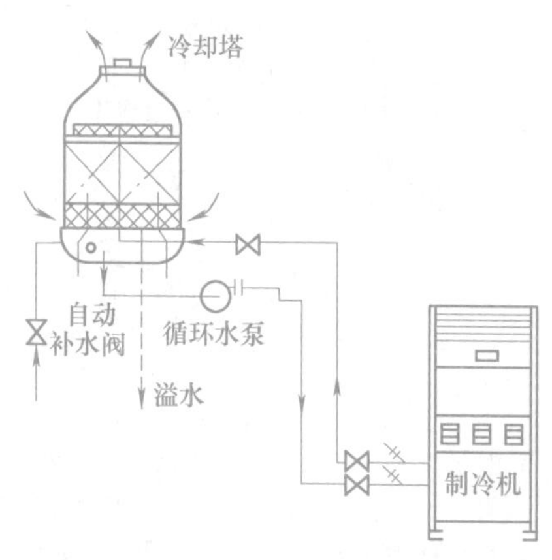

图 11-5　机械通风式冷却塔的冷却水系统图

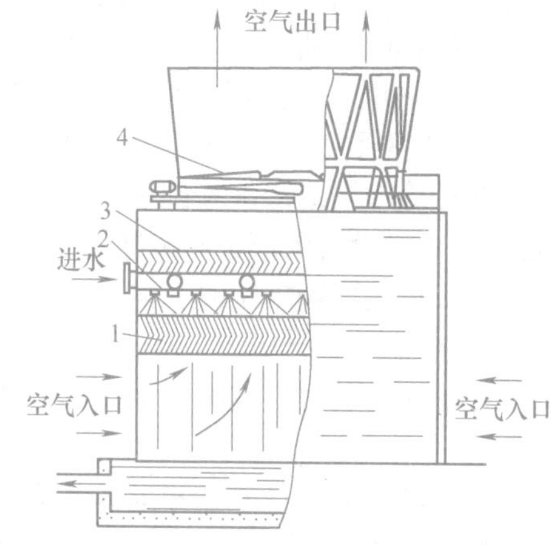

图 11-6　逆流式机械通风冷却塔

1—淋水填料　2—配水装置　3—除水器　4—抽风机

（2）横流式机械通风冷却塔　横流式机械通风冷却塔简称横流式冷却塔，其结构如图 11-7 所示。横流式冷却塔，是指空气通过填料层是横向流动的。这种冷却塔中空气和水热交换不如逆流式冷却塔充分，所以其冷却效果较差。但是由于这种冷却塔不需要专门设置进风口，所以塔体的高度低，而且配水比较均匀；另外，配水管的高度较低，工作时水泵的扬程低，耗电较小。

对于制冷工程中使用的中小型冷却塔，横流式的优点并不突出，所以一般采用逆流式冷却塔。

（3）玻璃钢冷却塔　它的塔体由玻璃钢制成，具有重量轻、耐腐蚀、安装方便等一系列优点，目前在国内制冷空调工程中得到广泛的应用。

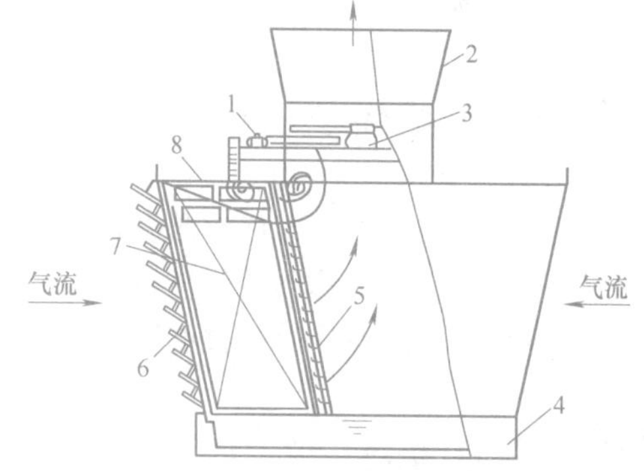

图 11-7　横流式机械通风冷却塔

1—电动机　2—风筒　3—风机　4—钢筋混凝土水池　5—除水器　6—百叶窗　7—填料层　8—开口配水池及管嘴

图 11-8 所示为一种玻璃钢冷却塔。它的淋水装置为薄膜片，通常是用 0.3～0.5mm 厚的硬质聚氯乙烯塑料板压制成双面凸凹的波纹形，分一层或数层放入塔体内。淋洒下的水沿塑料片表面自上而下呈薄膜流动。配水系统为一种旋转式的布水器。布水器各支管的侧面上开有许多小孔，水由水泵压入布水器的各支管中。当水从各支管的小孔中喷出时，所产生的反作用力使布水器旋转，从而达到均匀布水的目的。轴流式通风机布置在塔顶，对轴流风机的要求是风量大、风压小，以减少水的吹散损失。空气由集水池上部四周的百叶窗吸入，经填料层后从塔体顶端排出，与水逆向流动。冷却后的水落入集水池，从出水管排出后循环使用。

目前国内生产玻璃钢冷却塔的厂家较多，用于制冷空调工程中的最大玻璃钢冷却塔冷却水量为1000m^3/h。在选用冷却塔时应注意其技术参数，即循环水入塔的温度、循环水出塔的温度及环境湿球温度等。对于中小型循环供水系统，为了解决选配冷却塔的问题，制冷设备生产行业提出了有关制冷或空调装置配用的冷却塔标准，可供选用玻璃钢冷却塔时参考。

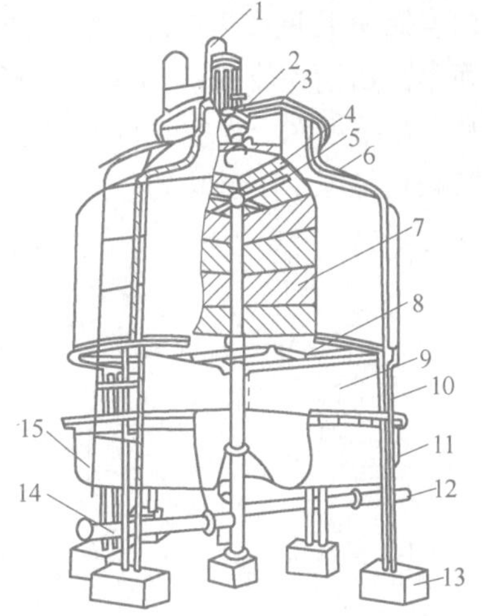

图 11-8　玻璃钢冷却塔

1—扶梯　2—风机　3—风机支架　4—填料层及支架　5—布水器　6—上壳体　7—淋水填料层　8—填料层支架　9—挡风板　10—上立柱　11—下立柱　12—出水管　13—基础　14—进水管　15—集水池（下壳体）

玻璃钢冷却塔一般都安装在建筑物的屋顶上，在安装时应特别注意：

1）在做冷却塔混凝土基础前，应核对图样尺寸是否与所提供设备的厂家样本基础尺寸相符。

2）冷却塔在屋面安装时，需在未施工防水层之前做好基础。

3）在屋面组装时，应注意保护已施工完毕的防水层。

4）冷却塔安装应尽量选择通风良好和远离重要建筑物的位置，同时应尽量选择运转噪声较小的产品，一般应控制环境噪声在55~60dB(A)。

5）进出冷却塔水管道应设置支墩和支架。

11.3　水过滤器及阀门

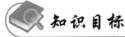

知识目标

1. 了解水过滤器及阀门的分类。
2. 熟悉水过滤器及阀门的结构。
3. 掌握水过滤器及阀门的使用范围。

能力目标

1. 能在水系统中正确使用水过滤器。
2. 能在制冷系统中正确选用阀门。

相关知识

11.3.1　水过滤器

在空调水系统的水质管理过程中，无论是开式系统还是闭式系统，水过滤都是系统设计

和运行中必须注意的问题。目前常用的水过滤器类型有金属网状过滤器、尼龙网状过滤器、Y 形过滤器、角通式和直通式除污器等。

工程上常用 Y 形过滤器。Y 形过滤器是一种管路保护元件，通过编织网和冲压钢板制成的滤网，将固体介质从流动的液体或气体过滤出来，通常用于分离介质数量比较小的情况，污垢存贮容量少于一个网篮过滤器。Y 形过滤器通常安装在过滤器的清洗不是很频繁的场合，可以水平或垂直安装。Y 形过滤器具有外形尺寸小，安装清洗方便等特点。它与管道的连接有两种方式：螺纹联接和法兰连接。

1. 螺纹联接

与管道螺纹联接的 Y 形过滤器如图 11-9 所示。它适用于管外径为 19mm、25mm、31mm、37mm、46mm、57mm 的管道。

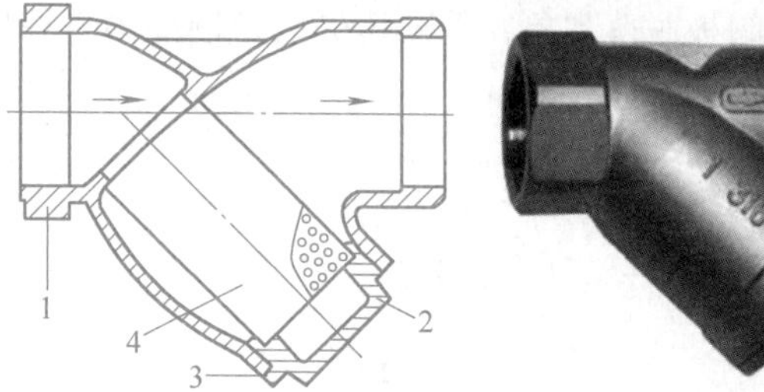

图 11-9　螺纹联接 Y 形过滤器

1—阀体　2—阀盖　3—垫塞　4—滤网

2. 法兰连接

与管道法兰连接的 Y 形过滤器如图 11-10 所示。它适用于管外径为 57mm、70mm、86mm、106mm、135mm、160mm、210mm 的管道。

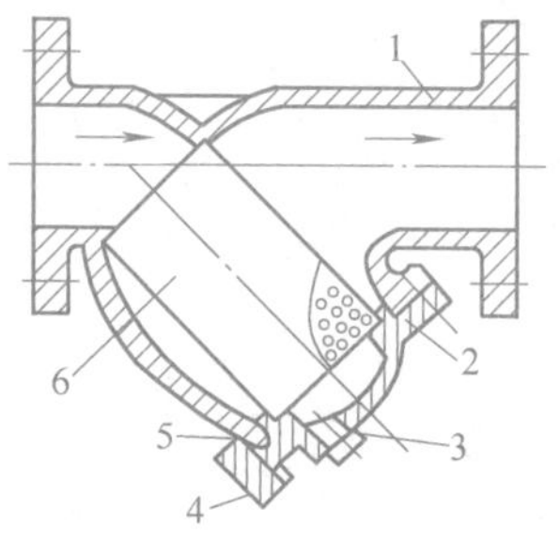

图 11-10　法兰连接 Y 形过滤器

1—阀体　2—阀盖　3、5—垫塞　4—螺栓　6—滤网

11.3.2　截止阀

阀门在制冷空调水系统中是重要的控制附件，其主要作用是关断水流，调节水量或水压，控制或改变水流方向等。根据阀门的用途不同可分为截断阀类、调节阀类、分流阀类、单向阀类、安全阀类等。制冷与空调水系统常使用的阀门有截止阀、闸阀、单向阀等。

截止阀的结构

截止阀具有结构简单、密封性好、维修方便等优点，但开启关闭力稍大于闸阀，安装时应注意阀体上标有箭头（水流）方向，不得装反，适用于管径小于或等于 50mm 的管道上。截止阀的结构如图 11-11 所示。

截止阀是利用阀杆升降带动与之相连的圆形阀盘（阀头），改变阀盘与阀座间的距离达到控制阀门的启闭。为了保证关闭严密，阀盘与阀座应研磨配合。阀座用青铜、不锈钢等材料制成，也可用软质材料（如橡胶 、塑料）作阀座。此外，阀盘与阀杆应采用活动连接，这样可保证阀盘能准确地座落在阀座上，使密封面严密贴合。

截止阀上部有手轮、阀杆，中部有螺纹和填料密封段。小型阀门阀杆上的螺纹在阀体内，其结构紧凑，但阀杆与介质接触部分多，尤其螺纹部分易腐蚀；大型阀门阀杆上的螺纹在阀体外，既不受介质腐蚀又便于润滑，故阀杆不易损坏。转动阀杆时阀杆在螺母中上下运动，所以由阀杆露出阀盖的高度可判断阀门开启程度。为了防止介质沿阀杆漏出，可在阀杆穿出阀盖部位用填料来密封。

11.3.3　闸阀

闸阀的阀杆有明杆、暗杆、手动、电动、电动机驱动等多种形式。闸阀具有流动阻力小，开启关闭力小，介质可从任一方向流动等优点，但结构较为复杂。闸板密封易被水中杂质或颗粒状物擦伤，杂质也会沉积在阀体底部，造成关闭不严密的缺陷。经常开启的闸阀有时会出现阀板脱落现象，使系统失去控制能力。一般管道直径在70mm以上时采用闸阀，其结构如图11-12所示。

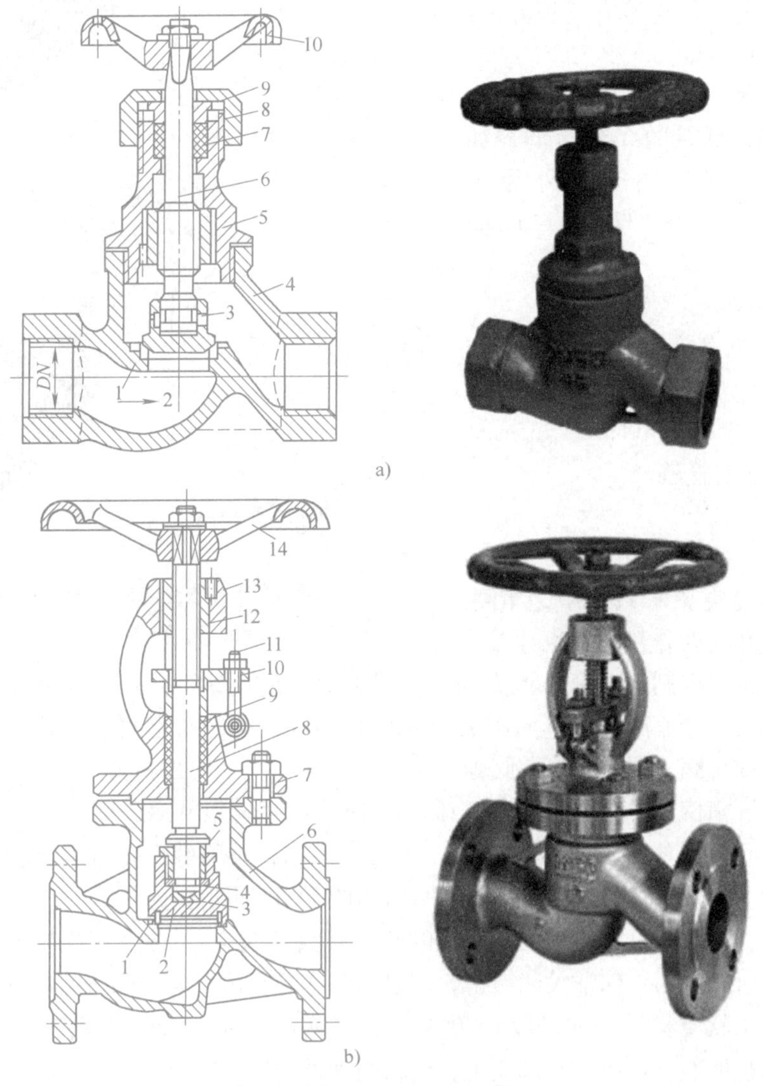

图11-11　截止阀

a）内螺纹联接　b）法兰连接

内螺纹联接：1—阀座　2—阀盘　3—钢丝圈　4—阀体　5—阀盖　6—阀杆　7—填料　8—填料压盖螺母　9—填料压盖　10—手轮

法兰连接：1—阀座　2—阀盘　3—垫片　4—开口锁片　5—阀盘螺母　6—阀体　7—阀盖　8—阀杆　9—填料　10—填料压盖　11—螺栓　12—阀杆螺母　13—轭　14—手轮

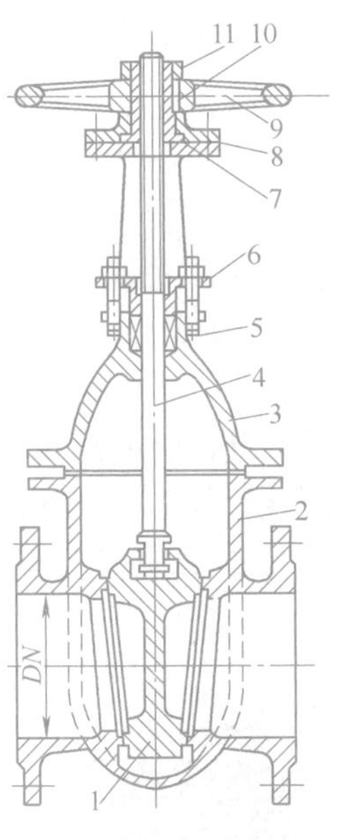

a)

闸阀的结构

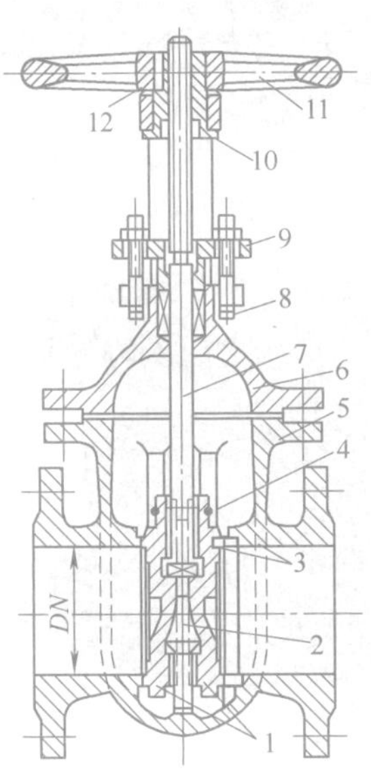

b)

图 11-12　闸阀（明杆式）

a）楔式闸阀　b）平行式闸阀

楔式闸阀：1—楔式闸板　2—阀体　3—阀盖　4—阀杆　5—填料　6—填料压盖

7—套筒螺母　8—压紧环　9—手轮　10—键　11—压紧螺母

平行式闸阀：1—平行式的双闸板（圆盘）　2—楔块　3—密封圈　4—铁箍　5—阀体　6—阀盖

7—阀杆　8—填料　9—填料压盖　10—套筒螺母　11—手轮　12—键或紧固螺钉

根据闸阀闸板的结构形状不同可分为楔式闸阀和平行式闸阀两大类。楔式闸阀闸板结构如图11-12a所示，闸板两密封面倾斜形成一夹角，利用楔形密封面的楔紧作用使闸板与阀座严密贴合而达到密封。平行式闸阀闸板结构如图11-12b所示。

11.3.4 单向阀

单向阀又称为止逆阀或逆止阀，是一种只允许介质向一个方向流动的阀门，具有严格的方向性，主要用于防止水倒流的管路上。单向阀按结构不同分升降式（跳心式）和旋启式（摇板式）两种。

升降式单向阀如图11-13所示。阀盘可沿导向套筒垂直升降，介质顶开阀盘时流体通过，介质反向流动时在介质作用力和阀盘重力下阀盘下降截断通路。升降式单向阀有卧式和立式两种，卧式用于水平管路，如图11-13a所示；立式用于垂直管路，如图11-13b所示。水泵的吸水底阀有些即为这类升降式止回单向阀，如图11-14所示。

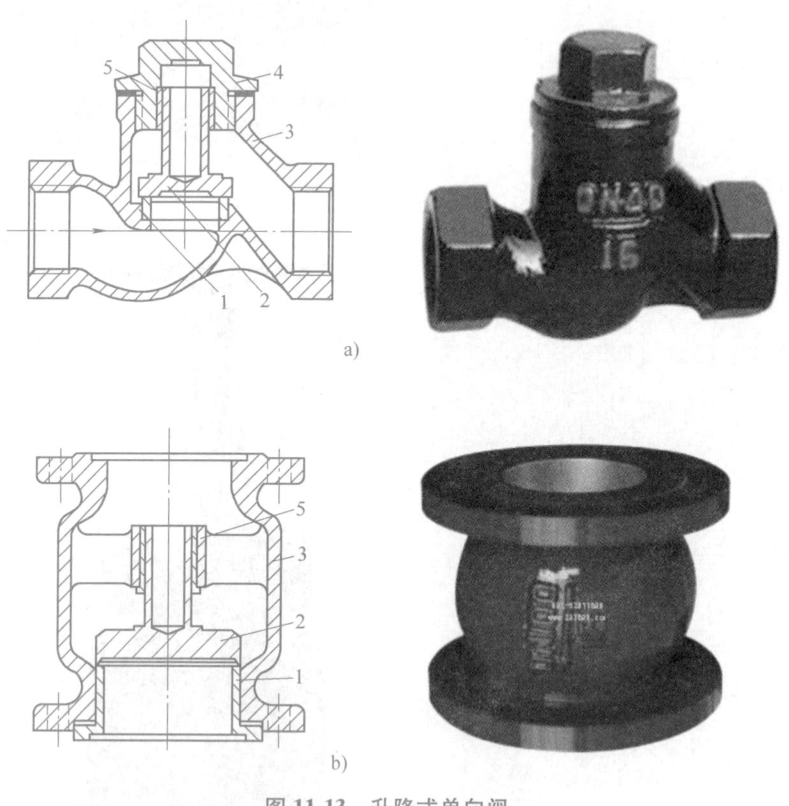

图11-13　升降式单向阀

a）卧式升降单向阀　b）立式升降单向阀

1—阀座　2—阀盘　3—阀体　4—阀盖　5—导向套筒

旋启式单向阀如图11-15所示。它是利用一摇板来启闭阀门，当介质正向流动时顶开摇板，反向流动时摇板关闭切断通道。旋启式单向阀安装时必须保持摇板转轴呈水平，可用于水平、垂直或倾斜的管路，但在垂直或倾斜管路上使用时只能让介质从下方进入。旋启式单向阀流体流动阻力小于升降式止回阀，但密封性能较升降式差。

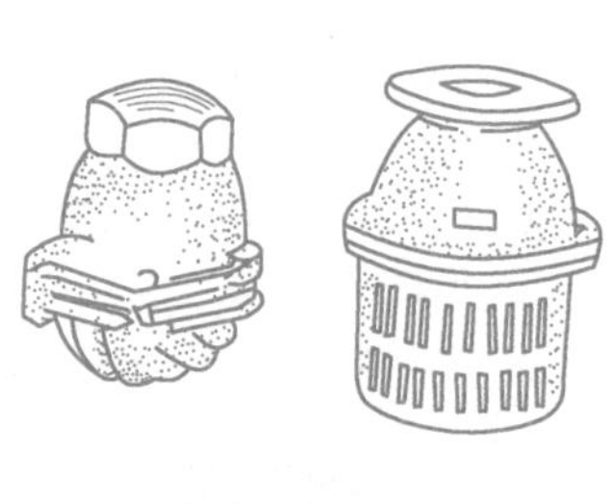

图 11-14　吸水底阀

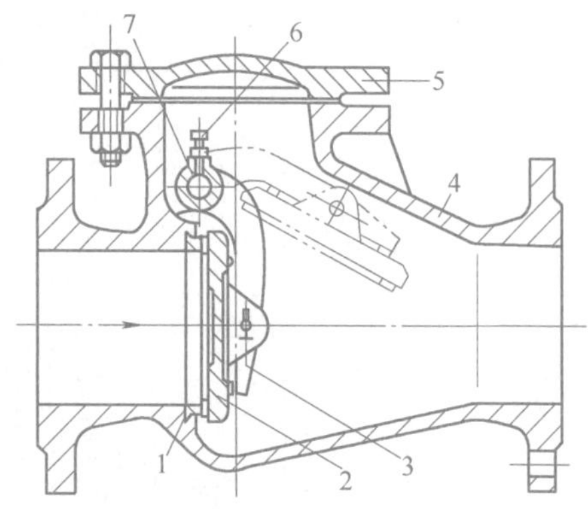

图 11-15　旋启式单向阀

1—阀座密封圈　2—摇板　3—摇杆　4—阀体
5—阀盖　6—定位紧固螺钉与螺母　7—枢轴

升降式单向阀水头损失较大，只适用于小管径；旋启式单向阀，一般可适用于较大管径。安装时注意阀体箭头标注的方向，不得装反。

11.3.5　电磁阀

电磁阀是一种开关式（即双位式）自动阀门，它适应于各种工质，包括气体或液体的制冷剂、淡水、盐水和润滑油。

在制冷装置中，贮液器（或冷凝器）与膨胀阀之间一般都装有电磁阀。在单机单库场合，电磁阀的线圈往往同压缩机的电动机电路串接。当压缩机起动运行时，电磁阀随即开启；压缩机停止工作时，电磁阀马上关闭，以免大量制冷剂液体在停机时进入蒸发器，防止压缩机在再次起动时发生液击冲缸现象。在一机多库或多机多库场合，电磁阀受温度继电器控制。当温度下降至调定下限值时，电磁阀关闭，停止供应制冷剂，让库温回升；当温度上升到调定上限值时，电磁阀开启，供应制冷剂降温。

1. 电磁阀结构及工作原理

电磁阀一般由电磁头外壳、线圈、铁心、弹簧、膜片或活塞、阀体、密封环等主要部件组成。电磁阀虽有多种形式，但就其动作原理来说，基本上是两种，一种是直接动作的，即一次开启式；另一种是间接动作的，即二次开启式。

FDF-3 型电磁阀是通径为 3mm 的直接动作一次开启式电磁阀，其结构如图 11-16 所示。工作原理是：当接通电源时，线圈 1 通电产生磁场，铁心 2 被磁力吸起，阀口被打开，流入端与流出端相通；当线圈电源被切断时，磁力消失，铁心在弹簧力和自重的作用下关闭阀门。

FDF-25 型电磁阀是通径为 25mm 的间接动作二次开启式电磁阀，其结构如图 11-17 所示。工作原理是：当线圈 1 接通电源时，产生磁场，吸起铁心 2，小阀口被打开，使活塞上部空间与阀口后相通，此空间内的压力迅速下降至阀后压力，由于阀后压力低于阀前压力，故在活塞上下形成一个压差，从而使活塞向上移动，阀门被打开。当线圈电源被切断时，磁力消失。铁心在弹簧力和自重的作用下，下落关闭小阀口，此时阀前介质通过活塞上的平衡小孔（图上未画出）进入活塞上部空间，使上部空间压力等于阀前压力，活塞在弹簧力和自重的作用下，下移关闭阀口。

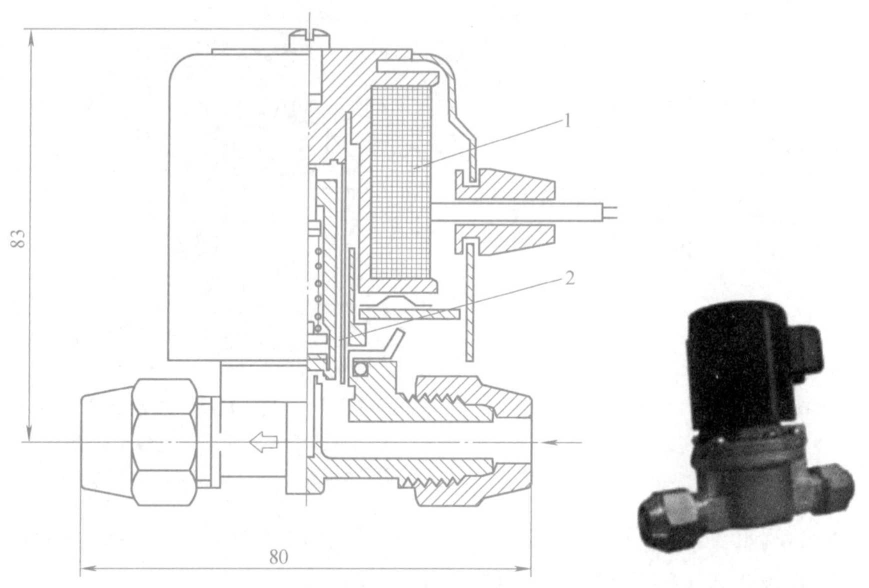

图 11-16　直接动作电磁阀

1—线圈　2—铁心

间接动作二次开启式电磁阀的优点是：电磁阀线圈仅仅操纵尺寸及质量甚小的铁心；由于小阀口的打开，利用管道中液（或气）体介质的压差，推动活塞打开阀门，因此，不论电磁阀的通径大小如何，其电磁头（包括线圈）尺寸均可通用化，便于系列化生产。

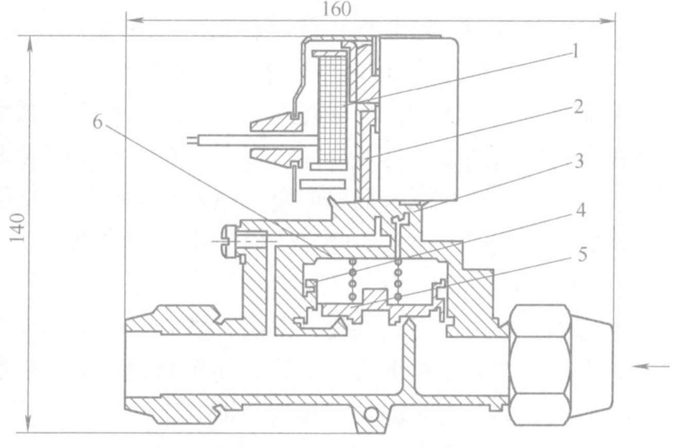

图 11-17　间接动作电磁阀

1—线圈　2—铁心　3—小阀口　4—活塞

5—节流孔　6—复位弹簧

间接动作二次开启式电磁阀除了采用活塞结构外，还有其他多种形式。例如采用膜片式结构的电磁阀，它适用于淡水或海水介质。

电磁阀的选用，一般依据管路尺寸的大小选配；另外，要选用适合于该装置中介质的阀体材料。电磁阀的安装应注意：

1）电磁阀应垂直安装在水平管道上，介质流动方向应与电磁阀外壳箭头方向一致。

2）阀前应安装过滤器，防止产生孔道堵塞。

3）阀所在位置应是振动较小的地方。

4）电源电压应与电磁阀铭牌上规定的使用电压相等。

5）使用压力应小于电磁阀所规定的许用压力。

2. 电磁四通换向阀

电磁四通换向阀主要用于热泵型家用空调器制冷系统，是热泵型空调器中的关键部件，

其电磁线圈通电后改变制冷工质的流向，使空调器由制冷工况转变为热泵工况。热泵式空调器电磁四通换向阀的外形如图 11-18a 所示。主阀体上有四根 5~6mm 的主连接线，电磁阀体上有三根 3mm 的细铜管与主阀体连接。

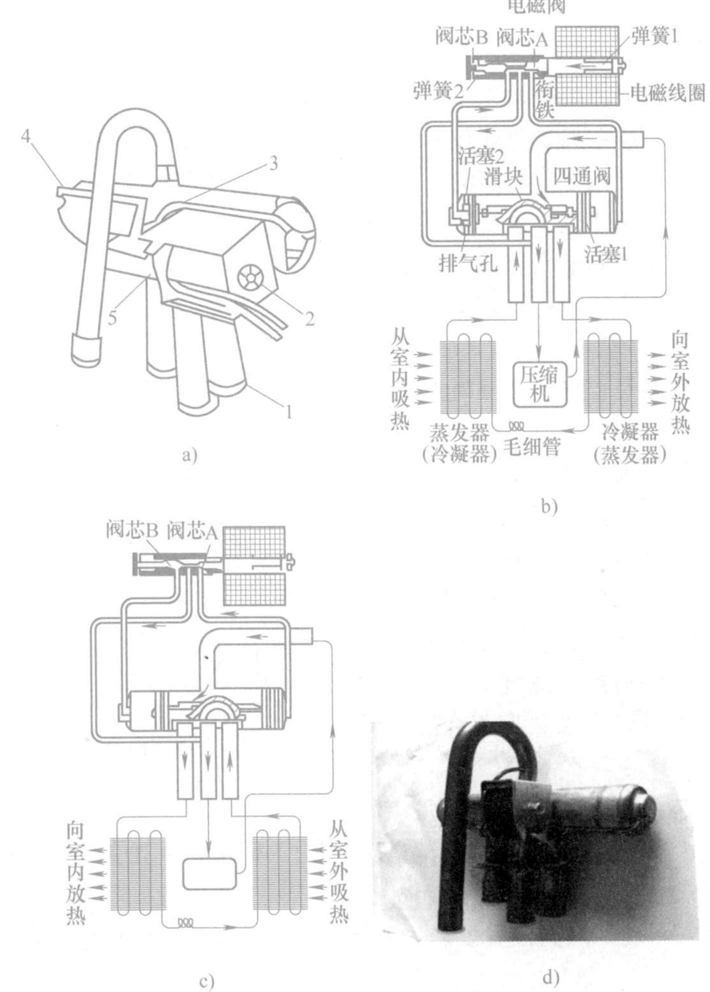

图 11-18　电磁四通换向阀的外形与工作原理

a）电磁四通换向阀外形　b）制冷时电磁四通换向阀状态

c）制热时电磁四通换向阀状态　d）电磁四通换向阀实物

1—导管　2—电磁线圈　3—主阀体　4—主连接管　5—电磁阀阀芯

电磁四通换向阀的主体是四通阀，电磁阀的作用是控制四通阀，使制冷剂流向改变。电磁阀主要由阀芯 A 和 B、弹簧 1 和 2、衔铁及电磁线圈组成。阀芯 A 和 B 以及衔铁连成一体并一起移动。

制冷工况时，由于受电源换向开关的控制，换向阀的电磁线圈的电源被切断，衔铁在弹簧 1 的推动下向左移，阀芯 A 将右阀孔关闭，阀芯 B 把左阀孔打开，如图 8-18b 所示。

制热工况时，电源换向开关将换向阀的电磁线圈电源接通，线圈产生磁场，衔铁被磁场吸引，向右移动，阀芯 A 打开右边阀孔，阀芯 B 关闭左边阀孔，如图 8-18c 所示。

电磁四通换向阀实现制冷、制热转换的原理是通过电磁线圈通电与断电，使电磁四通换向阀的阀芯左移或右移，形成管路方向的改变，使室内、外冷凝器与蒸发器的作用互换。

电磁四通换向阀要求制造精度高，动作灵敏，不能有泄漏的现象。

11.3.6　放气装置

在空调水系统充水时，要排放系统中的空气，同时，在系统运行过程中，由于水中携带一定量的空气，或因系统中局部密闭较差使空气渗入，该部分空气在系统运行过程中会逐渐汇集形成气泡。当系统气泡含量过多时。就会聚集在系统管道的较高部位，严重时可形成气塞而堵塞管道，使水无法通过。系统中不论何种部位形成气塞，均会使水系统循环破坏而无法运行。因此，在水系统的最高点处要设置排气装置。

常用的排气装置有集气罐、自动排气阀或手动排气阀。

1. 集气罐

根据干管与顶棚的安装空间可分为立式集气罐和卧式集气罐，它的接管示意如图 11-19 所示。

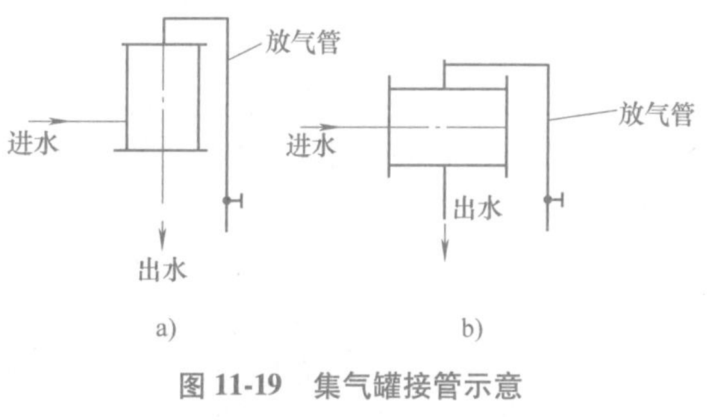

图 11-19　集气罐接管示意

a）立式　b）卧式

集气罐的工作原理是：当水在管道中流动时，水流动的速度一般大于气泡浮升速度，水中的空气可随着水一起流动。当水流至集气罐内时，因罐体直径突然增大（一般罐体直径是干管的 1.5~2 倍），水流速度减慢，此时气泡浮升速度大于水流速，气泡就从水中游离出来并聚集在罐体的顶部。

集气罐顶部安装放气管及放气阀，将空气排出直至流出水来为止。在排除干管空气的同时，回水管、立支管等设备内的空气也会通过各立管浮升至供水干管中一起排除。

集气罐应安装在系统的最高位置处，为方便操作，排气管引至有排水设施处，距地面不宜过高。

集气罐的优点是：制作简单，安装方便，运行安全可靠等。缺点是：在系统初运行或间歇过长时，需人工操作排气；排气管阀门失灵易造成系统大量失水等。

集气罐一般采用大直径无缝钢管，按标准制作。

2. 自动排气阀

自动排气阀种类很多，是一种能自动集气和排气的装置，可直接安装在系统的最高处，但为了检修方便可在自动排气阀之前安装一控制阀门，并处于常开状态。需检修或更换自动排气阀时，可关闭此阀门而不影响系统运行。自动排气阀常用产品有 ZPT-C 型（卧式）和 ZP88-1 型（立式）两种。

ZPT-C 型排气阀的结构及外形如图 11-20 所示。自动排气阀大多采用浮球式的启闭方式，即当排气时浮球靠其自重下移，带动滑动杆打开排气口。当排气完毕水进入时，浮球被托起上移，带动滑动杆关闭排气口。自动排气阀可使系统内的空气随有随排，不需人工操作，被广泛用在空调水系统中。

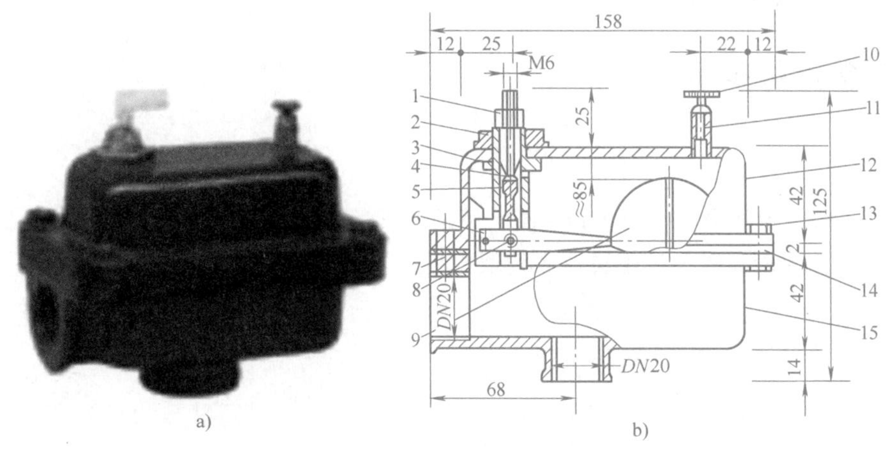

图 11-20　ZPT-C 型自动排气阀结构及外形

a）外形图　b）结构图

1—排气口　2—六角锁紧螺母　3—阀芯　4—橡胶封头　5—滑动杆　6—浮球杆　7—铜锁钉　8—铆钉　9—浮球　10—手拧顶针　11—手动排气座　12—上半壳　13—螺栓螺母　14—垫片　15—下半壳

3. 手动排气阀

手动排气阀可排除局部残存的空气，当需排气时，拧开盖帽，带动针形阀阀芯离开阀座，排气完毕拧紧阀芯即可。手动排气阀构造简单，使用安装方便，与常见的用于供暖系统中的散热器上的放风阀类似。

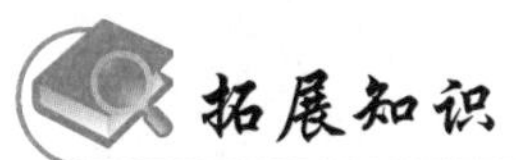

空调水系统管道材料、设备要求

空调水系统在安装施工前，应做好管道材料、设备的检查，满足空调水系统管道与设备安装工程施工工艺标准（J804—2004），空调水系统使用的管子、管件、密封填料等附属材料应符合国家现行有关标准。管子、管件及附属材料应有出厂合格证及检测报告。

镀锌碳素钢管、无缝钢管、钢塑复合管及管件的规格种类应符合设计要求，管材不得弯曲，管壁内外镀锌均匀，无锈蚀、飞刺、重皮及凹凸不平现象。管件无偏扣、乱扣或螺纹不全等现象。硬聚氯乙烯（PVC-U）、聚丙烯（PP-R）、聚丁烯（PB）与交联聚乙烯（PEX）等有机材料管道，表面无明显压瘪、划伤等现象；管件无砂眼、偏扣、方扣、乱扣、断丝和角度不准确现象。

阀门的规格型号应符合设计要求，其外观要求为：阀体铸造规矩，表面光洁，无裂纹、气孔、缩孔、砂眼、毛刺、裂纹；螺纹无损伤；密封面不得有任何缺陷，表面粗糙度和吻合度满足标准规定的要求；直通式阀门连接法兰的密封面应相互平行；直通式阀门的内螺纹接头中心线应在同一直线上，角度偏差不得超过 2°；阀门开关灵活，关闭严密，填料密封完好无渗漏，手轮完整无损坏。运到现场的阀门还应作强度严密性试验，试验不合格者不得安装。

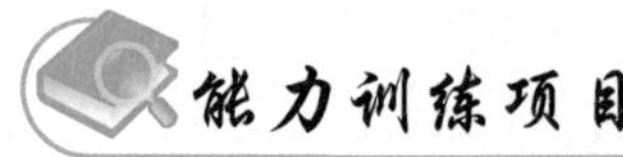

空调水系统解析

图 11-21 所示为某中央空调水系统图，请结合所学知识，画出冷冻水及冷却水回路，并说明哪些位置需要配置阀门，配置什么类型的阀门。

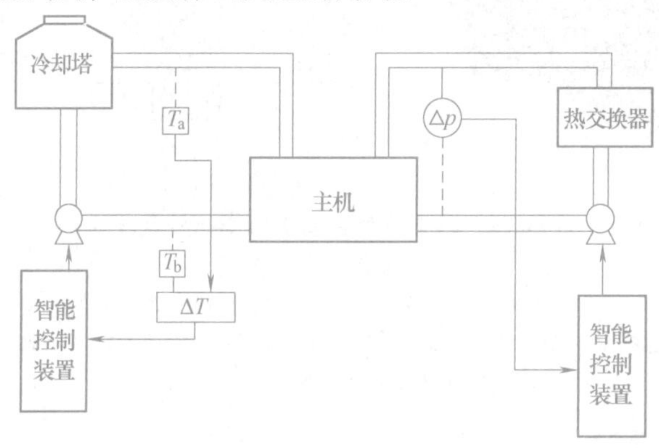

图 11-21　某中央空调水系统图

复习思考题

1. 什么是载冷剂？载冷剂在空调系统中起什么作用？
2. 闭式冷冻水系统与开式冷冻水系统的差别是什么？
3. 冷却水循环流程中的主要设备有哪些？
4. 空调冷却水系统的形式有几种？各有何利弊？
5. 常用水过滤器有哪几种？结构如何？
6. 冷却塔的作用是什么？如何分类？
7. 玻璃钢冷却塔的结构如何？
8. 截止阀和闸阀有什么区别？
9. 单向阀的作用是什么？如何分类？
10. 为什么要设置排气装置？
11. 排气阀的种类有几种？各有何特点？

第 12 章　输送设备

12.1　水泵

知识目标

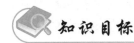

1. 了解水泵的分类。
2. 掌握离心式水泵的工作原理及结构。
3. 了解制冷与空调系统中常用离心式水泵的结构。

能力目标

能根据水泵的结构判别水泵的基本类型。

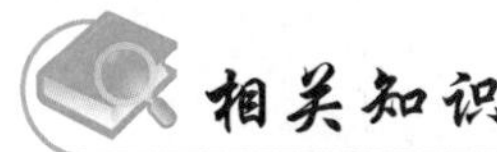

相关知识

按工作原理的不同，水泵可分为三大类。

(1) 叶片式泵　这种泵利用高速旋转的叶轮与流体发生力的相互作用，完成能量的转换以实现对液体的输送。属于这一类的泵有离心泵、轴流泵和混流泵。叶片式泵具有效率高、起动方便、工作稳定、性能可靠、容易调节等优点，用途最为广泛。

(2) 容积式泵　它是靠泵体工作容积的周期性改变，对液体产生抽吸和挤压作用，从而完成对液体的输送，其排液过程是间歇的，例如利用活塞在泵缸内做往复运动的往复泵，类似的有柱塞泵、隔膜泵。其他的容积式泵有利用转子作回转运动的转子泵、齿轮泵、刮片泵、罗茨泵等。

(3) 其他类型泵　指上述两类水泵以外的其他泵，例如利用螺旋推进原理工作的螺旋泵，利用高速流体工作的射流泵和气升泵，利用有压管道水击原理工作的水锤泵等。

每一类型泵中，根据泵的结构和动力来源的不同，又有不同的命名。

各种类型的泵其使用范围是不同的，常用几种类型泵见表 12-1。

表 12-1　泵的类型

泵的类型		泵类型举例
叶片式	离心泵	单吸泵、双吸泵、单级泵、双级泵、蜗壳式泵、分段式泵、立式泵、卧式泵、屏蔽式泵
	混流泵	
	漩涡泵	闭式泵、开式泵、单级泵、双级泵
	轴流泵	

（续）

泵的类型			泵类型举例
容积式	往复泵	电动泵	单动泵、双动泵、三联泵、计量泵、隔膜泵
		蒸气直接作用泵	
	转子泵		齿轮泵、螺杆泵
其他类型			射流泵、水锤泵、酸泵、电磁泵

12.1.1　离心式水泵工作原理及结构

1. 离心式水泵的工作原理

通常把提升液体、输送液体或使液体增加能量，即把原动机的机械能转变为液体能量的机械称为泵。在制冷与空调工程中，冷却水、冷冻水、热媒水等液体的输送常用离心式水泵。

离心式水泵的工作原理就是叶轮在原动机的驱动下在泵体内带动液体旋转，液体受离心力作用而沿与轴线垂直的方向流出叶轮，使液体能量增加。叶轮中心处于低压状态，依靠吸液池液面与叶轮中心间的压差，将液体吸入。液体得到的能量包括速度能和压力能两部分，其中速度能在随后的转能装置中转换为压力能。图12-1所示为离心式水泵的工作原理。

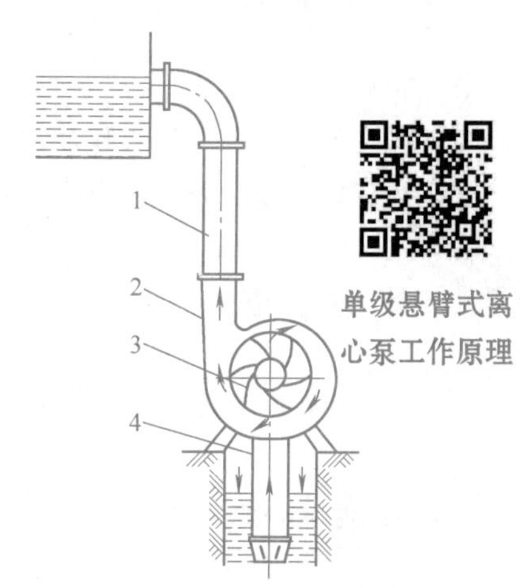

图12-1　离心式水泵工作原理
1—出水管　2—泵壳
3—叶轮　4—进水管

由于空气的密度比液体的密度要小得多，不论叶轮怎样高速旋转，所产生的离心力不能将空气排出，叶轮中心不能形成足够的真空度，即不能正常吸液，因此，离心式水泵在起动前必须在泵壳内和吸入管路内都灌满水或抽出空气后才能起动。

2. 离心式水泵的类型

根据不同的分类方式可以把离心式水泵分成若干类型，见表12-2。

表12-2　离心式水泵的类型

泵轴位置	机壳形式	吸入方式	叶轮级数	泵类举例
卧式	蜗壳式	单吸	单级	单吸单级泵　屏蔽泵　自吸泵
			多级	水轮泵　蜗壳式多级泵　两级悬臂泵
		双吸	单级	双吸单级泵
			多级	高速大型多级泵（第一级双吸）
	导叶式	单吸	多级	多段式多级离心泵
		双吸		高速大型多级泵（第一级双吸）
立式	蜗壳式	单吸	单级	屏蔽泵　水轮泵　大型立式泵
			多级	立式船用泵
		双吸	单级	双吸单级涡轮泵
	导叶式	单吸	单级	作业面潜水泵
			多级	深井泵　潜水电泵

3. 离心式水泵的结构

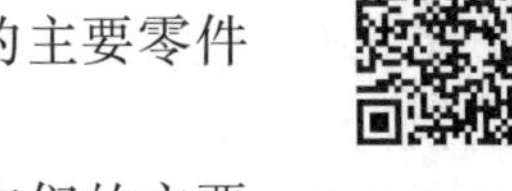

单级单吸悬臂式离心泵的结构

离心式水泵的种类较多，结构各有差异，但离心式水泵的主要零件按转动关系可以分成三部分，见表 12-3。

虽然离心式水泵的种类繁多，但其工作原理相同，因而它们的主要零部件的作用、材料和组成基本相同，现分别介绍如下。

表 12-3　离心式水泵的主要零件

部分	主要零件	部分	主要零件
转动部分	叶轮、泵轴	交接部分	1. 泵轴与泵壳之间的轴封装置，即填料盒
			2. 叶轮外缘与泵壳内壁处的减漏装置，即减漏环
固定部分	泵壳、泵座		3. 泵轴与泵座之间的连接装置，即轴承座
			4. 泵轴与原动机轴的连接装置，即联轴器

（1）叶轮（又称工作轮）　离心式水泵的叶轮是使液体接受外加能量、输送液体的主要部件，装置在泵轴上。选择叶轮材料时不仅要考虑机械强度，还要考虑耐蚀性。目前叶轮材料多数采用铸铁、铸钢和青铜，也有采用不锈钢、塑料和陶瓷的。

叶轮按其吸水方式可分为单吸式叶轮与双吸式叶轮两种。单吸式叶轮为单边吸水，如图 12-2 所示，叶轮的前盖板呈不对称状。双吸式叶轮两边吸水，如图 12-3 所示，叶轮盖板呈对称状，多用于大中流量的离心式水泵。

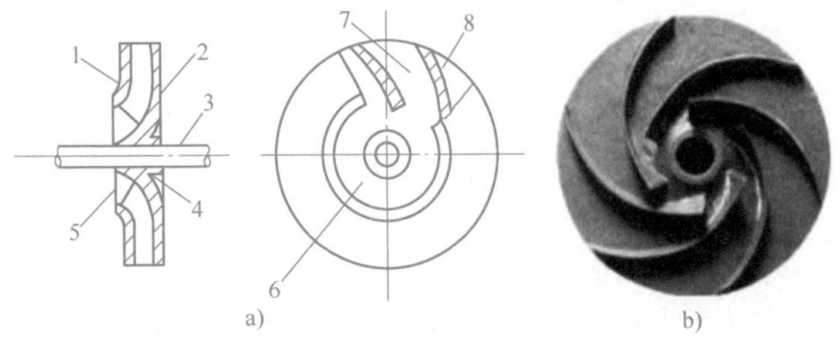

图 12-2　单吸式叶轮

a）结构图　b）外形图

1—前盖板　2—后盖板　3—泵轴　4—轮毂　5、6—吸水口　7—叶槽　8—叶片

叶轮依其盖板覆盖情况可分为开式、半开式和封闭式三种，如图 12-4 所示。开式叶轮没有盖板只有叶片；半开式叶轮只有后盖板。开式和半开式叶轮一般为 2～5 片叶片。这两种叶轮多用于抽升含有悬浮物污水的污水泵中。闭式叶轮既有前盖板也有后盖板，叶片一般为 6～8 片，最多为 12 片。

单吸式的叶轮与泵体结构都较简单，但吸液时会产生轴向推力，需通过其他办法来平衡。双吸式叶轮可消除轴向推力，但叶轮和泵体结构较复杂，一般用于大型离心式水泵中。

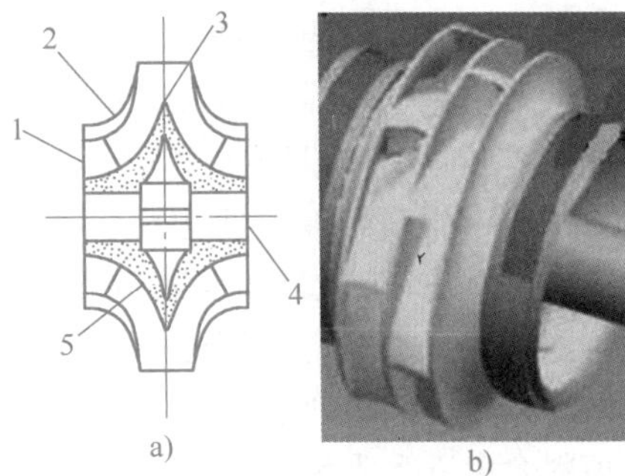

图 12-3　双吸式叶轮

a）结构图　b）外形图

1—吸入口　2—轮盖　3—叶片　4—轴孔　5—轮毂

（2）泵轴　泵轴是用来旋转叶轮并传递转矩的，常用材料是碳素钢和不锈钢。泵轴应有足够的抗扭强度和足够的刚度。叶轮和轴用键联接，但这种联接只能传递转矩而不能固定叶轮的轴向位置。在大中型离心式水泵中叶轮的轴向固定，通常用轴套和拧紧轴套的螺母来实现。

由于采用锁紧螺母式锁紧轴套对叶轮进行轴向固定，为防“退扣”规定了水泵的转向（标在泵壳上），因而初装水泵或解体检修后的水泵按规定要试转向。如与规定转向不符时，应掉换电源相序而予以更正。

（3）吸入室　离心式水泵吸入室的主要作用是使液体进入泵体时的流动损失最小。吸入室的结构形状对泵的吸入性能影响很大，通常采用的结构有锥体管式和圆环式。锥体管式比较普通，其锥度为7°～18°，如图12-5所示。圆环式吸入室轴向尺寸短，结构简单，但流体进入叶轮的撞击损失和旋涡损失较大，流速分布不均匀，适用于总扬程较大的多级泵，因为这种离心式水泵的入口损失在泵的总扬程中比例不大。

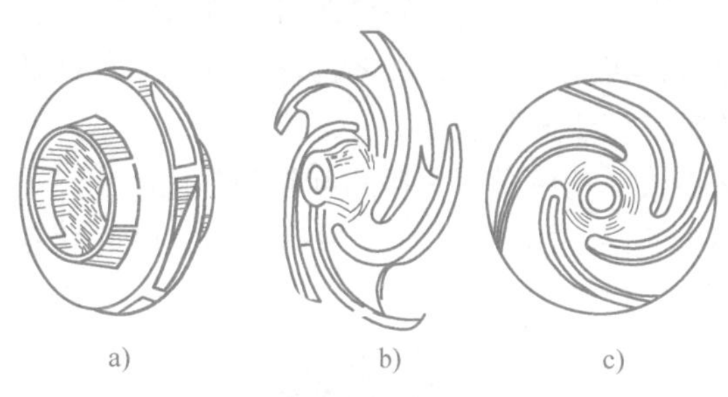

图12-4　叶轮形式
a）封闭式叶轮　b）开式叶轮　c）半开式叶轮

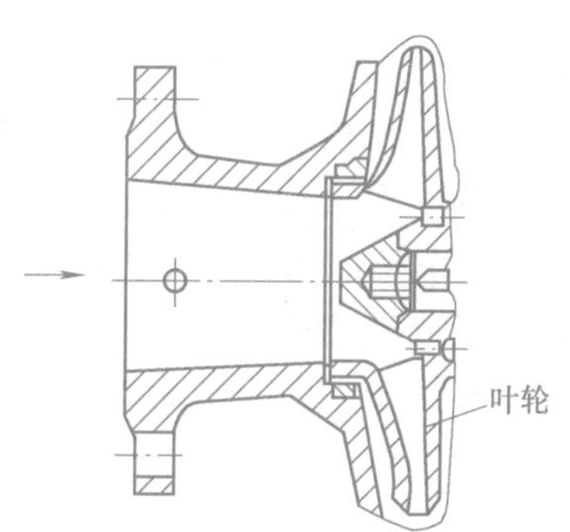

图12-5　离心式水泵的锥体管式吸入室

（4）泵体　离心式水泵泵体的作用是承压和形成过流通道，其过流部分要求有良好的水力条件，通常铸成螺旋形蜗壳，如图12-6所示。蜗体的过水断面沿水流方向是渐扩的，这样在叶轮工作时，沿流向虽然流量增加但水流速度保持一常数，可以减小泵内的水头损失。泵体顶上设有充水和放气的螺纹孔，以便在泵起动前用来灌泵和排出泵壳内的空气。泵体底部设有泄水螺纹孔，当泵停车检修时用来放空泵内积水。泵体材料的选择，除了考虑介质对过流部分的腐蚀和气蚀以外，还应使壳体具有作为耐压容器足够的机械强度。

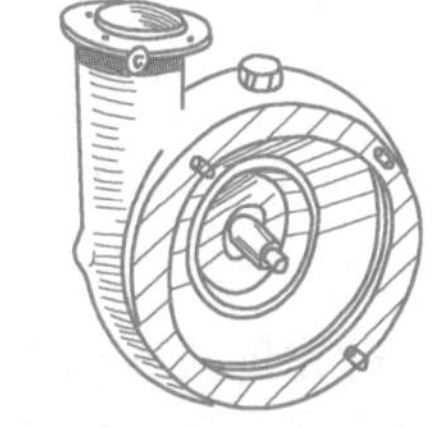
图12-6　离心式水泵的螺旋形蜗壳

（5）轴封装置　泵轴穿出泵壳处，泵轴和泵壳之间存在间隙（转动所必须的），间隙就是泄漏通道。为保证水泵的正常工作或提高水泵的效率，必须在此处设置轴封装置。轴封装置的形式有多种，如机械式迷宫型、填料压盖型，离心式水泵行业常采用填料压盖型的填料盒。

填料盒由五个零件组成，即轴封套、填料、水封环、水封管、压盖（包括调整螺母），组装示意如图12-7所示。

填料俗称盘根，它是阻水或阻气的主要零件。常用材料为浸油或浸石墨的矩形断面石棉绳。近年来新开发的填料有碳素纤维、不锈钢纤维、合成树脂纤维编制的绳子，它们有的耐

高温、有的耐磨、有的耐腐蚀。要注意的是石棉绳的剪切与填装要有利于密封。

水封环为一金属圆环。水通过水封管进入水封环，经小孔沿轴表面均匀布水，这是一般压力水，其作用是：①填料的辅助密封介质。②对填料盒和轴进行冷却。③对填料盒与泵轴组成的运动副进行润滑。

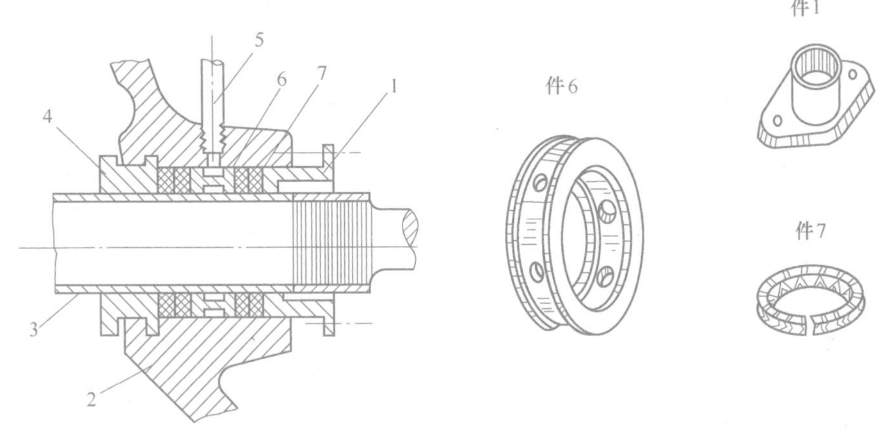

图 12-7　填料盒组装示意

1—压盖　2—泵壳　3—衬套　4—轴封套　5—水封管　6—水封环　7—填料

轴封的作用：对单吸泵是阻水，即减少离心式水泵压水区的高压水外泄；对双吸泵是阻气，即阻止外界气体进入吸水室，维持吸水室所需要的真空。

轴封的调整是通过作用于压盖上的调节螺母实现的。压盖压得太松，达不到密封效果；压得太紧，泵轴与填料的机械磨损大、功率损失也大；压得过紧，可能造成“抱轴”现象，产生严重的发热与磨损。压紧程度一般以水呈滴状渗出为宜。

离心式水泵运行时，要注意检查轴封装置的滴水情况并进行调整，当填料失效后应进行更换。

（6）轴向力平衡装置　单吸单级泵和某些多级泵的叶轮有轴向推力存在。产生轴向推力的主要原因是作用在叶轮两侧的流体压强不平衡。如果不消除这种轴向推力，将导致泵轴及叶轮的窜动和受力引起的相互研磨而损伤部件。消除轴向推力通常采用下述几种措施：

1）在叶轮后盘外侧适当地点设置密封环，其直径与前盘密封环大致相等。

2）设置平衡管或在后盘上开设平衡孔，同时采用推力轴承平衡剩余压力。

3）多级泵的轴向推力常用平衡鼓与推力轴承相配合的专用平衡机构进行平衡，也可采用平衡盘的平衡机构加以平衡。

离心式水泵除以上介绍的主要部件外，还有托架、联轴器、轴承等部件，此处从略。

12.1.2　离心式水泵的使用

离心式水泵广泛应用于国民经济中的各个部门，制冷与空调行业也不例外。冷媒、热媒的输送，喷水室水的输送都离不开离心式水泵。

1. 离心式水泵的起动

1）离心式水泵起动前应检查各紧固处螺栓有无松动，有无异常响声，润滑部位油量是否充足等，尽早排除可能发生的问题，以免造成损失。

2）离心式水泵起动前应先灌水，灌水前拧开放气螺塞，然后加水，直到从放气孔向外冒水，再转动几下泵轴，如继续冒水，表明水已充满，然后关闭放气螺塞，准备起动。

2. 离心式水泵的运行及停车

1）离心式水泵运行时要注意动力机运转情况，观察水温、油温是否正常；注意机组声响和振动，当机组振动过大或有异常噪声时，往往是水泵发出故障的信号，必须停机检修排除隐患；检查进水口处有无漂浮物，底阀淹没深度是否足够；检查各紧固处是否松动，进水管各接头是否严密不漏气。

2）离心式水泵停车时，应慢慢关闭出水阀，逐渐降低动力机转速，使其处于轻载状态，最后停止动力机。

3. 离心式水泵的维护和保养

1）经常清洁水泵表面。

2）用全损耗系统用油润滑的，每使用1个月更换1次；用凡士林润滑的，每半年更换1次。

3）避免抽排含泥沙过多的浑水，否则叶轮、口环、填料等处易磨损。

4）离心式水泵在冬季保存前，应进行全面检修，其范围包括动力机、传动设备及电气设备等。

4. 制冷与空调系统中常用的离心式水泵

（1）单级单吸离心式水泵　在制冷与空调中，单级单吸离心式水泵主要用来输送冷凝器冷却水和冷媒水、热媒水等。它们的技术性能范围较广，流量一般在5.5～300m^3/h，扬程在8～150m之间。

1）单级单吸悬臂式离心水泵。单级单吸悬臂式离心水泵主要由泵体、叶轮、轴、轴封及托架等组成，如图12-8所示，其结构特点是泵体固定在托架上，托架两端装有轴承以支承泵轴。叶轮呈悬臂状固定在伸出托架的泵轴上，故称为悬臂式。叶轮上一般开有平衡孔，以平衡轴向推力。悬臂式一般采用填料式轴封，也有采用机械式轴封。单级单吸悬臂式离心水泵零件少，结构简单，加工精度不高，价格较便宜，运转性能稳定，工作可靠。

单级单吸悬臂式离心水泵型号代号为B。例如4B35，其含义为：

4——水泵进水口直径4in（约100mm）；

B——单级单吸悬臂式离心清水泵；

35——泵在最高效率时的扬程约为35m（实际是34.6m）。

2）单级单吸悬架式离心水泵。对于流量大于80m^3/h，而扬程小于150m的离心式水泵，有时采用悬架式结构，其结构特点是托架固定在泵体上，从而使泵体零件数量和重量均比悬臂式减少（图12-9）。

（2）单级双吸离心水泵　常用的单级双吸离心式水泵流量为90～2860m^3/h，扬程为10～140m。适用于输送温度不超过80℃的清水或类似于水的液体。单级双吸离心式水泵按泵轴位置不同可分为卧式和立式两种。

单级双吸离心式水泵的型号代号为S。图12-10所示为卧式单级双吸离心式水泵。由于泵轴是水平旋转，所以依靠泵轴两端的滚动轴承支承。泵体的水平剖面是螺旋形蜗壳，泵的吸入口和排出口布置在泵轴下方的泵壳两侧。泵盖用双头螺柱与定位销固定在泵体上，便于维修。

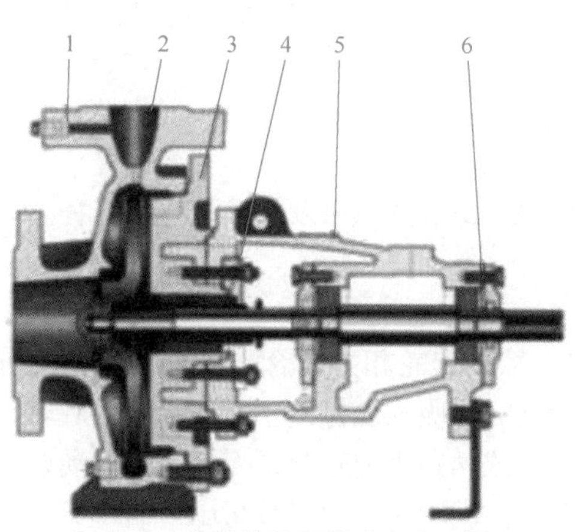

图 12-8 单级单吸悬臂式离心水泵

1—泵体 2—叶轮 3—泵盖 4—机械密封器 5—悬架部件 6—泵轴

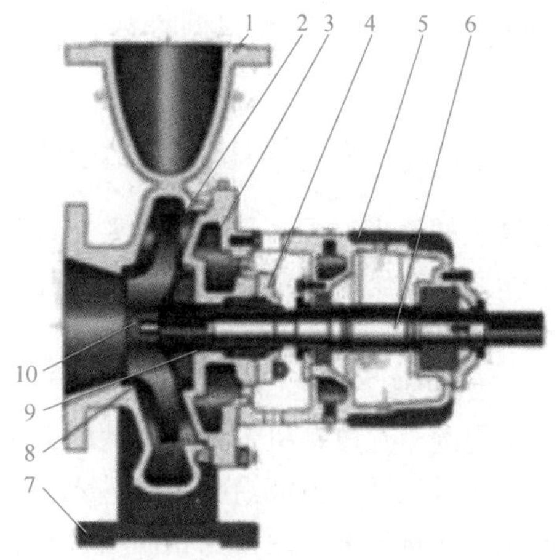

图 12-9 单级单吸悬架式离心水泵

1—泵体 2—叶轮 3—泵盖 4—密封压盖 5—悬架体 6—轴 7—泵支架 8—口环 9—轴套 10—叶轮螺母

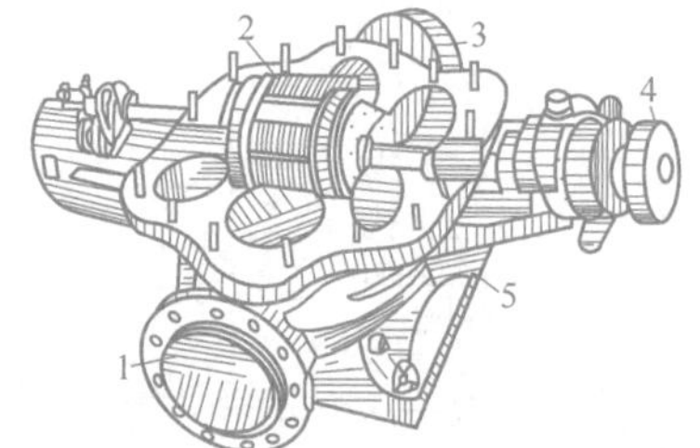

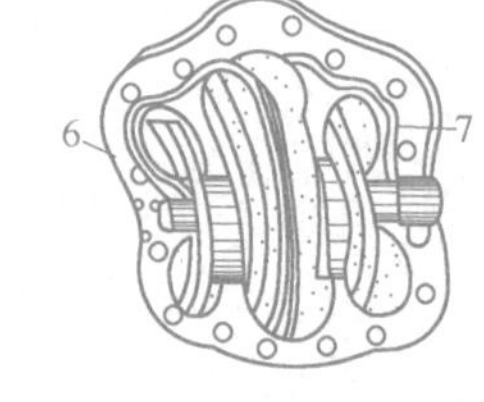

图 12-10 卧式单级双吸离心式水泵

1—进口 2—叶轮 3—出口 4—联轴器 5—泵体 6—泵盖 7—水封槽

12.2 氨泵

知识目标

1. 了解氨泵的种类。
2. 了解制冷与空调系统中常用氨泵的结构。

能力目标

能根据氨泵的结构判别氨泵的基本类型。

相关知识

12.2.1 氨泵的作用

在制冷系统中，氨泵是主要的输送设备之一。它主要用于将低压循环桶中的低温制冷剂液体强制送入蒸发器，以增强制冷剂在蒸发器内的流动速度，提高传热效率，缩短降温时间。

12.2.2　氨泵的种类、结构与工作原理

根据氨泵的原理不同，其种类主要有齿轮式氨泵、离心式氨泵及屏蔽式氨泵三种。以下介绍其工作原理及结构。

1. 齿轮式氨泵

（1）工作原理　齿轮式氨泵在工作时，其主、从动齿轮相互啮合，将泵体工作腔分成吸入腔与排出腔。在电动机带动下，两啮合齿轮旋转，在吸入腔侧由于两齿轮背向旋转，容积扩大而形成低压区，氨液沿吸入管进入泵体，并分成两路沿齿轮与泵壳的空隙流动，被输送至排出侧。在排出侧，两齿轮相向啮合旋转，存液空间减少，形成较高压力而将氨液送入排液管。

（2）结构　齿轮式氨泵属于容积式回转泵，主要由泵体、液体输送机构和轴封安全装置等部件组成，其结构如图 12-11 所示。

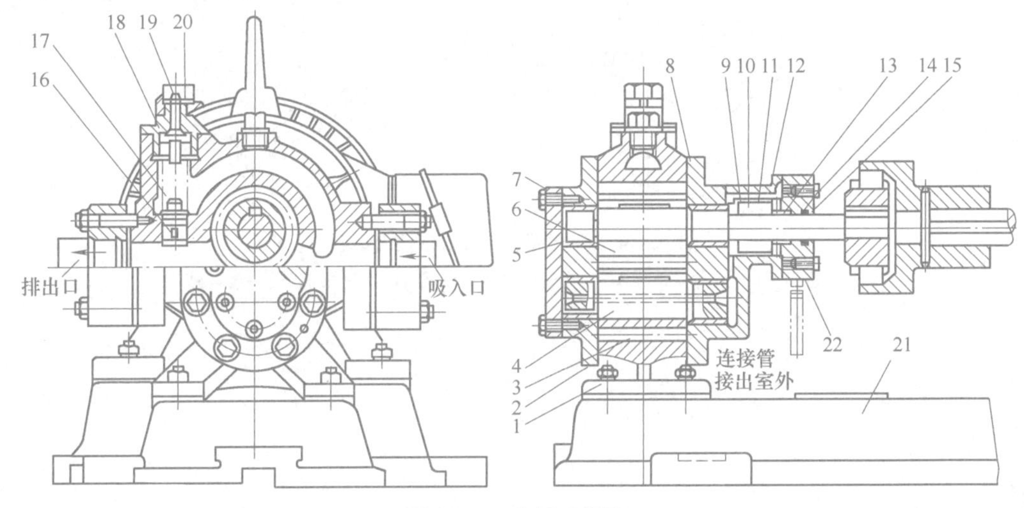

图 12-11　齿轮式氨泵

1—泵体　2—左泵盖　3—从动齿轮（左）　4—从动轴　5—滚针轴承　6—主动齿轮（右）
7—主动轴　8—右泵盖　9—弹簧传动座　10—弹簧　11、18—弹簧座　12—密封阀
13—密封圈　14—后轴油封　15—压盖　16—安全阀　17—安全弹簧　19—调整螺杆
20—弹簧轴盖　21—底座　22—油封壳体

1）泵体。齿轮式氨泵的泵体由铸铁制成，包括泵体和左、右泵盖。泵盖用圆柱销定位后再用螺栓固定在泵体的左、右端。泵体与泵盖之间衬纸垫，以增加密封性，并可借以调整齿轮的轴向间隙。泵的前后端为氨液进、出口，用螺纹与氨液进出管联接。

2）液体输送机构。齿轮式氨泵的液体输送机构由主动齿轮、从动齿轮、主动轴、从动轴和滚针轴承等组成。主动齿轮、从动齿轮都用合金结构钢 40Cr 制成，用平键分别联接在主、从动轴上。主、从动轴由泵盖中的滚针轴承支承。

3）轴封和安全装置。齿轮式氨泵的主动轴伸出泵体和电动机连接。在与泵盖接触处有机械式密封装置、橡胶油封圈及压盖，以防止在运转时制冷剂泄漏。在机械式密封装置和橡

胶油封圈间的壳体相应位置上钻有小孔，用螺塞拧紧，维修时，可从此将余氨放净。

在泵体的液体出口上装有安全阀，其内部有孔通向吸入口。安全阀由阀座、阀瓣、弹簧、弹簧座和调整螺杆等组成，调整螺杆用以调节弹簧压力。泵在正常工作时，阀瓣压在阀座上，孔道关闭；当排出压力超过已调节的回放压力时，阀瓣离开阀座，氨液通过孔道又流回吸入口，以免超压损坏泵和电动机。

（3）特点　齿轮式氨泵的特点是结构简单、工作可靠、抗气蚀性能较强；泵利用氨液润滑，不需要设油润滑系统；吸入静压头小，排出压力较高；输送量恒定，在系统管路估计不足时也能满足所需的输液量。在操作时要注意不能通过出液阀来调节流量，需用支路旁通阀调节流量。齿轮泵的加工精度较高，装配间隙小，要求氨液纯净，不带杂质，泵前需设过滤器，否则运转时易损坏。泵的转速和体积流量受到轮齿啮合磨损的限制，转速不宜过高。此外，运行时噪声较大。

2. 离心式氨泵

离心式氨泵是制冷与空调工程中常用的一种叶片式泵。根据泵的级数不同有单级离心式氨泵和多级离心式氨泵。

（1）工作原理　离心式氨泵的工作原理与离心式水泵相同。氨液从进液端进入两隔板间，在叶轮的驱动下高速旋转，被甩向叶轮的周围，氨液从旋转的叶轮中获得能量后，沿后隔板侧槽经出液口流向排液端盖，这时一部分动能会转变为压力能，最终氨液由排液管路排出。当氨液被叶轮甩向周围时，叶轮中心形成低压区，后继氨液不断通过进液端盖流入补充，保证氨泵向系统连续不断地供液。

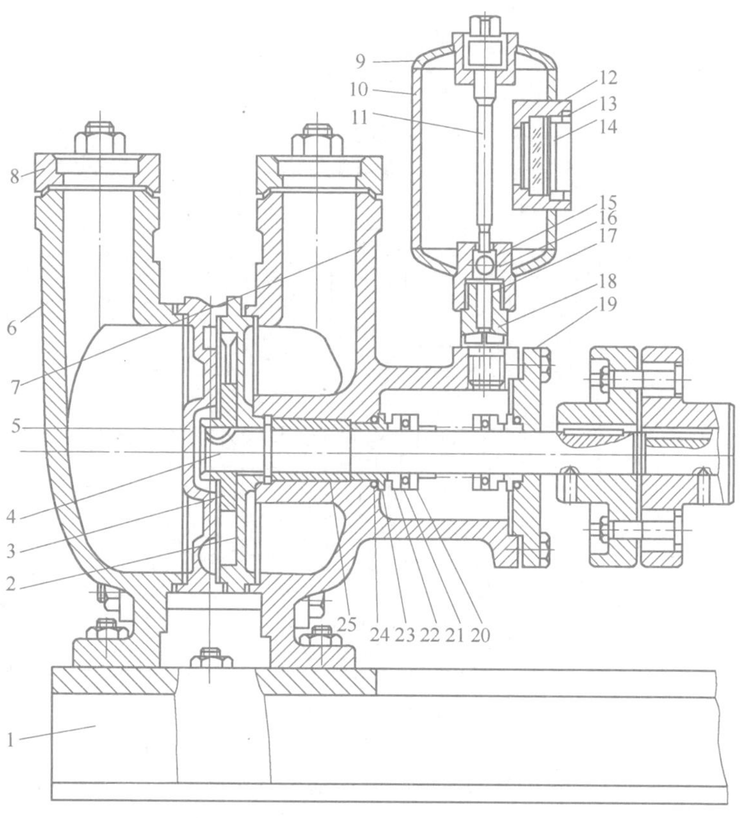

图 12-12　单级离心式氨泵

1—底座　2—隔板Ⅰ　3—叶轮　4—泵轴　5—隔板Ⅱ　6—排液端盖　7—进液端盖　8—腰形法兰　9—油包封头　10—油包壳体　11—阀杆　12—油标壳体　13—压紧螺钉　14—镜片　15—钢球　16—阀座　17—弹簧　18—连接管　19—轴封盖　20—垫圈　21、24—密封圈　22—动环　23—静环　25—轴套

（2）结构　单、双级离心式氨泵的结构基本相同，主要由泵体、叶轮、轴封装置和油包四大部件组成，如图 12-12 和图 12-13 所示。离心式氨泵与电动机用联轴器联接，并装在公共底座上。

1）泵体。离心式氨泵的进、排液端盖与隔板Ⅰ、Ⅱ用六根长螺栓固定组成泵体。

进液端盖、排液端盖的底脚与铸铁的公共底座连接。

2）叶轮或叶轮组。叶轮或叶轮组是输送氨液的部件，主要由叶轮和泵轴等组成。叶轮装在两隔板之间，用半圆键和泵轴联接，泵轴呈悬臂式。

3）轴封装置。离心式氨泵采用双摩擦环式机械轴封器。轴封器的两个静环的背面都装有耐油密封圈，分别固定在进液端盖和轴封盖上；两端动环的环槽里也设有耐油密封圈，密封圈的内侧各有一个垫圈。弹簧压紧两对垫圈、耐油密封圈及动环组，使它们能随泵轴一起转动，与对应的静环贴紧，达到密封的目的。

4）油包。油包是用于泵润滑的部件，油包的壳体侧面装有玻璃观察孔，用以观察泵体内油面的高度。壳体下部管子连接轴封器，连接管中装有弹簧、钢球和阀杆，三者组成加油阀。当阀杆向下拧时，压迫钢球向下移动，形成通路加油。加油完毕后，阀杆向上拧，弹簧使钢球向上移动，隔断通路。

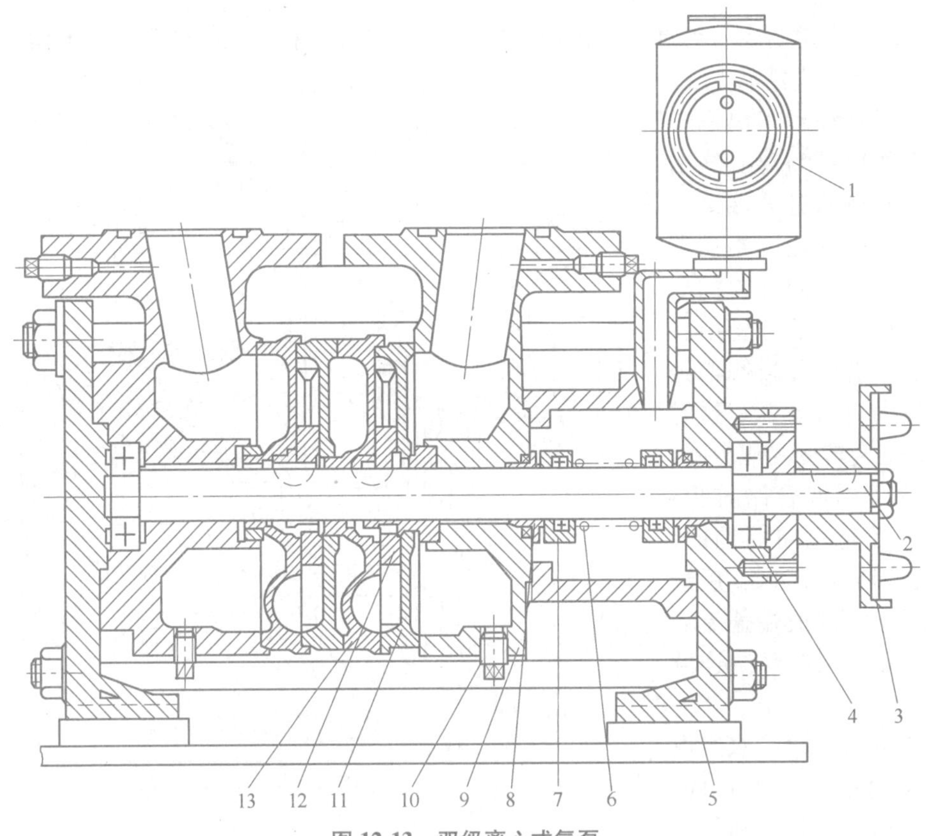

图 12-13　双级离心式氨泵

1—油包　2—主轴　3—联轴器　4—轴承　5—底座　6—弹簧　7—动环　8—静环
9—泵进口　10—管塞　11—导流片　12—泵壳　13—泵出口

（3）特点　离心式氨泵的结构简单，平均使用寿命长，密封性能好；流量和扬程的选择范围大，能满足多种场合的需要。由于离心式氨泵流量随压头而变化，选用时要正确地计算管道流阻损失，才能使氨泵的流量达到设计要求。同时，离心式氨泵易受气蚀破坏，在管路设计时，应注意保证氨泵的吸入静压头。

3. 屏蔽式氨泵

屏蔽式氨泵也属于叶片式泵，一般为单级，并有立式和卧式两种。立式和卧式的构造基本相同，常用的有 BAA-Ⅰ型单级立式屏蔽氨泵。

12.3　风机

1. 了解风机的种类。
2. 掌握风机的作用、工作原理及结构。

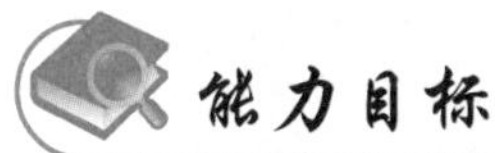

能根据风机的结构判别风机的基本类型。

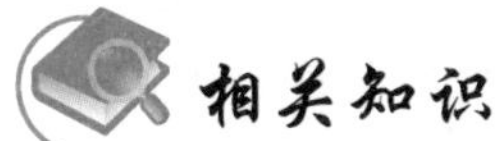

12.3.1　风机的作用

在制冷与空调行业中，常用风机来使室内空气按一定流速、流向强制流动，使制冷与空调设备达到更好的换热效能。特别是中、低压离心式通风机和低压轴流式通风机使用较多。

12.3.2　风机的种类、结构、工作原理

1. 风机的种类

风机也是压缩和输送气体的机器，同泵、压缩机一样，属于通用机械。风机与压缩机不同的是压力比低。根据产生风压大小，风机可分为通风机和鼓风机两大类。

（1）通风机　产生的风压在 14700Pa 以下，或压力比小于 1∶1 的风机，称为通风机。通风机按其工作原理不同可分为离心式通风机、轴流式通风机和贯流式通风机。

1）离心式通风机，根据其压力不同可分为：

①低压离心式通风机——产生的风压在 980Pa 以下。

②中压离心式通风机——产生的风压为 980~2940Pa。

③高压离心式通风机——产生的风压为 2940~14700Pa。

2）轴流式通风机又分为低、高压两种：

①低压轴流式通风机——产生的风压在 490Pa 以下。

②中压轴流式通风机——产生的风压为 490~4900Pa。

3）通风机按装置形式可分为：

①送气式通风机。排出管路与室相连接，通风机将新鲜空气输入室内。

②抽气式通风机。吸入管路与室相连接，通风机吸入室内污浊空气并将其排至大气中。

(2) 鼓风机　产生风压为 $1.47\times10^4\sim34.3\times10^4$Pa，或压力比为 1.1~4 的风机，称为鼓风机。

2. 风机的结构及工作原理

(1) 离心式风机的结构及工作原理　离心式风机的工作原理是，叶轮高速旋转时产生的离心力使流体获得能量，即流体通过叶轮后，压能和动能都得到提高，从而能够被输送到高处或远处。离心式风机最简单的结构形式如图 12-14 所示。叶轮 2 装在一个螺旋形的机壳 4 内，当叶轮旋转时，流体经吸入口 1 轴向流入，然后转 90°进入叶轮流道经截流板 5，从出口 6 流出。叶轮连续旋转，在叶轮入口处不断形成真空，从而使流体连续不断地被吸入和排出。

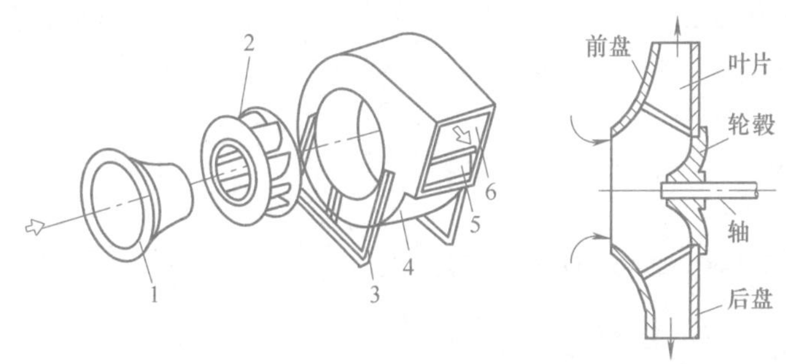

图 12-14　离心式风机主要结构分解示意图

1—吸入口　2—叶轮　3—支架　4—机壳　5—截流板　6—出口

(2) 轴流式风机的结构及工作原理　由于轴流式风机的叶片与机轴轴线有一定的螺旋角，当电动机带动叶片转动时，空气一边随叶轮转动，一边沿轴向推进；当空气被推进后，原来占有的位置形成局部低压，促使外面的空气由吸入口进入，从出口排出。由于气体的流动始终沿轴向，所以称为轴流式风机。其结构如图 12-15 所示。

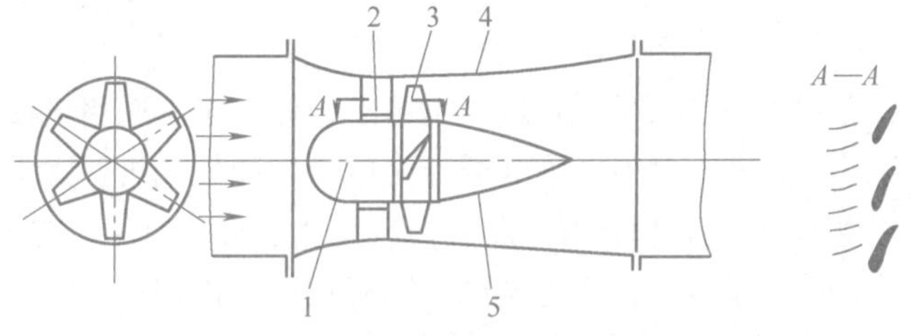

图 12-15　轴流式风机的结构示意图

1—整流罩　2—前导叶　3—叶轮　4—扩散筒　5—整流体

(3) 贯流式风机的结构及工作原理　贯流式风机是将机壳部分敞开，使气流直接径向进入风机，气流横穿叶片两次（图 12-16b）。近年来由于空气调节技术的发展，要求有一种小风量、低噪声、压头适当和在安装上便于与建筑物相配合的小型风机，贯流式风机就是适应这种要求的新型风机。

贯流式风机的主要特点如下（图 12-16）：

1）叶轮一般是多叶式前向叶型，但两个端面是封闭的。

2）叶轮的宽度没有限制，当宽度加大时，流量也增加。

3）贯流式风机不像离心式风机在机壳侧板上开口使气流轴向进入风机，而是将机壳部分地敞开使气流直接径向进入风机。气流横穿叶片两次。某些贯流式风机在叶轮内缘加设不动的导流叶片，以改善气流状态。

4）在性能上，贯流式风机的效率较低，一般为 30%~50%。

5）进风口与出风口都是矩形的，易与建筑物相配合。贯流式风机至今还存在许多问题有待解决，特别是各部分的几何形状对其性能有重大影响，不完善的结构甚至完全不能工作，但小型的贯流式风机的使用范围正在稳步扩大。

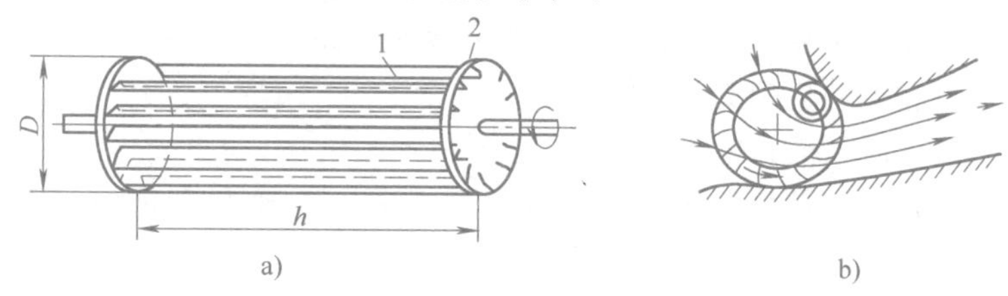

图 12-16　贯流式风机的示意图

a）轴流风机叶轮结构示意图　b）贯流式风机中的气流

1—叶片　2—封闭端面

如何判断水泵类型

水泵的种类较多，不同类型的水泵结构差异也较大，下面按照不同的分类方式来说明如何判断水泵的基本类型。

1. 按工作叶轮数目来分类

1）单级泵。在泵轴上只有一个叶轮。

2）多级泵。在泵轴上有两个或两个以上的叶轮，这时泵的总扬程为 n 个叶轮产生的扬程之和。

2. 按工作压力来分类

1）低压泵。压力低于 100m 水柱（$1mH_2O=10kPa$）。

2）中压泵。压力在 100~650m 水柱之间。

3）高压泵。压力高于 650m 水柱。

3. 按叶轮进水方式来分类

1）单侧进水式泵。又称单吸泵，即叶轮上只有一个进水口。

2）双侧进水式泵。又称双吸泵，即叶轮两侧都有一个进水口。它的流量比单吸式泵大一倍，可以近似看作是二个单吸泵叶轮背靠背地放在了一起。

4. 按泵轴位置来分类

1）卧式泵。泵轴位于水平位置。

2）立式泵。泵轴位于垂直位置。

5. 按叶轮出来的水引向压出室的方式分类

1）蜗壳泵。水从叶轮出来后，直接进入具有螺旋线形状的泵壳。

2）导叶泵。水从叶轮出来后，进入它外面设置的导叶，之后进入下一级或流入出口管。

平时说某台水泵属于多级泵，是指叶轮多少来讲的。根据其他结构特征，它又有可能是卧式泵、垂直结合面泵、导叶式泵、高压泵、单侧进水式泵等。所以依据不同，叫法就不一样。

6. 特殊结构

1）管道泵。泵作为管路一部分，安装时无需改变管路。

2）潜水泵。泵和电动机制成一体浸入水中。

3）液下泵。泵体浸入液体中。

4）屏蔽泵。叶轮与电动机转子联为一体，并在同一个密封壳体内，不需采用密封结构，属于无泄漏泵。

5）磁力泵。除进、出口外，泵体全封闭，泵与电动机的连接采用磁钢互吸而驱动。

6）自吸式泵。泵起动时无需灌液。

能力训练项目

解析水泵结构

通过观察水泵的结构（图12-17），判别它的基本类型，并说明其主要部件名称。

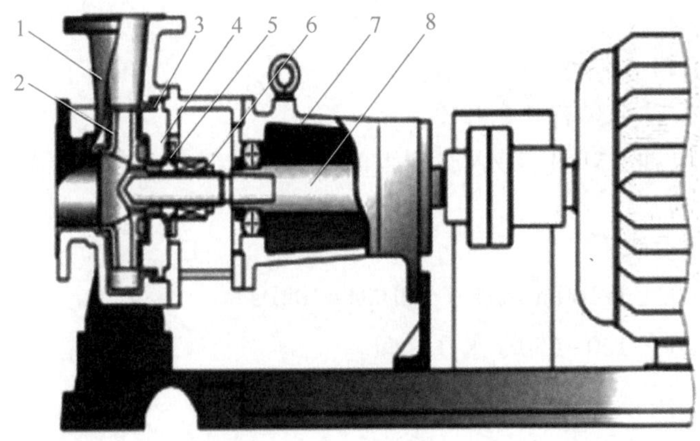

图12-17　水泵的结构

复习思考题

1. 制冷与空调系统中常用的输送设备有哪些？
2. 离心式水泵的工作原理是什么？
3. 如何解决水泵吸水管充满水的问题？
4. 水泵使用过程中应注意哪些问题？

5. 氨泵的作用与种类有哪些？
6. 轴流式风机与贯流式风机在原理与结构上有哪些不同？

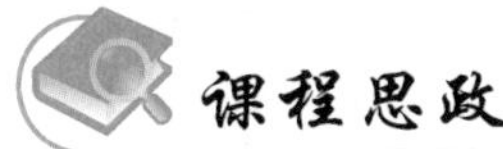

课程思政

国之需要，吾辈担当
——大型低温制冷装备国产化纪实

大型低温制冷设备是前沿科技研究、高技术应用不可替代的基础支撑装备，大型低温制冷系统是国家战略高技术领域不可替代的核心基础平台，关系到我国新一代航空航天、能源和环境安全、国家大科学工程等的发展。随着社会经济的高速发展，我国已成为大型低温制冷设备的使用大国。在我国国家重大科技基础设施建设中长期规划确定的 16 个重大专项中有 8 项与低温技术相关。我国对稳定高效的大型低温制冷系统需求急剧增加，但缺乏大型低温制冷系统、关键子设备及集成技术的问题日益突出，处于一种被“卡脖子”的困境。

为了彻底摆脱大型低温制冷设备受制于人的局面，2010 年末，经财政部批准，由中国科学院理化技术研究所承担的国家重大科研装备研制项目“大型低温制冷设备研制”正式启动。理化所从 2010 年开始，在几十年低温技术研究积累的基础上，对大型氢氦低温制冷技术、工程与系统应用涉及的众多低温领域基础问题、关键设备和关键技术进行了系统和深入的研究，突破了多项关键技术，实现了对氦透平膨胀机、冷箱系统、控制系统的研制，并结合流程设计与仿真，在理化所廊坊基地顺利完成低温制冷设备集成总装与调试工作，成功研制出国内首台制冷量超过 10kW/20K 的液氢温度级大型低温制冷机。其关键设备氦透平膨胀机、超低漏率铝板翅式换热器、高精滤油系统等均为自主研制。其中自主研制的氦气体轴承透平膨胀机的稳定运行转速达到 1×10^5r/min，绝热效率达到 70%以上。该大型低温制冷设备经过连续三天稳定运行和性能测试，表明其稳定性和主要性能指标达到了国际先进水平。

10kW/20K 大型低温制冷设备的成功研制，标志着我国自主设计与制造液氢温度级大型低温制冷设备能力的形成，此外，服务于韩国国家核聚变研究的大型低温氦制冷机已交付用户，这意味着我国大型低温制冷装备正在打破既有的国际垄断格局，成为继德国、法国之后大型低温制冷装备制造的世界第三极。

大型低温制冷设备是一个对各种细节极具挑战性的集大成者，方方面面都体现着对挑战极限的苛求。大型低温制冷装置的研制，考验的不光是研发的水平和能力，它对团队的分工协作及配合也提出了更高的要求。这需要新组建的研发团队迅速形成凝聚力和战斗力。中国科学院理化技术研究所低温工程与系统应用党支部始终“围绕中心，服务大局”，多管齐下，凝聚人心，团队的党员冲锋在前，勇挑重担，为这场科技攻坚战做出良好表率。人心齐，泰山移，经过 3000 多个日夜的奋战，这支团队连续攻克了一批关键核心技术，实现了

从关键技术到关键装备到工程应用的重要突破。

我国的低温人以洪朝生院士和周远院士为典范，长期致力于低温相关的关键技术攻关和关键装备的国产化。这是低温人崇高的人生目标和价值追求，也是我国低温人坚定“四个自信”的根本体现。

附录　常用制冷剂的热力性质表和图

附表 A　R717 饱和液体及饱和蒸气热力性质表

温度 t /℃	压力 p /kPa	比焓/(kJ/kg)		比熵/[kJ/(kg·K)]		比体积/(L/kg)	
		液体 h'	气体 h''	液体 s'	气体 s''	液体 v'	气体 v''
−60	21.86	−69.699	1371.333	−0.10927	6.65138	1.4008	4715.8
−55	30.09	−48.732	1380.388	−0.01209	6.53900	1.4123	3497.5
−50	40.76	−27.489	1387.182	0.08412	6.43263	1.4242	2633.4
−45	54.40	−5.919	1397.887	0.17962	6.33175	1.4364	2010.6
−40	71.59	15.914	1405.887	0.27418	6.23589	1.4490	1555.1
−35	93.00	38.046	1413.754	0.36797	6.14461	1.4619	1217.3
−30	119.36	60.469	1421.262	0.46089	6.0575	1.4753	963.49
−28	131.46	69.517	1424.170	0.49797	6.02374	1.4808	880.04
−26	144.53	77.870	1426.993	0.53483	5.99056	1.4864	805.11
−24	158.63	87.742	1429.762	0.57155	5.95794	1.4920	737.70
−22	173.82	96.916	1432.465	0.60813	5.92587	1.4977	676.97
−20	190.15	106.130	1435.100	0.64458	5.89431	1.5035	622.14
−18	207.07	115.381	1437.665	0.68108	5.86325	1.5093	572.57
−16	226.47	124.668	1440.160	0.71702	5.83268	1.5153	527.68
−14	246.59	133.988	1442.581	0.75300	5.80256	1.5213	486.96
−12	268.10	143.341	1444.929	0.78883	5.77289	1.5274	449.97
−10	291.06	152.723	1447.201	0.82448	5.74365	1.5336	416.32
−9	303.12	157.424	1448.308	0.84224	5.72918	1.5067	400.63
−8	315.56	162.132	1449.396	0.86026	5.71481	1.5399	385.65
−7	328.40	166.846	1450.464	0.87772	5.70054	1.5430	371.35
−6	341.64	171.567	1451.513	0.89526	5.68637	1.5462	357.68
−5	355.31	176.293	1452.541	0.91254	5.67229	1.5495	344.61
−4	369.39	181.025	1453.550	0.93037	5.65831	1.5527	332.12
−3	383.91	185.761	1454.468	0.94785	5.64441	1.5560	320.17
−2	398.88	190.503	1455.505	0.96529	5.63061	1.5593	308.74
−1	414.29	195.249	1456.452	0.98267	5.61689	1.5626	297.74
0	430.17	200.000	1457.739	1.00000	5.60326	1.5660	287.31
1	446.52	204.754	1458.284	1.01728	5.58970	1.5693	277.28
2	463.34	209.512	1459.168	1.03451	5.57642	1.5727	267.66
3	480.66	214.273	1460.031	1.05168	5.56286	1.5762	258.45
4	498.47	219.038	1460.873	1.06880	5.54954	1.5796	249.61
5	516.79	223.805	1461.693	1.08587	5.53630	1.5831	241.14
6	535.63	228.574	1462.492	1.10288	5.52314	1.5866	233.02
7	554.99	233.346	1463.269	1.11966	5.51006	1.5902	225.22
8	574.89	238.119	1464.023	1.13672	5.49705	1.5937	217.74
9	595.34	242.894	1463.757	1.15365	5.48410	1.5973	210.55
10	616.35	247.670	1465.466	1.17034	5.47123	1.6010	203.65

（续）

温度 t /℃	压力 p /kPa	比焓/(kJ/kg)		比熵/[kJ/(kg·K)]		比体积/(L/kg)	
		液体 h′	气体 h″	液体 s′	气体 s″	液体 v′	气体 v″
11	637.92	252.447	1466.154	1.18706	5.45842	1.6046	197.02
12	660.07	257.225	1466.820	1.20372	5.44568	1.6083	190.65
13	682.80	262.003	1467.462	1.22032	5.43300	1.6120	184.53
14	706.13	266.781	1468.082	1.23686	5.42039	1.6158	178.64
15	730.07	271.559	1468.680	1.25333	5.40784	1.6196	172.98
16	754.62	276.336	1469.250	1.26974	5.39534	1.6234	167.54
17	779.80	281.113	1469.805	1.28609	5.39291	1.6273	162.30
18	805.62	285.888	1470.332	1.30238	5.37054	1.6311	157.25
19	832.09	290.662	1470.836	1.32660	5.35824	1.6351	152.40
20	859.22	295.435	1471.317	1.33476	5.34595	1.6390	147.72
21	887.01	300.205	1471.774	1.35085	5.33374	1.64301	143.22
22	915.48	304.975	1472.207	1.36687	5.32158	1.64704	138.88
23	944.65	309.741	1472.616	1.38283	5.30948	1.65111	134.69
24	974.52	314.505	1473.001	1.39873	5.29742	1.65522	130.66
25	1005.1	319.266	1473.362	1.41451	5.28541	1.65936	126.78
26	1036.4	324.025	1473.699	1.43031	5.27345	1.66354	123.03
27	1068.4	328.780	1474.011	1.44600	5.26153	1.66776	119.41
28	1101.2	333.532	1474.839	1.46163	5.24966	1.67203	115.92
29	1134.7	338.281	1474.562	1.47718	5.23784	1.67633	112.56
30	1169.0	343.026	1474.801	1.49269	5.22605	1.68068	109.30
31	1204.1	347.767	1475.014	1.50809	5.21431	1.68507	106.17
32	1240.0	252.504	1475.175	1.52345	5.20261	1.68950	103.13
33	1276.7	257.237	1475.366	1.53872	5.19095	1.69398	100.21
34	1314.1	261.966	1475.504	1.55397	5.17932	1.69850	97.376
35	1352.5	366.691	1475.616	1.56908	5.16774	1.70307	94.641
36	1391.6	371.411	1475.703	1.58416	5.15619	1.70769	91.998
37	1431.6	376.127	1475.765	1.59917	5.14467	1.71235	89.442
38	1472.4	380.838	1475.800	1.61411	5.13319	1.71707	86.970
39	1514.1	385.548	1475.810	1.62897	5.12174	1.72183	84.580
40	1556.7	390.247	1475.795	1.64379	5.11032	1.72665	82.266
41	1600.2	394.945	1475.750	1.65852	5.09894	1.73152	80.028
42	1644.6	399.639	1475.681	1.67319	5.08758	1.73644	77.861
43	1689.9	404.320	1475.586	1.68780	5.07625	1.74142	75.764
44	1736.2	409.011	1475.463	1.70234	5.06495	1.74645	73.733
45	1783.4	413.690	1475.314	1.71681	5.05367	1.75154	71.766
46	1831.5	418.366	1475.137	1.73122	5.04242	1.75668	69.860
47	1880.6	423.037	1474.934	1.74556	5.03120	1.76189	68.014
48	1930.7	427.704	1474.703	1.75984	5.01999	1.76716	66.225
49	1981.8	432.267	1474.444	1.77406	5.00881	1.77249	64.491
50	2033.8	437.026	1474.157	1.78821	4.99765	1.77788	62.809
51	2086.9	441.682	1473.840	1.80230	4.98651	1.78334	61.179
52	2141.1	447.334	1473.500	1.81634	4.97539	1.78887	59.598
53	2196.2	450.984	1473.138	1.83031	4.96428	1.79446	58.064
54	2252.5	455.630	1472.728	1.84432	4.95319	1.80013	56.576
55	2309.8	460.274	1472.290	1.85808	4.94212	1.80586	55.132

附表 B　R22 饱和液体及饱和蒸气热力性质表

温度 t /℃	压力 p /kPa	比焓/(kJ/kg)		比熵/[kJ/(kg·K)]		比体积/(L/kg)	
		液体 h'	气体 h''	液体 s'	气体 s''	液体 v'	气体 v''
-60	37.48	134.763	379.114	0.73254	1.87886	0.68208	537.152
-55	49.47	139.830	381.529	0.75599	1.86389	0.68856	414.827
-50	64.39	144.959	383.921	0.77919	1.85000	0.69526	324.557
-45	82.71	150.153	386.282	0.80216	1.83708	0.70219	256.990
-40	104.95	155.414	388.609	0.82490	1.82504	0.70936	205.745
-35	131.68	160.742	390.896	0.84743	1.81380	0.71680	166.400
-30	163.48	166.140	393.138	0.86976	1.80329	0.72452	135.844
-28	177.76	168.318	394.021	0.87864	1.79927	0.72769	125.563
-26	192.99	170.507	394.896	0.88748	1.79535	0.73092	116.214
-24	209.22	172.708	395.762	0.89630	1.79152	0.73420	107.701
-22	226.48	174.919	396.619	0.90509	1.78779	0.73753	99.9362
-20	244.83	177.142	397.467	0.91386	1.78415	0.74091	92.8432
-18	264.29	179.376	398.305	0.92259	1.78059	0.74436	86.3546
-16	284.93	181.622	399.133	0.93129	1.77711	0.74786	80.4103
-14	306.78	183.878	399.951	0.93997	1.77371	0.75143	74.9572
-12	329.89	186.147	400.759	0.94862	1.77039	0.75506	69.9478
-10	354.30	188.426	401.555	0.95725	1.76713	0.75876	65.3399
-9	367.01	189.571	401.949	0.96155	1.76553	0.76063	63.1746
-8	380.06	190.718	402.341	0.06585	1.76394	0.76253	61.0958
-7	393.47	191.868	402.729	0.97014	1.76237	0.76444	59.0996
-6	407.23	193.021	403.114	0.97442	1.76082	0.76636	57.1820
-5	421.35	194.176	403.496	0.97870	1.75928	0.76831	55.3394
-4	435.84	195.335	403.876	0.98297	1.75775	0.77028	33.5682
-3	450.70	196.497	404.252	0.98724	1.75624	0.77226	51.8653
-2	465.94	197.662	404.626	0.99150	1.75475	0.77427	50.2274
-1	481.57	198.828	404.994	0.99575	1.75326	0.77629	48.6517
0	497.59	200.000	405.261	1.00000	1.75279	0.77804	47.1354
1	514.01	201.174	405.724	1.00424	1.75034	0.78041	45.6757
2	540.83	202.351	406.084	1.00848	1.74889	0.78249	44.2702
3	548.06	203.530	406.440	1.01271	1.74746	0.78460	42.9166
4	565.71	204.713	406.793	1.01694	1.74604	0.78673	41.6124
5	583.78	205.899	407.143	1.02116	1.74463	0.78889	40.3556
6	602.28	207.089	407.489	1.02537	1.74324	0.79107	39.1441
7	621.22	208.281	407.831	1.02958	1.74185	0.79327	37.9759
8	640.59	209.477	408.169	1.03379	1.74047	0.79549	36.8493
9	660.42	210.675	408.504	1.03799	1.73911	0.79775	35.7624
10	680.70	211.877	408.835	1.04218	1.73775	0.80002	34.7136
11	701.44	213.083	409.162	1.04637	1.73640	0.80232	33.7013
12	722.65	214.291	409.485	1.05056	1.73506	0.80465	32.7239

（续）

温度 t /℃	压力 p /kPa	比焓/(kJ/kg)		比熵/[kJ/(kg·K)]		比体积/(L/kg)	
		液体 h′	气体 h″	液体 s′	气体 s″	液体 v′	气体 v″
13	744.33	215.503	409.804	1.05474	1.73373	0.80701	31.7801
14	766.50	216.719	410.119	1.05892	1.73241	0.80939	30.8683
15	789.15	217.937	410.430	1.06309	1.73109	0.81180	29.9874
16	812.29	219.160	410.736	1.06726	1.72978	0.81424	29.1361
17	835.93	220.386	411.038	1.07142	1.72848	0.81671	28.3131
18	860.08	221.615	411.336	1.07559	1.72719	0.81922	27.5173
19	884.75	222.848	411.629	1.07974	1.72590	0.82175	26.7477
20	909.93	224.084	411.918	1.08390	1.72462	0.82431	26.0032
21	935.64	225.324	412.202	1.08805	1.72334	0.82691	25.2829
22	961.89	226.568	412.481	1.09220	1.72206	0.82954	24.5857
23	988.67	227.816	412.755	1.09634	1.72080	0.83221	23.9107
24	1016.0	229.068	413.025	1.10048	1.71953	0.83491	23.2572
25	1043.9	230.324	413.289	1.10462	1.71827	0.83765	22.6242
26	1072.3	231.583	413.548	1.10876	1.71701	0.84043	22.0111
27	1101.4	232.847	413.802	1.11299	1.71576	0.84324	21.4169
28	1130.9	234.115	414.050	1.11703	1.71450	0.84610	20.8411
29	1161.1	235.387	414.293	1.12116	1.71325	0.84899	20.2829
30	1191.9	236.664	414.530	1.12530	1.71200	0.85193	19.7417
31	1223.2	237.944	414.762	1.12943	1.71075	0.85491	19.2168
32	1255.2	239.230	414.987	1.13355	1.70950	0.85793	18.7076
33	1287.8	240.520	415.207	1.13768	1.70826	0.86101	18.2135
34	1321.0	241.814	415.420	1.14181	1.70701	0.86412	17.7341
35	1354.8	243.114	415.627	1.14594	1.70576	0.86729	17.2686
36	1389.0	244.418	415.828	1.15007	1.70450	0.87051	16.8168
37	1424.3	245.727	416.021	1.15420	1.70325	0.87378	16.3779
38	1460.1	247.041	416.208	1.15833	1.70199	0.87710	15.9517
39	1496.5	248.361	416.388	1.16246	1.70073	0.88048	15.5375
40	1533.5	249.686	416.561	1.16655	1.69946	0.88392	15.1351
41	1571.2	251.016	416.726	1.17073	1.69819	0.88741	14.7439
42	1609.6	252.352	416.883	1.17486	1.69692	0.89997	14.3636
43	1648.7	253.694	417.033	1.17900	1.69564	0.89459	13.9938
44	1688.5	255.042	417.174	1.18310	1.69435	0.89828	13.6341
45	1729.0	256.396	417.308	1.18730	1.69305	0.90203	13.2841
46	1770.2	257.756	417.432	1.19145	1.69174	0.90586	12.9436
47	1812.1	259.123	417.548	1.19560	1.69043	0.90976	12.6122
48	1854.8	260.497	417.655	1.19977	1.68911	0.91374	12.2895
49	1898.2	261.877	417.752	1.20393	1.68777	0.91779	11.9753
50	1942.3	263.264	417.838	1.20811	1.68643	0.92193	11.6693

附表 C　R134a 饱和状态下的热力性质表

温度 t /℃	压力 p /kPa	密度/(kg/m^3)		比焓/(kJ/kg)		比熵 /[kJ/(kg·K)]		质量定容热容 /[kJ/(kg·K)]		质量定压热容 /[kJ/(kg·K)]		表面张力 σ/(N/m)
		液体 ρ'	气体 ρ''	液体 h'	气体 h''	液体 s'	气体 s''	液体 C_v'	气体 C_v''	液体 C_p'	气体 C_p''	
-40	52	1414	2.8	0.0	223.3	0.000	0.958	0.667	0.646	1.129	0.742	0.0177
-35	66	1399	3.5	5.7	226.4	0.024	0.951	0.696	0.659	1.154	0.758	0.0169
-30	85	1385	4.4	11.5	229.6	0.048	0.945	0.722	0.672	1.178	0.774	0.0161
-25	107	1370	5.5	17.5	232.7	0.073	0.940	0.746	0.685	1.202	0.791	0.0154
-20	133	1355	6.8	23.6	235.8	0.097	0.935	0.767	0.698	1.227	0.809	0.0146
-15	164	1340	8.3	29.8	238.8	0.121	0.931	0.786	0.712	1.250	0.828	0.0139
-10	201	1324	10.0	36.1	241.8	0.145	0.927	0.803	0.726	1.274	0.847	0.0132
-5	243	1308	12.1	42.5	244.8	0.169	0.924	0.817	0.740	1.297	0.868	0.0124
0	293	1292	14.4	49.1	247.8	0.193	0.921	0.830	0.755	1.320	0.889	0.0117
5	350	1276	17.1	55.8	250.7	0.217	0.918	0.840	0.770	1.343	0.912	0.0110
10	415	1259	20.2	62.6	253.5	0.241	0.916	0.849	0.785	1.365	0.936	0.0103
15	489	1242	23.7	69.4	256.3	0.265	0.914	0.857	0.800	1.388	0.962	0.0096
20	572	1224	27.8	76.5	259.0	0.289	0.912	0.863	0.815	1.411	0.990	0.0089
25	666	1206	32.3	83.6	261.6	0.313	0.910	0.868	0.831	1.435	1.020	0.0083
30	771	1187	37.5	90.8	264.2	0.337	0.908	0.872	0.847	1.460	1.053	0.0076
35	887	1167	43.3	98.2	266.6	0.360	0.907	0.875	0.863	1.486	1.089	0.0069
40	1017	1147	50.0	105.7	268.8	0.384	0.905	0.878	0.879	1.514	1.130	0.0063
45	1160	1126	57.5	113.3	271.0	0.408	0.904	0.881	0.896	1.546	1.177	0.0056
50	1318	1103	66.1	121.0	272.9	0.432	0.902	0.883	0.914	1.581	1.231	0.0050
55	1491	1080	75.3	129.0	274.7	0.456	0.900	0.886	0.932	1.621	1.295	0.0044
60	1681	1055	87.2	137.1	276.1	0.479	0.897	0.890	0.950	1.667	1.374	0.0038
65	1888	1028	100.2	145.3	277.3	0.504	0.894	0.895	0.970	1.724	1.473	0.0032
70	2115	999	115.5	153.9	278.1	0.528	0.890	0.901	0.991	1.794	1.601	0.0027
75	2361	967	133.6	162.6	278.4	0.553	0.885	0.910	1.104	1.884	1.776	0.0022
80	2630	932	155.4	171.8	278.0	0.578	0.897	0.922	1.039	2.011	2.027	0.0016
85	2923	893	182.4	181.3	276.8	0.604	0.870	0.937	1.066	2.204	2.408	0.0012
90	3242	847	216.9	191.6	274.5	0.631	0.860	0.958	1.097	2.554	3.056	0.0007
95	3590	790	264.5	203.1	270.4	0.662	0.844	0.988	1.131	3.424	4.483	0.0003
100	3971	689	353.1	219.3	260.4	0.704	0.814	1.044	1.168	10.793	14.807	0.0000

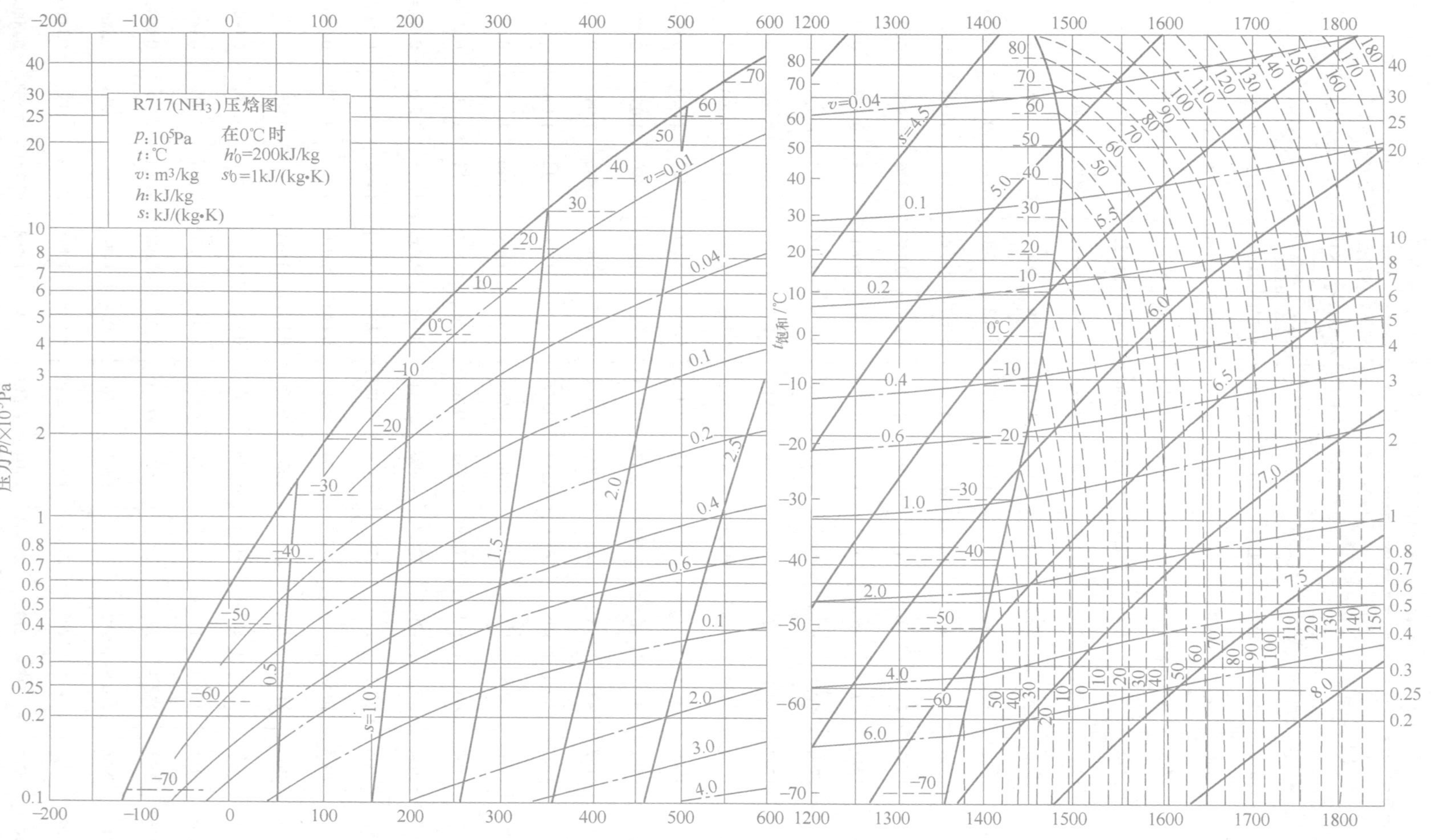

附图 A　R717(NH_3)压焓图

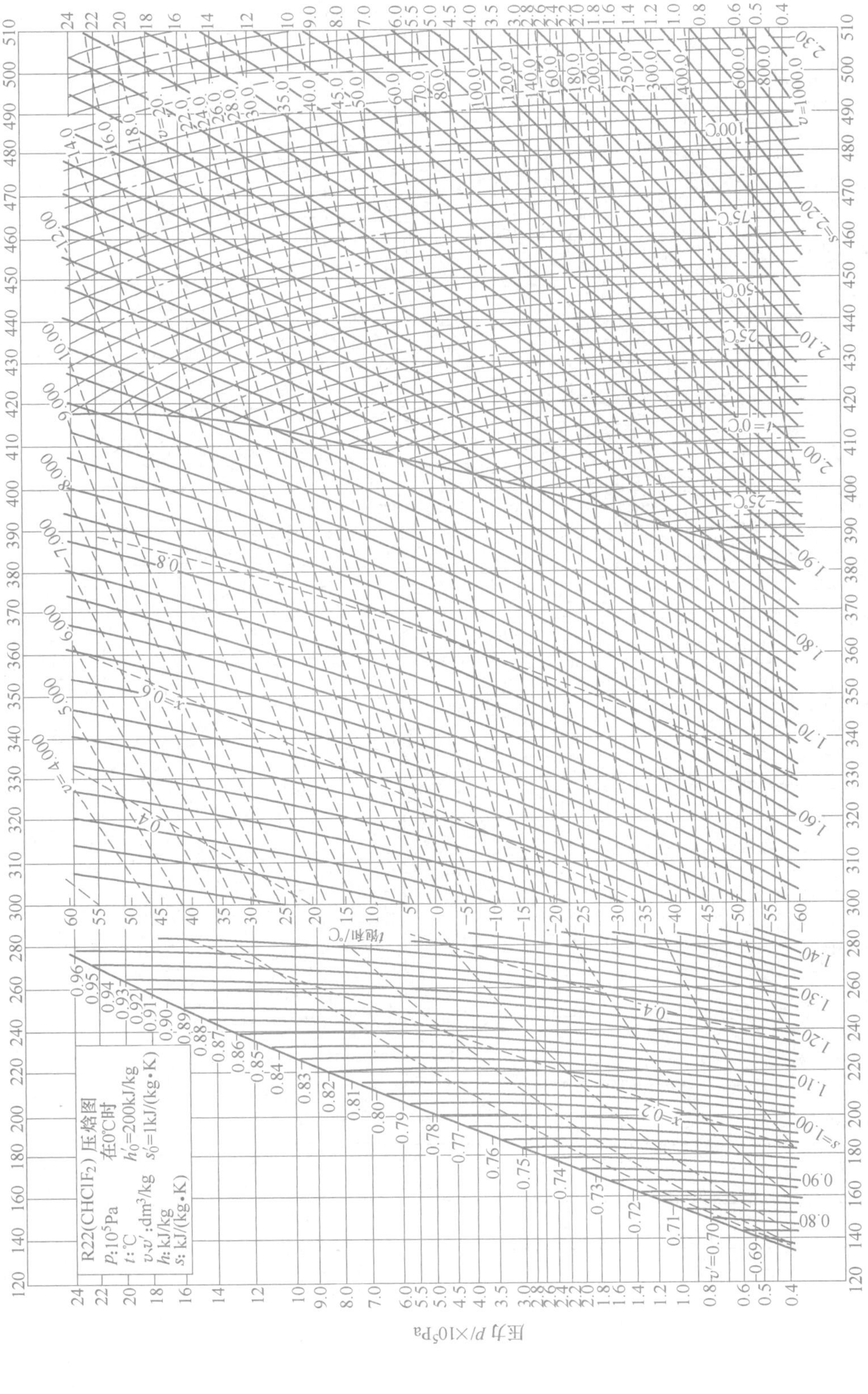

附图 B　R22($CHClF_2$) 压焓图

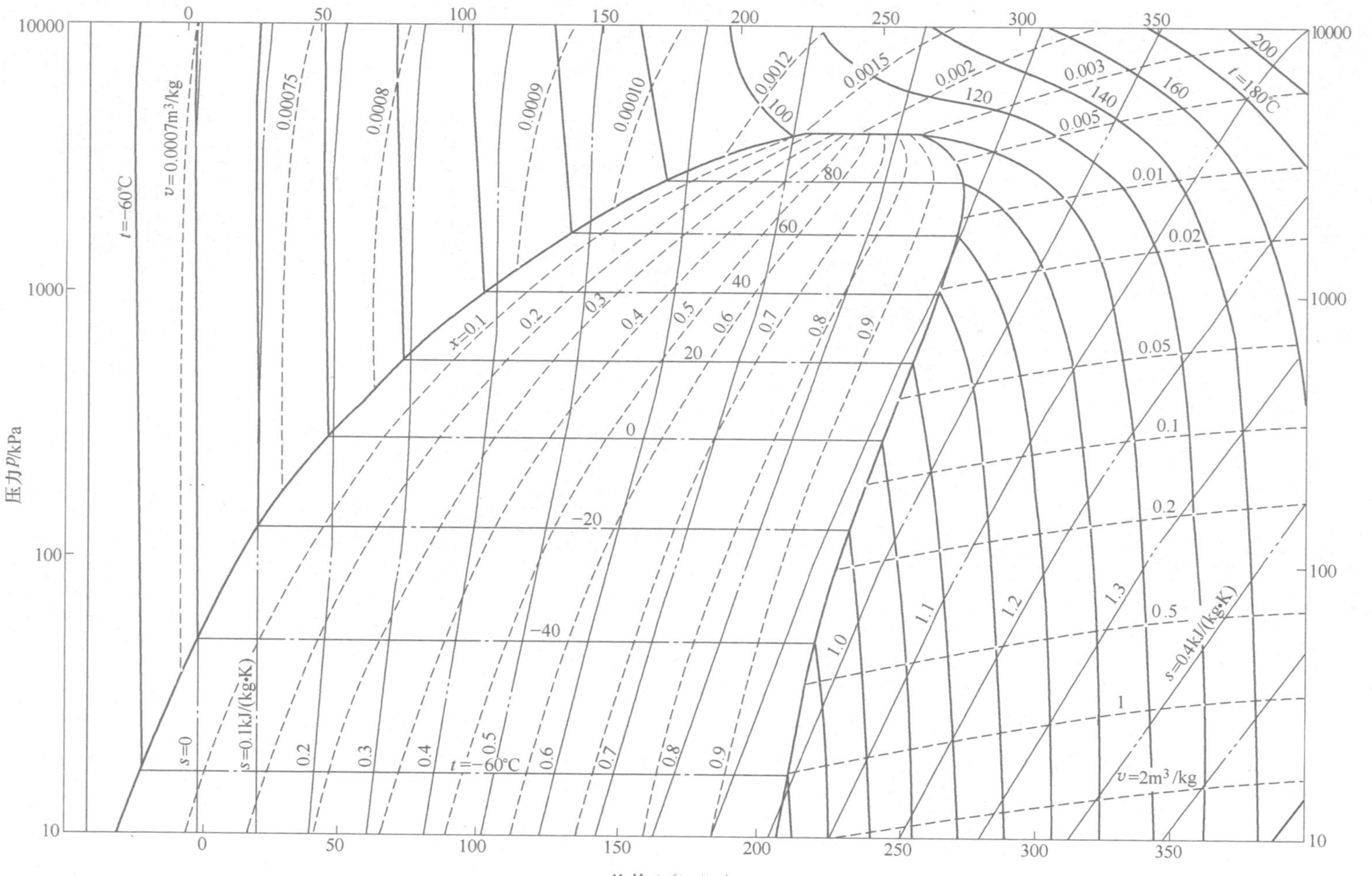

附图 C　R134a 压焓图